◎修訂二版◎

國際財務管理

劉亞秋博士　著
蔡政言博士　修訂

三民書局

國家圖書館出版品預行編目資料

國際財務管理／劉亞秋著;蔡政言修訂.－－修訂二版三刷.－－臺北市：三民，2008
面；　公分
含參考書目
ISBN 978-957-14-4272-3　(平裝)
1.財務管理 2.國際企業－管理

494.7　　94005318

© 國際財務管理

著作人　劉亞秋
修訂者　蔡政言
發行人　劉振強
著作財產權人　三民書局股份有限公司
　臺北市復興北路386號
發行所　三民書局股份有限公司
　地址／臺北市復興北路386號
　電話／(02)25006600
　郵撥／0009998-5
印刷所　三民書局股份有限公司
門市部　復北店／臺北市復興北路386號
　重南店／臺北市重慶南路一段61號
初版一刷　2000年3月
修訂二版三刷　2008年1月
編　號　S 493020
定　價　新臺幣520元
行政院新聞局登記證局版臺業字第○二○○號

ISBN　978-957-14-4272-3　(平裝)
http://www.sanmin.com.tw　三民網路書店

修訂二版序

受到經濟互惠共存概念的影響，各國市場間的相依性日漸提高，唯有掌握國際市場的發展脈動，並深諳國際財務管理的理念，加強對具有經濟潛力的區域經濟內國家，進行前瞻性投資評估，才能保持競爭的優勢。

隨著歐元的啟動，不僅加速歐盟內部經濟整合並提升效率，更創立國際經濟與國際金融的嶄新領域，本書此次修訂重點主要即是針對歐元相關資訊加以補充、更新，包括歐元的轉換過程及其對金融體系之重大衝擊等層面。更重要的，本書乃是基於全球總體的大環境之下，對跨國企業的資產與負債管理，投資、融資及其他重要決策作各種層面的分析，並隨著國際財務金融環境的進展不斷更新。

三民書局編輯部　謹識

2005.12

自 序

1991年春天，一向身體硬朗的父親竟然因colon cancer入院動了大手術，我當時在美國中佛州大學財金系所任教，對此突如其來的打擊，心情久久無法平靜，於是與在同校同系任教的外子商妥，決定回國長期定居，期能與父母有更多相聚的日子。1992年夏天，我們一家四口，揮別了佛州眾多好友與鄰居的祝福，回到生於斯、長於斯的臺灣，並開始在嘉義縣民雄鄉定居下來，一晃將近八個年頭悄然而逝。當初選擇位於民雄鄉的中正大學任教，一方面是距離居住高雄的父母較近，一方面也是認為鄉間較易達到自己所嚮往的「結廬在人境，而無車馬喧」的意境，雖然事實與理想有些差距，但這裡的「苔痕上階綠，草色入簾青」則是都市人所無法享受到的。

回國第二年，應三民書局邀約，準備將自己在美講授多年的「國際財務管理」課程，撰寫成教科書出版。父親病了六年，這本書也陪父親走過病中的歲月。而今父親仙逝已近三年，我才重拾精神，將此書完稿付梓。感謝三民書局這些年來的體諒與寬待，感謝我的學生(或助理)文興、澄河、信豪、惠玲在打字與圖表安排上的費心費力，感謝所有關心我的師長、前輩、企管所同仁、好友以及與我情同家人的我所指導過的學生，感謝哥哥、嫂嫂、姊姊、姊夫、弟弟的手足溫情，感謝外子二十年來的呵護與照顧，最要感謝的，還是有生育、養育與栽培之恩的父母，尤其是如今在天國，令我們「不思量、自難忘」的慈愛父親。

這本書因是初版，雖歷經多次校稿，錯誤恐仍在所難免，祈盼讀者能不吝來函指正，非常感謝。

來函請寄：嘉義縣民雄鄉國立中正大學企管系所

劉亞秋

2000.02.01

于嘉義民雄

國際財務管理／目次

修訂二版序
自　序

第一篇　國際金融環境

第一章　國際財務管理概論 3
第一節　國際財務管理的意義及重要性 4
第二節　國際財務管理 vs. 一般財務管理 5
第三節　跨國公司的定義、經營目標及所面對的問題 6
第四節　企業國際化的起因及成長背景 9
第五節　本書重要內容 12
參考文獻 14

第二章　國際貨幣制度及其演進 19
第一節　國際貨幣制度的涵義及其重要類型 20
第二節　ECU, EURO & SDR 41
摘　要 47
參考文獻 49

第三章　國際收支與匯率變動 53
第一節　國際收支及其涵義 54
第二節　影響經常帳淨額的重要因素 62
第三節　影響資本帳／金融帳淨額的重要因素 63
第四節　影響匯率變動的重要因素 64
第五節　有效果與無效果的匯率干預政策 67
第六節　匯率變動與開放式經濟總體經濟模型 68

摘　要 74
參考文獻 75

第四章　外匯市場 79
第一節　外匯市場的結構與操作方式 80
第二節　匯率的定義及報價方式 89
第三節　外匯市場的套利行為 94
摘　要 98
參考文獻 100

第五章　外匯期貨與選擇權 105
第一節　外匯期貨市場 106
第二節　外匯選擇權市場 113
第三節　外匯期貨的應用 120
第四節　外匯選擇權的應用 123
第五節　外匯選擇權利損圖與策略運用 126
第六節　外匯選擇權評價模型 132
摘　要 137
參考文獻 138

第六章　匯率預測與國際平價條件 143
第一節　國際平價條件 144
第二節　匯率預測與市場效率性 158
第三節　匯率預測的主要工具 161
第四節　匯率預測模型概述 165
第五節　匯率行為走勢的實證研究 170
摘　要 173
參考文獻 174

第二篇　匯率風險管理

第七章　換算風險的衡量與管理 189
第一節　換算方法簡介 191
第二節　現階段換算方法分析比較 193
第三節　換算風險如何衡量 198
第四節　換算風險的管理 206
第五節　我國外幣換算之會計處理準則概述 211
摘　要 212
參考文獻 213

第八章　交易風險的衡量與管理 217
第一節　與交易風險有關的企業合約 218
第二節　如何衡量交易風險 221
第三節　管理交易風險的方法與策略 226
第四節　避險的正反面看法 242
摘　要 244
參考文獻 246

第九章　營運風險的衡量與管理 251
第一節　實質匯率變動與營運風險 252
第二節　如何衡量營運風險 256
第三節　管理營運風險的方法與策略 264
摘　要 267
參考文獻 269

第三篇　國際金融市場與資金來源

第十章　國際貨幣市場及國際債券市場 277
第一節　歐洲通貨市場 279
第二節　國際債券市場 294
第三節　國際債券評價模型 309
摘　要 314
參考文獻 315

第十一章　國際股票市場 319
第一節　國際股市概況描述 320
第二節　存託憑證 330
第三節　國際股市報酬與風險決定因素分析 336
摘　要 337
參考文獻 338

第十二章　國際銀行業務及金融交換 345
第一節　國際銀行業務 346
第二節　金融交換 359
第三節　國際放款風險問題 379
摘　要 383
參考文獻 385

第四篇　國外投資決策

第十三章　跨國資本預算 395
第一節　跨國資本預算的複雜性 397

第二節　國外投資計畫評估 399
第三節　匯率風險對國外投資計畫的影響 406
第四節　營運資金變動及匯兌利損的影響 415
摘　要 428
參考文獻 429

第十四章　政治風險管理 433
第一節　政治風險的衡量 438
第二節　政治風險管理的方法與策略 445
第三節　所有權接管的對策 448
第四節　政治風險下的跨國資本預算分析 450
摘　要 454
參考文獻 455

第十五章　跨國現金管理 459
第一節　跨國企業現金往來及中心化的現金管理系統 460
第二節　現金管理最適化策略 464
第三節　短期資金的管理 469
第四節　移轉訂價策略 473
摘　要 477
參考文獻 478

第十六章　跨國企業稅務規劃 481
第一節　世界主要國家稅制的一般特性 483
第二節　計算應稅所得一般抵扣項目分配原則概述 496
摘　要 497
參考文獻 499

第一篇 國際金融環境

跨國公司在多變的企業大環境之下，要保持其成長空間及競爭優勢，必先要瞭解其所面對的整體國際金融環境及相關發展情勢。本篇於第一至六章，對跨國公司的體系作一描述，並探討國際貨幣制度及其演進，外匯市場及可利用的外匯金融工具，同時也剖析國際收支及其涵義、影響匯率變動的重要因素、國際平價條件、效率市場及有關匯率預測的其他重要論題。

第一章

國際財務管理概論

第一節　國際財務管理的意義及重要性

第二節　國際財務管理 vs. 一般財務管理

第三節　跨國公司的定義、經營目標及所面對的問題

第四節　企業國際化的起因及成長背景

第五節　本書重要內容

第一節 國際財務管理的意義及重要性

兩位著名的財務學者，墨迪格里阿尼及米勒 (Franco Modigliani and Merton Miller) 在 1958 年提出了資本結構無關論 (Irrelevance of Capital Structure)，開啟了現代財務管理的理論基礎；在同時期，各國的主要銀行也積極地開拓國際版圖，伴隨跨國企業的發展，而使得「財務管理」這門學科的研究範圍很自然的踏入「國際財務管理」的範疇。在過去，大多數公司中的決策管理者，甚少需要擔心匯率變動的問題，也無須考慮諸如海外投資計畫額外風險的衡量與管理、企業資金如何在國內外的子公司間作移轉等相關問題，更不知曉有效的運用各種創新的金融工具到海外籌措資金。但是隨著固定匯率時代的結束，金融自由化隨企業國際化而來，相關法令與管制手段加速鬆綁，配合著電腦及電訊傳播設備的日新月異，使資源達到更有效率的運用，也使得國際市場（包括產品市場及金融市場）日趨整合。

隨著各國市場間的相依性日漸提高，企業面對更多的國內與國外競爭，唯有講求高效率的廠商，才能夠獲得更多的生存及發展空間。因此，今日的企業財務經理人，必須深諳並運用國際財務管理的理念，從掌握國際市場的發展情景，到作出有利於公司的各項國際業務決策，以求在多變的企業大環境之下，保持競爭的優勢，穩定成長，游刃有餘。國際財務管理可以幫助國際型企業，自國際金融市場中以最低的融資成本取得所需資金，並使其以外幣計價的資產或負債的本國貨幣價值保持穩定。

然而除了大型的跨國企業以外，從事輸出、輸入之中小型企業，甚至於完全不參與國際市場的純國內公司，也須重視國際財管，因為這些企業面對國外來的競爭，其相對競爭力及獲利能力皆受匯率變動的影響。例如，在 1990 年所發生的伊拉克進攻科威特的國際危機中，由於戰爭所導致的油價攀升，使得美國航空業備受衝擊，當時的美國大陸航空公司 (Conteinental Airlines) 就因為無法承擔飛機用油成本的高漲而走上了倒閉之途。在 1993 年間，美元對日圓的大幅貶值，也大大削弱了日本的汽車製造商對美的外銷能力。另外就以我國加入國際貿易組織 (World Trade Organization, WTO) 的例子來看，過去原本屬於本土企業的我國農、畜產業，也深刻的感受到在開放後來自國外競爭者的壓力。這些案例除了凸顯了國際財務風險管理的重要，也告訴了我們國際財務管理所涵蓋探討的主題，不僅是跨國企業不可不知，中小型企業或純國內企業為免遭競爭的洪流淘汰，也應該正視國際財管領域中的相關課題。

第二節 國際財務管理 vs. 一般財務管理

國際財務管理乃是企業國際化與金融市場整合之下的必然產物。其研究領域涵蓋一般財務管理研究的範圍，只不過所探討的各項論題，必須考量全球的大環境，即跨越不同的文化、政治及經濟背景，以及國際情勢改變所導致利率、匯率、商品價格等之波動。一般財務管理所討論的各種理論與模型，多可應用在國際財務管理上，只是在分析的過程中，國際財務管理必須考慮更多的機會、風險及其他因素。例如，一般財務管理在討論公司的兩項重要決定──融資與投資時，所強調的原則是求取股東財富極大化 (Maximization of Shareholders' Wealth)。國際財務管理在探討融資及投資時，同樣也是求取股東財富的極大化，只不過國際財管的重點另需放在跨國界的融資與投資計畫評估，因此必須將匯率變動及政治風險等因素一併列入對現金流影響的重要因素考量之中。又如在探討最適資本預算 (Optimal Capital Budget) 時，一般財務管理的方法是運用投資機會曲線 (Investment Opportunity Schedule, IOS) 及邊際資本成本線 (Marginal Cost of Capital, MCC) 來決定最適預算水準。由圖 1–1 我們可以看到，從國際財務管理的角度，因為將海外投資及融資機會同時納入考慮，因此所得到之 IOS 線應該會高於不包含海外投資及融資機會的對應線，而 MCC 線則應該會低於不包含海外投資及融資機會的對應線。

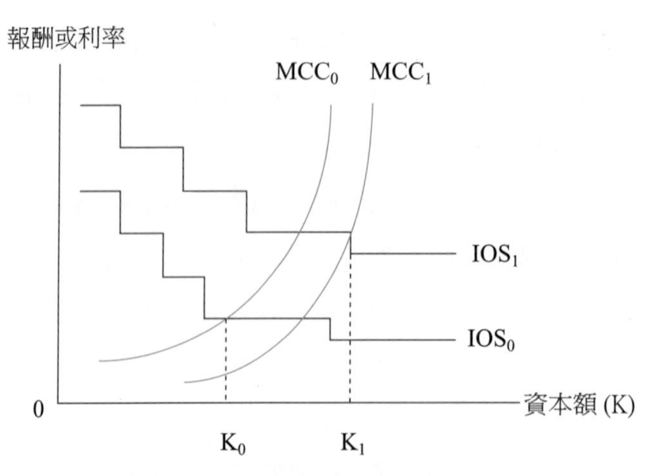

圖中的 IOS_0 及 MCC_0 線代表一般財務管理所探討的水準。而 IOS_1 及 MCC_1 則反映包含海外投資及融資機會的曲線。圖中也顯示所增加的海外投資及融資機會，會使企業的規模較大。

圖 1–1

國際財務管理 (International Financial Management, IFM) 與其他類似學科如國際企業 (International Business, IB)、國際經濟學 (International Economics, IE) 之間所探討的論題也有許多重疊之處，不過仍各有其重點。國際企業所著重的是，在不同的文化、政治及經濟環境下，企業各部門的策略導向及執行方式；國際經濟學則是比較著重於探討各國總體經濟變數的相互影響及其效果，包括財政及貨幣政策的互動、各種國際收支理論、所得分配理論、各國通貨膨脹及其他總體變數之間的差異及其效應等等；國際財務管理則是在全球總體的大環境之下，就跨國企業的資產與負債管理，投資、融資及其他重要決策作各種層面的分析。

第三節
跨國公司的定義、經營目標及所面對的問題

定義及經營目標

跨國公司，或稱之為多國籍企業 (Multinational Corporation, MNC or

Multinational Enterprise, MNE) 是指在整個企業活動中有 30% 以上是在國外經營，或者是在兩國以上地區從事直接對外投資 (Direct Foreign Investment, DFI) 的企業。

跨國公司所從事的業務大致可區分為三類：(1)直接對外投資、(2)出口與進口 (Exporting & Importing)及(3)國際融資 (International Financing)。若企業在地主國設立了以銷售為主的子公司 (Sales Subsidiary) 或是以製造為主的子公司 (Manufactory Subsidiary)，我們將之視為從事直接對外投資。進出口業務自然是指與外國的商業交流行為，而國際融資則是指本國企業在國境以外取得經營所需的資金。從事直接對外投資的企業通常會利用地主國當地的金融市場來籌資，也就是進行國際融資，同時也常常從本國出口原料到地主國，或是把地主國子公司所生產的成品，進口到本國市場來銷售。因此直接對外投資其實就隱含著進出口業務以及國際融資行為的同時存在。我們可以將跨國公司定義成為：「在兩國以上地區從事直接對外投資的企業」，此即表示該企業也同時從事進出口，及國際融資業務。

如前所述，跨國公司經營的目標與純國內公司基本上是相同的，也就是致力於股東財富的極大化。因為股東財富是以股票價格乘以持有股數來衡量，因此使股東財富極大化即代表使股票價格極大化 (Share Price Maximization)。我們借用一個簡單的股票評價模型，一般稱之為高登模型 (Gordon Model)：

$$P_0 = \frac{D_1}{K_s - g}$$

可以得知，今天的股票價格 (P_0)，是受未來的股利 (D_1) 及股東要求報酬率 (K_s) 決定。股利所反映的是公司未來現金流量，也就是獲利的狀況，而股東要求報酬率的高低則是反映股東對公司相關風險的評估。相較於純國內公司，跨國公司有著更多的投資機會及較廣大的融資市場，不過在同時也將面對額外的匯率及政治風險。因此我們利用一般財務管理模型估計跨國企業的股價時，必須要根據這些額外的因素，將現金流量及風險結構作適度的調整，以求作出正確的股價估計。

額外的機會與風險

多國籍企業較之於非國際化的公司，具有較大的資產及銷售規模，若採取集中化生產，則可享受大規模生產所帶來的經濟利益 (Economies of Scale)。多國籍企業如有子公司散佈世界各地，則可以獲得較多較好的投資及融資機會，此外，因為世界各國訂有不同的稅法與稅率，多國籍企業可以運用策略，將資金在各地的子公司間靈活移轉，使公司全面所得稅負 (Overall Tax Payment) 降至最低。

從風險的角度來看，多國籍企業由於使用各國不同的通貨來經營，因此必須暴露於較高的匯率風險之下，又因為子公司所在地的資產與盈餘常常會受當地政府的政策管制，有可能遭受盈餘禁止匯送回本國，甚至於資產被無償接管的處置，因此也暴露於政治風險之下。對於多國籍企業所面臨的匯率風險，從另一個角度來看，其「跨處多國」的事實，其實也提供了進行匯率風險分散的有利條件。簡單來說，跨國企業可以彈性調整設在各國的子公司的生產狀況，讓地處通貨貶值國家的子公司多生產，並令地處通貨升值國家的子公司少生產。這種設立多個子公司以達到「生產分散化」的結果是犧牲了規模經濟，但卻達到了風險分散 (Risk Diversification) 的效果。

代理問題及其他

代理問題 (Agency Problem) 是現代財務管理的重要課題之一，其發生之原因在於現代企業的經營方式多是採取所有權 (Ownership) 與管理 (Management) 分離的形式，有別於獨資企業 (Private Enterprises) 或是合資企業 (Partnerships) 的形態。在管理階層不是企業所有人的組織架構下，因為管理者通常擁有極少的公司股權，因此在作經營相關的決策時，未必會以財務理論所假設的股東財富極大化來作為目標，反而可能是傾向於增加個人的酬庸 (Perquisites)，例如購買豪華公司主管座車、使用富麗堂皇的辦公場所，甚至於盲目地追逐公司規模的擴大以凸顯或是鞏固自己在市場中的地位等等。如此一來，管理者與公司股東間將產生利益衝突 (Conflict of Interest)。

基於管理者是憑藉著其專業知識才能，受雇於公司股東，相當於代理人的身分來替股東經營企業，因此兩者間的利益衝突就稱之為代理問題。多國籍企業因為規模較一般公司為大，且子公司遍佈國內外，因此比一般國內企業更有可能產生代理問題。

舉例來說，要是從子公司的觀點來評估一個投資計畫，該計畫將可以增加子公司的淨現值 (Net Present Value, NPV)；但如果從母公司觀點來看，或許因為該投資計畫包含有潛在的盈餘匯送以及匯率風險等問題，則未必有正的淨現值產生。假設該子公司的管理者想藉由拓展子公司的規模以提昇個人社會地位，則會傾向於接受這個在實質上不利於母公司的投資計畫。為了有效防止，或者說減少，類似代理問題的發生，企業必須設立各種獎勵措施或懲罰條款，以限制管理者作出不利於整體公司的決策。當然，無論訂定何種辦法或制度，或則是由公司負擔額外的獎勵成本，或則是因為阻礙管理者正常運作而引起行政效率上的減低，都將是因為代理問題而產生的成本，我們稱之為代理成本 (Agency Cost)。

由於有著較大的企業規模以及分散於各國的經營據點，跨國企業會比一般公司負擔較高的代理成本；除此之外，跨國企業還需要面對更為複雜的環境、法令及道德規範方面的限制。不同國家因傳統與風氣的影響，在法律的訂定與執行方面，各有不同的作法。跨國公司因不諳當地的民情風俗，有時引起不必要的困擾，耗時費力，造成許多損失。

第四節 企業國際化的起因及成長背景

企業為什麼要到海外拓展業務？歸納起來，有三種理論可以解釋企業國際化的原因。此三種理論有相通之處，也互補彼此的不足。

比較利益理論 (Theory of Comparative Advantage)

古典的比較利益理論，可以解釋企業為什麼從事國際貿易。由於國家與國家之間，天然資源的稟賦 (Resource Endowment) 不同，特定資源富足的國家，會盡量發展以該資源為生產主力的產業。例如勞力富足 (Labor-Abundant) 的國家傾向專門發展勞力密集 (Labor-Intensive) 的產業；資本富足 (Capital-Abundant) 的國家，則傾向發展資本密集 (Capital-Intensive) 的產業。如此專業分工 (Specialization) 的結果，會造成某些國家不生產某些產品，國際貿易就自然的發生。

以簡單的例子來看，假設在美國生產一個單位的產品 A 需要美金 $5，而產品 B 的單位成本則為 $3；同樣的產品在英國生產的話，單位成本分別為 £3 及 £1，如下表所示：

	產品A	產品B
美國	$5	$3
英國	£3	£1

假設英國有 £60 的生產資金，而在美國則有 $90，在英鎊兌美元的匯率為 £1 = $1.5 的情形下，兩國可說有著相同的生產資源。我們可以看出，雖然兩種產品在英國的實質製造成本均要較美國低，但是產品 B 在英國有著相對較大的生產優勢。假設英國致力於產品 B 的生產而將產品 A 交由美國來生產，則兩國共可以生產十八單位的產品 A 以及六十單位的產品 B，這將要比兩國各自同時生產兩種產品的總產量來得多。透過國際貿易，英國可以自美國輸入其所需之產品 A，同時將其具有比較利益的產品 B 輸往美國，兩國人民均將受惠。比較利益理論說明了企業為什麼要從事輸出與輸入，不過卻無法解釋直接對外投資及國際融資的發生原因。

產品循環理論 (Product Cycle Theory)

產品循環理論主張企業剛成立時，因為對本國社會、文化環境都較為熟悉，因此必定選擇在本國市場從事生產及銷售。隨著時間的過去，國內市場對於該產品的吸收已達飽和，為了要繼續保持銷售的成長，企業必須拓展商品至海外市場。在國際化的過程中，企業最初會採用低風險、低報酬的方式，利用國內的生產設備，將製成的商品輸出至國外市場，此階段即為出口 (Exporting)。當出口成長良好，企業便會進一步考慮到國外找一個代理商，運用其在當地已有的銷售網路及倉儲設備，大力促銷，以擴大銷售市場，此為簽代理商的階段 (Licensing)。當國外市場對該產品的需求漸趨穩定，企業便會傾向於建立自己的銷售網路，開始在當地建立自己的銷售中心及倉儲設備，並培訓銷售人才，以增加邊際利潤 (Profit Margin)，此階段因為有銷售子公司的成立，表示企業已開始從事直接對外投資 (DFI)。

在銷售子公司成立的階段之後，企業為節省運輸成本 (Transportation Costs)，且避免跨洋運輸所可能發生的風險及造成的耽擱而招致客戶不滿，同時為了加強售後服務，並增加地主國友誼，因此會在當地成立生產中心，建立製造子公司，雇用當地勞力。至此企業已發展成跨國公司型態。因此產品循環理論主張，企業為促使產品的銷售繼續成長而走向國際化的路線如下：

Exporting → Licensing → Sales Subsidiary → Manufacturing Subsidiary
出口 → 簽代理商 → 銷售子公司 → 製造子公司

由產品循環理論，我們可以瞭解為什麼企業會從事進出口及直接對外投資的國際業務活動。

不完全市場理論 (Imperfect Markets Theory)

不完全市場理論主張各國資源稟賦不同，但是有些資源基於法令、移民等限制或運輸困難而變成不可自由移動，因此企業若要運用該種資源，就必須走向該種資源所在地，而非將該資源引進本國。例如由於移民法令限制，勞力並不能由工資低的國家任意移往工資高的國家，因此工資高的國家（例如美國）常前往工資低廉的國家（例如墨西哥）設立製造子公司，生產勞力密集的產品。又如各國常設立資本及外匯管制條例，使國際市場間資本的自由移動受到限制，而無法使資金從利率低的市場任意移往利率高的市場。因此企業從事國際融資 (International Financing)，往海外去籌措資金，以獲取較低的利率。

不完全市場的基本假設是市場上有許多不完全性 (Imperfections)，因此產生了許多成本（諸如運輸成本、交易成本……），阻礙了資源的自由移動，造成產品市場、因素市場，及金融市場各體系內商品價格的差異，也使企業必須從事國際化業務，以針對需求取得最優的市場價格。近年來銀行國際性業務的快速拓展，資訊傳遞工具的急遽演進，政府法令的放寬解除，以及企業本身面對的產業轉型與競爭壓力，使得全球企業國際化的趨勢日盛。資料顯示各國進出口貿易相對於國內生產毛額的比例大幅增加，直接對外投資水平也大幅提高，且外匯市場每日交易額早已躍居為各市場之翹楚，更為其他市場所難以望其項背。當此之際，研讀國際財管更有其時代的意義及重要性。

第五節 本書重要內容

本書共計四篇十六章。第一篇探討國際金融環境，包括一至六章。第一章描述國際財務管理的意義及重要性，與一般財務管理不同之處，跨國公司的定義、起因及成長背景，以及其所面對的額外的機會、風險及其他問題。第二章介紹國際貨幣制度及其演進。第三章探討與國際收支及匯率變動有關的因素。第四、五章介紹外匯市場及外匯期貨與選擇權。第六章剖析匯率預測及重要國際平價條件。

第二篇專論匯率風險管理，包括七至九章。第七章描述換算風險的衡量與管理，第八章探討交易風險的衡量與管理，第九章則分析營運風險的衡量與管理。

第三篇論述國際金融市場與資金來源，包括十至十二章。第十章介紹國際貨幣市場及國際債券市場，第十一章探討國際股票市場及國際股市報酬與風險評估，第十二章描述國際銀行業務及金融交換。

第四篇論及國外投資決策，包括十三至十六章。第十三章探討跨國資本預算評估，第十四章描述政治風險管理，第十五章敘述跨國現金管理策略，第十六章探討跨國企業稅務規劃。

代理問題	(Agency Problem)
高登模型	(Gordon Model)
不完全市場理論	(Imperfect Markets Theory)
跨國公司	(MNC)
產品循環理論	(Product Cycle Theory)
比較利益理論	(Theory of Comparative Advantage)

參考文獻

李蘭甫，《國際企業論》，三民書局，民國 73 年 11 月。

何憲章，《國際財務管理》，新陸書局，民國 84 年 8 月。

林彩梅，《多國籍企業論》，五南圖書公司，民國 79 年 3 月。

Aggarwal, Raj, "Investment Performance of U.S.–Based Multinational Companies: Comments and a Perspective of International Diversification of Real Assets", *Journal of International Business Studies*, Spring-Summer 1980, pp. 98–104.

Aharoni, Yair, "On the Definition of a Multinational Corporation", *Quarterly Review of Economics and Business*, Autumn 1971, pp. 27–37.

Aliber, Robert F., *The International Money Game*, 5th ed., New York: Basic Books, 1987.

Auster, Ellen, "International Corporate Linkages: Dynamic Forms in Changing Environments", *Columbia Journal of World Business*, Summer 1987, pp. 3–6.

Batra, Reveendra N., and Rama Ramachandran, "Multinational Firms and the Theory of International Trade and Invest", *American Economic Review*, June 1980, pp. 278–292.

Bogdanowicz, Bindert, Christine A., and T. Chris Canavan, "The World Bank and the Internatoinal Private Sector", *Columbia Journal of World Business*, Fall 1986, pp. 31–35.

Burns, Arthur F., "The Need for Order in International Finance", *Columbia Journal of World Business*, Spring 1977, pp. 14–29.

Butler, Kirt C., *Multinational Finance*, Cincinnati, Ohio: Southwestern, 1997.

Cavusgli, S. Tamer, and Jacob Naor, "Firm and Management Characteristice as Discriminators of Export Marketing Activity", *Journal of Business Research*, June 1987, pp. 221–235.

Chew, Donald H., editor, *Studies in International Corporate Finance and Governance Systems: A Comparison of the United States, Japan, and Europe*, New York and Oxford: Oxford University Press, 1997.

Choi, Frederick D. S., "International Data Source for Empirical Management", *Financial Management*, Summer 1988, pp. 80–98.

______, "Teaching International Finance: An Accountment's Perspective", *Journal of*

Financial and Quantitative Analysis, November 1977, pp. 609–614.

Clark, Don, "Regulation of International Trade in the United States: The Tokyo Round", *Journal of Business*, April 1987, pp. 297–306.

Curtain, J. P., W. H. Davidson, and R. Suri, *Tracing the Multinationals*, Cambridge, Mass.: Ballinger, 1977.

Dufey, Gunter, and Ian Giddy, *50 Cases in International Finance*, Reading, Mass.: Ballinger, 1977.

Eaker, Mark R., "Teaching International Finance: An Economist's Perspective", *Journal of Financial and Quantitative Analysis*, November 1977, pp. 607–608.

_____, Frank J. Fabozzi, and Dwight Grant, *International Corporate Finance*, Ft. Worth: The Dryden Press, 1996.

Eiteman, David K., Arthur I., Stonehill, and Michael H. Moffett, *Multinational Business Finance*, 8th ed., Addison-Wesley, 1998.

Fallon, Padraic, Nigel Adram, and William Ollard, "The Great Deregulation Explosion", *Euromoney*, October 1984, pp. 55–61.

Findly, M. Chapman, III, and G. A. Whitmore, "Beyond Shareholder Wealth Maxization", *Financial Management*, Winter 1974, pp. 25–35.

Folks, William R., Jr., "Integrating International Finance into a Unified Business Program", *Journal of Financial and Quantitative Analysis*, November 1977, pp. 599–600.

Forrestal, Robert P., "The Rising Tide of Protectionism", *Economic Review, Federal Bank of Atlanta*, March-April 1987, pp. 4–10.

George, Abraham, and Ian H. Giddy, *International Finance Handbook*, vols. 1 and 2, New York: Wiley, 1983.

Grabbe, J. Orlin, *International Financial Markets*, 3rd ed., Prentice Hall, 1996.

Holland, John, *International Financial Management*, New York and Oxford, U.K.: Basil Blackwell, 1986.

Hu, Henry T. C., "Behind the Corporate Hedge: Information and the Limits of Shareholder Wealth Maximization", *Journal of Applied Corporate Finance*, vol. 9, no. 3, Fall 1996, pp.

39–51.

Investing, Licensing and Trading Conditions Abroad, New York: Business International, a reference service that is continually updated.

Kaibni, Nihad, "Evolution of the Compensatory Financing Facility", *Finance and Development*, June 1986, pp. 24–27.

Learner, Edward W., *Sources of International Comparative*, Cambridge, Mass.: MIT Press, 1986.

Lessard, Donald R., "Transfer Prices, Taxes, and Financial Markets: Implications of International Financial Transfers within the Multinational Firm", in *The Economic Effects of Multinational Corporations*, Robert G. Hawkins, ed., Greenwich, Conn.: JAI Press, 1979.

_____, *International Financial Management, Theory and Application*, 2nd ed., New York: Wiley, 1987.

_____, "Global Competition and Corporate Finance in the 1900's", *Journal of Applied Corporate Finance*, vol. 3, no. 4, Winter 1991, pp. 59–72.

Levi, Maurice, *International Finance: Financial Management and the International Economy*, 3rd ed., New York: McGraw-Hill, 1996.

Levich, Richard M., "Recent International Financial Innovation: Implications for Financial Management", *Journal of International Financial Management and Accounting*, vol. 1, no. 1, Spring 1989, pp. 1–14.

Madura, Jeff, and Lawrence C. Rose, "Are Product Specialization and International Diversification Comparable?", *Management International Review*, no. 3, 1987, pp. 37–44.

Madura, Jeff, *International Financial Management*, 4th ed., St. Paul, Minn.: West Publishing, 1995.

Recent Trends in International Direct Investment, Washington, D.C.: OECD, 1987.

Robbins, Sidney M., and Robert B. Stobaugh, *Money in the Multinational Enterprise*, New York: Basic Book, 1973.

Robock, Stefan H., and Kenneth Simmonds, *International Business and Multinational*

Enterprises, 3rd ed., Homewood, Ill.: Irwin, 1987.

Shapiro, Alan C., *Multinational Financial Management*, 5th ed., Boston: Prentice Hall, 1996.

_____, *Foundations of Multinational Financial Management*, 2nd ed., Allyn and Bacon, 1994.

Solnik, Bruno, *International Investments*, 3rd ed., Reading, Mass.: Addison-Wesley, 1996.

Stonehill, Arthur, The Beekhuisen, Richard Weight, Lee Remmers, Norman Toy, Antonio Pares, Alan Shapiro, Douglas Egan, and Thomas Bates, "Financial Goals and Debt Ratio Determinants: A Survey of Practice in Give Countries", *Financial Management*, Autumn 1975, pp. 27–41.

Stonehill, Arthir, and David Eiteman, *Finance*: *An International Perspective*, Homewood, Ill.: Irwin, 1987.

Toyne, Brian, "International Exchange: A foundation for Theory Building in International Business", *Journal of International Business Studies*, Spring 1989, pp. 1–17.

Vernon, Raymond, *Storm over the Multinationals*, Cambridge, Mass.: Harvard University Press, 1977.

_____, and Louis T. Wells, Jr., *Manager in the International Economy*, 4th ed., Englewood Cliffs, N.J.: Prentice-Hall, 1987.

Walmsley, Jilian, *Dictionary of International Finance*, 2nd ed., New York: Wiley, 1985.

Wilkins, Mira, *The Maturing of Multinational Enterprise*, Cambridge, Mass.: Harvard University Press, 1974.

Zenoff, David B., ed., *Corporate Finance in Multinational Companies*, London: Euromoney Publications, 1987.

第二章

國際貨幣制度及其演進

第一節　國際貨幣制度的涵義及其重要類型
第二節　ECU, EURO & SDR

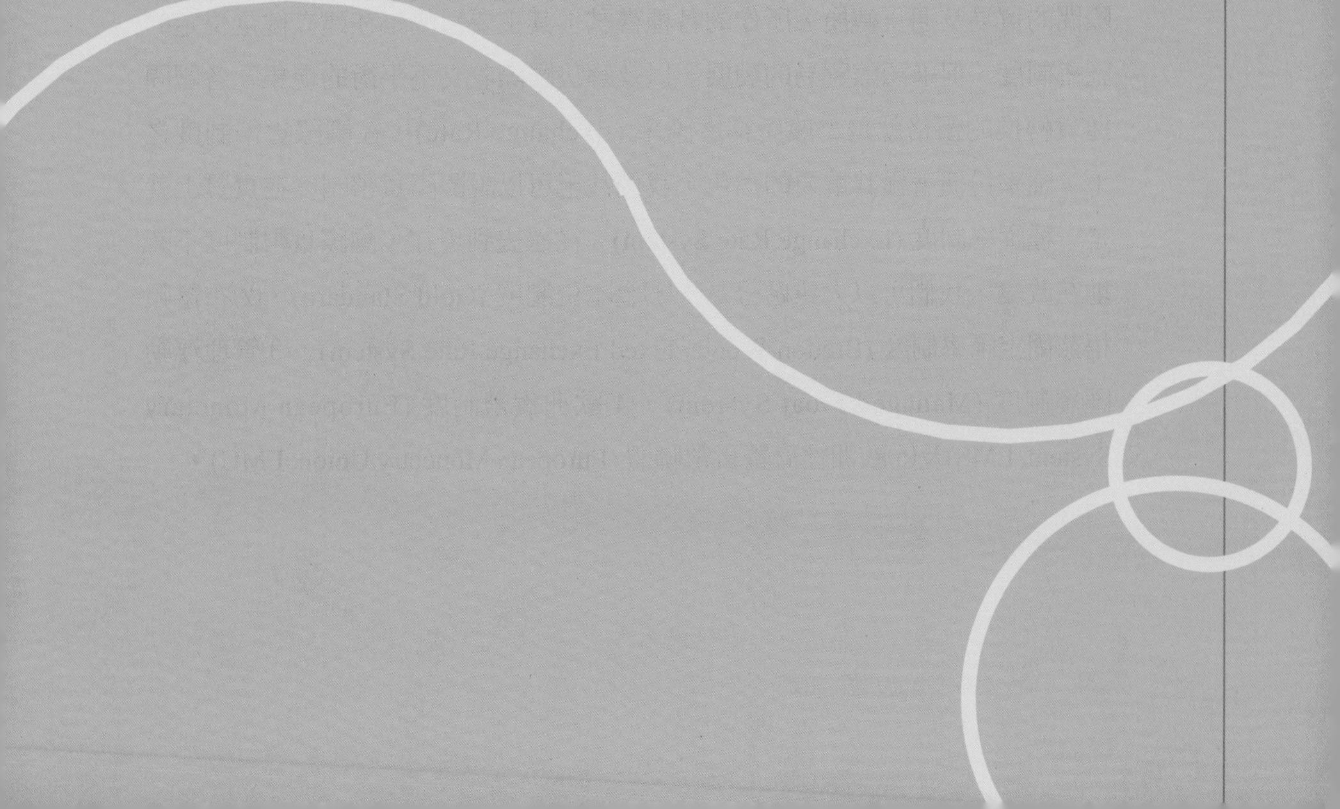

本章重點提示

- 國際金本位時期 (International Gold Standard)：1880 年～1914 年
- 布雷頓梧茲固定匯率時期 (Bretton Woods System)：1944 年～1971 年
- 管理浮動匯率時期 (Managed Float System)：1973 年至今
- 歐洲貨幣制度實質精神時期 (the Spirit of European Monetary System)：1979 年～1992 年
- 歐洲經濟暨貨幣聯盟 (European Monetary Union)：1999 年至今

第一節 國際貨幣制度的涵義及其重要類型

由於各國均有其自己的通用貨幣，簡稱為通貨 (Currency)，當國與國之間進行貿易和資本轉移時，就產生了通貨轉換 (Currency Conversion) 的問題。國際貨幣制度 (International Monetary System) 就是為了要管理與便捷國際間的貿易及通貨轉換，所作的各種嘗試；其主要目的是在建立健全穩定的匯率制度，促進國際貿易的發展，以及解決國際收支不平衡的現象。各國間通貨轉換的價格就是一般所稱之匯率 (Exchange Rate)，在國際貨幣制度之下，匯率扮演著極其重要的角色，我們甚至可以說國際貨幣制度在實質上就是一種匯率制度 (Exchange Rate System)。從過去到現在，國際貨幣制度不斷地在改變，我們可以大致區分為：⑴金本位制度 (Gold Standard)、⑵布雷頓梧茲固定匯率制度 (Bretton Woods Fixed Exchange Rate System)、⑶管理浮動匯率制度 (Managed Float System)、⑷歐洲貨幣制度 (European Monetary System, EMS)及⑸歐洲經濟暨貨幣聯盟 (European Monetary Union, EMU)。

金本位制度（Gold Standard, 1880～1931）

黃金被當作貨幣使用，在世界的歷史上由來甚久。在十九世紀初期，英國已正式成為金本位制度的國家（英國的金本位制度施行期間為：1821 年～1914 年）。之後，世界各主要國家也相繼跟進，例如美國施行金本位制度期間為 1834 年～1933 年（但是 1861 年～1878 年的 Greenback 期間除外）❶。在 1880 年～1914 年這段期間可以說是金本位制度的全盛時期，在此期間國際間可以說是建立起了全球性的金本位狀態 (International Gold Standard)，此狀態一直維持到 1914 年第一次世界大戰爆發才結束。

採用金本位制度的國家，基本上有三個特性：⑴政府明訂本位貨幣中的法定含金量，例如在當時每 1 美元的含金量是純金 23.22 喱，每 1 英鎊的含金量則是 113 喱純金。據此換算的結果，每盎司黃金相當於 20.672 美元，而每盎司的黃金也等於 4.248 英鎊❷。根據兩國貨幣中的含金量，我們可以輕易的算出兩國貨幣間的兌換率，也就是法定匯率。從上述美元及英鎊的含金量來看，每 1 英鎊可兌換之美元數量（法定匯率）為 £1 = US$4.866 (20.672/4.248)。⑵政府無限制的按照黃金的貨幣價格來購買或賣出黃金，存款持有人可以將存款自由轉換成為黃金，銀行券（紙幣）持有人也可以將銀行券隨時轉換成為黃金。事實上，在採用金本位制度國家中，無論是使用何種形式的通貨，均是可以轉換成黃金的。⑶政府准許黃金在國內外自由的移動，也就是說黃金可以在私人市場中自由流通買賣，廠商或個人可以將黃金自由的輸出或輸入。

在金本位制度時期，金本位曾經以三種不同的形式存在，分別為：金幣本位制 (Gold Coin Standard)、金塊本位制 (Gold Bullion Standard)及金匯本位制 (Gold Exchange Standard)。我們依序加以說明。

---

❶ Greenback 期間是指美國政府自內戰開始（The Civil War, 1861 ～1865）即採發行紙幣，且紙幣不可自由兌換成黃金，此期間一直到 1878 年才結束。

❷ 1 盎司 (Ounce) = 480 喱。

金幣本位制（1880～1914）

金幣本位制在金本位制度的歷史上佔有最重要的地位。在 1914 年以前的金本位制度基本上是屬於金幣本位制。在金幣本位制之下，人民有自由鑄幣權（可以請求將黃金鑄成金幣），也有自由鎔毀權（可以將金幣鎔成金塊）。採行金幣本位制的結果會使得各國外匯市場的實際匯率只會在非常狹小的範圍內變動。當市場匯率與法定匯率間的差距過大時，市場機制將會發生作用而使得兩者差距下降至合理範圍。如前所述，在當時英鎊對美元的法定匯率是 £1 = US$4.866，假設從紐約運送 1 英鎊等值的黃金橫跨大西洋至英國倫敦所需之運送成本為 US$0.02，則在市場中的英鎊／美元實際匯率應該會維持在每 1 英鎊兌換 US$4.846 到 US$4.886 之間。換句話說，市場實際匯率的上限等於法定匯率加上黃金運送的費用，該上限又稱之為黃金輸出點 (Gold Export Point)。也就是說，如果在美國之英鎊匯率超過 £1 = US$4.886，在金幣本位制之下，市場中將會出現黃金輸出的現象。反之，如果市場匯率低於法定匯率減去黃金運送的費用 (£1 = US$4.846)，也就是所謂的黃金輸入點 (Gold Import Point)，則市場上會產生黃金輸入的情形。也就是由於國際間黃金的自由流動，使得金幣本位制下的匯率得以維持在一定範圍。讓我們來看以下的例子。

假設在紐約的外匯市場中，英鎊對美元的匯率為 £1 = US$4.896，超過了黃金輸出點匯率 (£1 = US$4.886) 達 US$0.01，市場中的套利者 (Arbitragers) 可以在紐約的外匯市場中依照實際匯率賣出英鎊，取得美元（例如賣出 £4.248，買進 US$20.798），然後在美國依自由鎔毀權，以 US$20.672 兌換 1 盎司黃金的兌換比率，將所買進美元鑄成 1.0061 盎司的金塊，並支付 US$0.085 運輸費用 (US$0.02 × 4.248 = US$0.085) 而將金塊輸出到倫敦；在倫敦，再依自由鑄造權將金塊兌換成英鎊而得到 £4.2739，最後再將所得之英鎊匯往美國。如此一來，套利者獲得正值的無風險利潤。如此的套利行為會一直進行到英鎊價值跌回黃金輸出點水準之內，使得套利者無利可圖，套利行為會自動終止。

反之，若在紐約外匯市場的實際匯率是 £1 = US$4.836，低於黃金輸入

點 (£1 = US$4.846)，則套利者將會在紐約外匯市場先行賣出美元，買進英鎊（例如賣出 US$20.543，買進 £4.248），然後將英鎊匯往英國，在英國依自由鎔毀權將英鎊換成金塊（£4.248 轉換 1 盎司黃金），再支付 US$0.085 的運輸費用將金塊輸往紐約，最後在紐約依自由鑄造權將金塊換得美元（1 盎司黃金兌換 US$20.672）。如此一來，套利者將可獲得 US$0.044 無風險利潤 (US$20.672 − US$20.543 − US$0.085 = US$0.044)。同樣的，這樣的套利行為將很快的促使英鎊價值回升到黃金輸入點以上的水準。

從以上的例子，我們可以看出，在金幣本位制之下，市場中的實際匯率只能在非常狹窄的範圍內波動，因此本質上可以視為一種固定匯率制度 (Fixed Exchange Rate System)，其匯率變動的幅度甚至於要比隨後所要談及的布雷頓梧茲固定匯率制度所容許的範圍還小，因此金本位制度的優點就是國際間匯率的穩定。除此之外，該制度的另一特色是能自動調整國際收支不平衡的現象。之所以能產生如此的效果，是基於在國際金本位制度之下，各國均需奉行三項遊戲規則 (Rules of the Game)，使得匯率能夠維持穩定，而調節國際收支失衡的功能就自然得以充分發揮。這三項遊戲規則分別是：⑴以各國貨幣中的黃金含量來表彰該國貨幣的價值，依此條件，人民可以自由將紙幣兌成黃金，而各國貨幣的兌換比率（匯率）也因此而決定；⑵各國發行的紙幣數量受黃金準備的限制，因此各國的紙幣供給額，受到黃金流量的影響；⑶各國允許黃金自由輸出與輸入，不受任何限制。

古典經濟學家休姆（David Hume，蘇格蘭人，1711～1776）曾提出物價與黃金流量自動調整機能 (Price-Speice-Flow Mechanism) 的論點來解釋在金本位制度之下，國際收支失衡是靠黃金流動所引起的物價調整來恢復平衡。休姆指出，當一個國家的國際收支發生逆差時，黃金將會流入其他國家；黃金外流造成貨幣供給額的減少，而貨幣供給額下降又會引起物價水準降低，使得本國產品在國際市場上取得相對競爭優勢，產品出口數量自然上升。隨著出口增加及進口的減少，國際收支逆差的現象得以扭轉。

至於在國際收支有順差的國家，雖有短期間黃金內流的現象，但是黃金流入將造成國內物價上漲，而使出口減少，進口增加，順差的現象終將消失。休姆的理論所強調的是黃金流動具有物價調整的效果。而事實上，在國際金本位制度之下，國際收支平衡的維持，除了是靠黃金流動所產生的物價效果 (Price Effect)，也靠黃金流動所引起的資本移動效果 (Capital Movement Effect)。因為在此制度之下，黃金不僅可以自由輸出入，還可以自由鑄造及自由鎔毀。人們也知道實際匯率只能在黃金輸入及輸出點之間變動。一旦一國發生國際收支逆差而引起黃金外流及匯率下降，投機套利者預料匯率終將回升，必然先將資金導入逆差國，而引起黃金回流，此即所謂的資本移動效果。

另一種黃金流動所造成的資本效果是透過利率的調整。國際收支逆差國的貨幣供給額下降將會引起銀根緊縮，使得國內利率上升，進而吸引國外短期資金的流入，而改善逆差國的國際收支情形。因此在金本位制度之下，國際間短期資金的流動，將加速國際收支的恢復平衡。

在 1914 年以前的國際金本位制度（即金幣本位制），可以說是運行的相當順利。其運作之成功頗為後人緬懷。但是金本位制度本身也有其潛在的弱點。首先，由於黃金的供給量很難掌握，而各國貨幣供給額又要受到黃金存量的限制，缺乏實務操作上所需之彈性；第二，當國內或國際局勢動盪不安時，很難要求各國繼續遵守上述的遊戲規則。在 1914 年以前，金本位制度的成功，主要也是因為當時世界經濟比較穩定，金本位制度未受到嚴格的考驗，而且在當時由於重要金礦的發現，黃金的供應也相當充足。

到了第一次世界大戰爆發以後，為了應付戰爭所需，一些國家不顧紙幣發行總額需受黃金存量的限制，大量的發行紙幣，使得紙幣兌換黃金產生困難，破壞了金本位制度之下，黃金與紙幣可以自由兌換的特性。由於戰時黃金短缺，各國又紛紛限制黃金出口，而使黃金不再能自由輸出，進一步破壞了金本位制度的遊戲規則。金幣本位制的輝煌時代遂隨著第一次世界大戰的到來而宣告結束。

金塊及金匯本位制度（1925～1931）

從以上的說明，我們可以看出金幣本位制在實質上是一種固定匯率制度（市場匯率僅會在一狹小區間內波動），但是在第一次世界大戰期間，由於各國紙幣的大量印行，使得各國出現了通貨膨脹，紙幣在許多國家均無法自由的兌換成黃金，市場匯率因此形成浮動。戰後各國都欲恢復曾留下美好印象的戰前金本位制度，於是企圖再度建立金本位制度，但金本位制度的恢復也只維持了數年的時光就宣告結束。

在戰後所恢復的金本位制度，除了美國仍是採行金幣本位制之外，英國、法國事實上所採用的乃是所謂的金塊本位制，而德國及其他三十幾個國家則是採用金匯本位制，由於多數國家均是採取金匯本位制，所以戰後的金本位制度一般通稱為金匯本位制時期。

英國在 1925 年恢復了英鎊及黃金的兌換，將英鎊對美元的匯率恢復為原先的 £1 = $4.866，但由於國內不再流通金幣，紙幣（也就是銀行券）則規定要在一定的條件之下才可以兌換金塊❸，因此 1925 年以後英國所採用的金本位制度被稱之為金塊本位制。法國在 1928 年所恢復的金本位制度也是屬金塊本位制，因為在黃金的兌換上也作了限制（規定至少要有 215,000 單位的法郎，才可兌換金塊）。

德國在 1924 年最早開始採用金匯本位制，隨後許多歐洲國家也相繼跟進。金匯本位制的特點是，各國發行貨幣的準備不再限於黃金，也包括可兌換成黃金的外匯，例如美元、英鎊及法郎。在金匯本位制之下，政府所發行的紙幣不能直接兌換成黃金，而只能兌換成另一種可以轉換為黃金的通貨，然後再按照該通貨國的規定兌換黃金。在第一次世界大戰之後，金匯本位制為各國普遍採行的主要原因，是因為可以節省黃金的使用。由於戰爭所導致的國際經濟情勢改變，使得黃金集中於少數國家；大部分國家不僅遭受通貨膨脹，而且黃金短缺，採用金匯本位制使得這些國家不再受到黃金存量的限制，而能擴大其信用創造的能力。

但是在戰後這種以金匯本位制為主的國際貨幣制度並沒有持續太久，主要原因如下。首先是美國在戰後採取了保護主義的外貿作風。美國經歷第一次世界大戰之後，以強而有力的經濟大國姿態出現。當其享受國際貿易盈餘

❸ 所謂一定條件，是指每次兌換金額，至少為 1,699 英鎊 1 先令 8 便士，可兌換成純金 400 英兩。

之際，卻通過了一些偏向於保護主義的關稅法案，對於進口加以限制。由於美國在戰爭期間曾大量借款給其他國家，戰後這些國家為了償還外債，必須發展國際貿易以產生盈餘來償債，而美國保守的對外貿易政策，使得這些負債國必須轉向民間借款來融得所需資金，以債養債。舉例而言，德國在當時是戰敗國，根據 1919 年 6 月 28 日所簽定的凡爾賽合約 (The Treaty of Versailles)，必須負擔戰爭所造成的損壞賠償。賠償金額在 1921 年設定為三百三十多億美元，由於德國無法靠發展貿易來還債，就向英國民間部門借款，而英國又是轉向美國融資。

此外，英鎊的過度升值與法郎的過度貶值，也是金匯本位制失敗的原因。英國在 1925 年將英鎊的外匯價值恢復到戰前水準 (£1 = $4.866)，原因之一是想要維持英鎊價值所象徵的英國重要地位。但是戰後的英國有著比美國更高的通貨膨脹，在戰爭期間又損失了鉅額的外匯資產，因此要強行將英鎊價值恢復到戰前水準必定造成英鎊的過度升值，結果是英國的實質產出及僱用下跌，更加重了其國內的經濟困境。而法國在 1928 年將法郎作巨幅貶值，此一作法雖然替法國創造了貿易盈餘，但卻是以英國為壑 (Beggar-the-Neighbor)，使得英國失去了更多的黃金準備。

戰後各國都著重內部的穩定，因此不太願意遵守金本位制度之下的遊戲規則，也不願意讓國際收支的調整過程自由運作。例如有國際收支盈餘的國家如美國、法國等就希望繼續保有盈餘，因此偏好限制進口、降低幣值等策略。各國以內部穩定及成長為目標，以忽略國際收支及匯率穩定為代價，使得此種國際貨幣制度無法正常運行而終告瓦解。

1929 年 10 月 24 日黑色的星期四 (Black Thursday)，世界經濟大恐慌在美國的股票市場揭開序幕，在短短幾個小時之內，股票價格巨幅滑落。到了年底，超過 40 億美元的財富已從投資人的指縫中溜走。美國物價下跌，失業率節節升高，銀行也相繼倒閉。至於國際間的其他國家，由於國際貿易遽減，國際收支惡化，先是一些拉丁美洲國家因為黃金大量外流而脫離金本位制，接著奧地利和德國也發生大銀行倒閉風潮，德國在 1931 年宣布禁止黃金出口，並實行外匯管制，正式脫離了金本位制。英國則因為英鎊過度升值，早有大量黃金流失的現象，德國實施外匯管制後更使得英國在德國的資金不能匯回，國際收支逆差情形更形加劇，英鎊價值滑落，黃金加速流失，英國終於在 1931 年 9 月也宣布放棄金本位。美國到了 1933 年，失業率已高達 25% ，大批銀行倒閉，大量黃金外流，因此不得不在 1933 年宣布停止銀行券的兌換，禁止黃金輸出，放棄了金本位制度。法國脫離金本位制度雖然稍晚，但也在 1937 年宣布棄守。

布雷頓梧茲固定匯率制度（Bretton Woods Fixed Exchange Rate System, 1944～1971）

在 1944 年 7 月，全世界四十四個國家的代表在美國新罕布夏州的布雷頓梧茲區 (Bretton Woods, New Hampshire) 召開會議，該會議的主要目的是希望各國能夠達成協議，積極拓展國際貿易，增進國際資本市場的流通性，並儘速恢復各國通貨的可轉換性 (Convertibility of Currencies)——亦即任何人皆可以在外匯市場自由的買賣外匯而無須與中央銀行交涉，以及維持各國匯率及金融市場的穩定性。在布雷頓梧茲所舉行的會議中，與會成員同意成立幾個新的國際貨幣及金融機構，這些機構包括了國際貨幣基金會 (International Monetary Fund, IMF)，國際重建與發展銀行 (International Bank for Reconstruction and Development)，以及國際清算銀行(Bank for International Settlements, BIS)。這三個機構一直到現在都還在國際舞臺上扮演著極為重要的角色。國際貨幣基金會以及國際重建及發展銀行（又稱之為世界銀行，The World Bank）的成立，是為了執行國際貨幣制度（或匯率制度）所交付的任務；而國際清算銀行的功能則是充當所有參與國中央銀行的央行 (Central Bank of the Central Banks)，幫助各工業國家管理並投資其外匯準備，並與IMF及世界銀行合作，協助開發中國家的央行渡過其金融難關。

懷特計畫 (White Plan) vs. 凱因斯計畫 (Keynes Plan)

在布雷頓梧茲會議中，雖然參加的國家很多，不過只有美、英兩國在改革金融方面的提案受到各方重視。美國的計劃是由當時的財政部官員哈利懷特(Harry Dexter White) 所提出，稱為懷特計劃；英國的方案則是著名的經濟學家凱因斯的構想，稱之為凱因斯計劃。懷特計畫的基本主張是要加重黃金在國際貨幣市場中的角色，並認為調整國際收支不平衡的工作，完全應由赤字國家來承擔。這是因為美國在第二次世界大戰結束後，成為資本主義世界中經濟實力最雄厚的國家，除了擁有了世界上最多的黃金，也充分享受國際收支盈餘。反觀英國在第二次世界大戰期間，受到重大創傷，經濟受到嚴重破壞，黃金短缺，成為國際收支赤字國家。因此，代表英國意見的凱因斯計劃，主張減輕黃金在國際市場上的角色，並建議由盈餘國及赤字國共同負擔改善國際收支不平衡的責任。同時，凱因斯計畫還建議創立一個新的國際準備資產，稱之為班柯爾 (Bancor)，用以取代黃金。可想而知的，美國代表大力反對班柯爾的構想，因為美國當然不願意在擁有最多黃金的時候，讓黃金在國際金融市場中失去其地位。布雷頓梧茲會議最後是通過了以「懷特計劃」為主要基礎的協定，稱之為布雷頓梧茲協定 (Bretton Woods Agreement)，從此建立起持續了大約三十年的布雷頓梧茲固定匯率時代（Bretton Woods Fixed Exchange Rate Era, 1944～1971）。

面值匯率 (Par Value Exchange Rate)

在布雷頓梧茲匯率體系之下，每個 IMF 的會員國均宣誓將其貨幣價值釘住黃金或美元，也就是說各國必須為其通貨設定一基本面值 (Par Value)，明訂其貨幣的黃金價值。在當時，1 盎司黃金是訂為 $35 美元（也就是 1 美元等於 1/35 盎司的黃金），因此，假設 1 德國馬克等於 1/140 盎司的黃金，則根據兩國通貨的面值，可以算出這兩通貨間的面值匯率，即馬克兌美元的面值匯率為 DM1 = $0.25。各個 IMF 會員國有義務要將市場匯率 (Market Exchange Rate) 維持在面值匯率上下 1% 的範圍內。若市場匯率的波動超過上、下限時（例如馬克兌美元面值匯率的上限是 DM1 = $0.2525，下限是 DM1 = $0.2475），則兩國的央行皆有義務進行干預，以使市場匯率回復到面值匯率上、下限的範圍之內。

在這樣的一個匯率體系之下，美元扮演著極其重要的角色。若一國在設定其面值匯率時低估了美元，則該國中央銀行在進行干預時將會失去美元（即失去外匯準備）；反之，若高估了美元，則該國中央銀行在干預時將會獲得美元（即獲得外匯準備）。若一個國家正在失去美元，就表示在該國中央銀行所釘住的匯率之下，外匯市場對美元有超額需求，或對該國貨幣有超額供給，顯示該國正在經歷國際收支赤字 (Balance of Payments Deficit)；反之，若該國正在獲得美元，表示在該國央行所釘住的匯率之下，外匯市場上有對美元的超額供給或對該國貨幣的超額需求，表示該國正在經歷國際收支盈餘 (Balance of Payments Surplus)。

在布雷頓固定匯率制度之下，美國承諾讓各國政府將其所持有的美元，隨時可以向美國財政部 (U.S. Treasury) 按照 1 盎司黃金等於 US$35 的價格來兌換黃金。因此各國貨幣價值釘住美元，也就是等於釘住了黃金。美國既然承諾按照 US$35 兌換 1 盎司黃金，就表示美國必須有大量的黃金準備，因此布雷頓梧茲體系又可以稱作是一個黃金／美元本位制 (Gold/Dollar Standard)。由於美國在當時的黃金存量約佔世界總黃金存量的 60%，因此足以擔此重任。

國際貨幣基金貸款 (IMF Purchase)

IMF 的基金，是由會員國所繳納的會費形成，會費是採用配額制，經濟地位愈重要的國家繳納得愈多。每一會員國所繳的會費的 25% 必須以黃金或美元繳納，另外的 75% 則可以用自己國家的通貨繳納。各會員國碰到國內經濟困難，國際收支失衡而需要融資時，可以向 IMF 提出貸款申請。會員國向 IMF 借款正式的名稱叫做「購買」(Purchase)，因為向 IMF 借款，必須用同等金額的本國貨幣作為抵押，一年期限之內的「購買」，不得超過所繳納會費的 25%，而累計總購買的金額也不得超過所繳納會費的 200%。此外，當一國的國際收支發生長期持續性不均衡的現象，可以將其面值匯率作一調整 (Realignment)。要改變面值匯率需先與 IMF 協商，但若變動不超過 10% 則不必取得 IMF 的批准。任何國家若將面值匯率調整超過 10% 幅度，而沒有事先取得 IMF 同意，則有可能被拒絕給予信用貸款，因此 IMF 的同意有其實際上的約束力。

由於 IMF 的可貸基金有限，不能滿足在國際上有收支赤字國家的借款需求，於是包括美國在內的十個 OECD 會員國組成了一個組織，稱之為十國集

團 (Group of Ten, or G–10)，討論要增強 IMF 的貸款能力。並在 1962 年通過一般借款協定 (General Agreement to Borrow, GAB)，協議十國集團會員國要借款 60 億美元給 IMF ，讓 IMF 可將此基金貸給 GAB 國家。另外，為了有效解決國際收支逆差國的付款問題並擴大 IMF 的貸款能力， G–10 國家提出了一種新的國際支付單位，叫做「特別提款權」(Special Drawing Right, SDR)，使它能與黃金、美元一起作為國際準備資產。 SDR 的方案在 1967 年由 G–10 國家向 IMF 提出，在1969年 7 月為IMF批准，並在 1970 年 1 月由 IMF 正式創造（有關 SDR 的相關說明，請參考本章第二節）。

布雷頓梧茲固定匯率制度下的國際經濟發展

二次世界大戰後的美國對外政策，從過去的獨善其身轉變為重視美蘇政治對立的局面，開始採取了一些阻止共產政權拓展其勢力的措施。首先美國在 1947 年成立馬歇爾計劃方案 (Marshall Plan)，給予歐洲國家資本援助，目的在使其能重建經濟秩序，進而有能力成為美國的軍事友邦，共同對抗蘇聯政權。之後，美國又建立歐洲經濟合作組織 (The Organization for European Economic Cooperation, OEEC)，也就是日後的經濟合作與發展組織 (The Organization for Economic Cooperation and Development, OECD)，用來管理馬歇爾援助方案。蘇聯方面的反應則是在東歐成立了共同經濟援助委員會 (The Council for Mutual Economic Assistance, COMECON) 來與美國分庭抗禮。

美國與蘇聯之間的冷戰 (The Cold War) 隨著德國的幣制改革 (Currency Reform) 而拉開序幕。德國在 1948 年進行幣制改革，將舊馬克 (Reichsmarks) 換成新馬克 (Deutschemarks)，由於新馬克的印製是在美國進行，使蘇聯對新馬克的供給完全無法控制。蘇聯將此事視為美國欲建立一個新的西德政權來反對蘇聯，於是在 1948 年封鎖柏林 (Berlin)。接著在 1949 年，中國共產黨政權接管大陸，1950 年韓戰爆發，這一連串的共產政權的擴張行動，使美國更積極的對西歐國家採取有效的經濟援助方案。除了前述的馬歇爾援助方案以外，美國並促使歐洲國家推動彼此間的經濟統一及貿易自由化，歐洲經濟同盟或稱共同市場 (The European Economic Community, EEC; or the Common Market) 就是當時的產物；於 1958 年開始運作，其目的是要在歐洲會員國之間成立一個自由貿易的地區，允許資本與勞動的自由移動，並藉由經濟統一達到政治合一的最終目的。此外，美國也鼓勵歐洲國家儘量將其輸出品銷往美國，並將部分美元收入作為外匯準備。到了 1959 年，歐洲國家已有足夠的美元準備可以開放自由交易的外匯市場及從事為維持面值匯率所作的干預。於是歐洲主要通貨開始恢復經常帳的可轉換性 (Current Account Convertibility)，也就是說，如果目的是為了從事商品與勞務的國際貿易，則可以在市場上自由買賣外匯。在布雷頓梧茲協定簽定後的十五年，主要工業國家的外匯市場終於再度恢復交易。

到了 1960 年，各主要工業國所持有的可轉換成黃金的美元，若按照 1 盎司黃金等於 35 美元計算，已經超過了美國的黃金準備，使得各國對美元的信心開始動搖，加速了美國黃金的大量外流。從 1960 年開始，各國持有的美元持續增加，而美國的黃金準備繼續下降，此時，布雷頓梧茲固定匯率制度已開始動搖。

布雷頓梧茲固定匯率制度的失敗

在布雷頓梧茲固定匯率制度期間，由於匯率的穩定，大大減少了國際貿易及投資的不確定性，使得國際貿易及投資拓展得很快，主要國家很少改變面值匯率。然而有趣的是，這個制度成功的原因也正好是將之推向失敗之途的力量。這是因為布雷頓梧茲制度的重點是在維持一個固定匯率機制，而要能成功的維持固定匯率是需要各國政府以犧牲其金融自主權為代價。換句話說，每個參與國在執行該國的經濟政策時，必須受到某種紀律的規範。但是各國又不願意為了維持匯率的穩定性而放棄其國內經濟政策的目標。因為愈要匯率穩定，所需的干預也就愈多，也就愈有可能因匯率政策而牴觸國內的經濟政策。由於放棄經濟自主權是各國所不願見到的，因此這個制度成功的要件也是導致其失敗的主因。

布雷頓梧茲匯率制度失敗的另一個原因，是因為它過度的依賴美元，而當國際經濟情勢的改變使得美元發生貶值時，各國所仰賴的固定匯率機制也就無法繼續維持。在二次世界大戰剛結束的那幾年，除美國以外的各國，都有美元短缺 (Dollar Shortage) 的問題。雖然布雷頓梧茲協定的承諾之一，是要使會員國儘早恢復各國通貨的可轉換性，但是由於美元的短缺，使得各國政府都傾向於暫時不開放外匯的自由買賣，好讓政府控制外匯準備及維持面值匯率，不必為外匯干預而耗費美元。

美國在布雷頓梧茲匯率制度期間，從 1949 年開始，國際收支赤字逐漸擴大，造成美元飽受貶值壓力。為了阻止美元貶值，美國開始在 1960 年代採取一連串的單方面行動。首先在 1961 年～1964 年期間，美國財政部實行了所謂的操作扭轉 (Operation Twist)，企圖經由利率期限結構 (Term Structure of Interest Rates) 的調整，使短期利率上升，長期利率下降，以達到減少短期資本外流，並促進國內長期實質投資的目的。接下來在 1963 年，國會通過課徵利息均等稅法 (Interest Equalization Tax, IET)，在此新稅制下，凡是本國人購買外國所發行的公司債，政府會將其利息所得課徵預扣稅 (Withholding Tax)。此方案的想法，就是要使美元免於落入外國企業之手，而課徵預扣稅會使外國企業在美國發行債券的融資成本提高，進而卻步。若美元不落入他國之手，則他國沒有美元可以向美國要求兌換黃金。隨後在 1965 年，美國又實施了外信限制方案 (Foreign Credit Restraint Program, FCRP)，限制美國商業銀行貸款給外國企業。不論這些措施是否阻止了美元的外流，但是其效果確是刺激了歐洲美元市場 (Eurodollar Market) 及歐洲債券市場 (Eurobond Market) 的蓬勃發展（請參考第十章第一節及第二節）。

從第二次世界大戰結束一直到 1965 年，美國國內的財政及貨幣政策都儘量保持非通膨型 (Noninflationary)，同期間世界貿易的擴展使得德國及日本在國際間的經濟地位大幅提昇。1965 年之後，美國國內的經濟政策開始轉變為擴張型的，以應越戰 (The Vietnam War) 及詹森總統 (President Johnson)領導的大社會（國內）計畫 (The Great Society (Domestic) Program) 之所需，而此時馬克及日圓相對於美元的匯率價值已是大幅低估，因此美元有強大的貶值壓力而馬克及日圓則有強大的升值壓力。德國及日本都催促美國應修正其國內經濟政策，使其恢復為非通膨型，即是應減少政府支出，緊縮信用，降低貨幣供給成長率。美國的回應是採取溫和的不理睬政策 (A Policy of Benigh Neglect)，即是任由德國及日本隨其所願進行匯率干預而累積美元準備，美國方面則是繼續其國內擴張型經濟政策。

美國的國際收支帳戶，自 1967 年以來更是加速惡化。越戰使美國不得不大量印鈔票來向國內外購買軍需物資。美元該貶值而未貶值，投機者看到一個空前未有的獲利機會。1971 年 4 月，德國中央銀行 (The Bundesbank) 為穩定匯率而進行干預，放出馬克而吸入 30 億美元；同年 5 月 4 日，一天之內又因干預而取回 10 億美元，美元貶值的壓力愈來愈沉重；隔日（5 月 5 日）匯市開始交易的第一個小時就因干預而取回 10 億美元，德國中央銀行終於決定停止繼續干預的行動而讓匯率隨市場力量自由浮動。

美國總統尼克森 (President Nixon) 雖堅持絕不使美元貶值，但一再經歷美元危機，終於在 1971 年 8 月 15 日，宣布停止外國央行以美元向美國兌換黃金。為了要使布雷頓梧茲固定匯率制度仍能繼續運作，1971 年 12 月，G–10 國家在美國華盛頓特區 (Washington, D.C.) 召開會議，簽定史密森協定 (Smithsonian Agreement)，決定讓美元對黃金貶值 7.9%，從 1 盎司黃金 = $35 降到 1 盎司黃金 = $38。根據史密森協定，市場匯率放寬為可以在面值匯率上下 2.25% 範圍內波動。之後美元貶值的壓力仍在，1973 年 2 月 5 日開始，德國又因干預而吸進 50 億美元；到 2 月 12 日，歐洲及日本的外匯市場關閉，而美國也宣告將美元貶值 10%。到 1973 年 3 月，美元實行浮動匯率，隨著美元浮動，固定匯率時代終告結束。

管理浮動匯率制度（Managed Float System, 1973～

自 1973 年布雷頓梧茲固定匯率制度宣告瓦解之後，各主要工業國家普遍實行浮動匯率制度。按照字面解釋，浮動匯率制度就是讓匯率自由浮動 (Freely Floating)，由市場供需狀況來決定，政府完全不插手管理。然而各國自 1973 年以來所採用的浮動匯率制度在實質上是屬於管理浮動 (Managed Float)。也就是各國政府在大多數時間都會讓匯率隨著市場狀況而自由變動，但是當政府認為有必要時，仍然會在外匯市場藉由買賣外匯來進行干預，只是各國政府干預的程度及頻率或有不同。沒有政府干預的自由浮動匯率制度又稱之為潔淨浮動 (Clean Float)；有政府干預的管理浮動匯率制度，

則稱之為不潔浮動 (Dirty Float)。世界主要國家目前的匯率制度可參考表 2–1。

表 2–1　各主要國家匯率制度 (1996年)

釘住匯率			EMS	管理浮動		
釘住美元	釘住 SDR	釘住其他通貨		低度彈性[a]	中度彈性[b]	高度彈性[c]
阿根廷	利比亞	冰　島	奧地利	智　利	巴　西	澳　洲
巴哈馬		約　旦	比利時	尼加拉瓜	寮　國	加拿大
巴貝多		科威特	丹　麥		中國大陸	芬　蘭
多明尼加		泰　國	法　國		哥倫比亞	印　度
伊拉克			德　國		哥斯大黎加	義大利
立陶宛			愛爾蘭		鄂瓜多爾	牙買加
奈及利亞			盧森堡		埃　及	日　本
巴拿馬			荷　蘭		希　臘	墨西哥
委內瑞拉			葡萄牙		宏都拉斯	紐西蘭
			西班牙		匈牙利	祕　魯
					印　尼	菲律賓
					伊　朗	南　非
					以色列	瑞　典
					韓　國	瑞　士
					馬來西亞	英　國
					挪　威	美　國
					巴基斯坦	
					波　蘭	
					蘇　俄	
					新加坡	
					斯里蘭卡	
					土耳其	
					越　南	

註：a 低度彈性國家是指政府干預多，匯率自由浮動的彈性受頗多限制。
　　b 中度彈性國家是指政府干預較低度彈性國家少，但較高度彈性國家多。
　　c 高度彈性國家是指匯率浮動相當自由而有彈性，政府少有干預。
資料來源：依據 IMF, IFS（1996 年 8 月）資料，本書整理。

在管理浮動匯率期間，匯率變動的次數頻繁但是變動的幅度較小，相對於先前的固定匯率期間，匯率雖能保持穩定，但每次變動，均是在累積了很沉重的貶值或升值壓力之後而產生，因此每次變動幅度都很大。在 1980 年代前半期，美國由於經濟情況看好，實質利率高而通貨膨脹率低，使得美元一路升值，並且在 1985 年 3 月到達最高峰。由於當時的雷根政府傾向於市場經濟，因此這段期間，美國中央銀行很少干預匯率。到 1985 年後期，美國經濟成長緩慢下來，且國際收支赤字繼續惡化，使得美國改變其原先的政策，開始大量且協同其他國家在外匯市場從事干預。美國認為其貿易赤字的產生是因美元匯率價值被高估，因此在 1985 年 9 月底，邀集英國、日本、法國、德國的代表，在紐約市 Plaza Hotel 舉行五大工業國 (Group of Five, G–5)高峰會，並簽下了廣場協定 (Plaza Agreement)，同意合力降低美元的匯率價值。外匯市場也接到此一訊息，就在廣場協定簽定的第二天，美元價值就下滑了 5%。到了 1987 年，美元匯率價值已經下滑甚劇，以致各國認為有必要商討新的匯率政策。在 1987 年 2 月，七大工業國 (Group of Seven, G–7) 代表，即美、英、日、法、德，以及加拿大和義大利，聚集在巴黎的羅浮宮 (Louvre) 擬訂修正策略，並簽下羅浮宮協定 (The Louvre Accord)，其目的則是要使美元幣值回升。美方答應減少預算赤字，同時也要求德國及日本採行擴張性貨幣政策，以降低利率來協助美元升值。但事實上，美國預算赤字及貿易赤字有增無減，德國及日本也未真正降低利率，因此美元無力回升。1987 年 10 月 15 日，美國白宮宣示，如果德國及日本再不增加貨幣供給，降低利率，美元將會進一步的下滑。至此市場對於美元的信心更失，幾天之後的 1987 年 10 月 19 日黑色星期一 (Black Monday)，美國股市大崩盤 (Stock Market Crash)，股價指數一天下跌五百多點。雖然股市崩盤的原因至今眾說紛云，但未必不是民間見美政府無力使經濟回轉，只能靠貶值來刺激出口，而對美國經濟完全失望的一種效應迴響。

美國長久以來，因為貿易逆差而使經濟成長遲緩，失業率高。美國成為逆差國 (Budget in Deficit) 的原因很多，諸如國防上的沉重負擔，民間過度的購買慾及過低的儲蓄率，以及生產效率不及其他國家等。美國政府與若干企業界人士認為美國之所以成為淨輸入國，主要是因為美元匯率價值高估所致。所以從 1985 年底開始，美國政府事實上一直奉行弱勢美元政策 (Weak Dollar Policy)，認為美元貶值才可刺激出口，增加進口，改善美國國際收支，並刺激經濟成長。在匯率政策方面，美國對亞洲一些外匯準備迅速累積的國家，例如日本、韓國及臺灣，施與甚多的壓力，使這些國家的通貨在 1986 年以後的匯率呈現前所未有的高幅度升值。但是當時的弱勢美元政策並未有效解決美國經濟成長遲緩的根本問題，預算赤字及貿易赤字仍然存在（參見表 2–2）。

其實，從經濟學的角度來看，美國所面臨的問題或可從一些簡單的總體方程式中尋得答案。讓我們以下列的若干簡式來加以說明。令 Y 代表國內總生產，E 代表國內總支出，X 代表輸出，M 代表輸入，則國內生產與支出之差距會等於輸出與輸入之差額，也就是：

$$E-Y=M-X \tag{2–1}$$

當一國國內總支出大（小）於國內總產出時，則該國成為淨輸入（出）國家。因為國內總支出 E 是三個單位支出的總和：即家計單位支出（以 C 表示），企業單位支出（以 I 表示），及政府單位支出（以 G 表示）。我們可以將 2–1 式重新寫成：

$$(C+I+G)-Y=M-X \tag{2–2}$$

又由於家計單位的支出 C 是總生產扣除所得稅（以 T 表示）以及儲蓄（以 S 表示）之後的餘額，因此 (2–2) 式又可以表示為：

$$(Y-T-S)+I+G-Y=M-X \tag{2–3}$$

我們將(2–3)式重新加以組合，可以得到：

$$(I-S)+(G-T)=M-X \tag{2–4}$$

根據 (2–4) 式，當企業支出大於儲蓄 ($I>S$) 而且政府支出大於稅收時

表 2-2　美國商品貿易餘額及經常帳餘額 (Billions of Dollars)，1967 年～1993 年

YEAR	Merchandise Trade Balance	Current-Account Balance
1967	3.80	2.0
1968	0.63	−0.4
1969	0.59	−1.0
1970	2	0.4
1971	−2	−3.0
1972	−7	−9.0
1973	1	0.4
1974	−6	−4.0
1975	9	11.7
1976	−9	4.0
1977	−31	−14.0
1978	−34	−13.9
1979	−27	−0.5
1980	−25	1.5
1981	−28	4.5
1982	−36	−8.0
1983	−62	−41.0
1984	−108	−101.5
1985	−122	−115.0
1986	−145	−139.0
1987	−160	−154.0
1988	−127	−126.0
1989	−116	−106.0
1990	−108	−92.0
1991	−74	−7.0
1992	−96	−68.0
1993	−133	−104.0

資料來源：摘自 Board of Governors of the Federal Reserve System, Federal Reserve Bulletin, various issues.

$(G>T)$，則輸入將大於輸出 $(M>X)$。換句話說，若一國民間的淨儲蓄太低，政府預算赤字太高，則國際收支將出現赤字。因此美國在 1980 年代欲改善巨額貿易赤字，不能只依賴貶值政策，而應從根本問題著手。藉著減少預算赤字，增加儲蓄率，刺激生產力，來減少對輸入品的依賴，才是整頓經濟的最佳方案。

歐洲貨幣制度 (European Monetary System, EMS)

在先前介紹布雷頓梧茲制度時，我們提及在二次世界大戰後的歐洲，為了推動各國間的經濟統一及貿易自由化，成立了所謂的歐洲經濟同盟 (EEC)，該同盟的宗旨是希望藉由成員國間的資本與勞動自由移動，促成該區域的經濟繁榮與統一。在 1967 年時，EEC 改名為歐洲同盟 (European Community, EC)。而當布雷頓梧茲制度面臨瓦解的時候，這些歐洲同盟國家有感於歐洲地區的匯率穩定是促進該地區貿易及經濟整合的必要條件，因此在 1972 年 4 月通過了讓歐洲國家間的匯率在狹窄範圍內波動的匯率制度，在當時市場中被稱之為「隧道中的蛇」(Snake Within the Tunnel)。這個有趣名稱的來源是因為依照 1971 年十大工業國在美國所簽訂的史密森協定，國際間的市場匯率可以在面值匯率上下的 2.25% 範圍內波動，而歐洲同盟國間的匯率是約定僅能在 ±1.125% 的狹小範圍內波動。因此，相較於當時的非歐洲國家較寬鬆的固定匯率制度，歐洲同盟國間較狹幅的固定匯率制度猶如一條蛇游走於隧道當中。

當 1973 年 3 月，各國紛紛採行浮動匯率政策之後，原本形同隧道的匯率波動範圍 (±2.25%) 頓時擴展開來如同湖 (Lake) 一般，因此 EC 國家遵行的聯合浮動匯率政策在此時就形同「湖中之蛇」(Snake in the Lake)。到了 1978 年，EC 國家為了達到較大的地區性金融穩定，同時也不滿意美元是歐洲地區主要的準備資產，於是成立了歐洲貨幣制度 (European Monetary System, EMS)，在 1979 年正式取代原先的狹幅波動匯率制度。歐洲貨幣制度成立的主要目的有三：⑴穩定歐盟會員國之間的匯率、⑵強化歐洲國家間的金融穩定，及⑶推動歐洲整合運動。在此制度下有三項特色值得一提，首先，它創造了一項新的國際準備資產，稱之為歐洲通貨單位 (European Currency Unit, ECU)；其次，它建立了一套管理匯率的過程，參與國必須同意維持匯率穩定並使歐洲通貨對美元及其他非 EC 通貨保持緊密的聯合浮動。此套管理匯率的過程，稱之為匯率機制 (Exchange Rate Mechanism, ERM)；最後，它創立了歐洲貨幣合作基金 (European Monetary Cooperation Fund, EMCF) 來協助穩定匯率及各國的金融關係。所有的歐洲同盟國家均參與了歐洲貨幣制度 (EMS)，包括比利時、丹麥、法國、德國、愛爾蘭、義大利、盧森堡、荷蘭、西班牙、英國、希臘及葡萄牙，而其中僅有希臘未參與匯率機制 (ERM) 組織。

每一個參加匯率機制的EC國家都有一個設定的中心匯率 (Central Rate)，該匯率是以每一單位 ECU 等於多少單位該國通貨來表示，從兩個國家各自的中心匯率就可以算出一對 ERM 國家的雙邊面值匯率 (Bilateral Par Value Exchange Rate)。依照匯率機制，雙邊的市場匯率 (Bilateral Market Exchange Rate) 只能在雙邊面值匯率上下的 2.25% 範圍內波動，不過也有例外。例如，義大利里拉 (Lira) 被允許在雙邊面值率上下 6% 的範圍內變動❹。另外，西班牙的貨幣普賽它 (Peseta) 及英國的英鎊 (Pound Sterling) 也被允許在雙邊面值匯率上下 6% 的範圍內波動，這是因為這兩國加入 ERM 的時間較晚，而且有著較高的通貨膨脹率（西班牙普賽它在 1989 年 6 月加入，而英國英鎊在 1990 年 10 月加入）。

德國馬克在 ERM 系統中居最重要地位，這可從馬克在 ECU 成員中佔有最重要的比重看出（請參考下節有關 ECU 的介紹）。由於德國在歐洲國家中，一向能堅守維持低通貨膨脹率，這也使得其他 EC 國家感受到壓力，致力於降低通貨膨脹率以避免造成匯率的大幅波動。

歐洲貨幣制度自 1979 年成立以來，應算是運作相當成功。雖然各會員國中心匯率常會定期調整，但是調整的幅度隨時間過去而愈來愈小，在 1987 年～1992 年之間並沒有重大的中心匯率變化，而且各會員國之間的貨幣政策也漸能趨向一致，各國通貨膨脹率的差異顯著減少，使得整個歐洲全

❹ 但義大利里拉在 1990 年 1 月又被限制只能在 ± 2.25% 範圍內波動。

面通貨膨脹率也降低。

不過歐洲貨幣制度在 1992 年開始出現危機。首先，英國和義大利經歷了嚴重的經濟不景氣，高失業率及高通貨膨脹率並肩而來。德國則是為東、西德的整合（1990 年 10 月），政府預算赤字大幅增加，因而需要大量借款而導致實質利率上升。德國利率的上升給予馬克升值的壓力，而英國與義大利若要維持匯率在指定的範圍內波動則需要跟著調高利率。但這些國家認為，歐洲匯率機制的穩定，應該是靠德國作調降利率的努力。最後，由於德國拒作調降利率的讓步，迫使英鎊和義大利里拉在 1992 年 9 月退出匯率機制❺。到了 1993 年 8 月，除了荷蘭仍然維持其匯率在原先 ERM 指定的範圍內波動，其他國家則已經將匯率變動的上下限由原先指定的 ± 2.25%，擴增為 ±15%，EMS 的固定匯率時代雖未正式宣告結束，但其實質上維持匯率在狹窄範圍內波動的精神已不復存在。

歐洲經濟暨貨幣聯盟（European Monetary Union, EMU; 1999～）

歐洲各國早在二次大戰結束後就開始推展區域經濟整合，在 1957 年 3 月由歐洲六國（德國、法國、義大利、比利時、荷蘭、盧森堡）成立了歐洲經濟同盟 (EEC)，簽署了於次年生效的羅馬條約 (Roman Treaty)，約定了共同的貨幣政策。在 1967 年 6 月歐洲經濟同盟改制為歐洲同盟 (EC) 時，已提出了使用單一貨幣來取代各會員國貨幣，以及建立整個區域的中央銀行體制等計劃。到了 1979 年，創立歐洲貨幣制度 (EMS)，除了加強穩定 EC 各會員國之間的匯率，也極力推動歐洲整合運動。

1985 年 12 月，EC 通過了單一歐洲法案 (Single European Act)，明文規定貨幣聯盟是 EC 努力的目標之一。1988 至 1989 年間，EC 研擬並確立經濟暨貨幣聯盟的基本原則。1991 年 12 月 EC 各會員國在荷蘭的馬斯垂克 (Maastricht) 召開高峰會議，會中達成協議，計劃組成一個經濟暨貨幣聯盟，並擬將所有會員國的通貨用單一貨幣取代。EC各國隨後在 1992 年 2 月簽署

❺ 義大利又在 1996 年 12 月重新加入 EMS，為的是想參與歐洲經濟暨貨幣聯盟。

馬斯垂克條約，並訂於 1993 年 11 月 1 日生效，以歐洲聯盟 (European Union, EU) 取代歐洲同盟 (EC)。

歐洲聯盟，或稱歐盟，共有十五個會員國，包括德國、法國、比利時、荷蘭、盧森堡、奧地利、愛爾蘭、義大利、西班牙、葡萄牙、芬蘭、希臘、英國、丹麥及瑞典。在 1999 年 1 月 1 日，歐盟的十一個會員國正式成立了歐洲經濟暨貨幣聯盟，開始實施單一貨幣，稱之為歐元 (EURO)。尚未參加 EMU 的四個歐盟國家為希臘、英國、丹麥及瑞典，其中希臘是因為本身的經濟狀況未達加入 EMU 的條件，因此未能在此階段加入，而英國、丹麥及瑞典則是採取觀望態度，希望先觀察新的單一幣別，也就是歐元，是否能克服一些基本面及技術面的問題，順利走向坦途，再來決定是否加入 EMU。

歐盟會員國加入 EMU 的條件有四項：⑴相較於歐盟成員中三個通貨膨脹率最低的國家之平均值，該國的通膨率不得高過 1.5%，⑵政府預算赤字不得超過國內生產毛額 (GDP) 的 3%，且政府負債不得超過 GDP 的 60%，⑶長期利率不得比通膨率最低的三個會員國之長期利率平均值高出 2%，⑷貨幣幣值至少兩年內必須維持在匯率機制 (ERM) 中心匯率 ±2.5% 之內波動。

1998 年歐盟確定了加入 EMU 的十一個會員國名單，並在當年 5 月 1 日在德國法蘭克福成立了歐洲中央銀行 (European Central Bank, ECB)，由德國的杜森柏格 (Wim Duisenberg) 擔任歐洲中央銀行的總裁，而法國的特里榭擔任副總裁。歐洲中央銀行負責發行歐元，並且執行歐盟的貨幣政策。1999 年 1 月 1 日，十一個創始會員國正式成立歐洲經濟暨貨幣聯盟 (EMU)，歐元 (EURO) 時代也正式開啟。

第三節 ECU, EURO & SDR

在國際貨幣制度中，各國除了有其自有的流通貨幣之外，還存在有所謂的替代貨幣，或是在記帳或清算過程中所使用的計算單位，這些包括了歐洲

通貨單位 (ECU)、歐元 (EURO)，以及特別提款權 (Special Drawing Right, SDR)。由於這些通貨有別於一般國家的幣別，值得加以特別說明。

歐洲通貨單位 (ECU)

歐洲通貨單位是由歐洲十二個國家的通貨價值加權平均而得的指數通貨 (An Index Currency)。此十二種通貨為德國馬克 (German Mark)、法國法郎 (French Franc)、英鎊 (British Pound)、荷蘭基爾德 (Dutch Guilder)、比利時法郎 (Belgian Franc)、義大利里拉 (Itlian Lira)、西班牙普賽它 (Spanish Peseta)、丹麥克羅恩 (Danish Krone)、愛爾蘭鎊 (Irish Punt)、葡萄牙厄斯科多 (Portuguese Escudo)、希臘堆克馬 (Greek Drachma)、盧森堡法郎 (Luxembourg Franc)。ECU 中各會員國通貨所佔的權數 (Weighting) 如何計算，可以參考表 2–3 而得到一些概念。

由表 2–3 中第⑷行的中心匯率，可以算出任兩個 EMS 會員國的雙邊面值匯率 (Bilateral Par Value Exchange Rate)，每個 EMS 會員國皆被要求須維持雙邊市場匯率 (Bilateral Market Exchange Rate) 在雙邊面值匯率上下指定的範圍內波動。若有一國的匯率變動超出上限或下限，則必須採用矯正的措施，否則即須向其他會員國提出解釋為何無法採取矯正的措施。除非在不得已的情況下，EMS 才會重新規定各會員國的 ECU 成份，此舉稱之為 Realignment。EMS 自成立以來，已有多次匯率 Realignment 的情形。

ECU 常被用作歐洲國家貸款的計價貨幣 (Denominating Currency)。貸款包括為維持匯率穩定各會員國互借的貸款或私人部門之間的貸款。歐洲貨幣合作基金 (European Monetary Cooperation Fund, EMCF) 從事短期與中期的放款給 EMS 會員國，也使用 ECU 作為貸款的計價貨幣。歐洲各國政府與民間使用 ECU 作為貸款的計價貨幣可以減少借款者與放款者的匯率風險，因為 ECU 的價值較任一會員國的通貨價值更為穩定。我們可以將 ECU 視為一籃子的通貨 (A Basket of Currencies)，也就是一群通貨的投資組合 (A Portfolio of Currencies)，因此它具有投資組合的風險分散特性。

表 2–3　EMS 各會員國通貨在 ECU 中的權數計算

幣別	(1)	(2)	(3)	(4)	(5)
德國馬克	0.6242	1.5710	0.3973	1.9110	32.66%
法國法郎	1.332	5.3980	0.2468	6.5661	20.28
英鎊	0.08784	0.6392	0.1374	0.7775	11.30
荷蘭基爾德	0.2198	1.7590	0.1250	2.1396	10.27
比利時法郎	3.301	32.2740	0.1023	39.2581	8.41
義大利里拉	151.8	1,662.00	0.0913	2,021.66	7.51
西班牙普賽它	6.885	131.505	0.0524	159.96	4.31
丹麥克羅恩	0.1976	6.1545	0.0321	7.4863	2.64
愛爾蘭鎊	0.008552	0.6536	0.0131	0.7950	1.08
葡萄牙厄斯科多	1.393	160.515	0.0087	195.25	0.72
希臘堆克馬	1.440	240.050	0.0060	292.0	0.49
盧森堡法郎	0.13	32.2740	0.0040	39.26	0.33
ECU			1.2164*		100.00%

註：(1)EMS 規定的各會員國固定成分（資料來源：EC Commission）。
(2)每日各會員國通貨兌美元即期匯率，此處採 1994 年 12 月 8 日匯率。
(3)由(1) ÷ (2)可得。
(4)由(2) × 1.2164 可得，稱之為中心匯率 (Central Rate)。
(5)由(3) ÷ 1.2164 可得，為各會員國通貨在 ECU 中所佔的權數。
*1.2164 是 ECU 的美元價值，得自第(3)行全部數值加總。

歐元 (EURO)

依馬斯垂克條約 (Maastricht Treaty) 所訂之單一貨幣轉換條件，選擇了十一個符合條件的會員國得以參加歐洲單一貨幣制度，歐元於 1999 年 1 月 1 日正式登場（其實是 1 月 4 日因為 1 月 1 日至 3 日是週末）。無論歐元是否將成美元的勁敵，這項史無前例的貨幣大整合，吸引了眾人的焦點與世人的眼光。以下，簡述歐元轉換之歷程。

1999 年後歐元之轉換過程：

(一)1999/1/1——金融體系之重大衝擊

1.ECU = 1EURO：原歐洲貨幣記帳單位 ECU 由 EURO 取代，兌價為 1 比 1。原各國貨幣成為 EURO 之記帳貨幣單位及過渡貨幣，但仍維持其法償地位。

2.固定兌換率：EUM 十一個國家與 EURO 之兌換率將在 1998 年 12 月 31 日確定，一經決定即不再更改；以及 EUM 十一個國家幣別彼此間的雙邊匯率，是以永久固定匯率轉換。

表 2-4　參加歐元國家貨幣匯率（兌德國馬克）

法國法郎	3.35386
義大利里拉	990.002
比利時法郎	20.6255
盧森堡法郎	20.6255
西班牙比塞塔	85.0722
愛爾蘭鎊	0.402676
荷蘭盾	1.12674
奧地利先令	7.03552
葡萄牙埃斯庫多	102.505
芬蘭馬克	3.04001

歐盟十一國間雙邊匯率已於 5 月 2 日決定，表中由德國馬克和其他十一國的兌換匯率，1999 年初歐元將成為歐盟十一國非現金交易的貨幣單位。簡言之，在第一階段尚無歐元的現鈔與貨幣，歐元的作用只侷限於記帳與清算單位而已。

3.外匯市場：在外匯市場，EURO 將以固定之兌換率取代各參加國原貨幣，各參加國原貨幣兌其他幣別之 SPOT，FORWARD，SWAP 報價不復存在，而代之以 USD/EURO，或 YEN/EURO 等，但是銀行仍可對其客戶繼續其原歐洲貨幣兌美元之外匯交易，如 USD/FRF，DEM/FRF 等，直至 2002 年 7 月 1 日止。銀行會將此交易轉換為歐元處理，再兌換為法郎入帳或扣帳。至於在 1999 年 1 月 1 日以前成交，而在 1999 年以後到期之契約，一般方式是繼續保有至到期日以歐元交割，亦可經由雙方同意提前解約者。

4. 債券市場：債券市場中，各國政府公債仍由其政府發行，但改以 EURO 計價，因此市場之發行量及交易量將隨之大增，流動亦相對提高。但因各參加國仍保有其發行公債之主權，因此各國政府公債之價格極有可能因發行者之債信及流動性之高低而有不同。

5. 契約有效性：契約不受歐元實施之影響，將持續有效，契約中訂定之相關固定利率亦不受影響，至於浮動利率則因相關之參考利率不復存在而有下列解決方案：契約中訂有其參考利率是由一公認機構發佈，或是契約中已有一適用之利率並訂有替代之計算方式。否則，契約雙方則可另議性質類似之利率代之。

㈡1999～2002：過渡時期，可自由選擇轉換時機

歐元轉換期間有一個最高的原則「不強迫、不禁止」(No Compulsion, No Prohibition)，也就是說，不會強迫也不會禁止任何人對歐元的使用。主要用意是想藉由經濟體系的市場機能來達成轉換的順暢。然而這個使用權是操之在一般民眾和公司企業手中。至於歐洲中央銀行以及其他銀行間的付款交易，從 1999 年 1 月 1 日開始，便完全由歐元取代，而 EMU 十一個國家之間的清算系統也只能以歐元做單位，同時各國政府新發行的債券、以及股票市場也都以歐元計價。即從 1999 年 1 月 1 日起，只有一個以歐元為主的貨幣市場。

㈢2002/1/1～6/30

歐元八種硬幣及七種紙鈔開始流通，並收回各國原有貨幣。同年 7 月 1 日起，各會員國原有貨幣停止流通，歐元成為唯一法定貨幣。

隨著歐元的啟動，美元、日圓、歐元有可能成為三足鼎立的情勢，但歐元在未來是否能發展成為強勢貨幣，或是能取得類似美元的穩定國際貨幣地位，將決定於多項因素及狀況的發展，例如：⑴歐洲中央銀行 (ECB) 是否能

表 2–5 歐洲經濟暨貨幣聯盟發展時間表

時間	發展進程
1998/6/30	歐洲貨幣機構 EMI 完成清算，且歐洲中央銀行 (ECB)& 歐洲中央銀行體系 (ESCB) 正式成立，奧地利接掌歐盟輪值主席
1998/9/27	德國大選，柯爾尋求第五次任期
1998 下半年	ECB 運作相關的決議議定及 ESCB 系統的測試
1998/12/31 ～ 1999/1/3	稱為轉換週 (Conversion weekend)，歐洲貨幣聯盟從 1999/1/1 正式開始，但於 1999/1/4 開市，這期間市場變動的重點： ・根據 12 月底市場的匯率，不可撤銷的鎖定各成員國通貨與歐元的匯率 ・歐元正式成為獨立的通貨，歐洲統一的貨幣政策正式運作 ・歐洲央行開始運作，新發行的政府債券以歐元計值，流通中的政府債券改以歐元計值 ・各國通貨以歐元計值 ・批發金融交易快速轉以歐元為標的
1999/1/1 ～ 2001/12/31	各成員國紙幣與鑄幣仍為法償貨幣，且採「不強迫、不禁止」原則來使用歐元
2002/1/1	歐元紙幣與鑄幣正式在市面流通，且結束法定過渡時期
2002/1/1 ～ 6/30	各國雙軌法償通貨期間
2002/6/30	各成員國收回其本國法償通貨的最後期限

資料來源：中央銀行。

確實運作，執行有效的貨幣政策？(2)各國是否能捐棄成見，犧牲小我並以歐洲整合為重？(3)歐元被全球政府機構用來作為準備貨幣的多寡情形？許多專家認為，EMU 各國過去在政治上的對立，以及經濟發展的不平均，若不能獲得有效的解決，則有可能成為歐洲貨幣統合的致命傷。

歐元時代的來臨，無疑地對於歐洲企業會造成相當程度的影響，這些包括：(1)省卻大量的匯兌交易成本；(2)因為只有歐元一種貨幣，致使商品價格更為透明化；(3)因價格競爭而使利潤變的更薄；(4)企業必須提高競爭力才能生存；(5)購併及策略聯盟可能成為未來的趨勢。

特別提款權 (SDR)

特別提款權是國際貨幣基金會 (IMF) 在 1970 年 1 月正式創造的一項國際準備資產，分配給會員國使用，以補各國在從事國際貿易時外匯準備之不足。SDR 與 ECU 的性質相同，它們不是通貨，而是一種簿記上的計算單位 (Unit of Account)。SDR 的交易僅限於各國的中央銀行之間。在 1981 年之前，SDR 的價值計算是依據十六種通貨的價值；但是在 1981 年後，SDR 的價值波動改為根據五種主要通貨的價值：(1)美元、(2)馬克、(3)法國法郎、(4)日圓、(5)英鎊。這五種通貨的價值對 SDR 的相對影響是根據其權數的分配，而這些權數是每五年重新計算一次。根據 1996 年 1 月的最新資料，美元的權數是 39%，德國馬克是 21%，日圓是 18%，法國法郎及英鎊則各是 11%。

本章探討國際貨幣制度的存在目的，以及其在演進過程中所產生的各種重要類型，包括金本位制度、布雷頓梧茲固定匯率制度、管理浮動匯率制度、歐洲貨幣制度以及歐洲經濟暨貨幣聯盟。本章描述在各個不同的匯率制度之下，其歷史經由的過程及失敗的主因。本章並就過去至現在，國際間在記帳或清算過程中所使用的替代貨幣作一番概述，包括歐洲通貨單位 (ECU)、歐元 (EURO) 及特別提款權 (SDR)。

布雷頓梧茲固定匯率制度	(Bretton Woods Fixed Exchange Rate System)
通貨轉換	(Currency Conversion)
歐洲通貨單位	(ECU)
歐洲貨幣制度	(EMS)
歐洲經濟暨貨幣聯盟	(EMU)
匯率機制	(ERM)
匯率	(Exchange Rate)
歐元	(EURO)
金塊本位制	(Gold Bullion Standard)
金幣本位制	(Gold Coin Standard)
黃金／美元本位制	(Gold/Dollar Standard)
金匯本位制	(Gold Exchange Standard)
黃金輸出點	(Gold Export Point)
黃金輸入點	(Gold Import Point)
金本位制度	(Gold Standard)
凱因斯計畫	(Keynes Plan)
管理浮動匯率制度	(Managed Float System)
面值匯率	(Par Value Exchange Rate)
廣場協定	(Plaza Agreement)
物價與黃金流量自動調整機能	(Price-Specie-Flow Mechanism)
特別提款權	(SDR)
隧道中的蛇	(Snake Within the Tunnel)
懷特計畫	(White Plan)

參考文獻

白俊男，《國際金融論》，自印，民國77年4月。

白俊男，《貨幣銀行學》，增訂再版，三民書局，民國78年8月。

林鐘雄，《貨幣銀行學》，六版，三民書局，民國79年4月。

周宜魁，《國際金融》，三民書局，民國79年3月。

徐潔敏，《國際金融》，幼獅文化事業公司，民國76年11月。

陳彪如著，賴景昌校定，《國際貨幣體系》，五南圖書出版公司，民國82年8月。

康信鴻，《國際金融理論與實際》，三民書局，民國83年。

許振明，《貨幣銀行學》，華泰書局，民國76年。

歐陽勛、黃仁德，《國際金融理論與制度》，增訂新版，三民書局，民國79年11月。

Agmon, Tamir, Robert G. Hawkins, and Richard M. Levich, eds., *The Future of the International Monetary System*, Lexington, Nass.: Lexington Books, 1984.

Batten, Dallas S., and Mack Ott., "Five Common Myths About Floating Exchange Rates", *Review*, Federal Reserve Bank of St. Louis, November 1983, pp. 5–15.

_____, "What Can Central Banks Do About the Value of the Dollar?", *Federal Reserve Bank of St. Louis Review*, May 1984, pp. 16–26.

Batten, Dallas S., and Daniel L. Thornton., "Discount Rate Changes and the Foreign Exchange Market, *Journal of International Money and Finance*, December 1984, pp.279–292.

Bordo, Michael David, "The Classical Gold Standard: Some Lessons for Today", *Federal Reserve Bank of St. Louis Review*, May 1981, pp. 2–17.

Coffey, Peter, *The European Monetary System Past, Present and Future*, 2nd ed., Dordrecht, the Netherlands; Lancaster, UK: Kluwer Academic Publishers, 1987.

Coombs, Charles A., *The Arena of International Finance*, New York: John Wiley & Sons, 1976.

Cooper, Richard N., *The International Monetary System: Essays in World Economics*, Cambridge, Mass.: MIT Press, 1987.

Deutsche Bundesbank, "The European Monetary System: Structure and Operations", *Montbly*

Report of the Deutsche Bundesbank, vol. 31, 1979.

Dornbusch, Rudiger, "Exchange Rate Economics: 1986", *The Economic Journal*, March 1987, pp. 1–18.

Dufey, Gunter, and Ian H. Giddy, *The International Money Market*, 2nd ed., Prentice Hall, Englewood Cliffs, N. J., 1994.

Edison, Hali J., and Linda S. Kole, "European Monetary Arrangements: Implications for the Dollar Exchange Rate Variability and Credibility", *European Financial Management*, vol. l, no. 1, March 1995, pp. 61–86.

Errunza, Vihang, K. Hogan, and Mao-Wei Hung, "The Impact of the EMS on Exchange Rate Predictability", *Journal of Multinational Financial Management*, vol. 2, no. (3/4), 1993, pp. 73–94.

Friedman, Irving, *Reshaping the Global Money System*, Lexington, Mass.: Lexington Books, 1987.

Friedman, Milton, and Robert V. Roosa, "Free Versus Fixed Exchange Rates: A Debate", *Journal of Portfolio Management*, Spring 1977, pp. 68–73.

Genberg, Hans, "The European Monetary System", in *The Handbook of International Financial Management*, Robert Z. Alber, ed., Dow Jones-Irwin, Homewood, Il., 1987, pp. 732–758.

Glick, Reuven, "ECU, Who?", *FRBSF Weekly Letter*, January 9, 1987.

Haberter, Gottfriedm, "The International Monetary System in the World Recession", in William J. Fellner, ed., *Contemporary Economic Problems*, 1983–84, Washington, D.C.: American Wnterprise Institute, 1983.

Humpage, Owen F., and Nicholas V. Karamouzis, "Target Zones for Exchange Rates?", *Economic Commentary*, Federal Reserve Bank of Cleveland, August 1, 1986.

International Monetary Fund, *The European Monetary System: Recent Developments*, Washington, D.C.: IMF, 1986.

Jorion, Philippe, "Properties of the ECU as a Currency Basket", *Journal of Multinational Financial Management*, vol. 1, no. 2, 1991, pp. 1–24.

Jurgensen Report, *Report of the Working Group on Exchange Market Intervention*, Washington, D.C.: U.S. Treasury, 1983.

Kahn, George A., "International Policy Coordination in an Interdependent World", *Economic Review*, Federal Reserve Bank of Kansas City, March 1987, pp. 14–32.

Karamouzis, Nicholas V., "Lessons From the European Monetary System", *Economic Commentary*, Federal Reserve Bank of Cleveland, August 15, 1987.

Kashiwagi, Yusuke., "The Yen's Future as a World Currency", *Euromoney*, September 1982, pp. 169–175.

Koromzay, Val, John Llewellyn, and Stephen Potter, "The Rise and Fall of the Dollar: Some Explanations, Consequence and Lessons", *The Economic Journal*, March 1987, pp. 23–43.

Makin, John H., "Fixed Verus Floating: A Red Herring", *Columbia Journal of World Business*, Winter 1979, pp. 7–14.

McKibben, Warwick J., and Jeffery D. Sachs, "Comparing the Global Performance of Alternative Exchange Agreements", *Journal of International Money and Finance*, 7, no. 4, December 1988, pp. 387–410.

Mckinnon, Ronald I., "Currency Subsitution and American Monetary Policy", *American Economic Review*, June 1982, pp. 320–333.

Scammel, W. M., *Stability of the International Monetary System*, Totowa, NJ: Rowman and Littlefield, 1987.

Schinasi, Garry J., "European Integration, Exchange Rate Management, and Monetary Reform: A Review of the Major Issues", *International Finance Discussion Papers*, Board of Governors of the Festal Reserve System, number 364, October 1989.

Shafer, Jeffrey R., and Bonnie W. Loopesko, "Floating Exchange Rates after Ten Years", *Brookings Papers on Economic Activity*, Washington, D.C.: Brookings Institution, 1983.

Taylor, Dean, "Official Intervention in the Foreign Exchange Market, or Bet against the Central Bank", *Journal of Political Economy*, April 1982, pp. 356–368.

Taylor, Jon, "The Next Shake Up in the EMS", *Euromoney*, March 1984, pp. 25–27.

Teck, Alan, "International Business under Floating Rates", *Columbia Journal of World*

Business, Fall 1976, pp. 60–71.

Trehan, Bharat, “The September G–5 Meeting and Its Impact”, *FRBSF Weekly Letter*, December 13, 1985.

Triffin, Robert, *Gold and the Dollar Crisis*, New Haven, Conn.: Yale University Press, 1960.

Westerfield, Janice Moulton, “An Examination of Foreign Exchange Risk Under Fixed and Floating Regimes”, *Journal of International Economics*, May 1977, pp. 181–200.

Williamson, John, “A Survey of the Literature on the Optimal Peg”, *Journal of Development Economics*, September 1982.

_____, *The Open Economy and the World Economy*, New York: Basic Books, 1983.

_____, *The Exchange Rate System*, Washington, D.C.: Institute for International Economics, September 1983.

第三章

國際收支與匯率變動

第一節　國際收支及其涵義
第二節　影響經常帳淨額的重要因素
第三節　影響資本帳／金融帳淨額的重要因素
第四節　影響匯率變動的重要因素
第五節　有效果與無效果的匯率干預政策
第六節　匯率變動與開放式經濟總體經濟模型

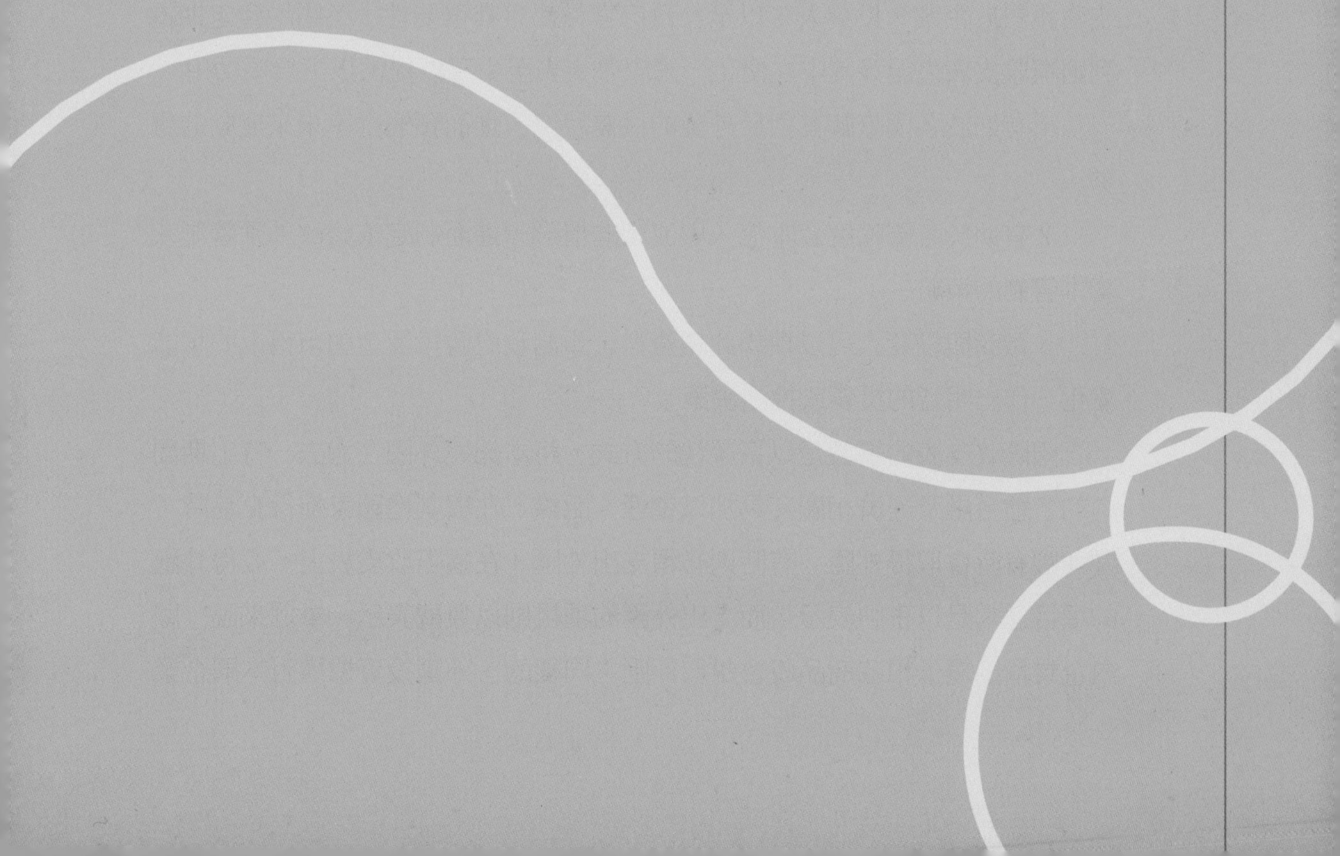

第一節 國際收支及其涵義

市場經濟的運作建基於供給 (Demand) 與需求 (Supply)，當人們對於特定商品的需求超過其供給時，該商品的價格自然上升，反之，當供給大於需求時，市場價格便會下跌。如果我們將各國所發行的通貨 (Currency) 視為商品，那麼國際間對於這些通貨的需求及供給亦將決定其市場價格。在本書第二章，我們將各國通貨在國際市場中的價格定義為匯率 (Exchange Rate)，而影響匯率的首要原因就是國際市場對於各國幣別的需求與供給。市場上對各國幣別需求與供給的產生，取決於國與國之間的經濟交易行為，此乃反映在各國的國際收支帳上。

國際收支 (Balance of Payments) 反映一國居民在一段期間內（通常是以一年或一季作為統計單位）與他國居民之間所進行的各種經濟交易的記錄，例如各種商品，勞務的輸出與輸入，資本的流通以及投資等等。由於國際收支資訊對於企業、投資人，以至於政府官員都有其重要性，各國均會定期編列國際收支表來記錄其中之變化。國際收支表至少可以提供以下幾項功用：

1. 有助於各國瞭解其對於外匯的供需狀況，進而預測匯率未來變動的趨勢。

2. 有助於各國瞭解資本流入與流出的情形，進而制定或修改外匯管制或資本管制的策略。

3. 廠商與投資人可以根據此項資料，預測政府政策及金融市場上的可能變化，作出明智的投資或投機決策。

國際收支表的編製是以系統性的方式，將本國與外國在過去一特定期間內的各種金融及經濟相關交易加以整理、記錄。在與其他國家進行交易時，當地國有時會取得外匯，有時則必須支出外匯。在國際收支表上，取得外匯的項目通常是以正號表示，而支出外匯的項目則以負號表示。舉例來說，國內企業輸出電子相關商品將會賺取外匯；同樣的，外國投資機構對本國企業進行股票或債券的投資也會使得外匯增加。反之，從外國進口原料，投資國外證券或其他資產時，將會使得外匯減少。國際收支表中的主要項目包括：⑴經常帳 (Current Account)、⑵資本帳 (Capital Account)、⑶金融帳 (Financial Account)、⑷準備與相關項目 (Reserves and Related Items)，以及⑸誤差及遺漏淨額 (Errors and Omissions)。茲分別說明如下：

經常帳 (Current Account)

經常帳可以被定義為一國的出口 (Exports) 總值減去進口 (Imports) 總值，依照國際貨幣基金會的慣例，經常帳在國際收支表中被區分為商品 (Goods)、勞務 (Services)、所得 (Income)，以及經常移轉 (Current Transfers) 等四個項目。首先，商品是泛指農、工、商業的原料品、生產品及製成品，例如原油、小麥、大豆、汽車、電腦等等。以我國而言，早期的農業產物及近年的電子產品均為主出口項目，而基礎原物料則為進口大宗。商品出口總值與進口總值的差額，我們稱之為商品貿易淨額 (Balance on Goods)，這是在經常帳中的主要項目，如果商品貿易淨額為正值，則為出超 (Trade Surplus)；如為負值，則稱之為入超 (Trade Deficit)。

勞務包括有法律、顧問及工程技術服務，或專利權、智慧財產權的使用以及保險服務、運輸服務及旅遊服務等。勞務收入指的就是提供勞務給他國而收取的所得，反之，勞務支出則是使用他國提供的勞務而支付的費用，勞務收入與支出間的差異則稱之為勞務收支淨額 (Balance on Services)。

所得，又名為因素所得 (Factor Income)，是指國外證券或債券衍生出來的所得，例如股利、債息等。所得收入為本國人投資國外證券或債券所收到的股利或利息，而所得支出則是指本國公司到國外發行證券或債券所必須付給國外投資人的股利或利息。所得收入與支出的差異則稱之為所得收支淨額 (Balance on Income)。

經常帳中的第四個項目為經常移轉，經常移轉收入為國外政府及民間對於國內的援助、捐贈；反之，經常移轉支出則為國內政府及民間對國外的援助與捐贈。此項目又名為單方移轉 (Unilateral Transfers)，而之所以稱之為單方，是因為此項目中所包含的內容，不似商品或勞務的進出口活動，僅是單項或單方面的行為。例如，留學生的父母匯款給遠在國外的子女、政府對於遭受洪水侵害的友邦國所施予的賑災援助等等。

我們可以將經常帳的各項目加總後得出之淨額，通稱之為經常帳淨額，可以表示如下：

經常帳淨額＝出口－進口＋經常移轉
＝（商品出口＋勞務收入＋所得收入）－（商品進口＋勞務支出＋所得支出）＋經常移轉
＝商品貿易淨額＋勞務及所得收支淨額＋經常移轉

由於商品貿易淨額在經常帳中占有極大的份量，當商品貿易淨額出現赤字時，則經常帳淨額多半也是呈現赤字。因此經常帳淨額，尤其是貿易淨額 (Trade Balance)，對於本國貨幣的升值或貶值會有反應。但通常在長期的反應較敏感，短期的反應則要看出口品或進口品的價格彈性如何。一般而言，當一國貨幣貶值時，其貿易淨額會出現所謂的 J 曲線效應 (J–Curve Effect)，即一開始貿易淨額會變壞，但一段時間後，貿易淨額又會轉好，如圖 3–1 所示。

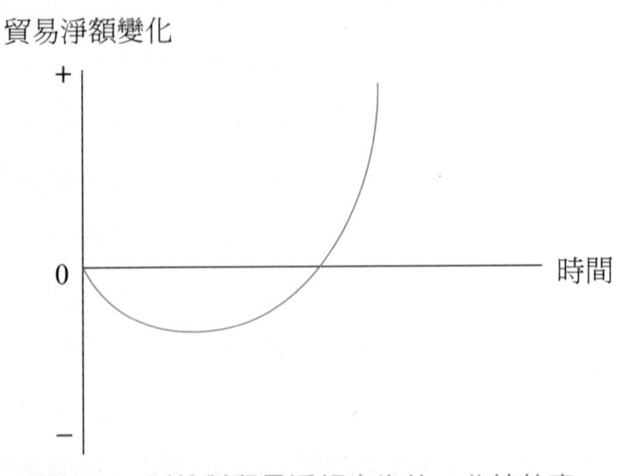

圖 3–1　貶值對貿易淨額產生的 J 曲線效應

J 曲線效應產生的原因，可能是因為在短期內，商品的出口及進口缺乏彈性，當一國貨幣貶值使其出口品價格下降而進口品價格上升，在銷售量缺乏彈性的情況下，貿易淨額會變壞。但一段時間後，銷售量開始針對價格變化出現反應，貿易淨額於是轉好。

資本帳 (Capital Account)

資本帳所指的是國外資本流入金額 (Capital Inflow) 減去國內資本流出金額 (Capital Outflow)，不過此處所指的資本不包含金融性資產，而單指非生產性 (Nonproduced)、非金融性 (Nonfinancial) 資產的移轉、購買或銷售。例如我國政府將在國外所擁有的房產無償移轉給當地國政府，就是資本帳的支出，反之，則為資本帳之收入。

資本帳收入與支出之差額可稱之為資本帳淨額 (Balance on Capital Account)，表示如下：

資本帳淨額＝資本帳收入－資本帳支出

金融帳 (Financial Account)

金融帳與資本帳定義相近，同樣是指國內外資本的流動，不過在金融帳所包括的項目可以區分為以下三類：⑴直接對外投資 (Direct Investment)、⑵組合投資 (Portfolio Investment)及⑶其他金融資產投資 (Other Investment)。直接對外投資多半是因為企業利用市場不完全性而產生，跨國企業在勞力密集的國家建立製造子公司，就是想降低生產成本，國內一些製造業廠商將其生產線轉移至東南亞國家如泰國、印尼等就是典型的例子。直接對外投資有時也會因較大幅度或永久性的匯率變化而產生規模上的變化，例如 1980 年代後期，日圓對美元大幅度升值，使得日本企業在美國從事直接對外投資大幅增加，此乃因日圓升值而使得日本企業更有能力在美國購置實質資產。

組合投資主要是指長期性證券如股票、債券等的投資；近年來各國投資人愈來愈喜愛作跨國際的證券資產投資，此乃因各國資本及外匯管制逐漸趨於鬆綁，以及投資人期望藉國際投資達到風險分散的效果。其他金融資產投資的項目是以短期性金融工具為主，包括銀行存款、票券市場工具等等，這些投資對於市場利率的變動具高度敏感性，甚至於預期的利率變動也會帶來資金的流動。一般而言，預期當地國的利率上揚將吸引外國短期資金的流入。由於短期性投資多是以套利為目的，因此此類投資又被稱之為「自發性」(Autonomous) 投資，強調此類資金流動的短期性。

金融帳的各項加總後所得之淨額，通稱之為金融帳淨額 (Balance on Financial Account)，表示如下：

金融帳淨額＝資本流入－資本流出
＝（外資來臺直接投資－對外直接投資）＋（證券投資負債－證券投資資產）＋（其他投資負債－其他投資資產）

一般來說，經常帳出現赤字 (Deficit) 的國家，其金融帳多會出現盈餘 (Surplus)，這顯示出貿易赤字的國家會發行證券向國外借款融得所需資金。依國際慣例，經常帳、資本帳以及金融帳三項淨額之和，又統稱之為國際收支淨額 (Overall Balance of Payments)。

國際收支淨額＝經常帳淨額＋資本帳淨額＋金融帳淨額

國際收支淨額為赤字的國家，多是因為其經常帳赤字過大，顯示在外匯市場上，該國貨幣的供給超過其他國家對於該國貨幣的需求（或者是該國對於外國貨幣的需求超過外國貨幣的供給），因此該國貨幣將有貶值的壓力與趨勢。

準備與相關項目 (Reserves and Related Items)

準備與相關項目的淨額等於國際收支淨額。在固定匯率制度之下，若一國之國際收支淨額為赤字，該國政府有義務要在外匯市場上買進本國貨幣，賣出國際準備資產 (International Reserve Assets)，以保持匯率的穩定，而其所賣出的國際準備資產總額就是此準備項目的淨額。若國際收支為盈餘，則政府有義務要在外匯市場上買入與國際收支盈餘相當的國際準備資產，以保持匯率穩定。至於所使用之國際準備資產，在 1945 年固定匯率制度施行之前，黃金是世界上最重要的國際準備；1945 年以後，除了黃金以外，美元、歐元、日圓及 SDR，以及向他國央行的借款等也都成為重要的國際準備資產。

在浮動匯率制度之下，當國際收支失衡（即國際收支淨額不等於零）而對匯率產生貶值或升值壓力時，政府並沒有義務要維持匯率在固定的水準，因此匯率會受到市場力量的影響而自動上升或下降，進而改善國際收支失衡的狀況。

誤差及遺漏淨額 (Net Errors and Omissions)

在國際收支活動中，有一些交易的發生不易正確的估計出其金額。這是由於國際間的交易活動不容易確保一般會計原則所要求的借貸登錄。此外，由於國際收支活動的發生時間、地點會有不同，甚至於登錄方式都會有差別，因此國際收支表出現誤差的可能將無可避免。舉例來說，如果大陸商品走私進入臺灣，這些商品的輸入當然不會記錄於經常帳的商品進口項目，但是對於實際收支確實會有影響。同樣的，非法進入美國的毒品也將造成收支記錄上的差距。

國際收支表中各主要項目記載情形，可參考我國的國際收支簡表，如表 3-1 所示。

表 3-1 我國國際收支簡表（年資料） 單位：百萬美元

	1997	1998	1999	2000	2001	2002	2003	2004
A. 經常帳	7,051	3,437	7,992	8,851	18,239	25,630	29,266	19,013
商品：出口 f.o.b.	121,725	110,178	121,119	147,548	122,079	129,850	143,447	173,153
商品：進口 f.o.b.	−107,843	−99,862	−106,414	−133,924	−102,215	−105,657	−118,548	−156,685
商品貿易淨額	13,882	10,316	14,705	13,624	19,864	24,193	24,899	16,468
服務：收入	17,144	16,768	17,161	20,010	19,895	21,635	23,166	25,777
服務：支出	−24,888	−24,169	−24,362	−26,647	−24,465	−24,719	−25,635	−30,784
商品與服務收支淨額	6,138	2,915	7,504	6,987	15,294	21,109	22,430	11,461
所得：收入	6,919	6,481	6,965	9,166	9,327	10,334	12,991	15,305
所得：支出	−3,797	−4,432	−4,160	−4,698	−3,648	−3,321	−3,436	−3,927
商品、服務與所得收支淨額	9,260	4,964	10,309	11,455	20,973	28,122	31,985	22,839
經常移轉：收入	2,898	2,943	3,126	3,202	2,607	2,621	2,673	3,170
經常移轉：支出	−5,107	−4,470	−5,443	−5,806	−5,341	−5,113	−5,392	−6,996
B. 資本帳	−314	−181	−173	−287	−163	−139	−87	−77
資本帳：收入	–	–	–	–	0	1	1	6
資本帳：支出	−314	−181	−173	−287	−163	−140	−88	−83
合計，A 加 B	6,737	3,256	7,819	8,564	18,076	25,491	29,179	18,936
C. 金融帳 *	−7,291	2,495	9,220	−8,019	−384	8,750	7,630	6,366
對外直接投資	−5,243	−3,836	−4,420	−6,701	−5,480	−4,886	−5,682	−7,087
來臺直接投資	2,248	222	2,926	4,928	4,109	1,445	453	1,898
證券投資（資產）	−6,749	−4,220	−4,835	−10,087	−12,427	−15,711	−35,620	−23,511
股權證券	−4,628	−3,893	−5,058	−9,265	−9,358	−10,949	−21,121	−16,574
債權證券	−2,121	−327	223	−822	−3,069	−4,762	−14,499	−6,937
證券投資（負債）	−1,204	1,808	13,914	9,559	11,136	6,644	29,693	17,074
股權證券	−2,232	1,553	14,765	8,489	11,298	3,636	25,197	13,846
債權證券	1,028	255	−851	1,070	−162	3,008	4,496	3,228
其他投資（資產）	−1,291	3,494	2,334	−8,368	−1,770	11,990	4,456	327
貨幣當局	–	–	–	–	–	–	–	–
政府	−21	−10	−11	−13	8	2	33	32
銀行	−1,637	−1,443	−923	−10,105	−7,341	3,022	−1,994	−6,790
其他部門	367	4,947	3,268	1,750	5,563	8,966	6,417	7,085

其他投資（負債）	4,948	5,027	−699	2,650	4,048	9,268	14,330	17,665
貨幣當局	–	–	–	–	–	–	–	898
政府	−21	−14	−7	−7	−4	−5	−8	−6
銀行	2,541	1,404	−4,645	−1,705	636	4,677	11,391	13,957
其他部門	2,428	3,637	3,953	4,362	3,416	4,596	2,947	2,816
合計，A 至 C	−554	5,751	17,039	545	17,692	34,241	36,809	25,302
D. 誤差與遺漏淨額	−174	−924	1,554	1,932	−339	−577	283	1,293
合計，A 至 D	−728	4,827	18,593	2,477	17,353	33,664	37,092	26,595
E. 準備與相關項目	728	−4,827	−18,593	−2,477	−17,353	−33,664	−37,092	−26,595
準備資產	728	−4,827	−18,593	−2,477	−17,353	−33,664	−37,092	−26,595
基金信用的使用及自基金的借款	–	–	–	–	–	–	–	–
特殊融資	–	–	–	–	–	–	–	–

資料來源：中央銀行經濟研究處，《中華民國臺灣地區金融統計月報》，2005。
* 剔除已列入項目 E 之範圍。

重要國家國際收支淨額趨勢 (BOP Trends in Major Countries)

世界重要國家國際收支淨額的趨勢，可以從表 3–2 中看出。表 3–2 包含美國、英國、德國、日本四個國家在 1989 年～ 1996 年之間經常帳及資本帳／金融帳淨額消長情形。

表 3–2　重要國家經常帳及資本帳／金融帳淨額情形，1989 年～1996 年

單位：10 億美元

年	美國		英國		德國		日本	
	經常帳	資本帳／金融帳	經常帳	資本帳／金融帳	經常帳	資本帳／金融帳	經常帳	資本帳／金融帳
1989	−103.02	79.6	−36.66	22.47	56.73	−59.00	63.21	−54.70
1990	−91.84	69.15	−32.50	29.20	48.11	−56.11	44.08	−31.77
1991	−5.83	46.14	−14.26	18.51	−17.88	4.57	68.20	−68.86
1992	−56.65	96.37	−18.35	1.12	−19.39	52.40	112.57	−101.58
1993	−90.57	86.31	−15.51	23.39	−14.12	16.70	131.64	−103.67
1994	−132.93	130.87	−2.34	−3.60	−21.23	29.47	130.26	−86.96
1995	−129.19	153.87	−5.86	2.30	−23.53	45.47	111.04	−66.21
1996	−148.73	188.98	−0.45	−3.53	−13.07	14.16	65.88	−31.39

資料來源：IMF, *BOP Statistics Yearbook*, 1997.

第三節 影響經常帳淨額的重要因素

影響一國經常帳淨額的重要因素有四：⑴通貨膨脹率、⑵經濟成長率、⑶匯率、⑷政府貿易政策。

通貨膨脹率 (Inflation Rate)

在其他情形不變的情況下，若一國通貨膨脹率相較於其他國家為高，則該國商品在國際市場上將會出現相對價格的競爭劣勢，造成該國出口減少，進口增加，而使得經常帳淨額惡化。

經濟成長率 (Economic Growth Rate)

在其他情形不變的情況下，若一國經濟成長速度較其他國家快，則因為消費是所得的函數，使得消費成長增快。由於消費中有一部分將會是以輸入商品來滿足，因此經濟成長率較快的國家對於輸入品的需求會增加較多，而使得經常帳淨額惡化。

匯率 (Exchange Rate)

在其他情形不變的情況下，若一國貨幣升值，將造成出口減少，進口增加，而使經常帳淨額惡化。這是因為本國貨幣升值，使本國商品在外國市場以外幣計價時變得較為昂貴，因此出口減少。反之，外國商品在本國市場以本國貨幣計價時，將相對變得便宜，因此國內對進口商品需求增大，造成進口增加。

政府貿易政策 (Trade Policies)

政府有時為了改善經常帳，會對進口品採取保護主義的措施，例如課徵關稅 (Tariff) 或給予配額 (Quota) 而使進口品數量減少。至於此類保護性的措施是否能發生實際效果，就要看其他國家是如何反應。假若其他國家採取報復性的措施，則本國出口亦會減少。互相報復最後結果是兩敗俱傷，造成世界貿易總額銳減。這也是為什麼經濟學家一直提倡自由貿易的理念，認為貿易會使各國能夠生產並輸出自己最專精的產品，使各國在貿易後共同分食的派餅變大，而且也使彼此的經濟依存性增高。當經濟上的相依性增加，政治上的不合作與對立就會減少。因此提倡自由貿易，除了有經濟上的好處，還可促進各國政治關係和諧。

第三節　影響資本帳／金融帳淨額的重要因素

影響一國資本帳／金融帳淨額的重要因素包括：⑴政府的外匯及資本管制政策、⑵政治及經濟條件、⑶實質利率、⑷預期匯率變動。

外匯及資本管制政策 (Foreign Exchange Control & Capital Control Policies)

若一國施行外匯或資本管制，對於國內資金匯送出國採取限制或禁止措施，則資金入境容易，出境困難，如此會使國外資本流入大大減少，使資本帳／金融帳淨額變壞。資本管制的其他措施，例如國內近年來逐步放寬外國法人對國內公司的持股比例等等，也會改變資本流入而影響金融帳淨額。

政治及經濟條件 (Political & Economic Conditions)

政治安定，經濟條件好的國家，易於吸引國外資金流入。例如美國雖經歷美元貶值，經濟成長緩慢的衝擊，但由於政治安定，居住條件良好，仍有能力吸引外國資金大量流入，而使資本帳／金融帳餘額保持盈餘。亞洲金融風暴過後，歐美資金在選擇投資亞洲市場時，臺灣總是成為吸引這些外資的重心，主要就是因為國內經濟發展條件遠優於其他東南亞國家。

實質利率 (Real Interest Rate)

國際間的短期資金，追求高實質利率。在其他情形不變的情況下，若一國實質利率上漲，則吸引外國短期資金流入而使金融帳淨額改善。

預期匯率變動 (Anticipated Exchange Rate Movements)

國際間投機者所擁有的資金（俗稱熱錢，Hot Money），在預期某國通貨即將升（貶）值時，會湧入（出）該國，待該國通貨真正升（貶）值以後再流出（入）該國，因此引起該國在短期內資本流量產生變化，影響金融帳淨額。

第四節 影響匯率變動的重要因素

一國的通貨 (Currency) 若是看作一種商品，則匯率是通貨在外匯市場 (Foreign Exchange Market) 上的價格。商品的均衡價格是由市場的供給及需要同時決定，因此均衡匯率 (Equilibrium Exchange Rate) 也是由外匯市場的供需狀況而定。以美日兩國為例，若美國人民需要購買日本商品或股票，則需先到外匯市場賣美元買日圓，如此則創造對美元的供給及對日圓的需求；若日本人民需要購買美國的商品或股票，也需先到外匯市場賣日圓買美元，如此則創造對日圓的供給及對美元的需求。供給和需求的變動會使匯率上下調整，最後當供給量等於需求量時，匯率即達到均衡狀態而不再變動。均衡匯率的決定可以用圖形表示，由於一個匯率牽涉到兩種通貨，因此可以從美元的觀點來看匯率（即 1 美元等於多少日圓），也可以從日圓的觀點來看匯率（即 1 日圓等於多少美元）。

若從美元的觀點來看匯率，則將美元的數量 (Quantity of U.S. Dollars, $Q_\$$) 放在橫軸，一單位美元等於多少日圓 ($¥\frac{1}{e}/\$1$) 放在縱軸（如圖 3–2 所示），$D_\$$ 代表對美元的需求，$S_\$$ 代表對美元的供給，$1/e$ 代表美元以日圓來衡量的均衡匯率。

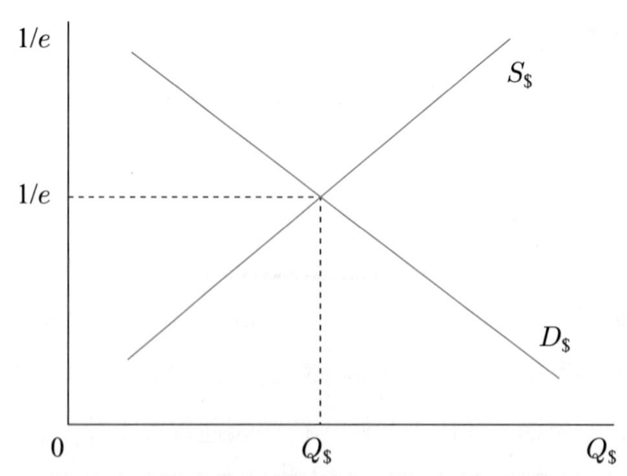

圖 3–2　以美元數量衡量的外匯供給與需求曲線

若從日圓的觀點來看匯率，則將日圓的數量 (Quantity of Yen, $Q_¥$) 放在橫軸，一單位日圓等於多少美元 ($\$e/¥1$) 放在縱軸，$e$ 代表日圓以美元來衡量的均衡匯率（如圖 3–3 所示），$D_¥$ 代表對日圓的需求，$S_¥$ 代表對日圓的供給。

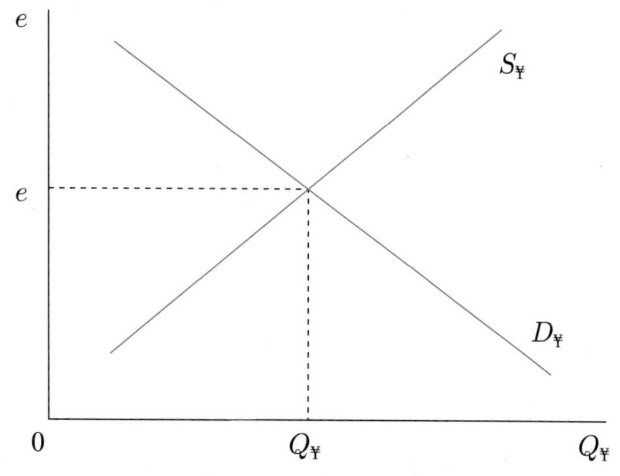

圖 3–3　以日圓數量衡量的外匯供給與需求曲線

比較圖 3–2 及圖 3–3 可以知道，若 $e = 0.009$，則 $1/e = 111$，表示 1 美元等於 111 日圓，則 1 日圓等於 0.009 美元。

均衡匯率會因市場供需狀況改變而產生變動。影響外匯供給與需求變動的因素很多，一般認為根本的因素包括有：(1)相對通貨膨脹率、(2)相對實質利率、(3)相對經濟成長率，及(4)政府的匯率政策。

相對通貨膨脹率 (Relative Inflation Rates)

在其他情形不變的情況下，若美國通貨膨脹率上升，日本通貨膨脹率不變，則美國會增加對日本產品的購買而日本會減少對美國產品的購買，如此則使外匯市場美元的供給增加（即日圓的需要增加）以及日圓的供給減少（即美元的需要減少）。

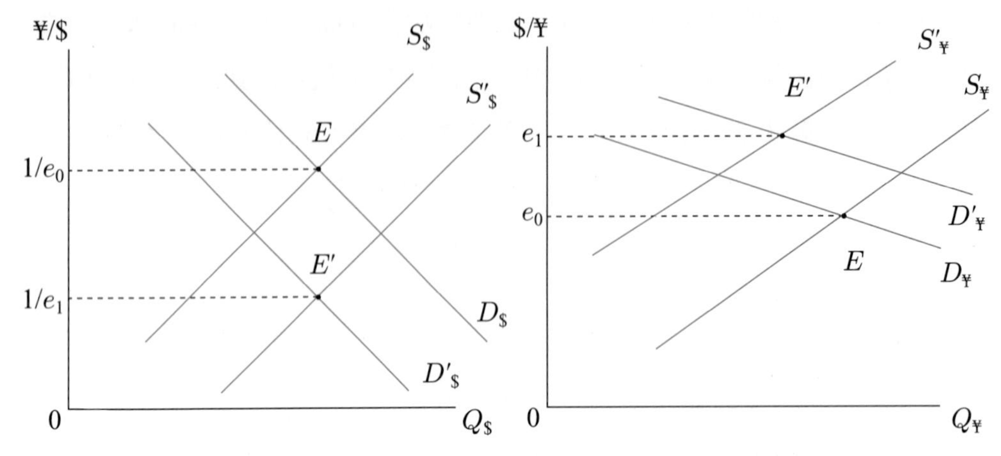

圖 3–4　相對通貨膨脹率改變對均衡匯率的影響

由圖 3–4 可以看出，美國通貨膨脹率相對於日本通貨膨脹率較高，使均衡匯率從 $1/e_0$ 下降到 $1/e_1$（即美元貶值）或是從 e_0 上升到 e_1（即日圓升值）。

相對實質利率 (Relative Real Interest Rates)

在其他情形不變的情況下，若美國的實質利率上升，日本實質利率不變，則美國資本流入會增加，資本流出會減少；而日本的資本流入會減少，資本流出會增加，如此則使外匯市場美元的需要增加（即日圓的供給增加），以及日圓的需要減少（即美元的供給減少）。

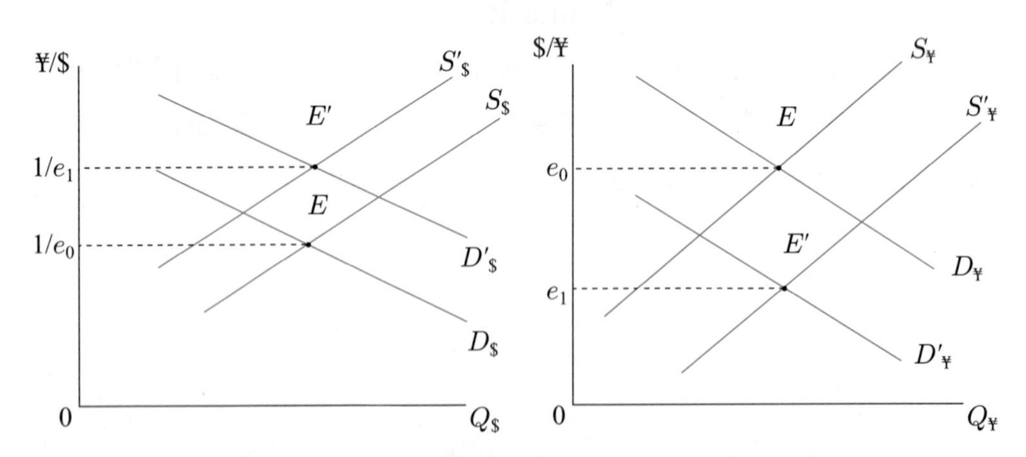

圖 3–5　相對實質利率改變對均衡匯率的影響

圖 3–5 顯示，較高的美國實質利率使均衡匯率從 $1/e_0$ 上升到 $1/e_1$（即美元升值）或是從 e_0 下降到 e_1（即日圓貶值）。

相對經濟成長率 (Relative Economic Growth Rates)

在其他情形不變的情況下，若美國的經濟成長率上升比日本快，則可能對匯率產生兩種對立效果 (Opposing Effects)。首先經濟成長率快的國家（假設為美國），會吸引更多資本流入而使美元升值；在另一方面，經濟成長率上升得快，代表國民所得增加得多，如此則使輸入品的需求增多，而使美元貶值。淨效果則要看兩種效果那一種顯著。

政府的匯率政策 (Exchange Rate Policy)

政府的各項政策都會直接或間接引起匯率變動。例如政府採用擴張性的貨幣政策，則會引起利率下降，通貨膨脹率上升，兩者都會對匯率變動產生影響。政府若對進口品課徵關稅或設置其他貿易障礙 (Trade Barriers)，也會引起匯率的改變。最直接影響匯率短期波動的是政府的匯率政策。若美國政府想在短期內使美元貶值，則可在外匯市場直接進行干預 (Intervention)，即拋售美元（創造美元供給），購買外匯（創造對外匯的需求），如此美元的外匯價值就會下跌而達到貶值的目的。

在短期內政府的干預可能會達到改變匯率的效果，但長期來看匯率還是受到市場根本因素的影響較多。因此，在長期，通貨膨脹率，利率及經濟成長率的變動，才是影響匯率變動的主因。

第五節　有效果與無效果的匯率干預政策

通貨膨脹率及失業率，俗稱「痛苦指數」，是任何一個國家所常面臨的兩大經濟問題。政府的經濟政策，常會使通貨膨脹率與失業率背道而馳。例如增加貨幣供給，有可能刺激經濟成長並降低失業率，但也可能引起通貨膨脹率上升。又如「貶值」的匯率政策，可以刺激出口，減少進口，因而促進國內經濟成長，降低失業率，但也會同時引起國內物價上漲，造成較高的通貨膨脹率。政府的政策導向，與所訂定的經濟目標的優先順序有關。例如一國認為解決失業率的問題要比解決通貨膨脹率的問題更為急迫，則會傾向於採用擴張性的經濟政策。

匯率的貶值政策，可以看作是一種間接的擴張性貨幣政策。中央銀行若欲藉干預來達到本國貨幣貶值的目的，則須到外匯市場賣出本國通貨，並同時購買外匯；如此商業銀行擁有較多的本國通貨而增加了信用貸款的能力，致使流通中的貨幣增加，無異是增加了貨幣供給。但貨幣供給增加會導致通貨膨脹率上升。因此匯率貶值雖可刺激經濟成長，卻也帶來不利國計民生的一項副作用。中央銀行若採用貶值的匯率政策而未採用任何防範通貨膨脹率上升的措施，則此種匯率干預政策，稱之為「有效果的干預」(Unsterilized Intervention)。若央行一面進行「貶值」的匯率干預政策，一面利用公開市場操作 (Open Market Operation) 賣出國庫券，收回本國貨幣以平抑物價，則此種匯率干預政策，稱之為「無效果的干預」(Sterilized Intervention)。比較兩種干預措施，顧名思義，有效果的干預要比無效果的干預更能達到貶值的目的。事實上，干預之所以能使匯率貶值，是透過改變根本因素（即兩國相對通貨膨脹率）所產生出來的效果。無效果的干預既想達貶值的目的，又不願國內通貨膨脹率上升（又要馬兒好，又要馬兒不吃草），自然無法有效的使國內通貨的匯率價值朝向期望的方向變動。

第六節 匯率變動與開放式經濟總體經濟模型

一國若不從事進出口貿易或國際間資本移動的經濟活動，則屬封閉式的經濟社會。根據希克斯—韓森 (Hicks–Hansen) 的 IS–LM 總體經濟模型，我們得知在封閉式的經濟社會中，當政府淨支出（政府支出減政府稅收）增加時，IS 曲線會向右移動；反之，當政府淨支出減少時，IS 曲線會向左移動。（見圖 3–6）

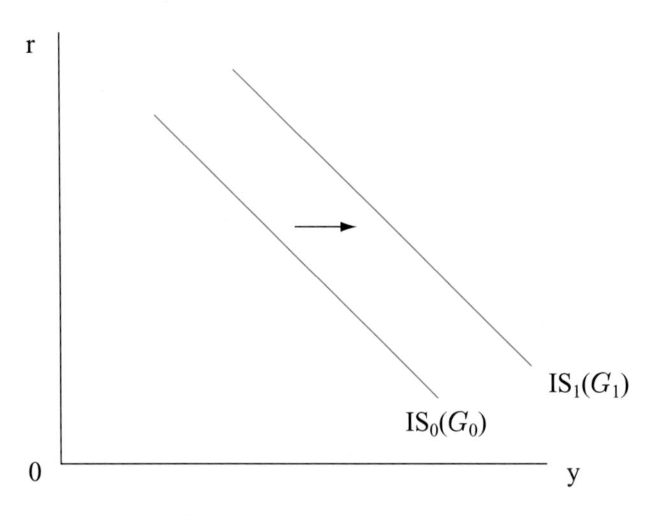

圖 3–6　當政府淨支出增加時 ($G_1 > G_0$)，IS 曲線向右移動

另外，在封閉式的經濟社會中，LM 曲線的移動受到名目貨幣供給及物價水準的影響，名目貨幣供給增加或物價下跌，會使 LM 曲線向右移動；反之，名目貨幣供給減少或物價上漲，會使 LM 曲線向左移動。（見圖 3–7 及圖 3–8）

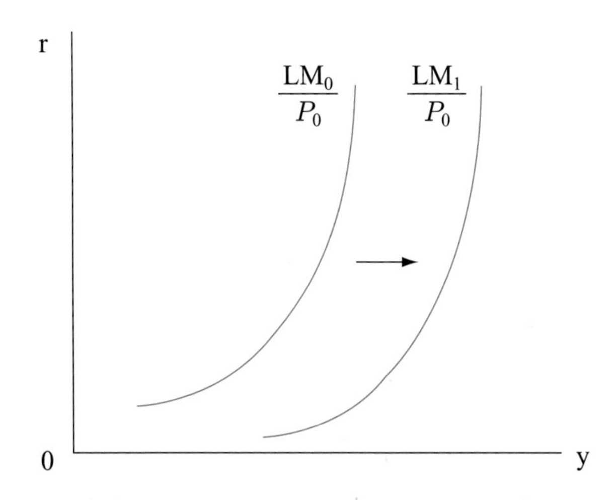

圖 3–7　當名目貨幣供給增加時 ($M_1 > M_0$)，LM 曲線向右移動

封閉式經濟社會的總合需求曲線 (Aggregate Demand Curve, AD) 可導出如圖 3–9 所示：

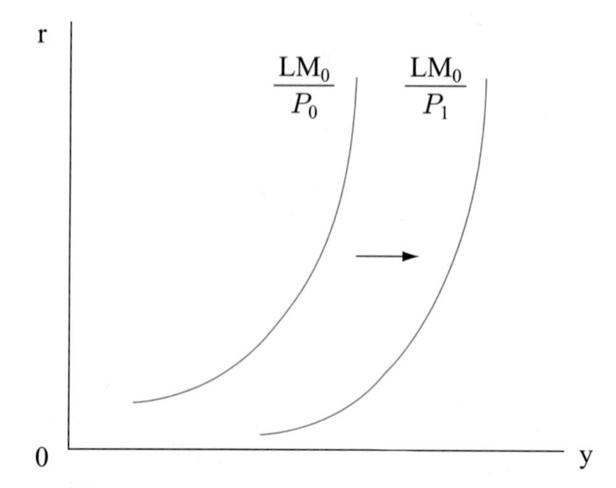

圖 3–8　當物價水準下降時 ($P_0 > P_1$)，LM 曲線向右移動

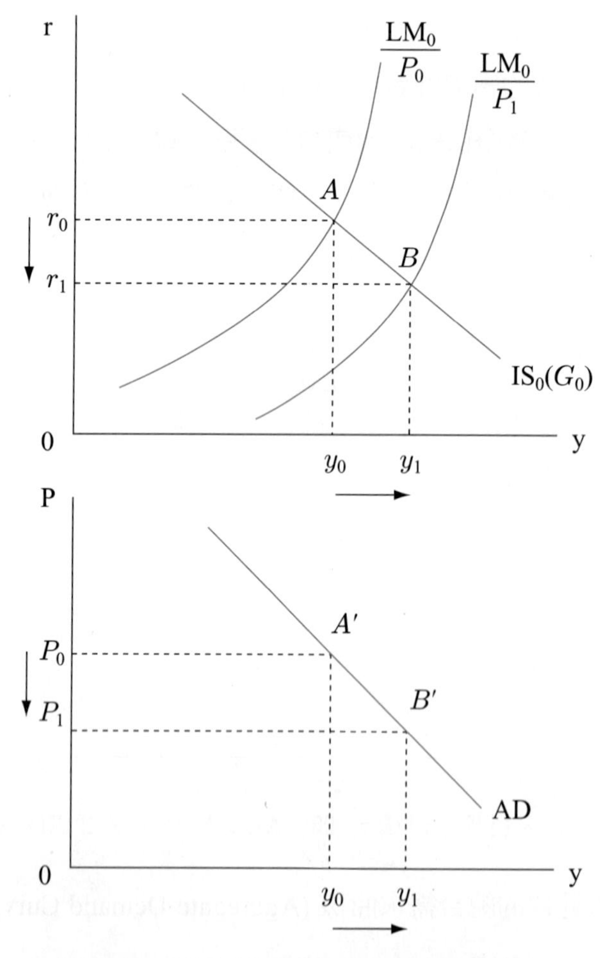

圖 3–9　封閉式經濟總合需求曲線的導出

圖 3–9 顯示，當物價水平從 P_0 下跌到 P_1 而其他總體經濟變數不改變時，實質貨幣供給從 $\frac{LM_0}{P_0}$ 增加到 $\frac{LM_0}{P_1}$ 而使實質利率從 r_0 下跌到 r_1，投資支出 (I) 增加，使 IS–LM 圖形上的均衡點沿著 IS 曲線往右下方移動（從 A 點移到 B 點），總合需求曲線 (AD) 也因物價下跌 ($P_1 < P_0$)，所得增加 ($y_1 > y_0$)，而使均衡點由 A′ 移到 B′。

在開放式的經濟體系之下，IS 曲線的移動，除了受到政府淨支出 (G) 的影響之外，也會受到實質匯率 (Real Exchange Rate, e^r) 的影響。假設其他總體經濟變數維持不變，某國通貨的實質匯率價值對美元上漲，則該國的淨出口（出口減進口）會下跌，而使 IS 曲線向左移動。（見圖 3–10）

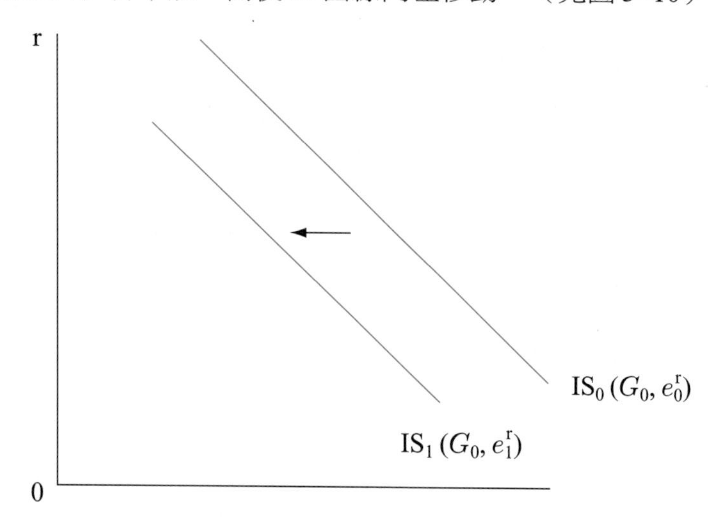

圖 3–10　當某國通貨的實質匯率價值對美元上漲 ($e_1^r > e_0^r$)，該國 IS 曲線向左移動

在開放式的經濟體系之下，LM 曲線的移動也是受到名目貨幣供給及物價水準的影響，但物價水準的改變除了會影響 LM 曲線，也會影響 IS 曲線。由於實質匯率是由下式導出：

$$e^r = e \times \frac{P_{FC}}{P_{US}}$$

e^r：一單位某國通貨對美元的實質匯率

e：一單位某國通貨對美元的名目匯率

P_{FC}：某國的物價指數

P_{US}：美國的物價指數

若某國的物價指數從 P_0 下降到 P_1，而名目匯率及美國的物價指數維持不變，則實質匯率下跌，而使某國的淨出口增加，IS 曲線往右移動，從 *A* 點移到 *C* 點（見圖 3–11(A)所示），在開放式的經濟體系之下，所導出的 AD 曲線較封閉式的為平坦。（見圖 3–11(B)所示）

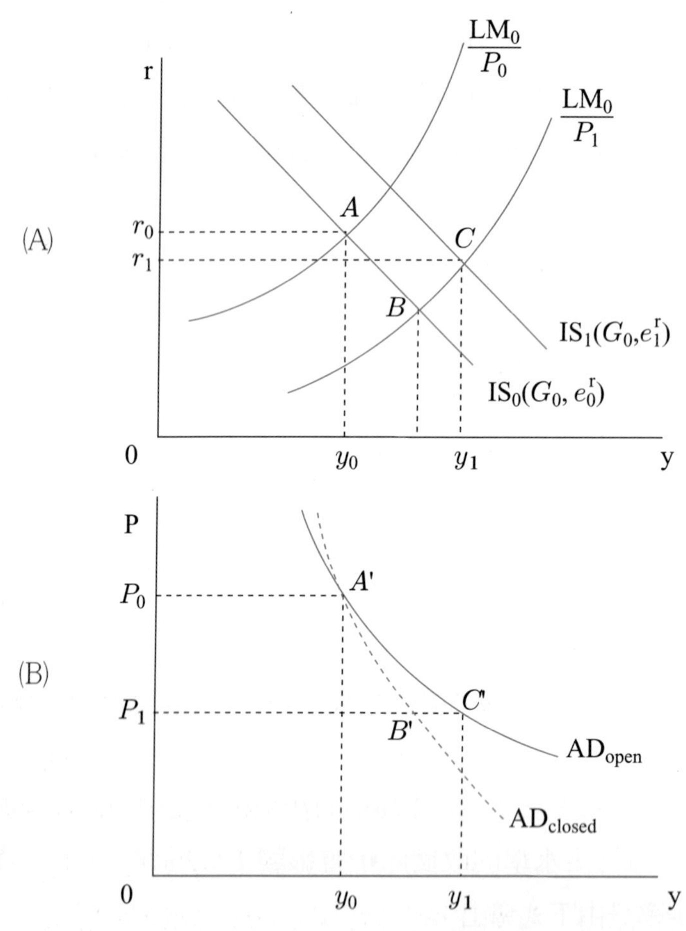

圖 3–11　(A)某國物價指數下降 ($P_1 < P_0$)，使 LM 曲線往右移動，物價下跌同時造成 $e_1^r < e_0^r$，使 IS 曲線也往右移動，均衡點由 A 移至 C。
(B)在開放式經濟體系之下，總合需求線 AD 較封閉體系下的為平坦。

在開放式的經濟體系之下，由於 AD 曲線較為平坦，因此總合需求增加所引起的物價上漲程度較封閉式的社會小，且增加的產出 (y) 也較少。倘若我們採用凱因斯學派所主張的正斜率短期總合供給曲線 (Upward-Sloping Short-run Aggregate Supply Curve)，則由圖 3–12 可以看出，在開放式經濟體系之下，物價水準由 P_2 上漲到 P_1，產出由 y_0 增加到 y_1；在封閉式的經濟體系之下，物價水準由 P_2 上漲到 P_0，產出由 y_0 上漲到 y_2。開放式的經濟社會由於較不倚賴自身社會的生產能力，因此較能承受物價上漲的壓力。

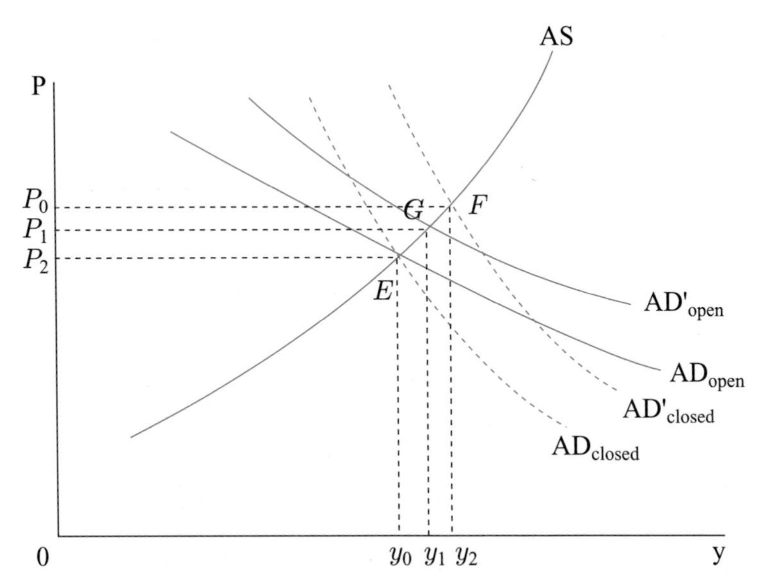

圖 3–12　E → F 代表封閉式經濟社會總合需求增加所引起的價格與產出的變動
E → G 代表開放式經濟社會總合需求增加所引起的價格與產出的變動

在開放式的經濟體系之下，若一國採用完全沒有干預的浮動匯率制度 (Freely Floating Exchange Rate Regime)，則貨幣存量 (Money Stock) 可以作為一種政策工具 (Policy Instrument)，因為要增加或減少貨幣存量，完全可由金融當局控制。但是在固定匯率制度之下，由於政府有義務在外匯市場干預以求維持匯率在目標區以內，使得貨幣存量不可能是一種獨立的政策工具。因為若政府意圖減少貨幣供給，但該國卻有因國際收支盈餘而引起的貨幣過度升值，則政府有義務在外匯市場收購外幣，釋出本國貨幣，以求將本國貨幣的匯率價值拉回目標區之內，如此等於是增加貨幣供給，干擾到該國的貨幣政策。

本章介紹國際收支的涵義及其所包含的經常帳、資本帳及金融帳的內容，及影響各帳戶淨額的重要因素。本章並探討影響匯率變動的重要基本面因素，同時比較中央銀行所採行的「有效果」及「無效果」的匯率干預政策。本章最後解析匯率變動對總體經濟模型內重要變數所造成的影響。

總合需求曲線	(Aggregate Demand Curve)
總合供給曲線	(Aggregate Supply Curve)
資本帳	(Capital Account)
經常帳	(Current Account)
金融帳	(Financial Account)
J 曲線效應	(J-Curve Effect)
公開市場操作	(Open Market Operation)
國際收支淨額	(Overall Balance of Payments)
相對經濟成長率	(Relative Economic Growth Rates)
相對通貨膨脹率	(Relative Inflation Rates)
相對實質利率	(Relative Real Interest Rates)
無效果的干預	(Sterilized Intervention)
有效果的干預	(Unsterilized Intervention)

參考文獻

William H. Branson 著，梁發進譯，《總體經濟理論與政策》，八版，三民書局，民國 75年6月。

白俊男，《國際金融論》，自印，民國77年4月。

周宜魁，《國際金融》，三民書局，民國79年3月。

林鐘雄，《貨幣銀行學》，六版，三民書局，民國79年4月。

陳松男，《匯率決定論與匯率風險管理策略》，華泰書局，民國83年。

歐陽勛、黃仁德，《國際金融理論與制度》，增訂初版，三民書局，民國79年11月。

Baldwin, Robert E., "Determinants of Trade and Foreign Investment: Futher Evidence", *Review of Economics and Statistics*, Fall 1979, pp. 40–48.

Bame, Jack J., "Analyzing U.S. International Transactions", *Columbia Journal of World Business*, Fall 1976, pp. 72–84.

Batten, Dallas S., and Daniel L. Thornton, "The Discount Rate Change and the Foreign Exchange Rates: An Analysis With Daily Data", *Review*, Federal Reserve Bank of St. Louis, February 1985, pp. 22–30.

Batten, Dallas S., and Mack Ott, "What Can Central Banks Do About the Value of the Dollar?", *Federal Reserve Bank of St. Louis Review*, May 1984, pp. 16–26.

Bergstrand, Jeffrey H., "United States-Japanese Trade: Predictions Using Selected Economic Models", *New England Economic Review*, Federal Reserve Bank of Boston, May-June 1986, pp. 24–37.

_____, "Selected Views of Exchange Rate Determination Ager a Decade of 'Floating'", *New England Economic Review*, Federal Reserve Bank of Boston, May-June 1983, pp. 14–29.

Bernauer, Kennth, "The Asian Dollar Market", *Economic Review*, Federal Reserve Bank of San Francisco, Winter 1983, pp. 47–63.

Brittain, Bruce, "Tests of Theories of Exchange Rate Determination", *Journal of Finance*, May 1977, pp. 519–529.

Carlozzi, Nicholas, "Exchange Rate Volatility: Is Intervention the Answer?", *Business Review*,

November-December 1983, pp. 3–10.

Chmura, Christine, "The Effect of Exchange Rate Variation on U.S. Textile and Apparel Imports", *Economic Review*, Federal Reserve Bank of Atlanta, May-June 1987, pp. 17–22.

Choi, Jongmoo Jay, and Prasad, Anita Mehra, "Exchange Risk Sensitivity and Its Determinants: A Firm and Industry Analysis of U.S. Multinationals", *Financial Management*, vol. 24, no. 3, Autumn 1995, pp. 77–88.

Craig, Gray A., "A Monetary Approach to the Balance of Trade", *American Economic Review*, June 1983, pp. 460–466.

Crockett, Andrew, "Determinants of Exchange Rate Movements: A Review", *Finance and Development*, March 1981, pp. 33–37.

Deppler, Michael C., and Duncan M. Ripley, "The World Trade Model: Merchandise Trade", *International Monetary Fund Staff Paper*, March 1978, pp. 147–206.

Eichnbaum, Martin, and Evans, Charles L., "Some Empirical Evidence on the Effects of Shocks to Monetary Policy on Exchange Rates", *Quarterly Journal of Economics*, vol. 110, no. 1995, pp. 975–1009.

Frenkel, Jacob A., and Harry G. Johnson, eds., *The Economics of Exchange Rates Reading*, Mass.: Addison-Wesley, 1978.

Genberg, Hans, "Effects of Center Bank Intervention in the Foreign Exchange Rates: A Market", *International Monetary Fund Staff Papers*, September 1981, pp. 451–476.

Gray, H. Peter, and Gail E. Makinen, "Balance of Payments Contributions of Multinational Corporations, *Journal of Business*, July 1967, pp. 339–343.

Hassapis, Christis, "Exchange Risk in the EMS: Some Evidence Based on a Garish Model", *Bulletin of Economic Research*, vol. 47, October 1995, pp. 295–303.

Humpage, Owen F., "Requirements for Eliminating the Trade Deficit", *Economic Commentary*, Federal Reserve Bank of Cleveland, April 1, 1987.

Hung, Tran Quoc, "Capital Inflow Should Keep the Dollar Strong", *Euromoney*, February 1983, pp. 83–85.

International Letter, Federal Reserve Bank of Chicago, various issues.

Kravis, Irving B., Robert E. Lipsey, "Prices Behavior in the Light of Balance of Payments Theories", *Journal of International Economics*, May 1978, pp. 193–246.

LaCivita, Charles, "Currency, Trade, and Capital Flows in General Equilibrium", *Journal of Business*, January 1987, pp. 113–135.

Madura, Jeff, "Reactions of Foreign Exchange Markets to Discount Rate Adjustments", *Economic Planning*, March-April 1984, pp. 9–11.

Miles, Marc A., "The Effect of Declamation in the Trade Balance and the Balance of Payments: Some New Results", *Journal of Political Economy*, June 1979, pp. 600–620.

Murphy A, "The Determinants of Exchange Rates Between Two Major Currencies", *Multinational Business Review*, Spring 1996, pp. 107–111.

Nakamal, Tadashi, "Growth Matters More Than Surpluses", *Euromoney*, February 1984, pp. 101–103.

Obstfeld, Maurice, "Balance-of-Payments Crises and Devaluation", *Journal of Money, Banking and Credit*, May 1984, pp. 208–217.

Rogoff, Kenneth, "On the Effects of Sterilized Intervention: An Analysis of Weekly Data", *Journal of Monetary Economics*, September 1984, pp. 133–150.

"Protectionism: Making It Pay for Itself", *Business Week*, April 7, 1986, p. 24.

Salop, Joanne, and Erich Spitaller, "Why Does the Current Account Matter?", *International Monetary Fund Staff Papers*, March 1980, pp. 101–134.

Weber, Warren E., "Do Sterilized Interventions Affect Exchange Rates?", *Quarterly Review, Federal Bank of Minneapolis*, Summer 1986, pp. 14–23.

Yavas, Ugur, S. Tamer Cavusgil, and Secil Tuncalp., "Assessments of Selected Foreign Suppliers by Saudi Importers: Implications for Exports", *Journal of Business Research*, June 1987, pp. 237–246.

第四章

外匯市場

第一節　外匯市場的結構與操作方式

第二節　匯率的定義及報價方式

第三節　外匯市場的套利行為

本章重點提示

- 外匯市場的功能
- 完全報價 vs. 點數報價
- 即期合約 vs. 遠期合約
- 三種外匯套利方式
- 遠期匯率買賣價的決定

第一節 外匯市場的結構與操作方式

外匯市場是由全世界大小商業銀行的外匯部門 (Foreign Exchange Department) 組成，以每日交易額來計算，外匯市場是世界上最大的市場，也是成長最快的市場❶，平均一天全世界外匯交易額超過 1 兆美元（依據 Bank for International Settlements (BIS), Annual Report, 1995）。大宗外匯交易通常是在世界上最重要的幾個金融中心完成，包括倫敦、紐約、東京、法蘭克福及蘇黎世，俗稱「五大外匯市場」(The Big Five)。小規模的交易則可在地區性 (Regional) 或地方性 (Local) 的銀行完成。

全球外匯市場大致可區隔為三個地理區：北美、歐洲及亞澳。北美包括紐約、蒙特利爾、多倫多、芝加哥、舊金山、及洛杉磯。歐洲包括倫敦、法蘭克福、蘇黎世、巴黎、布魯塞爾及阿姆斯特丹。亞澳地區則包括東京、新加坡、香港、雪梨及巴林 (Bahrain)。外匯市場不似集中市場 (Organized Exchanges)，在一定的場所進行買賣，而是藉著一種電訊網路系統 (Network System)，例如電話、電報、電腦終端機等工具來完成交易，因此外匯市場是一個店頭市場 (Over-the-Counter or OTC Market)。

外匯市場的功能

外匯市場的存在可發揮三項功能：(1)移轉購買力 (Transferring Purchasing

❶ 以美國為例，根據 BIS 1995 年資料，紐約外匯市場每日交易額是二千四百多億美元，而紐約股市 (NYSE) 每日成交量僅是一百一十多億，前者是後者的 20 倍以上。

Power)、(2)拓展信用 (Extending Credit)、(3)減少外匯風險 (Minimizing Foreign Exchange Risk)。

移轉購買力的功能

外匯市場若不存在，則人們很難將購買力從一個國家移轉到另一個國家。因為各國都有自己的通貨 (Currency)，在從事國際貿易時，交易的雙方必有一方要付出或接受外幣，譬如說我國人民希望購買到日本製造的商品，則必須在外匯市場中取得日圓來支付該商品的購買（當然，假設該日本廠商要求以美元計價時，購買者就需從外匯市場換取美元）。外匯市場便利了通貨的轉換，使得人們可以將其購買力由本國延伸至別國。

拓展信用的功能

國際貿易牽涉到時間的落差，也就是說在貨物運送途中，貿易的其中一方必須要提供信用給另一方，因而創造了應收帳款或應付帳款。外匯市場的存在，除了便利通貨的轉換還可以提供避險的管道，如此使得從事國際貿易者願意從事跨國界的賒銷或賒購，將信用交易拓展至以外幣計價的商業活動當中。

減少外匯風險的功能

國際貿易或投資創造了三種形態的外匯風險，也就是換算風險、交易風險，以及營運風險（請參考本書第二篇），而外匯市場的存在提供了各式避險的管道，使貿易商或投資人得以減少或消除所承擔的外匯風險。

外匯市場參與者

一般而言，外匯市場的參與者可以分為以下六大類：

進出口廠商與跨國公司 (Exports/Imports & MNCs)

此類參與者因為經常有跨國界 (Cross-Border) 的商品及勞務移轉，從而產生跨國界的財務移轉 (Financial Transfers)，因此必須在外匯市場進行通貨轉換 (Currency Conversion)，以得到所需要的通貨。

自營商 (Dealers)

外匯市場上最主要的自營商就是各商業銀行 (Commercial Banks) 的外匯

部門。自營商是所謂的市場創造者 (Marketmakers)，當外匯市場有買方出現，自營商須報出賣價 (Ask Price)，若市場中出現賣方，則自營商須報出買價 (Bid Price)。因此，自營商通常會在市場中作雙向報價 (Two-Way Price Quotes)，買低而賣高 (Buy at Bid and Sell at Ask)，賺取買賣的價差 (Bid/Ask Spread)，但是同時也承擔了持有外匯的匯率風險。自營商除了替顧客服務，也替自己的帳戶交易，有時是為調整自己的存貨部位，有時則是為進行投機或套利活動 (Speculative Trades)。

自營商的作業分為兩個層次，一是批發 (Wholesale)，二是零售 (Retail)。居於世界重要金融中心的各商業銀行，彼此之間的交易多屬於批發交易，或稱銀行同業交易 (Interbank Transaction)。根據 1995 BIS 統計資料，外匯批發市場的交易約佔全球外匯市場交易總金額的 84%。在批發市場因為交易的金額大（每宗交易均在百萬美元以上），因此買賣價差較小，通常小於交易值 (Transaction Value) 的 0.1%。零售市場則是由地區性或地方性較小的商業銀行所組成，交易金額小，買賣價差大，但買賣價差仍低於交易值的 1%。

外匯市場中的自營商，主要成員是商業銀行，但也包括一些投資銀行 (Investment Banks)。在美國境內，由於有法令明文規定 (Glass-Steagall Act (1933))，商業銀行與投資銀行的業務必須區分清楚。商業銀行的主要業務是承作存款、放款及買賣外匯；投資銀行的主要業務則是替公司及政府上市股票及債券。商業銀行在美國國內不可以承作發行證券及債券的業務；投資銀行在美國境內也不可以從事有關商業銀行的業務。但是商業銀行與投資銀行在美國境外的分支機構 (Branches)，則不受 Glass-Steagall Act 的限制，一些投資銀行在國外替大公司上市股票或債券，常牽涉到使用多種外幣。因此這些投資銀行也在外匯市場從事自營商的業務，如此可以用較低的成本持有外匯，來輔助完成證券上市的業務。根據1995年的資料，外匯市場交易總金額中 84% 屬於銀行同業交易，其中投資銀行交易佔銀行同業交易的 20%。

經紀商 (Brokers)

外匯經紀商將外匯買者與賣者的需要配合，達成交易而收取佣金

(Commission)，其本身並不保有外匯存貨。大銀行有時要靠經紀商為他們找顧客，尤其大銀行的外匯部門在從事投機或套利業務時，通常喜歡保持匿名，因此常透過經紀商來進行外匯買賣。不過，近年來由於自動交易系統(Automated Dealing System) 的頻繁使用，經紀商的功能已在漸漸式微之中。

套利者 (Arbitrageurs)

外匯市場雖然是由全世界各個銀行的外匯部門所組成，但是這些銀行對同一匯率的報價，在扣除交易成本後，幾近相同。原因是市場中隨時有套利者盯住市場匯率的走勢，一旦發現有較大的價格差異時，就會賺取套利利潤。套利的結果是各市場對於同一匯率的報價，最後趨於相等。但套利並非是人皆可為，通常是 24 小時盯住匯率波動的自營商或專業人員才有可能洞燭機先而獲利。

投機者 (Speculators)

在外匯市場上，經常有投機者根據自己對未來匯率走勢所作的預測而買賣外匯。正確的預測使投機者賺得利潤，錯誤的預測則使投機者蒙受損失。

各國中央銀行 (Central Banks)

央行若想干預 (Intervene) 匯率的變動，則須到外匯市場買賣外匯。例如：日本央行 (Bank of Japan) 要使日圓兌美元匯率貶值，則需在外匯市場賣日圓，買美元，而成為外匯市場的參與者。

即期合約 vs. 遠期合約

在外匯市場進行交易簽定的合約，依照到期期限的長短，可以分為即期合約 (Spot Contract) 與遠期合約 (Forward Contract)。即期合約（又稱為現貨合約）的交易並非如字面所形容的在當時即完成交易。依市場慣例，即期外匯交易的交割日或到期日 (Value Date or Delivery Date) 通常是在交易日(Transaction Date) 後的第二個工作天；但是如果匯率所牽涉到的兩國通貨，其國家是位於同一時區 (in the same time zone)，例如美元兌換加幣，或是美元兌換墨西哥的披索 (Peso)，則交割日為簽約日後的第一個工作天。根據1995年BIS的統計資料，即期合約交易佔外匯交易總金額的 43%。

遠期合約到期日的推算則稍許複雜些，一般依照市場慣例，需要注意以下幾點：

1.遠期合約的到期日是以同日簽約的即期合約到期日開始起算。例如 3 月 1 日簽定的即期合約，其到期日是 3 月 3 日，則在 3 月 1 日所簽定為期 2 天的遠期合約 (Two-Day Forward Contract)，其到期日將是在 3 月 5 日。

2.整數月份 (Whole Month) 到期的遠期合約（例如一個月（或 30 天），二個月（或 60 天）到期的遠期合約），其交割日是與同日簽約的即期合約的到期日為同一日數，但月份則依據遠期合約的期限向未來推算，例如 3 月 1 日簽定的一個月（或 30 天）到期的遠期合約，其到期日是與同日簽定的即期合約的到期日（即 3 月 3 日）同為 3 號，但向未來推一個月 (One Month Forward)，即是 4 月 3 日。同理，3 月 1 日簽定的二個月（或 60 天）到期的遠期合約，其到期日為 5 月 3 日。

3.遠期合約的到期日若是碰到例假日，則向後推算到第一個工作天為到期日。但若找出的到期日與原來應為到期日的那天不同月，則從原來的到期日倒推至前一個工作天。舉例來說，4 月 27 日簽定的 60 天到期的遠期合約，若原來的到期日為 6 月 29 日，而 6 月 29 日正好為例假日，則到期日改為 6 月 30 日。假設 6 月 30 日正好也是例假日，則應該向後推算到 7 月 1 日，但 7 月 1 日與原來應為到期日的 6 月 29 日月份不同，因此改為由 6 月 29 日往回推算，因此該筆遠期外匯交易的到期日將是 6 月 28 日。

4.若同日簽定的即期合約之到期日是該月最後一個工作天，則對整數月份的遠期合約（例如 3 月、6 月、9 月到期的遠期合約），到期日也必須是到期月份的最後一個工作天（此為遠期合約到期日的 “End-end” Rule）。例如以 4 月 28 日為簽約日，則即期合約的到期日是 4 月 30 日，是 4 月的最後一個工作天。則 4 月 28 日所簽定的一個月到期的遠期合約的 Value Date 應是 5 月 31 日（5 月的最後一個工作天）。

遠期合約的到期日可以由顧客自由選定，但通常是 30 天的倍數。最受歡迎的到期期限是 30 天、90 天及 180 天。銀行一般只願對主要工業國家的通貨安排遠期合約，例如日圓、瑞士法郎、歐元、美元、加幣及英鎊，主要是因為這些通貨的市場交易量大，流通性高，也易於交易商進行避險。

遠期合約的匯率，即遠期匯率 (Forward Rate)，反映市場整體對於匯率未來走勢的看法，因此可以大於，等於或小於即期合約的匯率 (Spot Rate)。假設美元的 30 天期遠期匯率大於即期匯率，表示市場一般認為美元在未來 30 天內會升值。遠期匯率若大於即期匯率，其差額稱之為遠期溢酬 (Forward Premium)，遠期匯率若小於即期匯率，則其差額稱之為遠期貼水 (Forward Discount)，遠期溢酬或貼水的衡量，一般可使用下式：

$$\text{n-day Forward Premium(or Discount)} = \frac{f_0^{\text{n-day}} - e_0}{e_0} \quad (4\text{-}1)$$

$f_0^{\text{n-day}}$: 今天報價的 n 天以後到期的遠期匯率

e_0 : 今天的即期匯率

(4–1) 式表示 n 天期遠期溢酬或貼水，等於 n 天期遠期匯率減去即期匯率再除以即期匯率。

遠期匯率的決定

讓我們思考這樣一個問題：假設一個進口廠商預計在三個月後需要支付一筆 1,000 萬美元的款項，為了避免近期美元匯率的上升而造成換匯成本的增加，該廠商希望能透過購買美元遠期匯率來鎖定未來的匯率，以規避匯率變動的風險。然而，對於一個提供遠匯業務的銀行，將如何對該廠商作三個月期遠匯的報價？

假設遠期匯率為已知，那麼銀行在三個月後將依照該遠期合約支付廠商美金，並向廠商收取新臺幣。譬如說，該廠商購入一個遠期匯率為 $1 = NT$33.5，名目金額 (Notional Principal) 為 1,000 萬美元的三個月遠期合約，在到期時，銀行將支付給廠商 1,000 萬美元，而廠商則需支付 NT$335,000,000 新臺幣給銀行，完成合約交易。問題是，銀行並無法確知三個月後的匯率會是如何，如果到時匯率為 $1 = NT$35，那麼該筆合約將使銀行損失 1,500 萬新臺幣 (NT$350,000,000–335,000,000)。換匯銀行如何決定一個正確的遠期匯率呢？

假設目前新臺幣的即期匯率為 $1 = NT$34，三個月期的新臺幣借款利率為 8%，而美金存款利率為 6%。該銀行可以用目前的利率 (8%) 借入新臺幣，換成美金，並且以 6% 的利率將該美金款項存入，只要該美金存款在三個月後的本利和等於 1,000 萬，該銀行便可以提出該美金存款支付給廠商。至於廠商所需支付給銀行的新臺幣金額，則只要足夠清償銀行新臺幣借款的本金及利息，則該遠期合約就相當於一個無風險的交易。因此，我們可以計算遠期匯率如下。

在美金存款利率為 6% 的條件下，為了確保三個月後會有足夠（1,000 萬）的美金，該銀行需要存入 $9,852,217（即 $10,000,000/1.015）的美金。在目前的匯率下，銀行需要借入 NT$334,975,378 的新臺幣。由於新臺幣借款利率等 於 8%，銀行需要在三個月後償還的總額為 NT$341,674,877 。因此，銀行可以將遠期匯率訂在 $1 = NT$34.1675 左右，此遠匯合約將不會帶給銀行任何的風險。

從上面的例子中，我們可以得知，雖然沒有人能夠確實掌握未來匯率的變動，但是透過市場中即期匯率以及借貸利率的資訊，我們可以輕易的算出三個月後遠匯的價格，如果市場中的遠匯報價偏離此價格，套利機會便可能出現。舉例來說，如果在上例中，市場中的遠期匯率為 $34.25，那麼該銀行可以積極的賣出美金遠匯合約，經由新臺幣的借款，即期外匯市場的換匯，以及美金的存款，便可在每 1 美元的合約金額獲得 NT$0.0825 的無風險利潤。當然，我們還需要將銀行提供外匯服務的成本以及應得之報酬納入遠匯價格的考量，但這些因素不會使市場遠匯價格偏離理論價格太遠。

由於廠商有買入或賣出外幣的需求，因此外匯銀行通常會對遠期匯率作買進及賣出的雙向報價。在實務上，遠期匯率也可以透過一個比較簡易的方法，也就是所謂的換匯點數 (Swap Points or Swap Rate) 來決定。換匯點數是指遠期匯率與即期匯率的差距。因此遠期匯率就等於即期匯率加上換匯點數，而換匯點數的計算公式如下：

$$換匯點數 = 即期匯率 \times 利率差距 \times t\,天／360（或\ t\ 月／12）$$

我們來看看以下的說明。假設目前市場中所觀察到的基本資料如下：

【例】

	Bid	Ask
即期匯率 (NT$/US$)	27.2	27.3
	Deposit Rate	Loan Rate
三個月到期的美元利率	9.125%	9.375%
三個月到期新臺幣利率	7%	7.25%

遠期匯率買價 (Bid) 的簡易算法

假設廠商預期在三個月後有 1,000 萬元美金的款項收入，計劃利用遠匯合約將該筆外幣賣給銀行，也就是說，銀行將在三個月後收到美元，並支付等值的臺幣給該廠商。為了將遠期美金的部位軋平 (Square off the Position)，該銀行可以在現貨（即期外匯）市場以目前的匯率先行賣出 1,000 萬美金，並同時買進新臺幣。

透過此一操作，銀行的部位雖已軋平，但現金流程 (Cash Flow) 卻出現問題，由於銀行須先行向市場借入美金；同時，在即期市場買進的新臺幣也必須存入銀行，等待三個月後再用來償付遠期外匯市場的新臺幣合約義務。由於美元借款利率是 9.375%，而臺幣存入利率是 7%，利率差距為 2.375%，此利率差距是銀行額外的負擔，也是因承作「買入」遠匯美元而產生，因此必須轉嫁給遠期外匯市場的美元賣主。2.375% 的利率差距可換算成 Swap Points 如下：

$$\begin{aligned}\text{Swap Points} &= 27.2 \times 2.375\% \times \frac{3}{12}\\ &= 0.1615\end{aligned}$$

$$\begin{aligned}\text{遠期匯率的買價} &= 27.2 - 0.1615\\ &= 27.0385\end{aligned}$$

也就是說，銀行在遠期市場購買美元所付的價格，要比在即期市場為低，以補償其在利率上的損失。

遠期匯率賣價 (Ask) 的簡易算法

反過來說，假設客戶要向銀行買進三個月到期的美元。由於銀行在遠期外匯市場賣出美元，因此必須在即期市場買進美元以求將部位軋平。銀行部位軋平的情況如下：

遠期外匯市場：賣出三個月到期的美元
（亦即買進三個月到期的新臺幣）
即期外匯市場：買進立刻到期的美元
（亦即賣出立刻到期的新臺幣）

與前述買價決定的過程一樣，在此階段，部位雖已軋平，但現金流程的到期日無法配合。因此，銀行必須存入美元三個月，且借入新臺幣三個月。美元的存入利率是 9.125%，而新臺幣借款利率是7.25%，利率差距為 1.875%，此利率差距是銀行獲得的額外利益，也是因承作「賣出」美元而得，因此必須回饋給遠期外匯市場的美元買主。1.875% 可換算成 Swap Points 如下：

$$\text{Swap Points} = 27.3 \times 1.875\% \times \frac{3}{12}$$
$$= 0.1280$$
$$\text{遠期匯率的賣價} = 27.3 - 0.1280$$
$$= 27.1720$$

也就是說，銀行在遠期市場賣出美元所得的價格，要比在即期市場為低，以反映其在利率上獲得的利益。

綜合以上計算所得，遠期匯率的買價與賣價表示如下：

	Bid	Ask
遠期匯率 (NT$/US$)	27.0385	27.1720

完全合約 vs. 交換合約 (Outright Contract vs. Swap Contract)

外匯市場中的遠期合約，又可區分為完全合約 (Outright Contract) 及交換合約 (Swap Contract)。完全合約是訂定單一的遠期合約，沒有即期合約或另一個遠期合約牽涉在內。交換合約則是同時簽定兩個到期日不同的合約。交換合約可能是一個即期－遠期 (Spot-Forward) 的交換合約，也可能是遠期－遠期 (Forward-Forward) 的交換合約。

即期－遠期交換合約 (Spot-Forward Swap Contract)

假設有一廠商兩個月以後需要一筆日圓，於是想要現在買一個兩個月到期的日圓的遠期合約。但安排遠期合約需要花費較久的時間，待合約安排好並可確定遠期匯率時，日圓可能已經升值。為避免遠期合約簽定前的匯率波動風險，該廠商可以先簽定一個買日圓的即期合約，再簽定一個（賣日圓）即期－（買日圓）遠期的交換合約。若在簽定交換合約的時候，日圓已經升值，則在遠期合約上所遭受的損失，可以用在即期合約上獲得的利潤來沖銷。

遠期－遠期交換合約 (Forward-Forward Swap Contract)

若一廠商預期一個月之後會收到一筆歐元，兩個月以後又要再付出一筆歐元，則可簽定（賣歐元 30 天）遠期－（買歐元 60 天）遠期的交換合約，如此既省時間，又可獲得較有利的匯率。

第二節 匯率的定義及報價方式

匯率的定義是：「一單位某國通貨，以他國通貨數目來衡量的價格」(The price of one country's currency in terms of another's)。匯率的報價方式有若干種，但各大銀行多半是採用美式報價或歐式報價，即所報出的匯率必然牽涉到美元。例如，在英國及美國的外匯市場，外匯交易中約有 85% 是屬於某種通貨對美元的交易 (BIS, 1995)。美元被當作匯率報價時的共同貨幣 (A

Common Currency) 好處有二：(1)可以簡化報價的複雜度。若外匯報價不以美元作共同貨幣，則八種通貨彼此間的匯率報價就有二十八個 ($N(N-1)/2$, $N = 8$)，而每種通貨若只對美元報價則只須報出八個匯率。(2)可以避免三角套利 (Triangular Arbitrage) 發生的機會（三角套利描述於本章第三節中）。各大銀行除了採用美式報價及歐式報價，也有銀行提供交叉匯率報價 (Cross Rate Quote)。茲將各種報價方式描述如下：

直接報價 vs. 間接報價 (Direct Quote vs. Indirect Quote)

直接報價係以一單位外國通貨所兌之本國貨幣數目進行報價。例如，從臺幣的觀點來看，臺幣兌換美元的直接報價是 US$1 = NT$32.09；而從美元的觀點來看，美元兌換臺幣的直接報價是 NT$1 = US$0.03116。間接報價則是以一單位本國通貨所兌之外國貨幣數目來進行報價。例如，從臺幣的觀點來看，臺幣兌換歐元的間接報價是 NT$1 = EURO$0.0232；而從歐元的觀點來看，歐元兌換臺幣的間接報價是 EURO$1 = NT$43.1028。因此，直接報價與間接報價是互成倒數，也就是說，直接報價 = 1／間接報價。

表 4–1　新臺幣兌換外幣匯率 (2004/12/08)

	美元	日圓	港幣	人民幣	英鎊	歐元	加幣	澳元	泰銖
直接報價	32.0924	0.3120	4.1300	3.8722	62.4610	43.1034	26.5745	24.8447	0.8186
間接報價	0.0312	3.2047	0.2421	0.2583	0.0160	0.0232	0.0376	0.0403	1.2216

美式報價 vs. 歐式報價 (American Quote vs. European Quote)

美式報價為一單位他國通貨所兌之美元數目。歐式報價則是一單位美元所兌之他國通貨數目。例如：歐元兌美元的美式報價為 EURO$1 = US$1.34318，而歐式報價則是 US$1 = EURO$0.7445。國際間銀行同業 (Interbank) 報價多採用歐式報價，但對英鎊 (British Pound)、愛爾蘭鎊 (Irish

Punt)、澳大利亞幣 (Australian Dollar) 及紐西蘭幣 (New Zealand Dollar) 則習慣用美式報價。1999 年 1 月 1 日之前，ECU 的報價僅採用美式報價，但是在 1999 年 1 月 1 日以後，ECU 被歐元 (EURO) 所取代，而 EURO 是採用美式與歐式兩種報價方式。在外匯期貨市場及選擇權市場中則通常是採用美式報價。簡言之，美式報價與歐式報價互為倒數，換句話說，美式報價 = 1／歐式報價。

大多數的匯率報價，不論是採歐式報價或美式報價，皆是取到小數第四位，但有些幣值比較小的貨幣，其美式報價通常取到小數第五位或第六位，歐式報價則取到小數第二位或第三位。例如，美式報價取到小數第五位（歐式報價取到小數第三位）的計有蘇俄盧布、印度 Rupee、墨西哥 Peso、菲律賓 Peso、新臺幣及泰銖等；美式報價取到小數第六位（歐式報價取到小數第二位）的計有智利 Peso、希臘 Drachma、匈牙利 Forint、日圓、南韓 Won、西班牙 Peseta、委內瑞拉 Bolivar 等。

交叉匯率報價 (Cross Rate Quote)

下表即為 2004 年 12 月 8 日不同幣別間收盤價之交叉匯率報價表，其中縱軸表示直接報價，而橫軸則表示間接報價。

表 4–2　交叉匯率表 (2004/12/08)

收盤價	美元	臺幣	日圓	港幣	人民幣	英鎊	歐元	加幣	澳元	泰銖
美元	1	32.0900	102.840	7.76990	8.28710	0.51390	0.74450	1.20750	1.29150	39.2000
臺幣	0.03116	1	3.20474	0.24213	0.25825	0.01601	0.02320	0.03763	0.04025	1.22156
日圓	0.00972	0.31204	1	0.07555	0.08058	0.00500	0.00724	0.01174	0.01256	0.38117
港幣	0.12870	4.13004	13.2357	1	1.06656	0.06614	0.09582	0.15541	0.16622	5.04511
人民幣	0.12067	3.87228	12.4096	0.93759	1	0.06201	0.08984	0.14571	0.15584	4.73024
英鎊	1.94590	62.4441	200.117	15.1195	16.1259	1	1.44873	2.34968	2.51313	76.2794
歐元	1.34318	43.1028	138.133	10.4364	11.1311	0.69026	1	1.62189	1.73472	52.6528
加幣	0.82816	26.5756	85.1677	6.43470	6.86302	0.42559	0.61656	1	1.06957	32.4638
澳元	0.77429	24.8471	79.6283	6.01618	6.41665	0.39791	0.57646	0.93496	1	30.3523
泰銖	0.02551	0.81862	2.62347	0.19821	0.21141	0.01311	0.01899	0.03080	0.03295	1

（此匯率為前一日紐約匯市收盤價）

買價 vs. 賣價 (Bid Price vs. Ask Price)

匯率的報價，一般是買價 (Bid Price or Bid Rate) 與賣價 (Ask (or Offer) Price or Ask Rate) 同時報出。買價是銀行為買一單位外幣所願意支付的價格，例如：瑞士法郎的買價為 SF1 = \$0.6737 表示銀行願意付 0.6737 美元來買一單位的瑞士法郎。賣價是銀行為賣一單位外幣所要索取的價格，若瑞士法郎的賣價是 SF1 = \$0.6747 ，則表示銀行賣一單位瑞士法郎索價 0.6747 美元。買價與賣價之差異稱之為買賣價差 (Bid-ask Spread)，代表著銀行提供外匯服務的報酬，當然其中也有一部分是用來補償銀行所承擔的匯率風險。買賣價差的高低也反應出該幣別的市場流通性 (Liquidity)，價差越大，取得或賣出該幣別的成本也就越大。由於各種幣別的價格差異頗大，為了便於買賣價差的比較，通常是以買賣價差的相對值 (Relative Value) 來作比較，我們可以用下面兩式中的任一式來衡量：

$$\frac{\text{Ask}-\text{Bid}}{\text{Ask}} \text{ 或 } \frac{\text{Ask}-\text{Bid}}{(\text{Ask}+\text{Bid})/2} \tag{4–2}$$

舉例來說，每一瑞士法郎的買賣價格分別為 $0.6737 與 $0.6747，因此其買賣價差為 0.001/0.6747 = 0.15%。買賣價差與合約的到期期限呈正向關係。例如遠期合約的買賣價差較即期合約的買賣價差為大，又六個月到期的遠期合約的買賣價差會比三個月到期的遠期合約的買賣價差為大。

由於買賣價差的存在，使得匯率以相關兩種通貨中的其中一種表示的買價，是以另一種通貨表示的賣價的倒數 (Reciprocal)。舉例來說，若一單位瑞士法郎兌美元的買價 (Bid Price of SF) 是 $0.6737，賣價 (Ask Price of SF) 是 $0.6747，則一單位美元兌換瑞士法郎的買價 (Bid Price of $) 等於是 1/0.6747 = SF1.4821，賣價 (Ask Price of $) 則是1/0.6737 = SF1.4843，如下所示：

	Bid	Ask
$/SF	0.6737	0.6747
SF/$	1.4821	1.4843

完全報價 vs. 點數報價 (Outright Quote vs. Points Quote)

外匯市場上講求效率，報價是採愈簡便的方式愈好。因此，雖然一般揭示幕報價是採完全報價，自營商彼此之間或與經紀商之間的電話報價，則採點數報價。完全匯率 (Outright Rate) 與點數匯率 (Points Rate) 之間的關係，可以加幣 (C$) 兌美元的歐式報價說明如下：

表 4–3　報價對應表——完全匯率 vs. 點數匯率

C$/$	即期匯率	30 天遠期	90 天遠期	180 天遠期
完全匯率	1.1730～40	1.1675～90	1.1633～51	1.1599～620
點數匯率	30～40	55～50	97～89	131～120

在上表中，加幣的即期匯率買賣價分別為 C$1.1730 及 C$1.1740，經紀商在交易時為了爭取時效，通常省卻了前面幾位不常變動的數值，而僅以最後兩位小數，也就是 30 及 40，來作為即期匯率的報價基礎。點數匯率的計算是以即期匯率 (Spot Rates) 為基礎，計算遠期匯率與即期匯率間之差距。以 30 天到期的遠期匯率為例，買價是 $1 = C$1.1675 ，與即期匯率的買價相

差了 0.0055（也就是 1.1730 − 1.1675）；賣價是 $1 = C$1.1690，與即期賣價相差0.0050 (1.1740 − 1.1690)。依照市場慣例，對於點數匯率並不附加正負號，也不書寫小數點，因此 30 天到期的遠期合約的點數買價 (Points Bid) 是 55，點數賣價 (Points Ask) 是 50。因此買賣報價為 55～50，其餘依此類推。由於我們可以將點數匯率看作是以即期匯率交換遠期匯率的價格，因此點數匯率也叫做交換匯率。

第三節 外匯市場的套利行爲

套利 (Arbitrage) 是利用不同市場中價格差異來獲取無風險利潤的行為。外匯套利 (Currency Arbitrage) 機會的產生，是由於不同的商業銀行在同一時間，對同一匯率作不同的報價。套利的機會不易察覺，存在的時間也非常短暫，因此多為從事專業外匯買賣的自營商 (Dealers) 所偵測出而利用獲利，一般個人是不易掌握外匯市場中的套利機會。由於有套利行為的進行，使得各家銀行對匯率所作的報價，扣掉交易成本 (Transaction Cost) 之後，幾近相同。外匯套利的方式，可以分為三種：⑴兩點套利或地理位置套利 (Two-Point Arbitrage or Locational Arbitrage)、⑵三點套利或三角套利 (Tree-Point Arbitrage or Triangular Arbitrage)、⑶無風險利率套利 (Covered Interest Arbitrage)。

兩點套利或地理位置套利

最簡單的一種外匯套利方式就是兩點套利。可能是因為地理位置隔閡，兩家銀行對於同一通貨所報出的匯率可能有所不同，其中的差異在扣掉交易成本後還有淨利。舉例來說，紐約的一家外匯自營商與英國一家外匯自營商，所報出英鎊兌美元的即期匯率如下所示：

表 4–4 兩點套利的可利用機會

	Bid	Ask
New York ($/£)	1.9055	1.9065
London ($/£)	1.9035	1.9045

由表中的匯率報價可以看出，英鎊在倫敦的自營商賣價要比在美國的自營商買價還要低，因此套利者可以在倫敦以 $1.9045 的價格買進英鎊，然後再以 1.9055 的價格賣給美國自營商。若套利者持有 100 萬美元，則可賺得 525 美元（扣除少許操作成本）。利潤雖然不大，但套利者花費極少的時間（常常只是幾分鐘而已），風險不高。

以上套利的機會，也可以從擁有英鎊開始。由於英鎊在紐約比較貴，因此套利者可以先在紐約賣英鎊，然後再在倫敦買英鎊。兩種套利的過程，可以比較如下：

1.若套利者有 $1,000,000，則

$$\$1{,}000{,}000 \xrightarrow[\div\, 1.9045]{\text{倫敦}} £525{,}072.20 \xrightarrow[\times\, 1.9055]{\text{紐約}} \$1{,}000{,}525$$

gain = $525

2.若套利者有 £1,000,000，則

$$£1{,}000{,}000 \xrightarrow[\times\, 1.9055]{\text{紐約}} \$1{,}905{,}500 \xrightarrow[\div\, 1.9045]{\text{倫敦}} £100{,}525$$

gain = £525

以上兩種套利過程，基本上就是同時進行買低賣高，獲取利潤。套利的操作使得紐約與倫敦兩地間的匯率加速趨於相等，使得套利機會迅速消失。

三點套利或三角套利

三角套利牽涉到三種通貨。過去外匯自營商對匯率的報價，多採美式或歐式，也就是說每一種匯率的報價都是針對美元兌另一種通貨；近年來，交叉匯率報價的重要性日增，使得三角套利的機會增多。以英鎊、美元及加幣

三種通貨為例，假設在紐約的自營商所報出的美元兌英鎊及美元兌加幣的匯率，及在倫敦的自營商所報的加幣兌英鎊的匯率，構成了如下的三角套利的機會。

表 4–5　三角套利的可利用機會

	Bid	Ask
New York (CAN$/$)	1.5020	1.5030
New York (£/$)	0.5875	0.5885
London (CAN$/£)	2.5610	2.5620

某套利者若有 100 萬美元，可以在紐約以 0.5875 的價格賣美元買英鎊，獲得 587,500 英鎊，再在倫敦以 2.5610 的價格賣英鎊買加幣，可以獲得 1,504,587.5 加幣。

$$\$1{,}000{,}000 \xrightarrow[\times 0.5875]{\text{紐約}} £587{,}500 \xrightarrow[\times 2.5610]{\text{倫敦}} \text{CAN}\$1{,}504{,}587.5$$

但若直接在紐約賣美元買加幣，則只能獲得 1,502,000 加幣。

$$\$1{,}000{,}000 \times 1.5020 = \text{CAN}\$1{,}502{,}000$$

由於將美元間接換成加幣與直接換成加幣所得的加幣數目不同。因此表示三角套利的機會存在。要衡量是否有三角套利機會的存在，我們可以取三個通貨所構成的任兩個匯率，計算出第三個匯率的隱含匯率 (Implied Exchange Rate)，再將隱含匯率與報價匯率 (Quoted Exchange Rate) 相比，若兩者不相等，則表示三角套利的機會存在。例如前述例子中的加幣的隱含匯率是 CAN$1.5046/$：

$$£0.5875/\$ \times \text{CAN}\$2.5610/£ = \text{CAN}\$1.5046/\$$$

而加幣的報價匯率是 CAN$1.5020/$，兩者不相等，因此有潛在的套利利潤。

由於三角套利操作牽涉到三種通貨，所以可以經由三種過程來完成交易。現在將此三種套利的過程說明比較如下。首先，假設套利者持有美金 100 萬元，他可以在紐約以 £0.5875 的價格購入 £587,500 英鎊，然後在倫敦以 CAN$2.5610 的價格買進 CAN$1,504,587.5 的加幣，最後在紐約外匯市場以 $1.5032 的美金匯率價格取得 $1,001,056，相較於原先的 100 萬美金成本，套利操作獲利為 $1,056 美元。同樣的，如果套利者所握有的是英鎊，或者是加幣，也可以經由以下的操作流程來獲取等量的套利報酬率。

1.若套利者有 $1,000,000，則

$$\$1{,}000{,}000 \xrightarrow[\times 0.5875]{\text{紐約}} £587{,}500 \xrightarrow[\times 2.5610]{\text{倫敦}} \text{CAN}\$1{,}504{,}587.5 \xrightarrow[\div 1.503]{\text{紐約}} \$1{,}001{,}056$$

gain = $1,056

2.若套利者有 £1,000,000，則

$$£1{,}000{,}000 \xrightarrow[\times 2.5610]{\text{倫敦}} \text{CAN}\$2{,}561{,}000 \xrightarrow[\div 1.503]{\text{紐約}} \$1{,}703{,}925.5 \xrightarrow[\times 0.5875]{\text{紐約}} £1{,}001{,}056$$

gain = £1,056

3.若套利者有 CAN$ 1,000,000，則

$$\text{CAN}\$1{,}000{,}000 \xrightarrow[\div 1.503]{\text{紐約}} \$\,665{,}336 \xrightarrow[\times 0.5875]{\text{紐約}} £390{,}885 \xrightarrow[\times 2.5610]{\text{倫敦}} \text{CAN}\$1{,}001{,}056$$

gain = CAN$1,056

● 無風險利率套利 (Covered Interest Arbitrage, CIA)

無風險利率套利是比較兩國的利率差異，並利用遠期合約來規避匯率風險的套利行為。假設某投資人有 100 萬美元可投資，計劃投資期間是一年（投資結束後仍需要持有美元）。他可將 100 萬美元投資在美國，英國，日本或其他國家。為簡化模型，我們假設此投資人只考慮美國與英國的利率及匯率。此投資人所獲得利率及匯率的報價如下（假設沒有交易成本）：

一年期歐洲美元 (Eurodollar) 固定利率 = 8%

一年期歐洲英鎊 (Eurosterling) 固定利率 = 13%

美元兌英鎊即期匯率 = $1.7200/£

美元兌英鎊一年期遠期匯率＝\$1.6516/£

此投資人可選擇以下兩種的投資途徑：

1.將 100 萬美元投資於歐洲美元，一年後得本利和為：

$$\$1,000,000 \times (1 + 8\%) = \$1,080,000$$

2.先將 100 萬美元在即期外匯市場換成 581,395.35 的英鎊 (\$ 1,000,000 ÷ \$1.7200/£ = £581,395.35)，將英鎊在歐洲英鎊市場作一年的投資，該英鎊投資的本利和將等於 £656,976.74（也就是 581,395.35 × 1.13）。在投資英鎊的同時，套利者也賣出一年期英鎊遠期匯率合約，並使該遠期合約的金額等於歐洲英鎊投資金額的本利和。一年後遠期合約到期時，套利者可以投資得來的英鎊換得 \$1,085,062.8 的美金 (£656,976.74 × \$1.6516/£ = \$ 1,085,062.8)。

比較上述兩種投資途徑，第二種途徑稱之為無風險利率套利，因為是使用遠期合約來消除套利操作的匯率風險，而無風險利率套利的淨利則等於兩種投資途徑本利和的差額，因此在此例等於 \$5,062.8。

摘要

本章首先就外匯市場的結構、功能、在其中的參與者，以及依到期期限而區分的合約種類作重點描述，其次介紹遠期合約的買賣價格的決定及計算方式。本章並述及匯率的正式定義及各種不同的報價方式，本章最後論及與外匯市場有關的三種不同的套利行為及其涵義。

套利者	(Arbitrageurs)
買賣價差	(Bid-Ask Spread)
經紀商	(Brokers)
自營商	(Dealers)
遠期貼水	(Forward Discount)
遠期溢酬	(Forward Premium)
遠期匯率	(Forward Rate)
完全合約	(Outright Contract)
投機者	(Speculators)
即期匯率	(Spot Rate)
換匯點數	(Swap Points or Swap Rate)
交換合約	(Swap Contract)
五大外匯市場	(The Big Five)
雙向報價	(Two-Way Price Quotes)

參考文獻

王良欽，《外匯操作理論與實務》，五南圖書出版公司，民國79年6月。

何憲章等，《投資學》，國立空中大學，民國78年9月。

沈中華，〈臺灣遠期美元外匯市場效率性之再檢討——兩狀態 Markov 模型之應用〉，《經濟論文》，21，民國82年，頁87–115。

李麗，《金融交換實務》，三民書局，民國78年4月。

李麗，《我國外匯市場與匯率制度》，增訂二版，財團法人金融人員研究訓練中心，民國78年5月。

姚柏如，《外匯市場操作》，自印，民國78年2月。

書文敏、黃柏農，〈外匯市場效率性之檢定——多種匯率間之比較分析〉，《中國經濟學會論文集》，民國82年。

劉邦海，《國際外匯市場》，臺北國際商學出版社，民國77年8月。

Abdel-Malek, Talaat, "Some Aspects of Exchange Risk Policies Under Floating Rates", *Journal of International Business Studies*, Fall-Winter 1976, pp. 89–97.

Agenor, Pierre-Richard, *Parallel Currency Markets in Developing Countries: Theory, Evidence, and Policy Implications*, Essays in International Finance, no. 188, Princeton: International Financial Section, Department of Economics, 1992.

Anderson, Gerald H., Nicholas V. Karamouzis, and Peter D. Skaperdas, "A New Effective Exchange Rate Index for the Dollar and Its Implication for U.S. Merchandise Trade", *Economic Review*, Federal Reserve Bank of Cleveland, 2nd Quarter 1987, pp. 2–22.

Bell, Geoffery, "Tests New World of Floating Exchange Rates", *The Journal of Portfolio Management*, Spring 1977, pp. 25–28.

Braas, Alberic, and Charles N. Bralver, "An Analysis of Trading Profits: How Most Trading Rooms Really Make Money", *Journal of Applied Corporate Finance*, Winter 1990, pp. 85–90.

Byler, Ezra U., and James C. Baker, "S.W.I.F.T.: A Fast Method to Facilitate International Financial Transactions", *Journal of World Trade Law*, September-October 1983, pp.

458–465.

Chrystal, K. Alec., "A. Guide to Foreign Exchange Markets", *Federal Reserve Bank of St. Louis Review*, March 1984, pp. 5–18.

Coninx, Raymond G. F., *Foreign Exchange Dealer's Handbook*, 2nd ed., Homewood, Ill.: Dow Jones-Irwin, 1986.

Cornell, Bradford, "Spot Rates, Forward Rates, and Exchange Market Efficiency", *Journal of Financial Economics*, August 1977, pp. 55–65.

_____, "Determinate of the Bid-Ask Spread on Forward Exchange Contracts Under Floating Exchange Rates", *Journal of International Business Studies*, Fall 1978, pp. 31–41.

Cornell, Bradford, and Marc R. Reinganum, "Forward and Futures Prices: Evidence from the Foreign Exchange Markets", *Journal of Finance*, December 1981, pp.1035–1045.

Doukas, John, and Abdul Rahman, "Unit Root Tests: Evidence from the Foreign Exchange Futures Market", *Journal of Financial and Quantitative Analysis*, March 1987, pp. 101–108.

Dufey, Gunter, "Corporate Finance and Exchange Rate Variations", *Financial Management*, Summer 1972, pp. 51–57.

Giddy, Ian H., "Why It Doesn't Pay to Make a Habit of Forward Hedging", *Euromoney*, December 1976, pp. 96–100.

_____, "Exchange Risk: Whose View?", *Financial Management*, Summer 1977, pp. 23–33.

_____, "Research on the Foreign Exchange Market", *Columbia Journal of World Business*, Winter 1979, pp. 4–6.

Glassman, Debra, "Exchange Rate Risk and Transactions Costs: Evidence from Bid-Ask Spreads", *Journal of International Money and Finance*, vol. 6, no. 4, December 1987, pp. 479–491.

Goodhart, Charles A. E., and Thomas Hesse, "Central Bank Forex Intervention Assessed in Continuous Time", *Journal of International Securities Markets*, August 1993, pp. 368–389.

Gregory, Ian, and Philip Moore, "Foreign Exchange Dealing", *Corporate Finance*, October

1986, pp. 33–46.

Gupta, Sanjeev, “A Note on the Efficiency of Black Markets in Foreign Currencies”, *Journal of Finance*, June 1981, pp. 705–710.

Hakkio, Craig S., “Interest Rates and Exchange Rates–What is the Relationship?”, *Economic Review*, Federal Reserve Bank of Kansas City, November 1986, pp. 33–43.

Hassapis, Christis, “Exchange Risk in the EMS: Some Evidence Based on a Garch Model”, *Bulletin of Economic Research*, 1995, pp. 295–303.

International Letter, Federal Reserve Bank of Cleveland, April 1, 1987.

Hazuka, Thomas B., and Huberts, Lex C., “A Valuation Approach to Currency Hedging”, *Financial Analysts Journal*, March-April 1994, pp. 55–59.

Jacque, Laurent L., “Management of Foreign Exchange Risk: A Review Article”, *Journal of International Business Studies*, Spring/Summer 1981, pp.81–101.

Kohllhagen, Steven, “Evidence on the Cost of Forward Cover in a Floating System”, *Euromoney*, September 1975, pp.138–141.

Kubarych, Roger M., *Foreign Exchange Markets in the United States.*, New York: Federal Reserve Bank of New York, 1983.

Livingston, Miles., “The Delivery Option on Forward Contract”, *Journal of Financial and Quantitative Analysis*, March 1987, pp. 79–88.

Logue, Dennis E., and George S. Oldfiled., “What’s So Special About Foreign Exchange Markets?”, *Journal of Portfolio Management*, Spring 1977, pp. 19–24.

Murphy, John J., *Intermarket Technical Analysis: Trading Strategies for the Global Stock, Bond, Commodity, and Currency Markets*, New York: Wiley, 1991.

Presland, John, “Rougher Going in the Forex Market”, *Euromoney*, May 1983, pp.194–197.

Remmers, H. L., *FORAD: International Financial Management Simulation* (Players’ Manual, Release 2.4), Fontainebleau, France: INSEAD, 1990.

Sweeney, Richard J., “Beating the Foreign Exchange Market”, *Journal of Finance*, March 1986, pp. 163–182.

_____, and Edward J. Q. Lee, “Trading Strategies in Forward Exchange Markets”, *Advances in Financial Planning and Forecasting*, vol. 4, 1990, pp. 55–80.

Walah, Carl E., “Interest Rates and Exchange Rates”, *FRBSF Weekly Letter*, June 5, 1987.

Woo, Wing Thye, “Some Evidence of Speculative Bubbles in the Foreign Exchange Market”, *Journal of Money*, Credit, and Banking, November 1987, pp. 499–514.

第五章

外匯期貨與選擇權

第一節　外匯期貨市場
第二節　外匯選擇權市場
第三節　外匯期貨的應用
第四節　外匯選擇權的應用
第五節　外匯選擇權利損圖與策略運用
第六節　外匯選擇權評價模型

本章重點提示

- 外匯期貨合約的特性
- 外匯期貨合約 vs. 外匯遠期合約
- 選擇權合約的一般特性
- 現貨選擇權 vs. 期貨選擇權
- 投機用 vs. 避險用

外匯期貨與選擇權合約，是因應外匯市場上顧客需要而誕生的金融商品。這兩種合約的創造，不僅提供顧客額外的匯率風險規避管道，且給予投資人更多的投資機會。本章介紹外匯期貨合約、外匯選擇權合約（包括現貨式及期貨式），並描述如何利用這些合約來從事避險及投機活動。

第一節 外匯期貨市場

外匯期貨合約 (Currency Futures Contracts) 是自 1972 年 5月 16 日開始交易。美國芝加哥商品交易所 (Chicago Mercantile Exchange, CME) 在當日成立了國際貨幣市場 (International Monetary Market, IMM) 部門，開始從事外匯期貨合約交易。今日全世界大概有十五家交易所從事外匯期貨的交易，包括紐約期貨交易所 (New York Futures Exchange)、新加坡國際貨幣交易所 (Singapore International Monetary Exchange, SIMEX)、香港期貨交易所 (Hong Kong Futures Exchange, HKFE)、倫敦國際金融期貨交易所 (London International Financial Futures Exchange, LIFFE)、東京國際金融期貨交易所 (Tokyo International Financial Futures Exchange, TIFFE)、雪梨期貨交易所 (Sydney Futures Exchange, SFE) 等，但仍以 IMM 市場最具有代表性，原因之一可能即是外匯期貨合約是從 IMM 市場起飛的。本節將以 IMM 期貨合約為例，對外匯期貨合約進行討論。

目前在 IMM 期貨市場，有期貨合約進行交易的外幣，包括英鎊、加幣、瑞士法郎、日圓、澳元及歐元 (EURO) 等主要貨幣。全部合約皆採美式報價，例如 EURO1 = $1.3，£1 = $1.4364。合約大小 (Contract Size) 及到期日

(Expiration Date) 皆標準化，由 IMM 統一訂定（請見表 5–1）。由於期貨合約採標準化規格，期貨交易能在次級市場中享有良好的流通性。另外，期貨交易的成本低，交易者不必繳納全部款項即可進行交易，創造了重要的槓桿效果 (Leverage Effect)。因此外匯期貨合約不僅是良好的避險工具，更是極受投資者歡迎的投機工具。

表 5–1　IMM 外匯期貨合約的規格

外　幣	合約大小 (Per Contract)	到期月 (Expiration Month)	最小價格變動幅度（每單位外幣）
澳元 (A$)	100,000	3,6,9,12 及當月份	$0.0001
英鎊 (£)	62,500	同上	$0.0002
加幣 (C$)	100,000	同上	$0.0001
日圓 (¥)	12,500,000	同上	$0.000001
瑞士法郎 (SF)	125,000	同上	$0.0001
歐元 (EURO)	125,000	3,6,9,12	$0.0001

資料來源：CME 全球資訊網。(網址：http:/www.CME.com）

外匯期貨合約的特性

標準化合約規格 (Standardization of Contract Sizes)

每個合約，皆有最少購買單位的訂定。例如欲購買英鎊期貨合約，必須購買 62,500 單位的英鎊或其倍數。其餘重要外匯期貨之規格請參考表 5–1。

交易成本 (Transaction Costs)

在 IMM 市場從事期貨交易，交易成本的計算不是採買賣價差 (Bid-Ask Spread)，而是採佣金 (Commission) 方式。一般而言，佣金相當低廉，來回一次的交易 (A Round-Trip Transaction)，亦即同一合約的買進再賣出（或賣出再買進），收取大約是 30 美元。

合約交割日及最後交易日 (Contract Delivery Date and Last Trading Day)

IMM 期貨合約交割日 (Delivery Date) 也採標準化，即是到期月（請參考表 5-1）的第三個星期三。各個合約的最後交易日 (Last Trading Day) 是交割日之前的第二個工作天。若沒有碰到假日，即是到期月的第三個星期一。

交割方式 (Ways of Settlement)

買賣雙方可以藉由兩種方式之一來結束期貨合約：⑴實際交割 (Actual Delivery)，合約買方在交割日付出美元，領取合約所指定的外幣，而合約賣方則是在交割日依約付出外幣，領取美元。在交割時買方所付（或賣方所收）的美元數目，是根據最後交易日的結算價格 (Settlement Price) 決定。⑵對沖 (Offsetting)，買方在最後交易日當日收盤之前將原有的合約賣出，如此一買一賣，而將合約清算掉。期貨賣方則可以在最後交易日當日收盤之前，將原有合約買進，如此一賣一買，也將原有合約清算掉。外匯期貨市場中的合約有 99% 是採對沖方式結束合約。

履約保證金 (Margin Requirement)

期貨交易屬於保證金交易，因此外匯期貨合約買賣雙方皆須繳交保證金。保證金的金額通常是低於期貨合約價值的 2%。顧客要從事期貨合約交易，必須先繳交期初保證金 (Initial Margin)，存放在所開的戶頭之內。在持有期貨合約的期間內，則要使帳戶餘額不小於維持保證金 (Maintenance Margin) 的水準，否則即會被交易所通知補足差額，而所需回補的差額稱之為 Variation Margin。維持保證金大致是等於期初保證金的 75%，換句話說，當期初保證金水準跌幅超過 25% 時，就會出現回補的情況。

各個外幣期貨合約的保證金金額高低與該外幣的價格波動性有關，例如加幣對美元的匯率波動比較穩定，因此所需的保證金最低，而日圓、瑞士法郎對美元的匯率波動幅度較大，因此保證金額度也較高。各個期貨經紀商所要求的保證金並非完全一樣，因為保證金基本上仍是有討價還價的空間，但必定是維持在清算所 (Clearing House) 所要求的最低保證金 (Minimum Margin) 之上。期貨交易所對於各個外幣期貨合約的保證金都會作定期修正，以反應外幣波動性的現況，其修正是依賴一套電腦化的風險管理系統，稱之為標準投資組合風險分析 (Standand Portfolio Analysis of Risk, SPAN)。表 5–2 列出某期貨經紀商的期初保證金與維持保證金的情形。

表 5–2　外匯期貨保證金範例

合　約	期初保證金	維持保證金
澳元 (A$)	$1,688	$1,250
英鎊 (£)	$1,890	$1,400
加幣 (C$)	$1,350	$1,000
日圓 (¥)	$2,430	$1,800
瑞士法郎 (SF)	$1,958	$1,450

資料來源：CME 全球資訊網。

每日清算制度 (Marking to Market or Daily Settlement)

IMM 期貨市場為便捷交易的進行，對顧客的信用不作徵信調查。但為了保護合約買賣雙方的權益，避免因一方違約而招致對方的損失，交易所採用每日清算制度。每天交易結束後，IMM 的清算所，針對個別投資人帳戶，算出因當日期貨價格變動而引起的帳戶餘額變動。若新餘額比維持保證金低，則投資人會接到保證金追繳通知 (Margin Call) 要求補足差額。此種每日結算制度可以防止損失的累積而避免大宗違約 (Default) 案件發生。

有關期貨市場每日清算慣例的運作，可藉下列兩個例子來幫助瞭解。

【例一】假設某投資人在週三買了一個德國歐元 (EURO) 的期貨合約，價格為 $1.3。假設期初保證金是 $2,700，維持保證金是 $2,000，且週三、週四的收盤價 (Settlement Price) 各為 $1.314、$1.288。倘若投資人在週五以對沖方式結束合約，賣出價格為 $1.33。設若投資人帳戶中最初存入 $2,700，計算此投資人帳戶每日現金流狀況以及是否接到任何的保證金追繳通知？

週三收盤後

$(1.314-1.3)\times 125,000=\$1,750$

投資人帳戶餘額增加了 \$1,750，新餘額為 \$4,450 (= \$2,700 + \$1,750)

週四收盤後

$(1.288-1.314)\times 125,000=-\$3,250$

投資人帳戶餘額減少了 \$3,250，新餘額為 \$1,200 (= \$4,450 − \$3,250)，低於維持保證金，投資人收到保證金追繳通知，必須補存 \$1,500 以求達到維持保證金 \$2,700 的要求。

週五某時點

$(1.33-1.288)\times 125,000=\$5,250$

投資人帳戶餘額增加了 \$5,250，最新帳戶餘額為 \$7,950 (= \$2,700 + \$5,250)

投資人在此期貨合約共獲利 \$3,750 (= \$1,750 − \$3,250 + \$5,250)

【例二】根據上例，倘若週五是最後交易日，而投資人在週五收盤之前並未將合約以對沖方式結束掉，則投資人必須採用實際交割的方式結束合約，倘若週五收盤價為 \$1.3268，則其現金流狀況如下：

週五收盤後

$(1.3268-1.288)\times 125,000=\$4,850$

投資人帳戶餘額增加了 \$4,850，新餘額為 \$7,550 (= \$2,700 + \$4,850)

另外，投資人收到 125,000 單位的 EURO，付出 \$165,850 (= 1.3268 × 125,000)

投資人在此期貨合約共獲利 \$3,350 (= \$1,750 − \$3,250 + \$4,850)，因此每單位歐元的購買價格為 \$1.3 = (165,850 − 3,350) ÷ 125,000

此 \$1.3 的價格即為最初的購買價格。

報價 (Price Quotes)

IMM 外匯期貨合約的每日最後報價，稱之為 Settlement Price，而不稱作 Closing Price，乃是因為對若干當日沒有交易的合約而言，報價是由交割委員會 (Settlement Committee) 決定一個具有代表性的價格發表。代表性的價格則是參考一些具有活絡交易的合約價格而決定。各大財經報紙每日皆刊載有 IMM 外匯期貨合約前一日交易價格情形。例如，《華爾街日報》(*The Wall Street Journal*) 即載有外幣期貨合約每日報價情形，如下所示（以歐元為例）：

表 5–3　《華爾街日報》外幣期貨合約報價範例（以歐元為例）

	② Open	③ High	④ Low	⑤ Settle	⑥ Change	⑦ Lifetime High	⑦ Lifetime Low	⑧ Open Interest
①	EURO/US Dollar (CME) −125,000 EURO; $Per EURO							
March	1.3262	1.3327	1.3235	1.3298	+.0056	1.3479	1.1363	141,005
June	1.3290	1.3346	1.3262	1.3320	+.0055	1.3495	1.1750	1,013
Sept	1.3335	1.3350	1.3335	1.3350	+.0054	1.3480	1.1750	296
⑨	→ Est vol. 64,314; vol. Mon 72,219; Open Int 181,540 + 1,720							

表 5–3 中所列為《華爾街日報》對於外幣期貨合約的報價範例，所舉例子為某月某日星期三所報導的前一日（星期二）的 IMM 歐元外匯期貨合約價格情形。表中各項解釋如下：

①此時正在交易的合約到期月份是 3 月、6 月、9 月。

②週二的開盤價 (Open)。

③週二的最高價 (High)。

④週二的最低價 (Low)。

⑤週二的收盤價 (Settle)。

⑥週二與前一日（週一）收盤價的差額 (Change)。

⑦該合約至今最高價 (Lifetime High) 與至今最低價 (Lifetime Low)。

⑧Open Interest 是未平倉口數，代表該合約流通在外所有 Long（買入部位）及 Short（賣出部位）的合約總數。從表 5–3 可看出，未平倉口數是以 3 月份到期的合約為最大，此也是一般的情形，即最近期到期月合約的未平倉口數最大。

⑨最左項代表週二的交易量 (57,718)，其次是週一的交易量 (60,305)，週二的 Open Interest 總數是 135,420（即大致等於第 8 行中的三個數目加總），比週一的 Open Interest 總數多了 3,360 個合約 (+3,360)。

外匯期貨合約 vs. 外匯遠期合約 (Currency Futures vs. Currency Forwards)

比較外匯期貨合約與外匯遠期合約，有助於我們對於兩種合約的瞭解。這兩種合約相同之處，在於皆有避險 (Hedging) 的功能，相異之處則可描述如下：

店頭市場 vs. 集中市場 (OTC Market vs. Organized Market)

遠期合約的交易是在店頭市場 (Over-the-Counter (OTC) Market)，藉著電話或電報來完成交易。而期貨交易是在集中市場 (Organized Exchange)，即是在交易所中的交易專櫃 (Trading Pit)，當面喊價 (Open Outcry) 完成。

私下協議 vs. 公開資訊 (Private Deal vs. Public Information)

遠期合約中鎖定的遠期匯率、到期日及合約大小是商業銀行與顧客間私下協議的結果。而期貨合約中鎖定的期貨價格、到期日及合約大小則是公開資訊。

非標準化 vs. 標準化 (Tailer-Made vs. Standardized)

遠期合約的合約大小及到期日可由顧客依自身需要而選定。期貨合約的大小及到期日是由交易所統一規定。

非投機用 vs. 可投機用 (Nonspeculative vs. Speculative)

遠期合約一般只作避險用，商業銀行不鼓勵投機性的遠期合約交易。期貨合約可以有避險及投機兩種功用。

買賣價差 vs. 佣金 (Bid-Ask Spread vs. Commission)

遠期合約交易成本是採買賣價差形式；期貨合約的交易成本是採佣金方式。

歐式報價 vs. 美式報價 (European Quote vs. American Quote)

遠期匯率是採歐式報價（英鎊及其他少數通貨例外）；期貨匯率則採美式報價。

實際交割 vs. 對沖 (Actual Delivery vs. Offsetting)

遠期合約以實際交割的方式結束合約；期貨合約則多採對沖方式結束合約。

有徵信 vs. 無徵信 (Credit Check vs. No Credit Check)

商業銀行在與顧客簽定遠期合約之前，要作徵信調查；期貨交易所則不對顧客作徵信調查，但以每日結算制度來補其不足。

第二節 外匯選擇權市場

外匯選擇權可在集中市場或是 OTC 市場交易。外匯選擇權 OTC 市場的興起遠較其集中市場為早，大約是在 1920 年代，是由商業銀行 (Commercial Banks)、投資銀行 (Investment Banks) 及經紀商 (Brokerage Houses) 共同形成。他們提供非標準化的選擇權，即顧客可以依照自己的意願指定幣別、到期日、合約大小、執行價格等，然後要求銀行給予指示價格 (Indication Price)，包括買價或賣價 (Bid or Ask)。早期 OTC 外匯選擇權市場相當不具流動性，近年來，由於市場成長得很快，流動性已相當良好。OTC 外匯選擇權交易的合約金額龐大，在紐約市場通常是 500 萬或 1,000 萬美元以上，倫敦市場則在 200 或 300 萬美元之譜，平均到期期限是兩到三個月，很少有超過一年的。OTC 外匯選擇權市場，由於交易金額大、流動性良好，使得其更能迎合大金額交易者或銀行同業的需求，導致 OTC 外匯選擇權市場的每日交易量（大致為 500 億美元），是外匯選擇權集中市場每日交易量（約 25

億美元）的 20 倍。OTC 外匯選擇權市場主要集中在紐約及倫敦，在此市場交易的外匯是美元兌其他主要的通貨，例如英鎊、歐元、瑞士法郎、日圓及加幣。顧客向銀行購買選擇權，必須要評估一下銀行是否有能力履行選擇權合約義務，也就是說，顧客對賣出選擇權合約的銀行的財務風險（稱之為 Counterparty Risk）要有基本的認識。銀行本身為了管理其因提供 OTC 選擇權而承擔的風險，則有賴經紀商幫忙，使買單與賣單達成平衡，同時，銀行也在外匯選擇權集中市場從事買賣以幫助平衡其部位。

外匯選擇權集中市場的起飛，較外匯期貨市場晚了十年，美國費城股票交易所 (Philadelphia Stock Exchange, PSE) 在 1982 年 12 月將現貨式選擇權 (Options on Spot) 引入該市場開始交易，此項引進相當成功。於是芝加哥商品交易所 (CME) 也在 1984 年 1 月，將期貨式選擇權 (Options on Futures) 引進該所的指數與選擇權市場 (Index and Option Market, IOM) 交易，由於該期貨式選擇權是以 CME 的 IMM 市場中的期貨作為標的資產 (Underlying Asset)，因此一般常稱之為 IMM 期貨選擇權。在集中市場買賣的外匯選擇權，一買一賣都要在清算所登記，清算所的責任是負責清算及保證每一筆合約的履行 (Fulfillment)，PSE 的現貨式選擇權的清算所是選擇權清算公司 (The Options Clearing Corporation, OCC)，而 CME 的期貨式選擇權的清算所則是芝加哥商品交易所清算所 (The Chicago Mercantile Exchange Clearing House, CMECH)。

外匯選擇權合約有別於外匯期貨合約及外匯遠期合約之處，在於後兩者保護合約持有者免於遭受匯率不利變動招致的損失，但也消弭了合約持有者享受匯率有利變動帶來的獲利機會。外匯選擇權合約的誕生，使得交易者可以保護自己免於匯率不利變動引起的鉅額損失，又可有機會享受因匯率有利變動而造成的無限大利潤，因此在期貨與遠期合約市場之外，選擇權市場仍有其存在及發展的空間。

本節先就選擇權的一些技術名詞及一般特性作一描述，再將 PSE 現貨選擇權及 IMM 期貨選擇權各有之特質加以解說。

選擇權技術名詞及一般特性解說

選擇權分為買權 (Call Options) 與賣權 (Put Options)，是短期的避險及投資或投機工具。買權或賣權的買方 (Buyers or Holders) 必須繳交權利金（Premium，即選擇權的價格）給賣方 (Sellers or Writers) 才可獲得在將來（到期日或之前）按照執行價格 (Exercise Price or Strike Price) 交割的權利。也就是說「買權」的買方付了權利金後，可以在到期日按照執行價格「買」標的資產 (Underlying Asset)；「賣權」的買方，付了權利金後，可以在到期日按照執行價格「賣」標的資產。

事實上，選擇權的買方，也可以在到期日之前按照執行價格交割，此種選擇權稱之為美式選擇權 (American Options)，若只能在到期日當天交割，則此種選擇權稱之為歐式選擇權 (European Options)，大多數在交易所交易的選擇權屬美式選擇權。

選擇權的執行價格從契約訂定一直到契約到期，皆固定不變，但標的資產的市價 (Market Price) 則隨時間而波動。就買權而言，在到期之前的任何時點，若標的資產的市價大於執行價格，則稱價內買權 (In-the-Money or ITM Calls)；若標的資產的市價等於執行價格，則稱價平買權 (At-the-Money or ATM Calls)；若標的資產的市價小於執行價格，則稱價外買權 (Out-of-the-Money or OTM Calls)。賣權的情形則剛好相反，若標的資產的市價大於執行價格，則稱價外賣權 (Out-of-the-Money or OTM Puts)；若標的資產的市價等於執行價格，則稱價平賣權 (At-the-Money or ATM Puts)；若標的資產的市價小於執行價格，則稱價內賣權 (In-the-Money or ITM Puts)。

選擇權價格 (Option Price or Premium) 是其內含價值 (Intrinsic Value) 與時間價值 (Time Value) 的總合，即是：

$$\text{Option Price (Premium)} = \text{Intrinsic Value} + \text{Time Value}$$

內含價值是標的資產市價與執行價格之間的差別，價內選擇權（不論是買權或是賣權），其內含價值是正值；價平選擇權的內含價值等於零；價外選擇權的內含價值是負值。選擇權價格超過內含價值的那一部分，即時間價值，時間價值會隨著到期日的來臨而逐漸趨近於零。

選擇權與期貨相同之處，在於兩者皆具避險及投機的功能，且兩者皆可以藉「交割」或「對沖」的方式來結束合約。但期貨合約的買賣雙方，在簽約之後，有「義務」採取交割或對沖方式結束合約。選擇權的買方，只有交割或對沖的「權利」，而沒有義務。也就是說，對選擇權的買方而言，合約到期而不交割的行為並不算違約。選擇權的賣方，因為已收受買方在簽約之初所付的權利金，因此有義務配合買方的決定。買方若以實際交割來執行合約，賣方必須配合其要求而履行合約。由於期貨合約的買賣雙方，皆有「義務」履行合約，因此買賣雙方皆須繳保證金。選擇權的買方，對執行合約只有「權利」，因此只須繳交權利金而非保證金，賣方則須繳納保證金。

世界主要的外匯選擇權集中市場，是位於美國費城的費城股票交易所 (PSE) 及位於芝加哥的芝加哥商品交易所 (CME)，在美國境外的外匯選擇權集中市場則以歐洲選擇權交易所 (The European Options Exchange, EOE) 及新加坡國際貨幣交易所 (SIMEX) 較有規模，以下就 PSE 的現貨選擇權及 CME 的期貨選擇權作一概述。

PSE 現貨選擇權

合約大小

現貨選擇權的合約大小，剛好是 IMM 期貨合約大小的一半；以歐元為例，IMM 歐元期貨合約，一合約含有十二萬五千單位歐元，而 PSE 歐元選擇權，一合約含有六萬二千五百單位歐元，剛好是前者的一半（請見表 5–4）。

表 5–4　PSE 外匯選擇權合約的規格

外　幣	合約大小 (Per Contract)	到期月 (Expiration Month)	執行價格間隔 (Strike Intervals)
澳元 (A$)	50,000	March Cycle*	$0.01
英鎊 (£)	31,250	同上	$0.02**
加幣 (C$)	50,000	同上	$0.005
日圓 (¥)	6,250,000	同上	$0.0001**
瑞士法郎 (SF)	62,500	同上	$0.01**
歐元 (EURO)	62,500	同上	$0.01

* 選擇權合約的到期月通常有三種方式決定：⑴January Cycle、⑵February Cycle、⑶March Cycle。PSE 外匯選擇權合約的到期月的決定屬於 March Cycle，即在任何時點，正在交易的到期月是包括最近期的兩個月，加上 3、6、9、12 月份中最靠近已選出的兩個月的月份。例如在 2 月初，正在交易的到期月為 2 月、3 月及 6 月；在 5 月初，正在交易的到期月為 5 月、6 月及 9 月。

** 英鎊、日圓及瑞士法郎的執行價格間隔就最近期的三個到期月 (in the three near-term months only) 而言是 £ ($0.01)，¥ ($0.00005)，SF ($0.005)。

到期日及最後交易日

在任何時點，交易中的 PSE 選擇權通常有三個到期月，到期月是根據 March Cycle 來作決定，即是最靠近現在時點的那兩個月，再加上 3 月、6 月、9 月及 12 月之中最近期的那一個月。舉例來說，在 4 月 30 日那天，正在交易中的合約到期月通常是 5 月、6 月及 9 月；在 8 月 31 日那天，正在交易中的合約到期月通常是 9 月、10 月及 12 月。至於到期日，則是到期月的第三個星期三之前的那個星期五。最後交易日與到期日為同一日，到期交割日 (Expiration Settlement Date) 是到期月的第三個星期三。據統計，大約有 25～30% 的 PSE 選擇權是在合約到期時才交割，另外 5% 在到期日之前交割，其餘是用對沖的方式來結束合約。

近年來，費城股票交易所 (PSE) 為了要提供多樣化的到期期限，又增加了長期歐式合約 (Long-Term European Style)，到期期限可長達三十六個月，以 6 月及 12 月為到期月份。在 1992 年，又創出月底美式或歐式合約 (End-of-

Month (EOM) American or European Style)，以最近期的連續三個月為到期月份。

報價

各大財經報紙每日皆刊載有 PSE 外匯選擇權合約前一日交易價格情形，茲以《華爾街日報》上所登載的每日報價情形為例說明如下：

表 5–5 《華爾街日報》外幣選擇權合約報價範例（以瑞士法郎為例）

Swiss Franc					
	Expiration	Calls		Puts	
Strike	Month	Vol.	Last	Vol.	Last
62,500 Swiss Franc EOM - Cents Per Unit					
58 1/2	April	26	0.11	–	–
62,500 Swiss Franc – European Style					
56	April	–	0.02	34	0.23
56 1/2	April	30	0.55	30	0.85
57	May	–	0.12	30	1.30
57 1/2	May	20	0.05	–	–
62,500 Swiss Franc – Cents Per Unit					
56	May	–	0.02	80	0.51
57	June	–	0.32	60	1.46
58	June	10	0.13	–	–
60	June	50	0.01	–	–

表 5–5 中所列為《華爾街日報》對於 PSE 外幣選擇權合約的報價範例。表中各項解釋如下：

1. 美式選擇權或歐式選擇權

表 5–5 中報價分為三部分，第一部分是月底美式合約 (EOM American Style) 的報價，第二部分是歐式選擇權的報價，其顯示是根據瑞士法郎

(Swiss Franc) 後面的 “European Style” 字樣；第三部分是美式選擇權的報價，其顯示是根據瑞士法郎 (Swiss Franc) 後面的 “Cents Per Unit” 字樣。

2.執行價格

執行價格是指當選擇權合約被執行時，合約持有者 (Holders) 買或賣一瑞士法郎應付或應收的美元價格。表 5–5 列有不同的執行價格，從 56 到 60（即 $0.56/SF to $0.60/SF），實際上當日可利用的執行價格比在此表中列出的為多。

3.選擇權價格

不同執行價格的選擇權會有不同的權利金 (Premium)，在市場中就是該選擇權的價格。例如執行價格為 56 1/2（即 $0.5650/SF）的 4 月份的買權 (Calls)，價格是 0.55¢（即 $0.0055/SF），同樣執行價格的 4 月份的賣權 (Puts) 價格是 0.85¢（即 $0.0085/SF）。

IMM 期貨選擇權

IMM 期貨選擇權是在 1984 年 1 月開始交易，早期的合約都是以馬克 (DM) 為交易標的，之後市場逐漸成長，日圓、英鎊、瑞士法郎及加幣等也成為交易標的。外匯期貨選擇權的引入市場，使得從事國際貿易及投資者有了更多的金融工具可從事避險。

合約大小

IMM 期貨選擇權的合約大小，與 IMM 期貨合約的大小相同。

美式選擇權

在 IMM 期貨選擇權市場交易的皆是美式選擇權，不含歐式選擇權。

到期日及最後交易日

在任何時點，交易中的 IMM 期貨選擇權通常也有三個到期月，即是最靠近現在時點的連續三個月。例如，在 4 月 30 日那天，正在交易中的合約到期月通常是 5 月、6 月及 7 月；在 8 月 31 日那天，正在交易中的合約到期月通常是 9 月、10 月及 11 月。由於期貨選擇權的標的資產是 IMM 期貨合約，因此期貨選擇權的到期日應比期貨本身的到期日為早，因此，1 月、2

月或 3 月到期的期貨選擇權，執行合約時所取得的標的資產是 3 月份到期的 IMM 期貨合約；4 月、5 月或 6 月到期的期貨選擇權，執行時所得到的標的資產是 6 月份到期的 IMM 期貨合約，依此類推。期貨選擇權的到期日，是各個到期月的第三個星期三之前的第二個星期五，最後交易日則是到期日的前一天。

PSE 現貨選擇權 vs. IMM 期貨選擇權

市場上既已於 1982 年起有了現貨選擇權的交易，又何來 IMM 期貨選擇權之需？IMM 期貨選擇權存在與受歡迎的理由有二：

1. 市場人士可以同時在 IMM 市場進行期貨與選擇權的交易，而不必另外至 PSE 市場從事選擇權交易，便利了投資人同時進行期貨與選擇權的交易。

2. 執行 PSE 現貨選擇權時，合約持有者必須按照執行價格將全部交易金額備妥，而執行 IMM 期貨選擇權時，合約持有人只須符合期貨保證金的要求。例如購買 IMM 期貨買權的投資人，在執行該合約時繳納期初保證金並獲得一買入部位 (Long Position)，而購買 IMM 期貨賣權的投資人，在執行該合約時收取期初保證金並獲得一賣出部位 (Short Position)。

第三節 外匯期貨的應用

外匯期貨合約可供作投機或避險之用，投機操作主要是以投資人主觀判斷或特有資訊為操作依據，如果判斷正確時，可以獲取利潤，否則將產生損失。反之，避險操作主要是為了規避未來不確定性而可能產生的損失。如果避險操作得宜，現貨部位的損失（獲利）可透過所建立的期貨避險部位予以抵消。以下舉例說明其應用操作：

作投機用 (Speculation)

【例一】某人預期歐元 (EURO) 兌美元 ($) 會升值，遂在 1 月 10 日購買兩口 3 月份到期的歐元期貨合約，買價 (F_0) = $1.3/EURO。在 3 月 7 日那天，某人決定再將原有合約賣掉，賣價 (F_1) = $1.338/EURO，(a)試問某人有利潤或損失若干？(b)若在 3 月 7 日那天，賣價 (F_1) 非 $1.338/EURO，而是 $1.229/EURO，則某人有利潤或損失若干？（※不考慮佣金及因保證金而衍生的利息問題）

(a)Q_{FC} 代表合約所訂的外匯數量

某人利潤 $= (F_1 - F_0) \times Q_{FC}$

$= (\$1.338/\text{EURO} - \$1.3/\text{EURO}) \times \text{EURO } 125{,}000 \times 2$

$= \$9{,}500$

(b)某人損失 $= (F_1 - F_0) \times Q_{FC}$

$= (\$1.229/\text{EURO} - \$1.3/\text{EURO}) \times \text{EURO}125{,}000 \times 2$

$= -\$17{,}750$

【例二】某人預期日圓 (¥) 兌歐元 (EURO) 會貶值，遂在 2 月 1 日賣出三口 3 月份到期的日圓期貨合約，賣價 (F_0) = $0.00943/¥，在 3 月 1 日那天，某人決定將原持有的合約買回沖銷其所持有部位，買價 (F_1) = $0.009998/¥，(a)試問某人有利潤或損失若干？(b)如果在 3 月 1 日那天，買價 (F_1) 非 $0.009998/¥，而是 $0.00912/¥，則某人有利潤或損失若干？

(a)某人損失 $= (F_0 - F_1) \times Q_{FC}$

$= (\$0.00943/¥ - \$0.009998/¥) \times ¥12{,}500{,}000 \times 3$

$= -\$21{,}300$

(b)某人利潤 $= (F_0 - F_1) \times Q_{FC}$

$= (\$0.00943/¥ - \$0.00912/¥) \times ¥12{,}500{,}000 \times 3$

$= \$11,625$

作避險用 (Hedging)

【例一】某美商公司員工將於四個月之後赴瑞士旅遊，估計在 8 月 1 日須備妥旅遊花費之瑞士法郎 500,000 單位，為避免瑞士法郎匯兌價值上漲，導致美元成本增加，某公司決定購買四口 9 月份到期的瑞士法郎期貨合約，買價 (F_0) 是 \$0.6502/SF，當日瑞士法郎兌美元即期匯率 (e_0) 是 \$0.6471/SF。在 8 月 1 日那天，9 月份到期的 SF 期貨合約價格 (F_1) 是 \$0.7055/SF，當日瑞士法郎兌美元的即期匯率 (e_1) 是 \$0.6998/SF。(a)試問該公司購買 SF 500,000 實際所花的美元成本？(b)倘若在 8 月 1 日那天，$F_1 = \$0.6135/SF$，$e_1 = \$0.6074/SF$，試問該公司購買 SF500,000 的實際美元成本？

(a)

現貨成本：\$0.6998/SF × SF500,000 = \$349,900

－期貨利潤：(\$0.7055/SF − \$0.6502/SF) × SF125,000 × 4 = \$27,650

＝實際美元成本：\$322,250　　　單價：\$0.6445/SF

(b)

現貨成本：\$0.6074/SF × SF500,000 = \$303,700

＋期貨損失：(\$0.6135/SF − \$0.6502/SF) × SF125,000 × 4 = \$18,350

＝實際美元成本：\$322,050　　　單價：\$0.6441/SF

【例二】某公司應收帳款英鎊 300,000 單位，5 月 31 日到期，某公司決定 2 月 1 日採用六個月到期的期貨合約來避險，然後在 5 月 31 日將合約用對沖結束。在 2 月 1 日，6 月份到期的英鎊期貨合約價格 (F_0) 是 \$1.6510/£，某公司賣出五口此種合約，接著在 5 月 31 日買回沖銷。5 月 31 日那天，該期貨合約價格 (F_1) 是 \$1.6400/£，當日英鎊兌美元即期匯率 (e_1) 是 \$1.6325/£。(a)試

問該公司賣出 £300,000 所得的美元總收入有多少？(b)倘若在 5 月 31 日那天，$F_1 = \$1.6626/£$，$e_1 = \$1.6580/£$，試問該公司賣出 £300,000 所得的美元總收入有多少？

(a)

現貨收入：$1.6325/£ × £300,000 = $489,750

＋期貨利潤：($1.6510/£ − $1.6400/£) × £62,500 × 5 = $3,437.5

＝美元總收入：$493,187.5　　單價：$1.6440/£

(b)

現貨收入：$1.6580/£ × £300,000 = $497,400

－期貨損失：($1.6510/£ − $1.6626/£) × £62,500 × 5 = $3,625

＝美元淨收入：$493,775　　單價：$1.6459/£

第四節 外匯選擇權的應用

外匯選擇權合約與外匯期貨合約同樣的可供作投機或避險之用，我們以下面幾個例子來說明其應用：

買權 (Call Options)

作投機用 (Speculation)

【例】某人預期澳元兌美元會升值，遂在 2 月 1 日購買一單位 3 月份到期的澳元選擇權合約，執行價格 (S) 為 $0.57/AD，買價 ($C_0(P)$) 是 $0.0122/AD，在 3 月 1 日那天，某人用對沖方式結束此合約，賣價 ($C_1(P)$) 是 $0.0169/AD。(a)試問某人有利潤或損失若干？(b)若在 3 月 1 日那天，賣價非 $0.0169/AD，而是 $0.0055/AD，則某人有利潤或損失若干？

(a)某人利潤 $= (C_1(P) - C_0(P)) \times Q_{\text{FC}}$

$= (\$0.0169/\text{AD} - \$0.0122/\text{AD}) \times \text{AD}50{,}000 \times 1$

$= \$235$

(b)某人損失 $= (C_1(P) - C_0(P)) \times Q_{\text{FC}}$

$= (\$0.0055/\text{AD} - \$0.0122/\text{AD}) \times \text{AD}50{,}000 \times 1$

$= -\$335$

作避險用 (Hedging)

【例】某公司有應付帳款瑞士法郎 125,000 單位，6 月初到期，公司決定在 4 月 1 日購買兩單位 6 月份到期的 SF 買權合約，執行價格是 \$0.66/SF，買價 ($C_0(P)$) 是 \$0.0098/SF。在 6 月 1 日那天，某公司用對沖的方式結束合約，賣價 ($C_1(P)$) 是 \$0.0130/SF。當日瑞士法郎兌美元的即期匯率 (e_1) 是 \$0.6710/SF，(a)試問某公司購買 SF125,000 的實際美元成本？(b)倘若在 6 月 1 日那天，$C_1(P) =$ \$0.0043/SF，$e_1 = \$0.6639/\text{SF}$，試問公司購買 SF125,000 的實際美元成本？

(a)

現貨成本：\$0.6710/SF × SF125,000 = \$83,875

− 選擇權利潤：(\$0.0130/SF − \$0.0098/SF) × SF62,500 × 2 = \$400

= 實際美元成本：\$83,475　　單價：\$0.6678/SF

(b)

現貨成本：\$0.6639/SF × SF125,000 = \$82,987.5

+ 選擇權損失：(\$0.0043/SF − \$0.0098/SF) × SF62,500 × 2 = \$687.5

= 實際美元成本：\$83,675　　單價：\$0.6694/SF

賣權 (Put Options)

作投機用 (Speculation)

【例】某人預期英鎊兌美元會貶值，遂在 2 月 1 日購買兩單位 3 月份到期的英鎊賣權合約，執行價格 (S) 是 \$1.65/£，買價 ($P_0(P)$) 是 \$0.0065/£。在 3 月 1 日那天，某人用對沖方式結束合約，賣價 ($P_1(P)$) 為 \$0.0120/£。(a)試問某人有利潤或損失若干？(b)若在 3 月 1 日那天，賣價非 \$0.0120/SF，而是 \$0.0015/£，則某人有利潤或損失若干？

(a)某人利潤 $= (P_1(P) - P_0(P)) \times Q_{FC} \times 2$

$= (\$0.0120/£ - \$0.0065/£) \times £31{,}250 \times 2$

$= \$343.75$

(b)某人損失 $= (P_1(P) - P_0(P)) \times Q_{FC} \times 2$

$= (\$0.0015/£ - \$0.0065/£) \times £31{,}250 \times 2$

$= -\$312.5$

作避險用 (Hedging)

【例】某公司應收帳款瑞士法郎 250,000 單位，9 月 1 日到期，某公司決定在 7 月 1 日那天購買四單位 9 月份到期的瑞士法郎賣權合約，執行價格 (S) 是 \$0.61/SF，買價 ($P_0(P)$) = \$0.0028/SF；在 9 月 1 日那天，某公司用對沖方式結束合約，賣價 ($P_1(P)$) 是 \$0.0230/SF，當日瑞士法郎兌美元的即期匯率 (e_1) 是 \$0.59/SF，(a)試問某公司由應收帳款之處共得美元多少？(b)倘若在 9 月 1 日那天，$P_1(P)$ = \$0.0001/SF，e_1 = \$0.62/SF，則某公司由應收帳款處共得美元多少？

(a)

現貨收入：\$0.59/SF × SF250,000 = \$147,500

+ 選擇權利潤：(\$0.0230/SF − \$0.0028/SF) × SF62,500 × 4 = \$5,050

= 美元總收入：\$152,550　　　　單價：\$0.6102/SF

(b)

現貨收入：\$0.62/SF × SF250,000 = \$155,000

− 選擇權損失：(\$0.0001/SF − \$0.0028/SF) × SF62,500 × 4 = \$675

= 美元淨收入：\$154,325　　　　單價：\$0.6173/SF

第五節 外匯選擇權利損圖與策略運用

從事選擇權交易的投資人，可以利用利損圖 (Profit or Loss Diagram) 來幫助自己瞭解在標的資產的即期價格之下，自己的利潤或損失情形。簡單的利損圖可以下列四種情形畫出：

1. 買權的買者 (Buyer of a Call)
2. 買權的賣者 (Seller of a Call)
3. 賣權的買者 (Buyer of a Put)
4. 賣權的賣者 (Seller of a Put)

買權的買者 (Buyer of a Call)

假設某人購買一單位 3 月份到期的瑞士法郎買權合約，選定執行價格 (S) 為 \$0.61/SF，查出 Premium 為 \$0.0088/SF（為方便起見，謹使用表 5–5 中之價格）。

某人的利損圖如圖 5–1 所示：

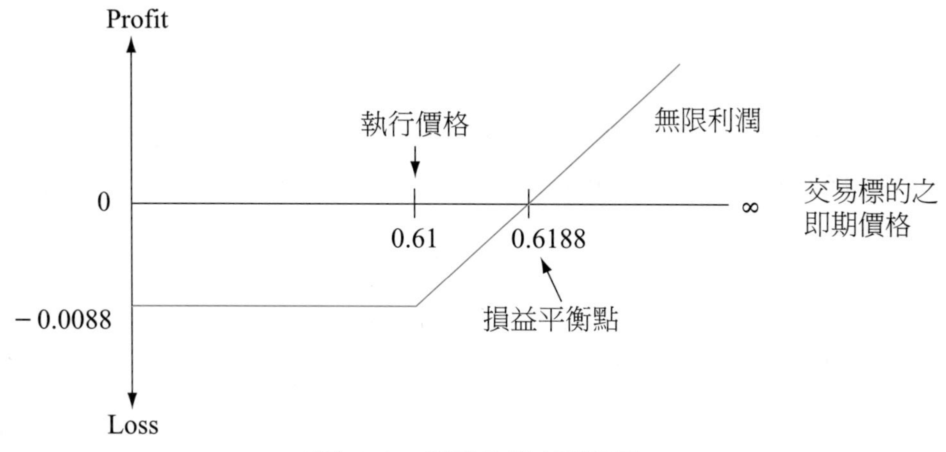

圖 5–1　買權的買者利損圖

圖 5–1 中的橫軸代表交易標的之即期價格，最小價格為 0，最高價格為無限大。縱軸代表在交易標的之即期價格之下，所可能獲得的利潤或損失。若標的之即期價格小於或等於執行價格 ($0.61)，則投資人每單位外幣損失為 $0.0088，此損失為投資人所可能有的每單位外幣的最大損失，也就是投資人所付之權利金。若標的之即期價格大於 $0.61，則此選擇權成為價內買權 (In-the-Money Call)，且在 $0.6188 的即期價格獲得損益平衡點。若標的之即期價格超過 $0.6188，則投資人開始有利潤。買權的買者損失有限，而利潤可能無限大。

買權的賣者 (Seller of a Call)

前述買權合約賣者的利損圖如圖 5–2 所示：

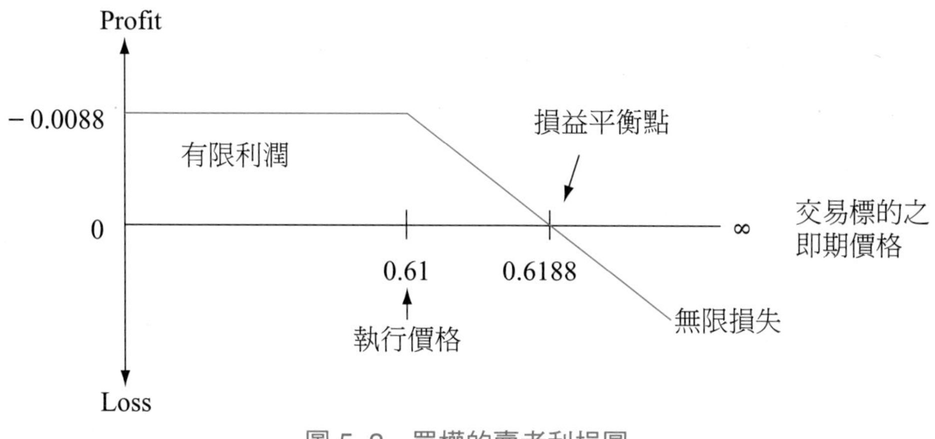

圖 5–2　買權的賣者利損圖

買權的賣者利潤有限，而損失可能無限大。

賣權的買者 (Buyer of a Put)

假設某人購買一單位 6 月份到期的瑞士法郎賣權合約，選定執行價格 (S) 為 \$0.62/SF，查出 Premium 為 \$0.0300/SF（為方便起見，謹使用表 5–5 中之價格）。

某人的利損圖如圖 5–3 所示：

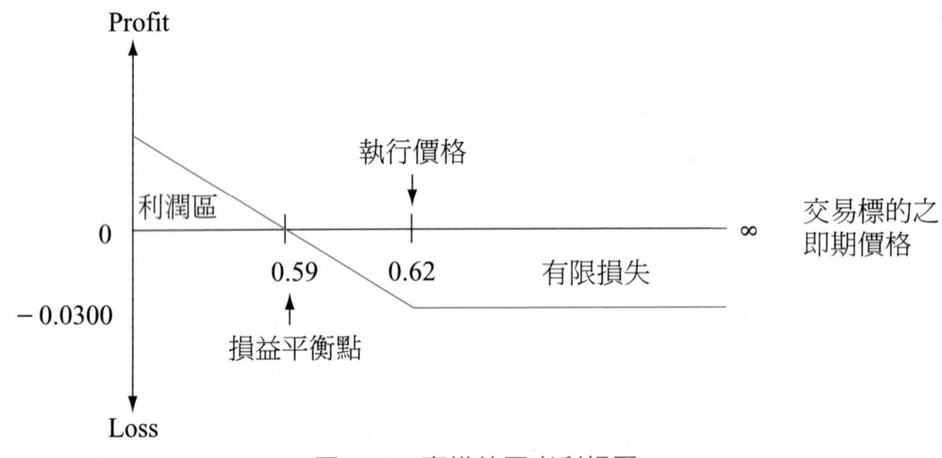

圖 5–3　賣權的買者利損圖

此賣權的買者，每單位外幣的最大損失為其權利金，即 \$0.0300/SF，當交易標的之即期價格為 \$0.59/SF，此合約達到其損益平衡點，當標的資產之即期價格為 \$0.00/SF 時，此賣權之買者獲得其每單位外幣之最大利潤，即 \$0.62/SF − \$ 0.03/SF = \$ 0.59/SF。

賣權的賣者 (Seller of a Put)

前述賣權合約賣者的利損圖如圖 5–4 所示：

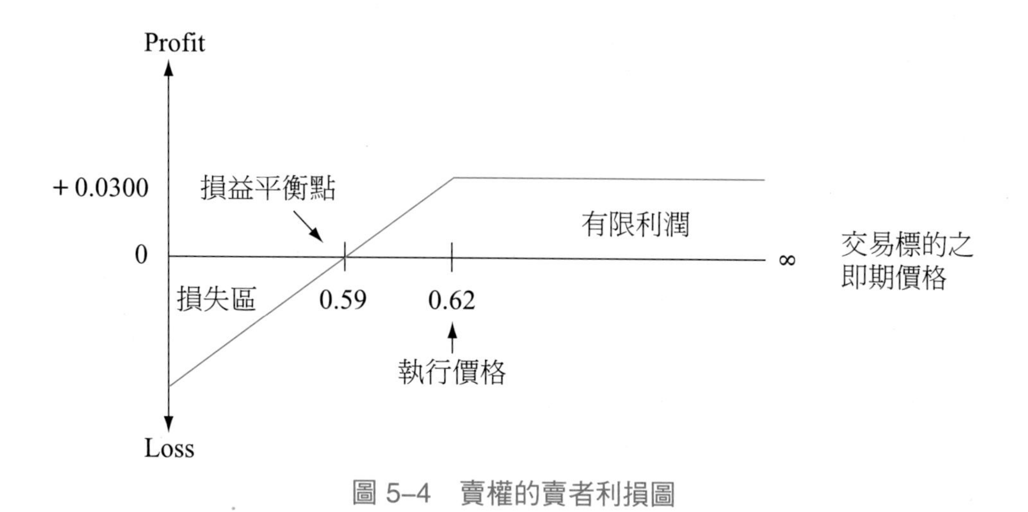

圖 5–4　賣權的賣者利損圖

此賣權的賣者利潤有限，而損失可能相當大，每單位外幣的最大損失 \$0.59/SF。

外匯選擇權策略運用 (Currency Option Strategies)

喜歡從事選擇權交易的投資人，也可以將不同的選擇權合約組合起來，成為各種投機性的策略，例如 Straddle 或 Spread 策略，此處將舉 Straddle 的例子說明如下：

跨立策略 (A Straddle Strategy)

跨立策略的形成，是藉著同時購買或同時賣出交易標的 (Underlying Currency) 相同，執行價格相同，及到期日相同的買權 (Calls) 與賣權 (Puts)。若投資人購買一個 Straddle (A Straddle Purchase)，則是等於同時購買一個 Call 和一個 Put。若投資人賣出一個 Straddle (A Straddle Sale) 則是等於同時賣出一個 Call 和一個 Put。若投資人認為交易標的不論是升值或貶值，其波動性 (Volatility) 很大，則可以購買一個 Straddle；反之，若認為匯率會在狹窄的範圍內波動，則可以賣出一個 Straddle。我們可以運用圖 5–5 來說明購買一個 Straddle 的利潤或損失情形。

圖 5–5 中的例子，是同時購買一個 Call 和 一個 Put 所構成的購買 Straddle 例子。執行價格是 \$0.60/SF，Call Premium 是 \$0.0138/SF，Put

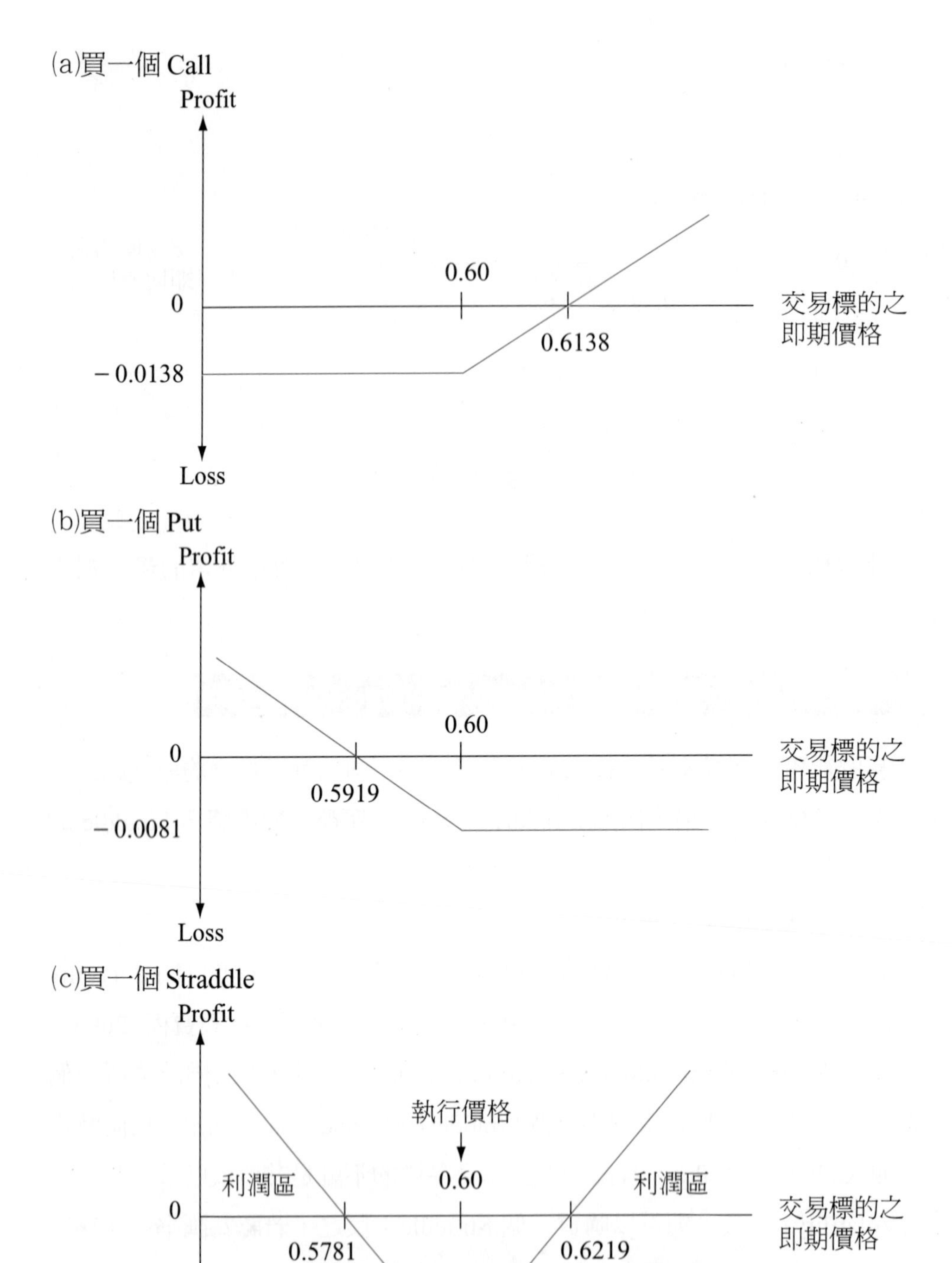

圖 5–5　購買一個 Straddle 的利損圖

Premium 是 \$0.0081/SF。若只買一個 Call，利損圖如(a)所示，若只買一個 Put，利損圖如(b)所示，若購買一個 Straddle ，則利損圖如(c)所示。圖(c)顯示，若交易標的之即期價格等於執行價格 0.60，則買權與賣權都無法執行，投資人損失 Call Premium 與 Put Premium 之和，此為投資人每單位外幣最大可能損失，即 0.0138 + 0.0081 = 0.0219，也是投資人購買此 Straddle 的單位成本。若交易標的之即期價格等於 0.6219，則買權可以執行而賣權不行，由買權執行所獲得的利潤 (0.6219 − 0.60 = 0.0219) 則剛好等於投資人購買 Straddle 的成本，因此達到損益平衡點。若交易標的之即期價格等於 0.5781，則賣權可以執行而買權不行，由賣權執行所獲得之利潤 (0.60 − 0.5781 = 0.0219) 也剛好等於投資人購買 Straddle 的成本，因此也達到損益平衡點。若交易標的之即期價格落在兩損益平衡點之間，則投資人有淨損。由此可知，投資人若預測交易標的之即期價格會大幅度的波動，才可能購買一個 Straddle。反之，若預測交易標的的價格相當穩定，只可能有小幅度的波動，則會賣出一個 Straddle。A Straddle Sale 的利損圖剛好是 A Straddle Purchase 的鏡中反影 (Mirror Image)，如圖 5–6 所示：

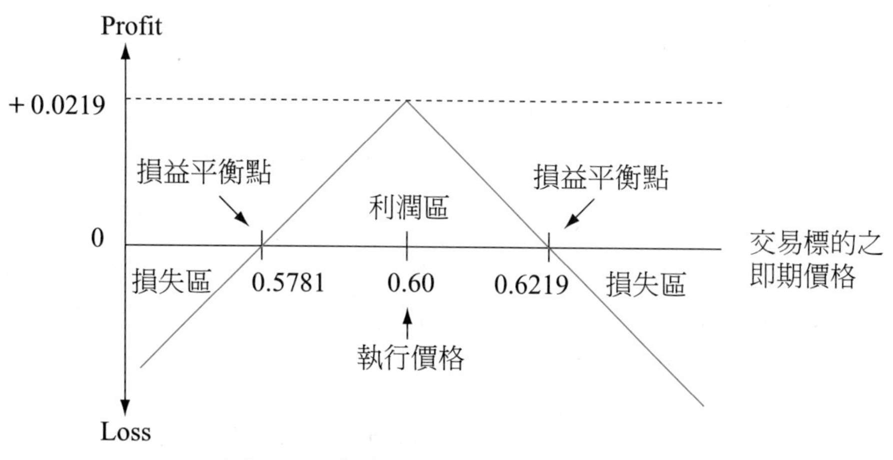

圖 5–6　賣出一個 Straddle 的利損圖

第六節 外匯選擇權評價模型

財務文獻上已發展出若干外匯選擇權評價模型，這些模型可以幫助市場人士在從事外匯選擇權交易時，瞭解目前的價格是否反應其應有價值。在討論這些模型之前，我們應先對外匯選擇權的價格在效率市場上，受到那些基本條件的限制有所瞭解。

外匯選擇權價格界限 (Currency Option Price Bounds)

外匯選擇權的價格，一般受到下列幾項條件的限制：

1. $C^{A} \geqq MAX(0, S - X)$
2. $P^{A} \geqq MAX(0, X - S)$
3. $P^{E} = C^{E} + X \cdot e^{-r \cdot T} - S \cdot e^{-r_f \cdot T}$
4. $C^{A} \geqq C^{E}$
5. $P^{A} \geqq P^{E}$

$C^{A} \geqq MAX(0, S - X)$

此條件說明美式買權 (American Call Option) 的價格 (C^{A})，在合約到期之前，應是大於或等於 0 與 $S - X$ 之中較大的那一個。在此處，S 代表標的資產的即期匯率，X 則代表執行價格，$S - X$ 即是買權的內含價值 (Intrinsic Value)。選擇權的價格必須大於或等於其內含價值，否則就會有套利機會產生。內含價值有可能為負值，但選擇權價格卻不可能為負。

$P^{A} \geqq MAX(0, X - S)$

此條件說明美式賣權 (American Put Option) 的價格 (P^{A})，在合約到期之前，應是大於或等於 0 與 $X - S$ 之中較大的那一個。此處，X 是執行價格，S 是標的資產的即期價格，$X - S$ 則代表賣權的內含價值。

$P^{E} = C^{E} + X \cdot e^{-r \cdot T} - S \cdot e^{-r_f \cdot T}$ (or $P^{E} = C^{E} + (X - S)\, e^{-r \cdot T}$)

此條件即是所謂的賣權買權平價條件 (Put-Call Parity)，其中 P^{E} 與 C^{E} 分別代表歐式賣權與買權的價格，r 是美元的無風險利率，r_f 是外幣的無風險利率，X 代表執行價格，S 代表標的資產的即期匯率，T 代表買權與賣權共同的到期日，T = 1 代表 1 年。以上條件若不成立，則投資者可運用策略賺取套利利潤，茲舉例說明如下：

【例】$P^E = \$\,0.01/SF$

$C^E = \$\,0.04/SF$

$X = \$\,0.60/SF$

$S = \$\,0.60/SF$

$r = 10\%$

$r_f = 3\%$

$T = 0.5$ 年

我們可以算出，此處 P^E 與 C^E 之間的關係，違反了 Put-Call Parity：

$$\$0.01 < \$0.04 + (\$0.60) \cdot e^{-0.10(0.5)} - (\$\,0.60) \cdot e^{-0.03(0.5)} = \$\,0.02$$

藉著以下三步驟，可以產生套利利潤：(1)買 Put (−\$0.01/SF)、(2)賣 Call (+\$0.04/SF)、(3)買 Underlying Currency (−\$0.60/SF)。此三步驟總共需要資金 \$0.57。在美元利率 10% 借得 \$0.57，融資期間是 0.5 年，期滿應償還 \$0.5992 ($= \$0.57 \cdot e^{0.10(0.5)}$)。

由步驟(3)所購得的 1 瑞士法郎，可以存入銀行 0.5 年，期滿本利和為 SF1.0151 ($=$ SF1 $\cdot\, e^{0.03(0.5)}$)。以上策略確保投資人獲得套利利潤 \$0.01/SF（不考慮交易成本與稅）。例如，假設選擇權合約期滿，SF 的即期匯率是 \$0.60/SF，則買權與賣權皆無法執行，只能將 SF1.0151 換成美元得 \$0.6091 (SF1.0151 · \$0.60/SF)，償還美元借款後，還餘 \$0.01，此即為套利利潤。倘若 SF 的到期即期匯率是 \$0.62/SF，則賣權不可以執行，而投資者損失 \$0.02/SF 於買權上，將 SF1.0151 換成美元得 \$0.6293 (SF1.0151 · \$0.62/SF)，償還美元借款及賣權損失後，還餘 \$0.01。當套利者進行套利時，P^E，C^E 與 S 的價格都會重新調整而使 Put-Call Parity 恢復成立。

$C^A \geqq C^E$

此條件說明美式買權的價格大於或等於歐式買權的價格，兩者的價格差異代表美式買權享有的「在到期日之前執行」應付的溢酬 (Early Exercise Premium)。

$P^A \geqq P^E$

此條件說明美式賣權的價格大於或等於歐式賣權的價格，價格差異代表美式賣權應付的溢酬。

外匯選擇權評價模型 (Currency Option Pricing Models)

Fischer Black & Myron Scholes (1973) 發展出一個衡量歐式股票選擇權 (European Stock Options) 價格的模型，此模型後來為 Garman & Kohlhagen (1983), Biger and Hall (1983), and Grabbe (1983) 等據以修改後，成為適用於衡量外匯選擇權價格的模型。Black & Scholes (1973) 的模型，是根據下列假設導出：

1. 沒有交易成本、稅，及賣空 (Short Selling) 的限制。
2. 無風險利率 (Risk-Free Interest Rate) 是常數。
3. 股票不付現金股利。
4. 股票報酬具有常數變異數 (Constant Variance)。
5. 合約只能在到期時執行。

Black & Scholes 的 Option Pricing Model (OPM) 如下所示：

$$C^E = S \cdot N(d_1) - \frac{X \cdot N(d_2)}{e^{r \cdot t}}$$

C^E ：歐式買權的價格

S ：交易標的（股票）的目前價格

X ：買權的執行價格

t ：到期期限

r ：連續複利計算的無風險利率

e ：2.71828

$N(d_1)$ 與 $N(d_2)$ 代表標準常態累積密度函數 (Standard Normal Cumulative Density Function) 的值，可由標準常態分配表查得。

$$d_1 = \frac{\ln(S/X) + (\mathrm{r} + \frac{1}{2}\sigma^2)\,\mathrm{t}}{\sigma\sqrt{\mathrm{t}}}$$

$$d_2 = d_1 - \sigma\sqrt{\mathrm{t}}$$

σ^2 = 連續複利計算的股票報酬變異數

Garman & Kohlhagen (1983), Biger and Hall (1983) 等等，將 B–S 的 OPM 加以修正，而導出一個適合歐式外匯買權的計價模型，如下所示：

$$C^{\mathrm{E}} = \frac{f \cdot N(d_1) - X \cdot N(d_2)}{e^{\delta \cdot \mathrm{t}}}$$

C^{E} ：歐式外匯買權的價格

f ：遠期匯率

X ：執行價格

δ ：無風險國內利率

σ^2 ：連續複利計算的匯率報酬率變異數

t ：到期期限

d_1 ：$\dfrac{\ln(f/X) + (\frac{1}{2}\sigma^2)\,\mathrm{t}}{\sigma\sqrt{\mathrm{t}}}$

$d_2 = d_1 - \sigma\sqrt{\mathrm{t}}$

茲根據以上的外匯買權模型舉例說明如下：

【例】f（90 天遠期匯率）= $1.7/£

X（執行價格）= $1.7/£

δ（美元的無風險利率）= 8%（年利率）

t（到期期限）= 90 天或 0.2466 年

σ^2（匯率報酬率變異數）= 0.01

我們首先算出 d_1 與 d_2 的值如下：

$$d_1 = \frac{\ln(f/X) + (\frac{1}{2}\sigma^2)\,t}{\sigma\sqrt{t}}$$

$$= \frac{\ln(1.7/1.7) + (\frac{0.001}{2}) \cdot 0.2466}{0.1\sqrt{0.2466}}$$

$$= 0.025$$

$$d_2 = d_1 - \sigma\sqrt{t}$$

$$= 0.025 - 0.1\sqrt{0.2466}$$

$$= -0.025$$

將 d_1 與 d_2 的值在標準常態累積機率表中找出相對應的 $N(d_1)$ 及 $N(d_2)$ 值如下：

$$N(d_1) = N(0.025) = 0.51$$

$$N(d_2) = N(-0.025) = 0.49$$

歐式外匯買權的價格為：

$$C^E = \frac{f \cdot N(d_1) - X \cdot N(d_2)}{e^{\delta \cdot t}}$$

$$= \frac{(1.7)(0.51) - 1.7(0.49)}{e^{(0.08)(0.2466)}}$$

$$= \frac{0.034}{1.0199}$$

$$= \$0.033/£$$

要計算歐式外匯賣權的價格，我們可以透過 Put-Call Parity 條件來推導出其評價公式如下：

$$P^E = C^E + (X - f) \cdot e^{-\delta \cdot t}$$

$$= \frac{f \cdot N(d_1) - X \cdot N(d_2) + (X - f)}{e^{\delta \cdot t}}$$

$$= \frac{f \cdot (N(d_1) - 1) - X \cdot (N(d_2) - 1)}{e^{\delta \cdot t}}$$

摘要

本章首先就外匯期貨市場的起源、外匯期貨合約的各項特性及結算方式作一番介紹，並比較外匯期貨合約與外匯遠期合約的異同。接著就外匯選擇權市場的興起，選擇權合約的各項技術名詞及特性作解說，並對照現貨選擇權及期貨選擇權的功用差異。本章並舉例說明外匯期貨合約及選擇權合約如何被用來當作投機及避險的工具。本章並描述投資人可如何運用外匯選擇權利損圖來瞭解自己的獲利或虧損狀態，若加上自己對未來的預期則可作一些策略運用。本章最後簡要描述外匯選擇權評價模型。

實際交割	(Actual Delivery)
美式選擇權	(American Options)
價平選擇權	(At-the-Money Options)
執行價格	(Exercise Price or Strike Price)
歐式選擇權	(European Options)
價內選擇權	(In-the-Money Options)
內含價值	(Intrinsic Value)
每日清算制度	(Marking to Market or Daily Settlement)
對沖	(Offsetting)
選擇權價格	(Option Price or Premium)
價外選擇權	(Out-of-the-Money Options)
利損圖	(Profit or Loss Diagram)
時間價值	(Time Value)

參考文獻

何憲章等，《投資學》，國立空中大學，民國 78 年 9 月。

李麗，《外匯投資理財與風險》，三民書局，民國 78 年 10 月。

姚柏如，《外匯市場操作》，自印，民國 78 年 2 月。

郭恒慶，《金融期貨》，臺北國際商學出版社，民國 78 年 11 月。

張雲鵬，《外幣買賣選擇權》，財團法人金融人員研訓中心，民國 76 年 3 月。

董夢雲，《金融選擇權——市場評價與策略》，新陸書局，民國 86 年。

董夢雲，《金融期貨——市場評價與策略》，新陸書局，民國 83 年。

劉邦海，《黃金期貨與選擇權》，臺北國際商學出版社，民國 77 年 9 月。

Abuaf, Niso, "Foreign Exchange Options: The Leading Hedge", *Midland Corporate Finance Journal*, Summer 1987, pp. 51–58.

Adams, Paul, and Steve Wyatt, "Biases in Option Prices : Evidence from the Foreign Currency Option Market", *Journal of Banking and Finance*, December 1987, pp. 549–562.

______, "On the Pricing of European and American Foreign Currency Call Options", *Journal of International Money and Finance*, vol. 6, no. 3, September 1987, pp. 315–338.

Agmon, Tamir, and Rafael Eldon, "Currency Options Cope with Uncertainty", *Eurpmoney*, May 1983, pp. 227–228.

Amin, Kaushik, and Robert A. Jarrow, "Pricing Foreign Currency Options Under Stochastic Interest Rates", *Journal of International Money and Finance*, September 1991, pp. 310–329.

Ball, Matthew, "No Fear of Options Here", *Corporate Finance*, July 1994, pp. 42–46.

Biger, Nahum, and John Hall, "The Valuation of Currency Options", *Financial Management*, Spring 1983, pp. 24–28.

Black, Fischer, and Myron Scholes, "The Pricing of Options and Corporate Liabilities", *Journal of Political Economy*, May/June 1973, pp. 637–659.

Bodurtha, James, and Georges Courtadon, "Tests of an American Option Pricing Model on the Foreign Currency Options Market", *Journal of Financial and Quantitative Analysis*, June

1987, pp. 153–168.

Briys, Eric, and Michel Crouhy, "Creating and Pricing Hybrid Foreign Currency Options", *Financial Management*, Winter 1988, pp. 59–65.

Chesney, Marc, and Louis Scott, "Pricing European Currency Options: A Comparison of the Modified Black-Scholes Model and a Random Variance Model", *Journal of Financial and Quantitative Analysis*, September 1989, pp. 267–284.

Choi, Seungmook, and Wohar, Mark E., "S&P 500 Index Option Prices and the Black-Scholes Option Pricing Model", *Applied Financial Economic*, vol. 4, August 1994, pp. 249–263.

Garman, Mark B., and Steven W. Kohlhagen, "Foreign Currency Option Values", *Journal of International Money and Finance*, December 1983, pp. 231–238.

Gendreau, Brian, "New Markets in Foreign Currency Options", *Business Review*, July-August 1984, pp. 3–12.

Ghosh, Asim, "The Hedging Effectiveness of ECU Futures Contracts: Forecasting Evidence from an Error Correction Model", *The Financial Review*, August 1995, pp. 567–581.

Giddy, Ian H., and Guner Dufey, "Uses and Abuses of Currency Options", *Journal of Applied Corporate Finance*, vol. 8, no. 3, Fall 1995, pp. 49–57.

Goodman, Laurie S., "How to Trade in Currency Options", *Euromoney*, January 1983, pp. 73–74.

Grabbe, J. Orlin, "The Pricing of Call and Put Options on Foreign Exchange", *Journal of International Money and Finance*, December 1983, pp. 239–254.

Hill, Joanne, and Thomas Schneeweis, "The Hedging Effectiveness of Foreign Currency Futures", *Journal of Financial Research*, Spring 1982, pp. 95–104.

Hull, John, and Alan White, "Hedging the Risks from Writing Foreign Currency Options", *Journal of International Money and Finance*, June 1987, pp. 131–152.

Jorion, Philippe, and Neal M. Stoughton, "An Empirical Investigation of the Early Exercise Premium of Foreign Currency Options", *Journal of Futures Markets*, October 1989, pp. 365–375.

Kamara, Avraham, and Miller, Thomas W. Jr, "Daily and Intradaily Tests of European Put-call

Parity", *Journal of Financial & Quantitative Analysis*, vol. 30, December 1995, pp. 519–539.

Lesniowski, Mark, "Mastering Currency Options", *Euromoney*, August 1983, pp. 78–81.

Madura, Jeff and E. Theodure Veit, "Use of Currency Options in International Cash Management", *Journal of Cash Management*, January-February 1986, pp. 42–48.

Mathias, John, "Standardize the Forex Options Markets", *Euromoney*, December 1984, p. 76.

Melino, Angelo, and Stuart M. Turnbull, "Misspecification and the Pricing and Hedging of Long-Term Currency Options", *Journal of International Money and Finance*, vol. 14, no. 3, June 1995, pp. 373–393.

Norris, John F., and Michael K. Evans, "Beating the Futures Market in Foreign Exchange Rates", *Euromoney*, February 1976, pp. 62–71.

Panton, Don B., and Maurice Joy, "Empirical Evidence on International Monetary Market Currency Futures", *Journal of International Business Studies*, Fall 1978, pp. 59–68.

Peltz, Michael, "Not-for-Profit Derivatives", *Institutional Investor*, vol. 28, August 1994, pp. 35–39.

Sender, Henny, "The New Case for Currency Options", *Institutional Investor*, January 1986, pp. 245–247.

Shastri, Kuldeep, and Kishore Tandon, "Valuation of American Option on Foreign Currency", *Journal of Banking and Finance*, June 1987, pp. 245–269.

Shepard, Sidney A., "Forwards, Futures, and Currency Options as Foreign Exchange Risk Protection", *Canadian Banker*, December 1983, pp. 22–25.

Stein, Jerome L., Mark Rzepcznski, and Robert Selvaggio, "A Theoretical Explanation of the Empirical Studies of Futures Markets in Foreign Exchange and Financial Instruments", *Financial Review*, February 1983, pp. 1–32.

Sulganik, Eyal, and Zilcha, Itzhak, "The Value of Information in the Presence of Futures Markets", *Journal of Future Markets*, vol. 16, April 1996, pp. 227–240.

Sutton, W. H., *Trading in Currency Option*, New York: New York Institute of Finance, 1988.

Tucker, Alan L., "Empirical Tests of the Efficiency of the Currency Option Market", *Journal of Financial Research*, Winter 1985, pp. 275–285.

______, "Foreign Exchange Option Prices as Predictors of Equilibrium Forward Exchange Rates", *Journal of International Money and Finance*, vol. 6, no. 3, September 1987, pp. 283–294.

Using Currency Futures and Options., Chicago: Chicago Mercantile Exchange, 1987.

Wyatt, Steve B., "On the Valuation of Puts and Calls on Spot, Forward, and Future Foreign Exchange: Theory and Evidence", *Advances in Financial Planning and Forecasting*, vol. 4, 1990, pp. 81–104.

第六章

匯率預測與國際平價條件

第一節　國際平價條件
第二節　匯率預測與市場效率性
第三節　匯率預測的主要工具
第四節　匯率預測模型概述
第五節　匯率行為走勢的實證研究

本章重點提示

- 購買力平價條件 (PPP)
- 一般化費雪效應條件 (GFE)
- 利率平價條件 (IRP)
- 國際費雪效應條件 (IFE)
- 不偏遠期匯率條件 (UFR)

隨著布雷頓梧茲固定匯率時代的結束，伴之而來的是自 1973 年開始的浮動匯率制度時代。主要國家皆採取讓匯率隨著市場供需情況自由波動的政策，只有在中央銀行認為有必要時，才進行外匯市場干預。因此自 1973 年以來，匯率波動的頻率及幅度顯著增加，匯率風險的管理也更加困難。跨國公司、進出口商及個別投資人為了要作出正確的投資、融資決策及正確的買賣合約報價，必須要仰賴正確的匯率預測。

根據過去實證觀察的結果顯示，在浮動匯率制度時代，政府對外匯市場的干預，只有短期效果；匯率長期的走勢還是靠市場供需狀況決定。而市場供需狀況的調整，是反應市場一些根本因素 (Fundamental Causes) 的改變。在第三章第四節中我們曾提到通貨膨脹率、利率及經濟成長率是影響匯率長期走勢的重要因素。事實上，在經濟學的理論中，已將匯率、利率及通貨膨脹率之間的關係，透過一些事先的假設 (Assumptions)，發展成一套國際平價條件 (International Parity Conditions) 來幫助我們預測匯率變動的方向與變動的幅度。本章先介紹這五種國際平價條件，再進一步探討匯率預測的其他方法。

第一節 國際平價條件

在完全沒有政府干預，國際市場具效率性，且沒有市場不完全性 (Market Imperfections)[1]的情況下，套利的行為（買低賣高）會使五種國際平

[1] 市場不完全性是指有交易成本 (Transaction Costs)、運輸成本 (Transportation Costs) 以及政府移民限制等的存在。

價條件成立，這五種平價條件是：

1. 購買力平價條件 (Purchasing Power Parity Condition, PPP)
2. 一般化費雪效應條件 (Generalized Fisher Effect Condition, GFE)
3. 利率平價條件 (Interest Rate Parity Condition, IRP)
4. 國際費雪效應條件 (International Fisher Effect Condition, IFE)
5. 不偏遠期匯率條件 (Unbiased Forward Rate Condition, UFR)

茲分述如下：

購買力平價條件 (Purchasing Power Parity Condition, PPP)

購買力平價學說主張，在自由貿易之下，市場沒有不完全性，且商品市場具效率性時，一單位本國貨幣 (Home Currency, HC) 應該在全世界各地均有相同的購買力。購買力平價條件，可以用三種型式來表示：

單一價格法則 (Law of One Price)

從任何一種商品在兩國的價格，可以算出均衡匯率，如下式：

$$e = \frac{P_{\$}}{P_{FC}} \tag{6–1}$$

e　：代表均衡匯率，美式報價

$P_{\$}$　：代表該商品的美元價格

P_{FC}：代表該商品的外幣價格 (Foreign Currency, FC)

舉例來說，一架電視機在美國售價為 \$500，在瑞士完全一樣的電視機售價是 SF1,000，則均衡匯率應是 SF1 = \$0.5。

$$e = \frac{\$500}{SF1{,}000} = \$0.5/SF$$

絕對式購買力平價條件 (Absolute Version of PPP Condition)

絕對式購買力平價條件，在計算均衡匯率時，是以兩國的物價指數 (Price Index, PI) 來取代個別商品的價格，以避免如何選擇代表性商品的困擾。

$$\text{絕對式：}e = \frac{PI_{\$}}{PI_{FC}} \tag{6–2}$$

美國的物價指數 ($PI_{\$}$) 除以外幣的物價指數 ($PI_{FC}$)，就可以算出在該時點外幣兌美元的均衡匯率。

相對式購買力平價條件 (Relative Version of PPP Condition)

購買力平價條件的絕對式代表靜態的比率關係，而相對式則是動態的，因此相對式較絕對式常用。此式表示本國貨幣與外國貨幣之間的匯率改變，是反應兩國的物價水準所產生的相對變化。換言之，若兩國在兩個時點之間的通貨膨脹率不同，則會引起匯率變動，來消除通貨膨脹率的差異 (Inflation Rate Differential)。此乃因為高通貨膨脹率國家的人民會趨向購買低通貨膨脹率國家的產品，因而創造了對該國貨幣的需求，而使低通貨膨脹率國家的貨幣升值，匯率調整的結果使兩國貨幣的購買力趨於相等。我們可以從絕對式導出相對式。

根據 (6–2) 式，第 0 期的即期匯率可表示為：

$$e_0 = \frac{PI_{\$}^{0}}{PI_{FC}^{0}}$$

第 1 期的預期匯率可以表示為：

$$E\,(e_1) = \frac{E\,(PI_{\$}^{1})}{E\,(PI_{FC}^{1})}$$

$E\,(e_1)$ 代表第 1 期的預期匯率，$E\,(PI_{\$}^{1})$ 及 $E\,(PI_{FC}^{1})$ 各自代表第 1 期的美元預期物價指數及第 1 期的外幣預期物價指數。整理可得相對式購買力平價條件如下：

$$\frac{E\,(e_1)}{e_0} = \frac{E\,(PI_{\$}^{1})\;/\;E\,(PI_{FC}^{1})}{PI_{\$}^{0}\;/\;PI_{FC}^{1}} = \frac{E\,(PI_{\$}^{1})\;/\;PI_{\$}^{0}}{E\,(PI_{FC}^{1})\;/\;PI_{FC}^{1}} = \frac{1+I_{\$}^{e}}{1+I_{FC}^{e}}$$

$$\text{相對式：}\frac{E\,(e_1)}{e_0} = \frac{1+I_{\$}^{e}}{1+I_{FC}^{e}} \tag{6–3}$$

$E\,(e_1)$：代表第 1 期的預期匯率（美式報價）

e_0　　：代表第 0 期的匯率（美式報價）

$I^e_\$$　：代表美國的預期通貨膨脹率

I^e_{FC}　：代表外國的預期通貨膨脹率

將 (6–3) 式等號兩邊都減去 “1”，則 (6–3) 式可寫成相對式購買力平價條件的另一形式：

$$\frac{E(e_1)-e_0}{e_0}=\frac{I^e_\$-I^e_{FC}}{1+I^e_{FC}} \tag{6–4}$$

有時為方便起見我們也可將 (6–4) 式寫成下式：

$$\frac{E(e_1)-e_0}{e_0}\approx I^e_\$-I^e_{FC} \tag{6–5}$$

從 (6–5) 式中，可以看出，若美國預期通貨膨脹率比外國高，則外幣會升值。以美、日兩國為例，若 $I^e_\$=4\%$，$I^e_¥=2\%$，則 $\frac{E(e_1)-e_0}{e_0}\approx 2\%$，表示美國預期通貨膨脹率比日本高出 2%，則日幣兌美元會升值「約」2%。因此購買力平價條件顯示高通貨膨脹率國家的貨幣會趨向貶值。我們可以將購買力平價條件的相對式以圖形表示出來，如下圖 6–1 所示。

圖 6–1 中的 A 點表示，若美國比外國預期通貨膨脹率高 2%，則外幣將

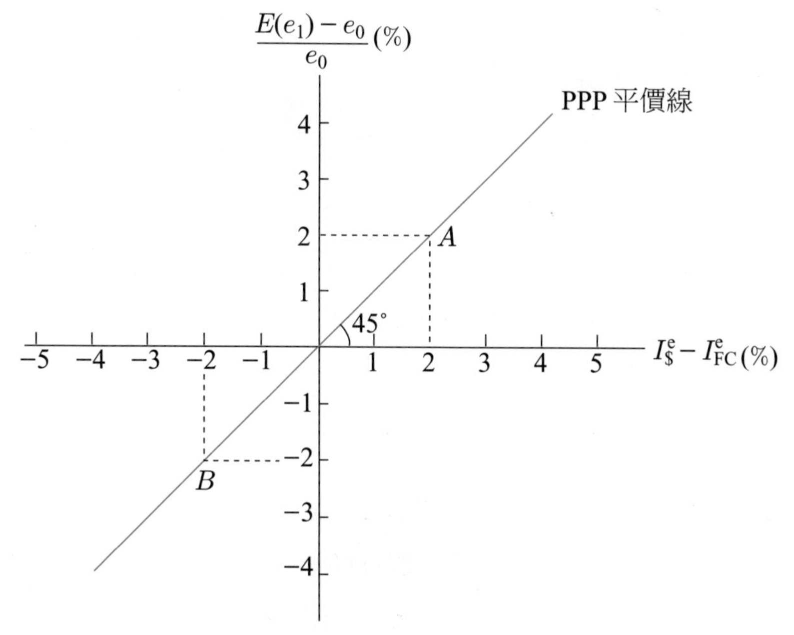

圖 6–1　購買力平價條件圖解

升值 2%；B 點則顯示若美國比外國預期通貨膨脹率低 2%，則外幣將貶值 2%，因此 PPP 平價線是一條以 45° 角度穿過原點的直線。

若以 PPP 平價條件的相對式來預測匯率，則第 n 年底的預期匯率在每年預期通貨膨脹率保持不變的假設下，可以表示為：

$$E\,(e_{\mathrm{n}}) = e_0\left(\frac{1+I_{\$}^{\mathrm{e}}}{1+I_{\mathrm{FC}}^{\mathrm{e}}}\right)^{\mathrm{n}} \tag{6–6}$$

$E\,(e_{\mathrm{n}})$ 代表第 n 年底的預期匯率

購買力平價條件中所使用之匯率皆為名目匯率 (Nominal Exchange Rate)，與實質匯率 (Real Exchange Rate) 意義不同。當購買力平價條件成立時（即 (6–3) 式或 (6–4) 式成立），表示從第 0 期到第 1 期，實質匯率並未改變。實質匯率 e_1^{r} 的計算公式如下式：

$$e_1^{\mathrm{r}} = e_1\left(\frac{1+I_{\mathrm{FC}}^{\mathrm{e}}}{1+I_{\$}^{\mathrm{e}}}\right) \tag{6–7}$$

為何要區分名目匯率與實質匯率？原因在於名目匯率的改變未必會影響企業在國際市場的競爭能力，但實質匯率的改變則確實會影響企業的成本與利潤結構，進而影響其在市場上的競爭能力。

一般化費雪效應條件 (Generalized Fisher Effect Condition, GFE)

經濟學上所稱的費雪效應 (Fisher Effect)，說明名目利率 (Nominal Interest Rate or Quoted Interest Rate) 包含兩成員：⑴實質利率 (Real Rate of Interest)；⑵通貨膨脹溢酬 (Inflation Premium)，等於預期通貨膨脹率。較嚴謹的費雪效應條件表示如下：

$$1+i = (1+r)\,(1+I^{\mathrm{e}}) \tag{6–8}$$

i　：代表名目利率

r　：代表實質利率

I^{e}：代表預期通貨膨脹率

我們也可以將 (6–8) 式簡化如下式：

$$i = r + I^{e} \tag{6–9}$$

根據費雪效應 (6–9) 式，若再加入一項假設：「各國實質利率會因為套利行為而趨於相等」，則我們可以導出一般化的費雪效應條件如下所示：

美國：$i_{\$} = r_{\$} + I^{e}_{\$}$

外國：$i_{FC} = r_{FC} + I^{e}_{FC}$

假設　$r_{\$} = r_{FC}$

則　$i_{\$} - i_{FC} = I^{e}_{\$} - I^{e}_{FC}$　(6–10)

(6–10) 式即是一般化費雪效應條件。根據 (6–10) 式，兩國名目利率之間的差異等於兩國預期通貨膨脹率之間的差異。(6–10) 式並可以圖形表示如下：

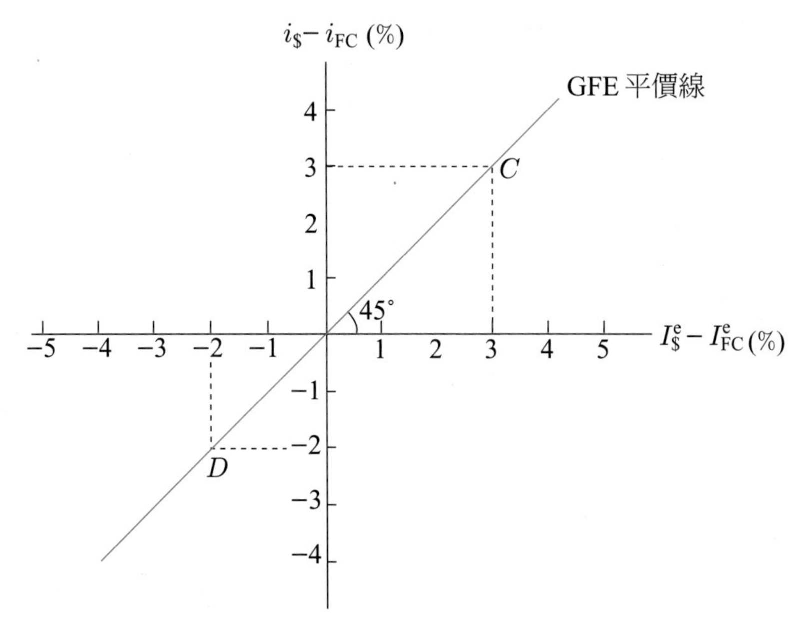

圖 6–2　一般化費雪效應條件圖解

圖 6–2 中的 C 點表示，若美國的預期通貨膨脹率比外國的高 3%，則美國的名目利率比外國的也高 3%，D 點顯示若美國的預期通貨膨脹率比外國

的低 2%，則美國的名目利率也會比外國的低 2%，由此可以看出 GFE 平價線必是一條以 45° 角度穿過原點的直線。

利率平價條件 (Interest Rate Parity Condition, IRP)

利率平價理論 (The Interest Rate Parity Theory) 主張在沒有交易成本 (Transaction Cost)，且資產市場具效率性時，低利率國家的通貨兌換高利率國家的通貨，其遠期匯率會大於即期匯率；也就是說，一單位低利率國家的通貨會有遠期溢酬 (Forward Premium)，或是一單位高利率國家的通貨會有遠期貼水 (Forward Discount)。利率平價條件 (IRP Condition) 可表示如下：

$$\frac{f_0^n}{e_0}=\frac{1+i_\$}{1+i_{FC}} \tag{6–11}$$

f_0^n：n 天期的遠期匯率

e_0：今天的即期匯率

$i_\$$：美元名目利率

i_{FC}：外幣名目利率

將 (6–11) 式等號兩邊都減去“1”，可得下式：

$$\frac{f_0^n-e_0}{e_0}=\frac{i_\$-i_{FC}}{1+i_{FC}} \tag{6–12}$$

(6–12) 式等號左邊即是以百分比表示的遠期溢酬或貼水。為方便解釋，(6–12) 式也常以下列的近似式表示：

$$\frac{f_0^n-e_0}{e_0}\approx i_\$-i_{FC} \tag{6–13}$$

根據 (6–13) 式，若美國一年到期的利率是 8%，英鎊一年到期的利率是 12%，則英鎊對美元貶值「約」4%。因此利率平價條件顯示高利率國家的通貨趨向有遠期貼水。利率平價條件可以圖形表示如下：

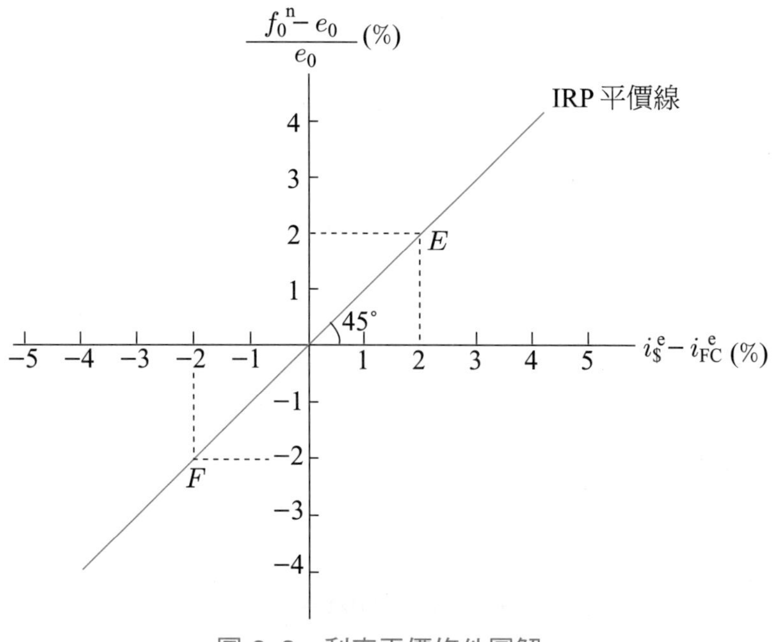

圖 6–3　利率平價條件圖解

圖 6–3 中的 E 點表示，若美國的名目利率比外國的高 2%，則外國通貨會有 2% 的遠期溢酬，F 點表示若美國的名目利率比外國的低 2%，則外國通貨會有 2% 的遠期貼水。由此可以看出，IRP 平價線必定是一條以 45° 角度穿過原點的直線。

若 IRP 條件成立，則不存在無風險利率套利 (Covered Interest Arbitrage, CIA) 的機會；反之，若 IRP 不成立，則套利者會進行套利活動，而使利率與匯率之間的關係恢復到利率平價條件所預測的水準。我們可以下例來說明：

【例】一年到期的美元利率 = 8%
　　　一年到期的英鎊利率 = 12%
　　　目前即期匯率 (e_0) = \$1.5280/£
　　　一年到期的遠期匯率 (f_0) = \$1.4200/£

假設沒有交易成本的情況下，IRP 條件預測的遠期匯率可以根據下式算出：

$$\frac{f_0^{\text{IRP}}}{e_0} = \frac{1 + i_\$}{1 + i_{\text{FC}}}$$

$$\frac{f_0^{\text{IRP}}}{1.5280} = \frac{1 + 8\%}{1 + 12\%}$$

$$f_0^{\text{IRP}} = \$1.4735/£$$

由於市場遠期匯率報價為 \$1.4200/£，不等於 IRP 所預測的遠期匯率 \$1.4735/£，因此套利機會存在。套利者可以借英鎊，在即期匯率賣英鎊、買美元並存入美元，同時在遠期匯率賣美元、買英鎊，而賺得套利利潤。例如，套利者在 12% 的利率借得 100 萬英鎊，先將 100 萬英鎊按照即期匯率換成美元：

$$£1,000,000 \times \$1.5280/£ = \$1,528,000$$

將美元存入美國，一年後預期的本利和是：

$$\$1,528,000 \times (1 + 8\%) = \$1,650,240$$

另外由於英鎊一年後應償還的數目是：

$$£1,000,000 \times (1 + 12\%) = £1,120,000$$

因此在年初購買一年到期的英鎊遠期合約，並算出一年後應付出的美元金額為：

$$£1,120,000 \times \$1.4200/£ = \$1,590,400$$

套利利潤是一年後所得美元與所付出美元之差：

$$\begin{aligned} \text{套利利潤} &= \$1,650,240 - \$1,590,400 \\ &= \$59,840 \end{aligned}$$

套利的結果：e_0 下降，f_0 上升，並且英鎊利率上升，美元利率下跌，而使

IRP 恢復均衡條件。

國際費雪效應條件 (International Fisher Effect Condition, IFE)

國際費雪效應條件主張，假設兩國名目利率之間有差異，則即期匯率會朝某一方向變動，以抵銷兩國名目利率之間的差異。換言之，即期匯率的預期升值率或貶值率，會等於兩國名目利率之間的差異。國際費雪效應條件，可以數學式表示如下：

$$\frac{E(e_1) - e_0}{e_0} = \frac{i_\$ - i_{FC}}{1 + i_{FC}} \tag{6–14}$$

若將 (6–14) 式等式左右兩邊各加上 “1”，則 (6–14) 式可寫成：

$$\frac{E(e_1)}{e_0} = \frac{1 + i_\$}{1 + i_{FC}} \tag{6–15}$$

有時為方便起見，我們也可以將 (6–14) 式寫成下列的近似式：

$$\frac{E(e_1) - e_0}{e_0} \approx i_\$ - i_{FC} \tag{6–16}$$

從 (6–16) 式中可以看出，若美國名目利率比外國高，則外幣會升值。以美國、瑞士兩國為例，若 $i_\$ = 6\%$，$i_{SF} = 4\%$，則 $\frac{E(e_1) - e_0}{e_0} \approx 6\% - 4\% = 2\%$，表示美國名目利率比瑞士高出 2%，則瑞士法郎 (SF) 會對美元升值「約」2%。國際費雪效應條件顯示出高名目利率國家的貨幣會趨向貶值，低名目利率國家的貨幣會趨向升值。我們可以將國際費雪效應條件，以圖形表示如下：

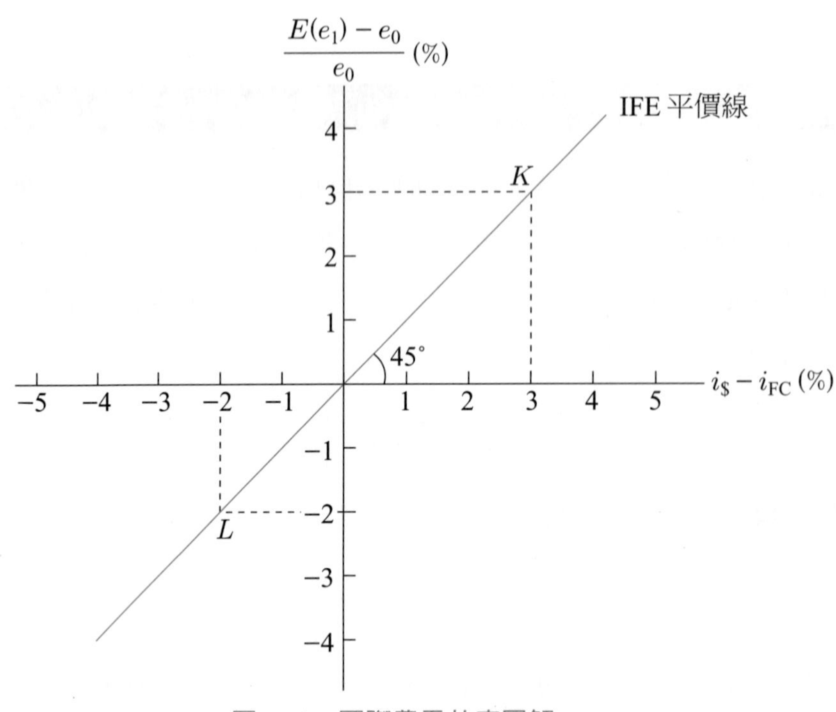

圖 6–4　國際費雪效應圖解

圖 6–4 中的 K 點表示，若美國的名目利率比外國的高 3%，則外幣將會升值 3%；L 點則顯示若美國的名目利率比外國的低 2%，則外幣將貶值 2%，因此 IFE 平價線是一條以 45° 角度穿過原點的直線。

若 IFE 條件成立，則不存在有風險利率套利 (Uncovered Interest Arbitrage, UIA) 的機會；反之，若 IFE 不成立，則套利者會進行套利活動，而使利率與匯率之間的關係恢復到國際費雪效應條件所預測的水準。舉例來說：

【例】一年到期的美元利率 = 5%
一年到期的英鎊利率 = 7%
目前即期匯率 (e_0) = \$2.0/£
預期一年後即期匯率 $(E(e_1))$ = \$1.9626/£

根據 IFE 條件，在兩國利率及目前即期匯率已知的情況下，「均衡的」預期一年後即期匯率由下式可得：

$$\frac{E(e_1)}{e_0}=\frac{1+i_{\$}}{1+i_{£}}$$

$$\frac{E(e_1)}{\$2/£}=\frac{1+5\%}{1+7\%}$$

$$E(e_1)=\$1.9626/£$$

若市場預期的一年後即期匯率恰為 \$1.9626/£，則 IFE 條件成立，表示非遮蔽式利率套利機會不存在。反之，若市場預期的一年後即期匯率不等於 \$1.9626/£（或則大於 1.9626，或則小於 1.9626），則表示有套利機會存在。例如，市場預期一年後的即期匯率為 \$1.99/£，某人有 \$1,000,000，可選擇從事 UIA 而獲得更高的預期報酬。說明如下：

若將 \$1,000,000 投資在美國金融市場，其年底餘額為：

$$\$1,000,000\times(1+5\%)=\$1,050,000$$

若從事 UIA，則年底預期餘額為：

$$\$1,000,000\div\$2.0/£\times(1+7\%)\times\$1.99/£=\$1,064,650$$

$$\text{預期套利利潤}=\$1,064,650-\$1,050,000=\$14,650$$

因此當 IFE 不成立時，從事 UIA 可獲得更高的預期報酬而享有套利利潤。當然預期匯率未必等於一年後真正的匯率，以致使 UIA 的套利活動帶有風險，這也是此種套利活動稱之為「非遮蔽式」或「有風險」利率套利的原因。

若以 IFE 平價線來預測匯率，則第 n 年底的預期匯率在兩國名目利率不變的假設下，可以藉下式計算出：

$$E(e_n)=e_0\left(\frac{1+i_{\$}}{1+i_{FC}}\right)^n \tag{6–17}$$

$E(e_n)$ 代表第 n 年底的預期匯率

不偏遠期匯率條件 (Unbiased Forward Rate Condition, UFR)

不偏遠期匯率條件主張，在浮動匯率制度之下，市場對於未來事件的預期，會同時對即期匯率及遠期匯率產生影響。也就是說，只要市場匯率是由供需狀況來決定，則新的資訊會被有效率地反映在即期匯率及遠期匯率上，使遠期匯率成為未來即期匯率的不偏估計值。此「不偏」並不表示遠期匯率即等於未來即期匯率，而是說遠期匯率有可能高估或低估未來即期匯率，但平均起來 (On Average)，遠期匯率大概等於所預期的未來即期匯率，以數學式表示即是❷：

$$f_0 = E\,(e_1) \tag{6–18}$$

(6–18) 式成立的過程，可以舉例說明如下述。假設市場上一般預期三個月後的瑞士法郎即期匯率會下跌，則預期三個月後會有瑞士法郎收入的市場參與者會在遠期外匯市場賣瑞士法郎，賣壓使三個月到期的瑞士法郎遠期匯率下跌，而銀行買了過多的遠期瑞士法郎，也會在即期市場拋售瑞士法郎以求部位平衡，如此則使遠期外匯市場瑞士法郎下跌的壓力，傳遞到即期外匯市場。另外手中正擁有瑞士法郎者也會加速在即期市場出售瑞士法郎。最後均衡的達成，是遠期匯率與即期匯率的差異，等於即期匯率的預期變化，即是：

$$f_0 - e_0 = E\,(e_1) - e_0 \tag{6–19}$$

(6–19) 式是不偏遠期匯率條件的另一種表示方法。將 (6–19) 式等號左右兩邊各除以 e_0，則 (6–19) 式又可以表示為下式：

$$\frac{f_0 - e_0}{e_0} = \frac{E\,(e_1) - e_0}{e_0} \tag{6–20}$$

從 (6–20) 式我們可以看出，外國通貨目前以百分比表示的遠期溢酬（貼水）會等於該外國通貨即期匯率的預期升值率（貶值率）。不偏遠期匯率條件可以圖形表示如下：

❷ (6–18) 式隱含兩項假設如下：⑴理性預期 (Rational Expectation)、⑵投資者是風險中立 (Investors are Risk-Neutral)。有關這兩項假設，將於本章第二節中描述。

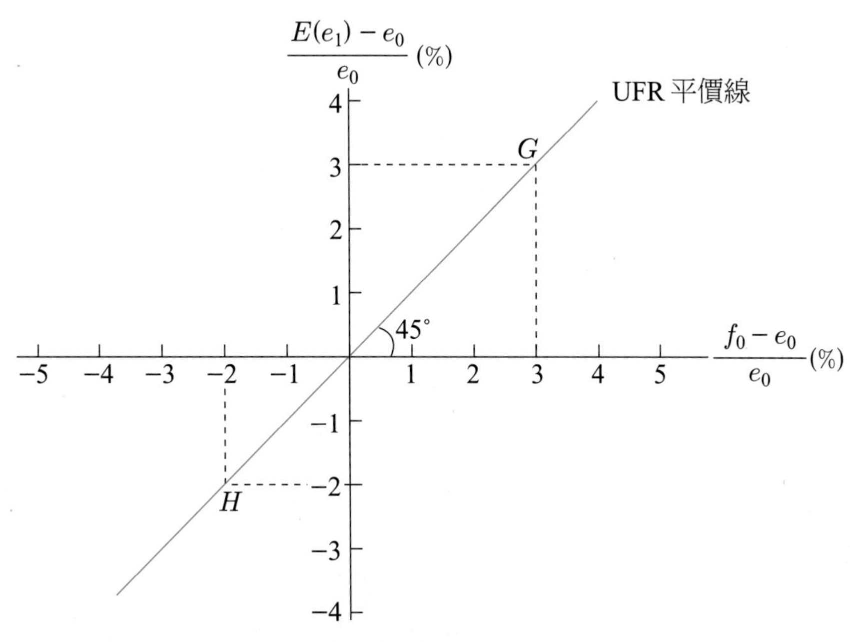

圖 6–5　不偏遠期匯率條件圖解

圖 6–5 中的 G 點表示，若外國通貨目前有遠期溢酬等於 3%，則外國通貨的未來即期匯率預期會升值 3%；H 點表示，若外國通貨目前有遠期貼水等於 2%，則外國通貨的未來即期匯率預期會貶值 2%。由此可以看出，UFR 平價線必定是一條以 45° 角度穿過原點的直線。

五個重要的國際平價條件彼此之間的關係，可以下列的圖形聯結起來：

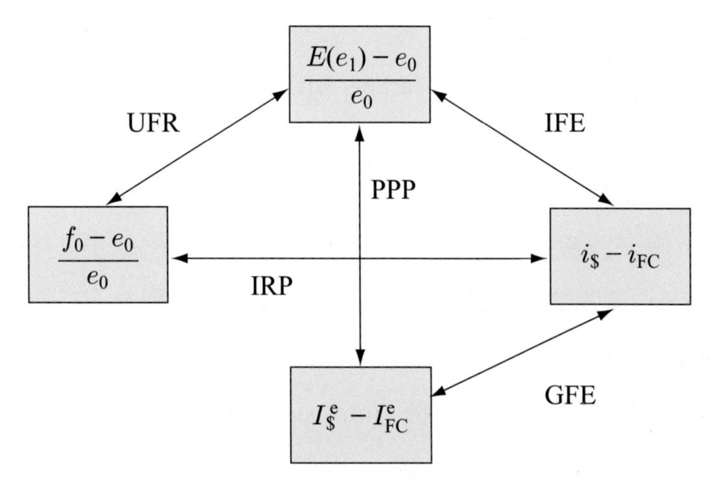

圖 6–6　五個國際平價條件關係聯結圖

圖 6–6 中的五個國際平價條件，可綜合整理如下：

(1)PPP ：$\frac{E(e_1)-e_0}{e_0} \approx I_{\$}^{e} - I_{FC}^{e}$

(2)GFE：$i_{\$} - i_{FC} = I_{\$}^{e} - I_{FC}^{e}$

(3)IRP ：$\frac{f_0-e_0}{e_0} \approx i_{\$} - i_{FC}$

(4)IFE ：$\frac{E(e_1)-e_0}{e_0} \approx i_{\$} - i_{FC}$

(5)UFR：$\frac{f_0-e_0}{e_0} = \frac{E(e_1)-e_0}{e_0}$

第二節 匯率預測與市場效率性

外匯市場中不論是投機者或是避險者，對於匯率的未來走勢，都是高度關切，這些市場中的參與者，時時須作匯率預測。而本章第一節所提到的五個國際平價條件，有助於市場參與者瞭解匯率的變動，是與那些基本經濟因素有關；值得注意的是，這五個平價條件的完全成立，是以國際市場具效率性作為先決條件。欲作匯率預測，不可不瞭解市場效率性的定義及其引申的其他涵義。

金融市場效率性 (Financial Markets Efficiency) 具三層意義。第一是資源配置效率性 (Allocational Efficiency)，表示資源配置已達最適境界，再重新分配也無法增進市場參與者的福利；第二是操作進行效率性 (Operational Efficiency)，表示買賣進行過程中所引起的交易成本已達最小 (Minimum)，第三是資產計價效率性 (Pricing Efficiency) 或稱為資訊傳遞效率性 (Informational Efficiency)，表示資產的市價 (Market Price) 能夠針對新資訊而迅速調整以反映該資產的真實價值 (Intrinsic Value)。一般我們所稱的市場效率性，多是指第三種，也就是說，我們通常將一個有效率的市場 (An Efficient Market) 定義成是一個資產市價可以充分反映所有可利用資訊 (Prices

Fully Reflect All Available Information) 的市場。

財務文獻上根據不同定義的「可利用資訊」而將市場效率性分為三種形式，因此有三種不同的效率市場假說。第一是弱式效率市場假說 (Weak-Form Efficient Market Hypothesis)，第二是半強式效率市場假說 (Semi-Strong Form Efficient Market Hypothesis)，第三是強式效率市場假說 (Strong-Form Efficient Market Hypothesis)。茲分述如下：

弱式效率市場假說 (Weak-Form Efficient Market Hypothesis)

若金融市場呈弱式效率，則資產本身過去的資訊（包括過去的價格及交易量）早已反映在目前可觀察到的市價之中；因此，在對資產的未來價格變化作預測時，資產本身過去的資訊，已成毫無價值。外匯市場若是具有弱式效率，則所有有關於匯率過去的資訊，都已反映在目前可觀察到的匯率之中，若我們欲根據過去的資訊對下一期匯率作預測，則最好的估計值 (Best Predictor) 即是目前可觀察到的匯率，以數學式表示如下：

$$E\ (e_t \mid \Omega_{t-1}) = e_{t-1} \tag{6–21}$$

(6–21) 式表示根據在 t−1 期的所有資訊 (Ω_{t-1}) 對下一期的即期匯率作預測，所得的數學期望值即等於目前可觀察到的即期匯率，e_{t-1}。換言之，對於未來即期匯率所作的最好的猜測 (Best Guess)，即是等於目前所觀察到的即期匯率。

(6–21) 式拆開來可以等於下列兩式：

$$e_t = e_{t-1} + \varepsilon_t \tag{6–22}$$

$$E\ (\varepsilon_t \mid \Omega_{t-1}) = 0 \tag{6–23}$$

由於 (6–22) 式及 (6–23) 式共同代表匯率走勢符合隨機漫步假說 (Random Walk Hypothesis)，因此若實證顯示匯率走勢呈隨機漫步，則代表外匯市場是一弱式效率的市場。

(6–21) 式事實上隱含另一層意義，即外匯市場若是具有效率性，則市場參與者具有理性預期 (Rational Expectation)。理性預期的意義是：每一個市場參與者對於下一期匯率的主觀上的預期，都會等於根據可利用資訊所作出的下一期匯率的數學期望值，即是：

$$E_{\mathrm{i}}\,(e_{\mathrm{t}} \mid \Omega_{\mathrm{t-1}}) = E\,(e_{\mathrm{t}} \mid \Omega_{\mathrm{t-1}}) \qquad (6\text{–}24)$$

(6–24) 式中等號左邊的項，代表任一投資者 i 對於下一期匯率所作的主觀預期，等號右邊的項則代表下一期匯率的數學期望值。由於牽涉到期望值的概念，因此 (6–21) 式中的匯率 e，是以匯率的自然對數 (Natural Logarithm of the Exchange Rate) 表示。由於匯率的報價可採美式及歐式兩種，且兩者互為倒數，若採用原始資料，則會有 $\dfrac{1}{E\,(e)} \neq E\,(\dfrac{1}{e})$ 的問題，採用自然對數，則 $E\,(\ln \dfrac{1}{e}) = E\,(\ln e^{-1}) = E\,(-\ln e) = -E\,(\ln e)$ 解決了美式報價與歐式報價互相轉換的問題。

半強式效率市場假說 (Semi-Strong Form Efficient Market Hypothesis) 

若金融市場呈半強式效率，則資產的市價不僅反映出該資產本身過去的資訊，也反映出市場上所有公開可利用的資訊 (All Publicly Available Information)。因此在對資產未來的價格變化作預測時，所有公開可利用的資訊都是毫無價值的。外匯市場若是具有半強式效率，則未來匯率的數學期望值會等於今天的遠期匯率，因為今天的遠期匯率已反映出目前所有公開可利用的資訊。以數學式表示如下：

$$E\,(e_{\mathrm{t+1}}) = f_{\mathrm{t}} \qquad (6\text{–}25)$$

(6–25) 式表示遠期匯率是下一期即期匯率的最佳估計值，也是不偏估計值，此不偏性 (Unbiasedness) 隱含兩項假設：⑴理性預期，⑵風險中立。理性預期表示每一投資人對未來即期匯率的主觀預期等於未來即期匯率的數學期望值。風險中立 (Risk Neutrality) 表示投資人對風險所持有的態度是中立的，因此不會要求一項風險貼水以補償自己因投機而承擔的風險。若投資人對投機風險的態度是風險規避 (Risk-Averse)，則 (6–25) 式會改變為下式：

$$E\,(e_{t+1}) = f_t + r_t \tag{6–26}$$

r_t 代表投資人所要求的風險貼水，表示外幣的遠期匯率小於外幣未來即期匯率的數學期望值，此乃因投資人屬風險規避型。當預期外幣會升值時，投資人可以現在買遠期，將來賣即期以賺得投資利潤，但投機行為不會進行到 $f_t = E\,(e_{t+1})$ 才停止，風險貼水的存在使均衡狀態發生在 $f_t < E\,(e_{t+1})$ 時。實證上檢驗市場效率性，若實證結果顯示遠期匯率並非未來即期匯率的不偏估計值，即 (6–25) 式不成立，此未必代表市場是沒有效率的，有可能是因為有風險貼水的存在。

強式效率市場假說 (Strong-Form Efficient Market Hypothesis)

強式效率市場假說主張，市場上所有的資訊，不管是過去的或是現在的，公共來源的或是私人擁有的，都早已反映在目前的市場價格之中，因此，若外匯市場符合強式效率市場假說，則即使是私人擁有的內線資訊 (Insider Information)，也無法藉以用來預測匯率未來的變化而獲利。

實證上，強式效率市場假說的檢定很難進行，主要原因是我們無法對內線資訊作一確認，因此無法得知是否內線資訊可以影響資產市場價格（或匯率）。

著手匯率預測採用何種方法或工具，首先要看現行的匯率制度是屬於固定或浮動的。一般而言，在固定匯率制度之下，匯率的升值或貶值是屬於政治的議題，因此預測者欲作好匯率預測，必須評估兩件事情：(1)衡量本國通貨所聚積的升值或貶值壓力已到何種程度；(2)評量執政者對於目前匯率不均

衡的狀態能繼續堅持多久。要能作好以上兩件評估工作，才有可能進而預測出匯率升值或貶值的時點或幅度。有關第⑴點的評估，我們可以藉助一些經濟或環境的指標所透露的訊息，例如國際收支餘額的狀況，外匯準備變化的情形，黑市匯率與官方匯率之間的差異，短期或長期資本流入及流出的情況等等。至於第⑵點的評量，則藉助於觀察國內外政治情勢，例如主政者對於匯率應維持在何種水準的主觀看法，政府是否有其他的經濟目標為優先考量，是否有即將到來的重要選舉，以及主要貿易對手及友邦國家對本國外匯政策所抱持的態度或施加的壓力等等。綜合國內外經濟及政治諸多因素的考量，可以預測出政府大致會採取何種的外匯政策及對匯率所產生的影響效果為何。

至於在浮動匯率制度之下，政府的干預偶而見之，但匯率主要仍是由市場供需狀況決定，因此市場上若有新的資訊到來或是總體經濟因素改變，都會透過市場供需情形的調整而影響匯率。在浮動匯率制度之下預測匯率，我們可以將預測工具區分為兩類，一類是假設市場是有效率的，在此假設之下找出的匯率預測值稱之為以市場為基礎的預測 (Market-Based Forecasts)；另一類則是以統計模型作分析工具，找出未來匯率的預測值，如此所得的匯率預測值稱之為以模型為基礎的預測 (Model-Based Forecasts)。

以市場為基礎的預測 (Market-Based Forecasts)

本章前兩節指出，五個國際平價條件的成立，植根於外匯市場，商品市場及貨幣市場是有效率的。市場效率性又可依照市場價格反映資訊能力的不同，區分為弱式效率、半強式效率及強式效率。外匯市場參與者若是認為市場上的價格變化具有某種程度的效率性，則會採用市場上已有的一些指標來作匯率預測的工具。這些工具包括：⑴即期匯率 (The Spot Rate)、⑵遠期匯率 (The Forward Rate)、⑶利率 (Interest Rate)、⑷通貨膨脹率 (Inflation Rate)，茲分述如下：

即期匯率 (The Spot Rate)

根據本章第二節所述，若外匯市場的價格行為符合弱式效率，則今天的即期匯率是下一期即期匯率的最好估計值。因此，目前的即期匯率，即可充作未來即期匯率的預測值。從另一方面來看，市場上有許多的投機者，當投機者預測到某外幣對美元會在近期內升值，必定會增加對外幣的購買，而使外幣價值朝著預期的方向變動。因此，今天的即期匯率可以反映出未來即期匯率的走勢而成為未來即期匯率的一項預測工具。

遠期匯率 (The Forward Rate)

從本章第二節得知，若外匯市場符合半強式效率市場假說，則遠期匯率是未來即期匯率的不偏估計值。因此若外匯市場參與者認為外匯市場屬半強式效率，則可用今天的遠期匯率來預測未來的即期匯率。舉例來說，若須預測三個月以後瑞士法郎兌美元的匯率，則我們可以採用目前市場已有的三個月到期的瑞士法郎兌美元的遠期匯率來作為三個月以後即期匯率的預測值。

利率 (Interest Rate)

根據國際費雪效應條件，外匯市場的參與者，可以採用利率作為匯率預測的工具。例如，假設三年定存的美元利率是 7%，三年定存的瑞士法郎利率是 5%，目前即期匯率是 SF1 = US$0.6，則我們可以根據 IFE 平價條件預測三年後美元兌瑞士法郎的匯率如下：

$$\frac{e_3}{0.6} = \frac{(1.07)^3}{(1.05)^3}$$

$$e_3 = \$0.6349/\text{SF}$$

通貨膨脹率 (Inflation Rate)

根據購買力平價學說，我們也可以使用通貨膨脹率作為匯率預測的工具。例如，假設臺灣的預期通貨膨脹率在未來二年是平均每年 6%，而美國則是平均每年 8%，另假設目前的即期匯率是 NT$1 = US$0.031，則根據購買力平價學說，我們可以預測兩年後的即期匯率是：

$$\frac{e_2}{0.031} = \frac{(1.08)^2}{(1.06)^2}$$

$$e_2 = \$0.0322/\text{NT\$}$$

以模型為基礎的預測 (Model-Based Forecasts)

採用統計模型來作匯率預測，有兩項主要分析工具：⑴基本面分析 (Fundamental Analysis)、⑵技術面分析 (Technical Analysis)。茲分析如下：

基本面分析 (Fundamental Analysis)

從基本面預測匯率，是著眼於總體經濟變數、政策與匯率之間的根本關係。一般是採用計量模型，例如迴歸模型 (Regression Model)。迴歸模型法是以匯率變化的百分比作因變數，運用迴歸分析找出自變數的係數，透過迴歸係數及總體經濟變數的變化，可以算出未來匯率變化的方向及變量。舉例而言，我們可以將一些重要的經濟變數，例如相對通貨膨脹率，相對實質利率及相對經濟成長率納入預測模型之中，而令模型表示如下：

$$\mathrm{EX} = a + b\mathrm{INF} + c\mathrm{INT} + d\mathrm{INC} + \mu$$

EX ：匯率價值變化的百分比（美式報價）

INF：美國的通貨膨脹率減某外幣的通貨膨脹率

INT：美國的實質利率減某外幣的實質利率

INC：美國的國民所得成長率減某外幣的國民所得成長率

除了以上模型中的自變數之外，不同分析師根據不同的經濟理論及本身的判斷能力也會將其他的經濟變數納入匯率的預測模型之中。

技術面分析 (Technical Analysis)

從技術面來預測匯率，其重點與基本面截然不同。技術面完全忽視基本面所重視的總體經濟變數與匯率之間的關係，而是完全依賴匯率本身過去在「價」與「量」方面移動的形態 (Patterns) 與趨勢 (Trends)。技術面分析師相信過去所發生過的還會再出現 (History Repeats Itself)，因此企圖找出各種可能的價格變化形態，一旦發現最近價格變化的趨勢與某種形態相類似，則可根據該形態未來的展望決定買點或賣點。

若投資者可以利用技術面分析來預測匯率以至於獲利，表示過去的資訊並未完全反映在目前的匯率之中，也就是說，過去的資訊在預測未來的匯率時，仍是具有價值，此點與弱式效率市場假說不符，因此技術面預測 (Technical Forecasting) 基本上是相信市場是沒有效率的。

基本面預測 (Fundamental Forecasting) 主張過去的資訊早已經反映在目前的市場價格中，因此市場是符合弱式效率，但目前公共可利用的資訊，則未必被價格反映出來。因此投資者使用公共可利用的資訊來預測匯率以至於獲利，則表示外匯市場不符合半強式效率市場假說。

第四節 匯率預測模型概述

本章前面幾節所提到匯率預測是一項極重要的工作，對於在國際舞臺上活動的公司、廠商及個別投資人而言，正確的匯率預測可影響到企業經營或個人投資的成功與否。前述所提到的各種國際平價條件，將匯率的變化與一些根本的經濟因素例如通貨膨脹率及利率等聯結在一起，而實證結果顯示，這些國際平價條件，只有應用在非常長期的匯率變動預測時，才能獲得較佳的有效性。至於匯率在較短期間內的波動，到底受那些因素的影響？

不同經濟理論對於匯率在短期內變動的過程與趨勢有不同的解說，這些不同的經濟理論導出不同的匯率預測模型，茲就其中若干模型概述如下：

1. 國際收支淨額模型 (The Balance of Payments or Mundell-Fleming Model)
2. 貨幣學派模型 (The Monetary Model)
3. 過度反應模型 (The Overshooting or Dornbusch Model)
4. 投資組合模型 (The Portfolio Balance Model)

國際收支淨額模型 (The Balance of Payments or Mundell-Fleming Model)

從國際收支淨額的角度來看匯率變動，最早應是由 Mundell (1962) 及 Fleming (1962) 提出，因此我們或可稱此模型為 Mundell-Fleming Model。

Mundell-Fleming Model 的建立是沿襲凱因斯學派的理念，認為物價水準在短期內是僵性的，因此總合供給線呈一條水平線，經濟活動的水準主要是受需求面的影響。此模型較重視經常帳淨額的變動而忽視資本帳／金融帳淨額的變動。由於在 1960 年代，各國對外匯及資本移動都有許多管制，使資本不能完全移動，因此，此模型將重點放在經常帳淨額分析，是符合 1960 年代的情勢，因而在當時具有相當的影響力。

若不考慮資本移動的效果，則國際收支淨額模型基本上認為國民所得成長較快的國家，由於一部分的消費增加是運用在購買輸入品上，因此經常帳淨額會變壞，而使本國貨幣產生貶值壓力。在固定匯率制度之下，若市場力量造成的貶值超過法定所容許的範圍，則央行出面干預，在外匯市場購買本國貨幣，釋出外匯，使匯率回復到法定所容許的範圍之內。若貶值壓力過大，則政府也會重新修定法定匯率，將其訂在較低的水準上。在浮動匯率制度之下，國民所得增加使經常帳淨額變壞而造成本國貨幣貶值，透過貶值所產生的效果，又會改善經常帳餘額。

若考慮資本移動的效果，則國際收支淨額 (Overall Balance of Payments) 等於經常帳淨額 (Current Account Balance) 加上資本帳／金融帳淨額 (Capital/Financial Account Balance)。當國民所得成長較快時，因為民間對輸入品的需求增加，經常帳淨額會變壞，若要維持國際收支淨額不改變而使匯率不變，則利率勢必上漲。利率上漲吸引外國資本流入而使資本帳／金融帳淨額改善，進而彌補經常帳淨額上的虧損。

總而言之，Mundell-Fleming Model 主張所得成長較快的國家會因經常帳淨額的變壞而使本國貨幣貶值，若要避免貶值則利率必定上漲，此種推理與貨幣學派模型的主張大為不同。

貨幣學派模型 (The Monetary Model)

從貨幣學派的觀點解釋匯率的變動，是奠基在兩個重要的貨幣學派理論上；其一是貨幣數量學說 (The Quantity Theory of Money)，其二是購買力平價學說 (The Purchasing Power Parity Theory)。貨幣數量學說通常以下式表示：

$$MV = Py \tag{6–27}$$

M ：名目貨幣數量

V ：貨幣流通速度 (Velocity of Money)

P ：物價水準

y ：實質所得

我們可以將 (6–27) 式改寫如下：

$$P = \frac{M}{K \cdot y}，K = \frac{1}{V} \tag{6–28}$$

若要區別美國與美國以外的其他國家，我們可以對 (6–28) 式中的各變數以 "*" 來代表非美國國家；如此對非美國的國家而言：

$$P^* = \frac{M^*}{K^* \cdot y^*}，K^* = \frac{1}{V^*} \tag{6–29}$$

另外購買力平價學說可以下式表示：

$$e = \frac{P}{P^*} \tag{6–30}$$

e ：每一單位外幣的美元價值

P ：美國的物價水準指數

P^*：美國除外的其他國家的物價指數

我們若將 (6–30) 式兩邊取對數值，則得下式：

$$\ln e = \ln P - \ln P^* \tag{6–31}$$

將 (6–28) 中的 P 及 (6–29) 中的 P^* 代入 (6–31) 式，則：

$$\ln e = \ln \frac{M}{K \cdot y} - \ln \frac{M^*}{K^* \cdot y^*} \tag{6–32}$$

再將 (6–32) 式展開並作全微分，可得下式：

$$d\ln e = (d\ln M - d\ln M^*) + (d\ln K^* - d\ln K) + (d\ln y^* - d\ln y) \tag{6–33}$$

(6–33) 式可寫成：

$$\dot{e} = (\dot{M} - \dot{M}^{*}) + (\dot{K}^{*} - \dot{K}) + (\dot{y}^{*} - \dot{y}) \quad (6\text{–}34)$$

每一變數上面的"·"，代表該變數百分比的變化或成長率。

根據 (6–34) 式，我們可以看出，在浮動匯率制度之下，貨幣學派的匯率模型建議如下三點：

1. 若某國的實質所得成長率比美國的為快 ($\dot{y}^{*} > \dot{y}$)，則該國貨幣會升值。此點預測與以凱因斯學派為基礎的 BOP 模型所作的預測恰好相反。

2. 若某國的貨幣供給成長率比美國的為快 ($\dot{M}^{*} > \dot{M}$)，則該國的貨幣會貶值。

3. 若某國的貨幣流通速度增加的比美國的為快（ $\dot{V}^{*} > \dot{V}$ ，即 $\dot{K}^{*} < \dot{K}$ ）則該國的貨幣會貶值。

另外，貨幣學派模型主張，在固定匯率制度之下，若一國的實質所得增加，而其他的變數保持不變，則根據 (6–28) 式：

$$P = \frac{M}{K \cdot y}$$

物價水準必定下跌。若其他國家的物價水準保持不變，則該國產品在國際市場上會較有競爭力，因此會使國際收支餘額變好。貨幣市場學派認為，實質所得增加會使國際收支盈餘變好的說法也與 BOP 模型學派的理論相反。

過度反應模型 (The Overshooting or Dornbusch Model)

前述 Mundell-Fleming Model 假設物價水準固定不變，而 Monetary Model 則假設物價完全有彈性，兩個模型對於一些變數（例如實質所得）改變對匯率的影響持完全相反的看法。過度反應模型是介於 BOP Model 與 Monetary Model 之間的產物。此模型假設產品市場價格的調整呈現僵性，而金融市場（包括外匯市場）價格的調整則是瞬間反應。由於商品價格的調整速度比金融資產價格的調整速度緩慢，因此會造成金融資產價格在短期有過度反應

(Overshooting) 的現象。舉例來說，假設美國增加名目貨幣供給 (Nominal Money Supply)，由於物價水準在短期之內不調整，而實質產出在短期內也可能保持不變，為使實質貨幣供給等於實質貨幣需求 ($\frac{M_s}{P} = M_d$)，利率必定要下跌，此乃因貨幣需求是所得與利率的函數，利率下跌，貨幣需求才會增加以使貨幣市場上的供給等於需求。另外貨幣供給的增加，代表市場上有較多的錢追逐較少的物資，因此會造成物價上漲。但是由於商品市場的價格反應較慢，因此市場上只有預期物價上漲的心理，由於遠期匯率反映出市場上對未來狀況的預期，因此目前的遠期匯率 f_0（美式報價）就會反應此預期而往上調整（外幣升值，美元貶值）。但是美國名目貨幣供給增加的瞬間效果是利率下跌，若其他變數保持不變，根據利率平價學說 (IRP)：

$$\frac{f_0 - e_0}{e_0} = \frac{i_\$ - i_{FC}}{1 + i_{FC}}$$

美國短期利率下跌會使等號左邊呈現負值，即 $\frac{f_0 - e_0}{e_0} < 0$，$f_0$ 上升而 $\frac{f_0 - e_0}{e_0}$ 下跌，此即顯示 e_0 上升的幅度必定超過 f_0 上升的幅度，意味著即期匯率在短期間有過度反應的現象。因此，Dornbusch Model 主張一國貨幣供給的增加會造成該國貨幣貶值，而且有過度反應的現象。

投資組合模型 (The Portfolio Balance Model)

投資組合模型認為風險規避 (Risk Aversion) 是投資者作國內外投資決策的重點考量，投資者對於風險規避的態度，使得金融市場上有風險溢酬 (Risk Premium) 的存在，也使得利率平價條件不成立。投資者對於風險規避的態度，使其趨向於從事風險分散 (Diversification) 的投資，會把財富以不同形式的資產持有，也使得資產彼此之間難以成為完全替代品。若是投資者對某一種資產的需求增加，乃是因為此資產的報酬率相對於其他資產提高，或是其他資產報酬率相對於此種資產降低。投資組合模型認為國內貨幣供給的增加在短期內會引起本國貨幣貶值及利率下降，其原因是更多的錢在市場流通增加了對本國債券 (Domestic Bond) 及國際債券 (International Bond) 的需要。對本國債券的需要增加使本國債券的價格上漲而國內利率下跌；對國際債券的需要增加造成對外幣的需求增加而使外國通貨升值（即本國通貨相對貶值）。

第五節 匯率行為走勢的實證研究

有關匯率行為走勢是否符合國際平價條件所作的預測，財務文獻上在此方面已有相當多的實證研究。本節針對各平價條件，將實證上已有的發現作概括整理如下：

購買力平價條件 (Purchasing Power Parity Condition)

購買力平價條件可以三種形式來表示：⑴單一價格法則 (Law of One Price)、⑵絕對式 (Absolute Version)及⑶相對式 (Relative Version)。實證上檢驗單一價格法則及絕對式是否有效的研究包括 Isard (1977) 及 Mckinnon (1979)。Isard 使用美德兩國的資料，結果發現單一價格法則不成立。Mckinnon 的研究結果與 Isard 的一致，亦即實證資料不支持單一價格法則。

有關購買力平價條件相對式的實證研究甚多。在 1970 年代，絕大多數研究認為購買力平價條件在短期內不成立，在長期則傾向於成立。這些研究包括 Treuherz (1969), Gailliot (1970), Aliber & Stickney (1975), Hodgson & Phelps (1975), Thygesen (1977) 等。這些研究一般發現在短期，相對通貨膨脹率與匯率之間的關係，有顯著偏離 PPP 的現象，而且此種偏離現象在開發中國家 (Developing Countries) 較工業國家 (Industrialized Nations) 為顯著。這些研究指出 PPP 在長期較能成立，而長期可能是意指數年到十數年。研究發現也指出，使用不同的物價指數（例如消費者物價指數 CPI，躉售物價指數 WPI，國內生產毛額平減指數 GDP Deflator 等等）其結果皆相去不遠。

邁向 1980 年代針對 PPP 所作的研究，則有相當比例不接受 PPP 能在長期成立的假說。例如，Krugman (1978), Edison (1985), de Grauwe (1988) 等研究皆結論匯率行為走勢與 PPP 所預測的不一致。1980 年代的研究中有許多是著眼於實質匯率的行為走勢，從實質匯率的行為走勢是否符合隨機漫步 (Random Walk) 假說來判斷 PPP 是否成立。這些研究（包括 Adler & Lehmann (1983), Pigott & Sweeney (1985)及 Hakkio (1986)），所提出的發現都支持實質匯率呈隨機漫步走勢。如果實質匯率呈隨機漫步走勢，則表示在長期，PPP 也不可能成立。綜論 1990 年代以前的研究，大部份實證發現都不支持 PPP 在長期成立的假說，這可由 MacDonald (1988) 的文獻整理中得到印象，MacDonald 整理的十四篇有關 PPP 的論著中，有十篇拒絕長期 PPP 成立的假說。

1990 年代繼續有許多研究運用較新的統計檢定方法重新測試長期 PPP 的有效性，例如 Huizinga (1987) 及 Liu & He (1991) 發現匯率在短期對於 PPP 的偏離，有向均數復歸的特性，因此認為在長期 PPP 仍有可能成立。

一般化費雪效應條件 (Generalized Fisher Effect Condition)

一般化費雪效應條件是根據 (6–8) 式的費雪效應條件，並假設兩國實質利率會因套利行為而趨於相等而得。實證上這方面的研究大多拒絕兩國實質利率會趨於相等的假說，這些研究包括 Friedman and Schwartz (1982), Mishkin (1984), Cumby & Obstfeld (1984), Cumby & Mishkin (1984) 等。至於有關 (6–8) 式費雪效應本身的實證檢驗，Fama (1975), Kane, Rosenthal & Ljung (1983) 的實證發現支持費雪效應，但大多數其他學者所作的檢驗則不支持。

利率平價條件 (Interest Rate Parity Condition)

利率平價條件主張遠期匯率的升水（或貼水）等於兩國的利率差異。實證研究指出，套利利潤只有在市場存在不完全性時才顯著存在，市場不完全性則是指資本流入或流出的管制，政治風險等（請見 Dooley & Isard (1980), Spiegel (1990)）。

支持利率平價條件的研究很多，其中有些研究指出在歐元市場 (Eurocurrency Markets) 的外匯自營商是根據利率平價條件來建立他們的價格，這些研究包括 Roll & Solnik (1975), Giddy & Dufe (1975), Bilson (1975), Herring & Marston (1976)。文獻上也有些研究提出利率平價條件不成立的例證，例如 Stein (1965)，Pedersson & Tower (1976)，Frenkel & Levich (1977) 等。

國際費雪效應條件 (International Fisher Effect Condition)

根據國際費雪效應條件，兩國通貨所構成的匯率會反應兩國之間的利率差異；也就是說，名目利率較高的一國其通貨會傾向於貶值而名目利率較低的一國其通貨會傾向於升值。支持國際費雪效應條件的實證研究包括 Aliber & Stickney (1975), Oxelheim (1985)，這些研究雖然主張 IFE 在長期成立但也承認在短期間匯率與利率的表現有偏離 IFE 的現象。

更多的實證研究不支持國際費雪效應條件，包括 Robinson & Warburton (1980), Bell & Kettell (1983), Madura & Nosari (1984), Thomas (1985), MacDonald (1988)。一般而言，這些研究皆發現運用某種投機策略（例如借利率較低的通貨，換存利率較高的通貨）可以導致顯著的利潤存在，因此推翻國際費雪效應條件會成立的假說。

不偏遠期匯率條件 (Unbiased Forward Rate Condition)

根據不偏遠期匯率條件，遠期匯率是未來即期匯率的「不偏」預測值，也就是說，遠期匯率高估未來即期匯率的次數會大致等於低估的次數。實證研究對於不偏遠期匯率條件是否成立有支持也有反對。支持者包括 Kohlhagen (1975), Giddy & Dufey (1975), Levich (1978), Frenkel (1980), Edwards (1982, 1983)。反對者包括 Kaserman (1973), Roll & Solnik (1975), Wong (1978), Hansen & Hodrick (1980), Hsieh (1982), Chang (1986), Chrystal & Thornton (1988), de Grauwe (1988), Madura (1989)。其中，Chang (1986) 和 Chrystal & Thornton (1988) 發現目前的即期匯率相較於目前的遠期匯率是未來即期匯率的一個更好的預測值。另外，Kaserman (1973), de Grauwe (1988)及 Madura (1989) 皆認為即期匯率的變化大於遠期溢酬或貼水，也就是說，當某通貨在升值時，其遠期匯率會低估其未來即期匯率，或是說，當某通貨在貶值時，其遠期匯率會高估其未來即期匯率。

摘要

本章的重點在探討匯率預測及國際平價條件的相關議題。首先，本章就五個國際平價條件作詳細的解說，並指出此五個國際平價條件的探悉是市場參與者欲瞭解匯率變動方向的起始點。欲作匯率預測，參與者必須先行瞭解市場效率性及其引申的涵義，因此本章就不同形式的效率市場假說及其檢定方法作了概述。本章接著描述匯率預測的主要工具及簡介四種匯率預測的模型，最後就過去三十年文獻上有關五個國際平價條件的實證研究作綜合概述。

基本面分析	(Fundamental Analysis)
名目匯率	(Nominal Exchange Rate)
理性預期	(Rational Expectation)
實質匯率	(Real Exchange Rate)
風險中立	(Risk Neutrality)
半強式效率	(Semi-Strong Form Efficiency)
強式效率	(Strong-Form Efficiency)
技術面分析	(Technical Analysis)
國際收支淨額模型	(The BOP Model or Mundell-Fleming Model)
貨幣學派模型	(The Monetary Model)
過度反應模型	(The Overshooting or Dornbusch Model)
投資組合模型	(The Portfolio Balance Model)
弱式效率	(Weak-Form Efficiency)

參考文獻

白俊男，《國際金融論》，自印，民國 77 年 4 月。

何中建、沈中華，〈臺灣遠期外匯市場重要新聞開放後效率性之檢定〉，中華財務學會第一次年會，臺北，民國 82 年。

何憲章等，《投資學》，國立空中大學，民國 78 年 9 月。

吳中書，〈臺灣美元遠期外匯市場效率性之檢定〉，《經濟論文》，第十六卷，第一期，民國 77 年，頁 79–112。

林恩從，〈即期匯率隨機漫步檢定——以臺灣匯市為例〉，《管理科學學報》，第十一卷，第三期，民國 83 年 11 月。

柳復起，《現代國際金融》，三民書局，民國 76 年。

黃桂香，〈我國外匯市場效率性之檢定——臺灣外匯管制開放前後之比較分析〉，國立成功大學工業工程研究所碩士論文，民國 77 年。

陳愛修，〈外匯市場效率性之研究——世界各主要貨幣之實證〉，國立政治大學國際貿易研究所碩士論文，民國 79 年。

葉國興，《國際金融理論與實務》，五版，財團法人金融人員研究訓練中心，民國78年。

蔡宏洲，〈臺灣遠期外匯市場效率之檢定〉，東海大學企業管理研究所碩士論文，民國 75 年。

Abuaf, Niso, and Philippe Jorion, "Purchasing Power Parity in the Long Run", *Journal of Finance*, March 1990, pp. 157–174.

Adler, Michael, and Lemann, Bruce, "Deviations from Purchasing Power Parity in the Long Run", *Journal of Finance*,1983, pp. 1471–1487.

Adler, Michael, and Bernard Dumas, "Portfolio Choice and the Demand for Forward Exchange", *American Economic Review*, May 1976, pp. 332–339.

Aggarwal, Raj, "The Distribution of Exchange Rates and Forward Risk Preemie", *Advances in Financial Planning and Forecasting*, vol. 4, 1990, pp. 43–54.

Ahtiala, Pekka, and Yair E. Orgler, "The Optimal Pricing of Exports Invoiced in Different

Currencies", *Journal of Banking and Finance*, vol. 19, no. 1, April 1995, pp. 61–77.

Ajayi, R. A. and D. Karemera, "A Variance Ratio Test of Random Walks in Exchange Rates: Evidence from Pacific Basin Economies", *Pacific-Basin Finance Journal*, vol. 4, 1996, pp. 77–91.

Aliber, Robert Z., and Stickney, Clyde P., "Accounting Measures of Foreign Exchange Exposure: the Long and Short of It", *Accounting Review*, January 1975, pp. 44–57.

Allen, H., and M. P. Taylor, "Chart Analysis and the Foreign Exchange Market", *Review of Futures Markets*, vol. 8, 1989, pp. 288–319.

Ang, James S., and Ali M. Fatemi, "A Test of the Rationality of Forward Exchange Rate", *Advances in Financial Planning and Forecasting*, vol. 4, 1990, pp. 3–22.

Apte, Prakash, Kane, Marian, and Sercu, Piet, "Relative PPP in the Medium Run", *Journal of International Money and Finance*, vol. 13, October 1994, pp. 602–622.

Baillie, Richard T., and Tim Bollerslev, "Common Stochastic Trends in a System of Exchange Rates", *Journal of Finance*, March 1989, pp. 167–181.

Bartolini, Leonardo, "Purchasing Power Parity Measures of Competitiveness", *Finance and Development*, vol. 32, September 1995, pp. 46–49.

Beach, Elsworth D., Cottrell-Kruse, Nancy H., and Uri, Noel D., "Doctrine of Relative Purchasing Power Parity under Fixed and Flexible Exchange Rates Reconsidered", *International Trade Journal*, vol. 9(2), Summer 1995, pp. 273–302.

Bekert, Geert, "The Time Carnation of Expected Returns and Volatility in Foreign-Exchange Markets", *Journal of Business and Economic Statistics*, October 1995, pp. 397–408.

Benzion, Uri, Granot, Alonn, and Yagil, Joseph, "An Experimental Test of the IRP, PPP and Fisher Theorems", *Journal of Economic Psychology*, vol. 15, December 1994, pp. 637–649.

Bilson, John F. O., "The Evaluation and Use of Foreign Exchange Rate Forecasting Services", in R. J. Herring ed., *Management of Foreign Exchange Risk*, Cambridge, England: Cambridge University Press, 1983, pp. 149–179.

Bilson, J. F. O., "Rational Expectations and the Exchange Rate: Theory and Estimation",

Paper Presented to the American Economic Association, Dallas, Texas, 30 December 1975.

Blake, David, Michael Beenstock, and Valerie Brasse, "The Performance of U. K. Exchange Rate Forecasters", *The Economic Journal*, December 1986, pp. 986–999.

Blume, Lawrence, David Easley, and Maureen O'Hara, "Market Statistics and Technical Analysis: The Role of Volume", *Journal of Finance*, 49(1), 1994, pp. 153–181.

Boucher, Jamice L., and Flynn, N. Alston, N., "Tests of Long-Run Purchasing Power Parity Using Alternative Methodologies", *Journal of Macroeconomics*, vol. 15(1), Winter 1993, pp. 109–122.

Calderon-Rossell, Jorge R., and Moshe Ben-Horim, "The Behavior of Foreign Exchange Rates", *Journal of International Business Studies*, Fall 1982, pp. 99–111.

Chamberlain, Trebor W., Cheung, C. Sherman, and Kwan, Clarence C. Y., "Test of the Value Line Ranking System: Some International Evidence", *Journal of Business Finance & Accounting*, vol. 22, June 1995, pp. 575–585.

Chen, T. J., K. C. John Wei, "Risk Premiums in Foreign Exchange Markets: Theory and Evidence", *Advances in Financial Planning and Forecasting*, vol. 4, 1990. pp. 23–42.

Cheung, Yin-Wong, Fung, Hung-Gay, Lai, Kon S., and Lo Wai-Chung, "Purchasing Power Parity under the European Monetary System", *Journal of International Money and Finance*, vol. 14, April 1995, pp. 179–189.

Chiang, Thomas C., "Empirical Analysis on the Predictors of Future Spot Rates", *Journal of Financial Research*, Summer 1986, pp. 153–162.

Choi, Jongmoo Jay, and Richard Ajayi, "The Effect of Foreign Debt on Currency Values", *Journal of Economics and Business*, 45, August/October 1993, pp. 331–340.

Chowdhury, Abdur R., and Sdogati, Fabio, "Purchasing Power Parity in the Major EMS Countries: The Role of Price and Exchange Rate Adjustment", *Journal of Macroeconomics*, vol. 15(1), Winter 1993, pp. 25–45.

Cochran, Steven J., and Robert H. Defina, "Can Purchasing Power Parity Help Forecast the Dollar?", *Journal of Forecasting*, vol. 14, no. 6, November 1995, pp. 523–532.

Cochrane, J. Y., "How Big is the Random Walk in GNP?", *Journal of Political Economy*, vol. 96, 1988, pp. 893–920.

Coleman, M., "Cointegration-Based Tests of Daily Foreign Exchange Market Efficiency", *Economic Letters*, vol. 32, 1990, pp. 53–59.

Corbae, D. and S. Ouliaris, "Robust Tests for Unit Roots in the Foreign Exchange Market", *Economic Letters*, vol. 22, 1986, pp. 375–380.

Cornell, Bradford, and J. K. Dietrich, "Inflation, Relative Prices Changes, and Exchange Risk", *Financial Management*, Autumn 1980, pp. 30–34.

Cosset, Jean-Claude, "Forward Rates as Predictors of Future Interest Rates in the Eurocurrency Market", *Journal of International Business Studies*, Winter 1982, pp. 71–83.

Cumby, Robert E., and F. Mishkin, "The International Linkage of Real Interest Rates: The European Connection", *NBER Working Papers*, 1984, no. 1423.

Cumby, Robert E., and Maurice Obstfeld, "A Note on Exchange-Rate Expectations and Nominal Interest Differentials: A Test of the Fisher Hypothesis", *Journal of Finance*, June 1981, pp. 697–703.

Cumby, Robert E., and Obstfeld, Maurice, "International Interest Rate and Price Level Linkages under Flexible Exchange Rates: A Review of the Evidence", in Bilson, John F. O., and Marston, Richard C. (eds.), *Exchange Rate Theory and Practices*, Chicago. 3,: University of Chicago Press, 1984.

Darby, Michael R., "Movements in Purchasing Power Parity: The Short and Long Runs", in Michael R. Darby and James R. Lothian, eds., *The International Transmission of Inflation*, Chicago: University of Chicago Press, 1983.

de Grauwe, P., "The Long Swings in Real Exchange Rates, Do They Git into out Theories?", *Bank of Japan Monetary and Economic Studies*, 1984, pp. 37–60.

Dibooglu, Selahattin, "Real Disturbances, Relative Prices and Purchasing Power Parity", *Journal of Macroeconomics*, Winter 1995, pp. 69–87.

Dooley, Michael P., and Isard, Peter, "Capital Controls, Political Risk, and Deviations from Interest-Rate Parity", *Journal of Political Economy*, 1980, vol. 88, no. 21, pp. 370–384.

Dornbusch, Rudiger, "Flexible Exchange Rates and Interdependence", *International Monetary Fund Staff Papers*, March 1983, pp. 3–30.

Dropsy, Vincent, "Real Exchange Rates and Structural Breaks", *Applied Economics*, vol. 28, February 1996, pp. 209–219.

Dufey, Gunter, and Ian H. Giddy., *The International Money Market*, Englewood Cliffs, N.J.: Prentice-Hall, 1978.

_____, "Forecasting Exchange Rates in a Floating World", *Euromoney*, November 1975, pp. 28–35.

_____, "International Financial Planning: The Use of Market-Based Forecasts", *California Management Review*, Fall 1978, pp. 69–81.

_____, "Forecasting Foreign Exchange Rates: A Pedagogical Note", *Columbia Journal of World Business*, Summer 1981, pp. 53–61.

Edison, H., "The Rise and Fall of Sterling: Testing Alternative Models of Exchange Rate Determination", *Applied Economics*, 1985, pp. 1003–1021.

Edison, Hali J., "Purchasing Power Parity in the Long Run: A Test of the Dollar/Pound Exchange Rate (1890–1978), *Journal of Money, Credit, and Banking*, August 1987, pp. 376–387.

Eun, Cheol S., "Global Purchasing Power View of Exchange Risk", *Journal of Financial and Quantitative Analysis*, December 1981, pp. 639–650.

Everett, Robert M., Abraham M. George, and Aryeh Blumberg, "Appraising Currency Strengths and Weaknesses: An Operational Model for Calculating Parity Exchange Rates", *Journal of International Business Studies*, Fall 1980, pp. 80–91.

Fama, Eugene F., "Short-Term Interest Rates as Predictors of Inflation", *American Economic Review*, June 1975, pp. 269–282.

_____, "Forward Rates as Predictors of Future Spot Rates", *Journal of Financial Economics*, October 1976, pp. 361–377.

Finnerty, Joseph E., James Owers, and Francis J. Crerar, "Foreign Exchange Forecasting and Leading Economic Indicators: The U.S. Canadian Experience", *Management International*

Review, vol. 27, no. 2, 1987, pp. 59–70.

Fletcher, Donna J., and Taylor, Larry W., "A Non-Parametric Analysis of Covered Interest Parity in Long-Date Capital Markets", *Journal of International Money and Finance*, vol. 13, August 1994, pp. 459–475.

Folks, William R., and Stanley R. Stansell, "The Use of Discriminate Analysis in Forecasting Exchange Risk Movements", *Journal of International Business Studies*, Spring 1975, pp. 33–50.

Frenkel, Jacob A., "Flexible Exchange Rates, Prices, and the Role of 'News': Lessons from the 1970s", *Journal of Political Economy*, August 1981, pp. 665–705.

Frenkel, J. A., and Levich, R. M., "Transaction Costs and Interest Arbitrage: Tranquil Versus Turbulent Periods", *Journal of Political Economy*, vol. 85, no. 21, 1977, pp. 1207–1224.

Friedman M., and Schwartz S., *Money, Interest Tates and Prices in the United States and United Kingdom: 1867–1975*, Chicago, 3: University of Chicago Press, 1982.

Fung, Hung-Gay, and Lo, Wai-Chung, "Deviation from Punching Power Parity", *Financial Review*, vol. 27, November 1992, pp. 553–570.

Gailliot, Henry J., "Purchasing Power as an Explanation of Long-Term Changes in Exchange Rates", *Journal of Money, Credit and Banking*, August 1970, pp. 348–357.

Giddy, Ian H., "An Integrated Theory of Exchange Rate Equilibrium", *Journal of Financial and Quantitative Analysis*, December 1976, pp. 863–892.

_____, and Gunter, Dufey, "The Random Behavior of Flexible Exchange Rates", *Journal of International Business Studies*, Spring 1975, pp. 1–32.

Gokey, Timothy C., "What Explains the Risk Premium in Foreign Exchange Reuters?", *Journal of International Money & Finance*, vol. 13, December 1994, pp. 729–738.

Goodman, Stephen, "Foreign Exchange Forecasting Techniques: Implications for Business and Policy", *Journal of Finance*, May 1979, pp. 415–427.

Goodwin, Barry K., Thomas Grennes, and Michael K. Wohlgenant, "Testing the Law of One Price When Trade Takes Time", *Journal of International Money, and Finance*, March 1990, pp. 21–40.

Green, Philip, "Is Currency Trading Profitable? Exploiting Deviations from Uncovered Interest Parity", *Financial Analysis Journal*, vol. 48, June-August 1992, pp. 82–86.

Gupta, Sanjeev, "A Note on the Efficiency of Black Markets in Foreign Currencies", *Journal of Finance*, June 1981, pp. 705–710.

Hakkio, Craig S., "Does the Exchange Rate follow a Random Walk? A Monte Carlo Study of Four Tests for a Random Walk", *Journal of International Money and Finance*, 1986, pp. 221–229.

Hakkio, Craig S., "Is Purchasing Power Parity a Useful Guide to the Dollar?", *Economic Review*, vol. 77, Third Quarter 1992, pp. 37–51.

Hansen, Lars Peter, and Robert J. Hodrick, "Forward Exchange Rates as Optimal Predicts of Future Spot Rates: An Econometric Analysis", *Journal of Political Economy*, October 1980, pp. 829–853.

Hazuka, Thomas B., and Huberts, Lex C., "A Valuation Approach to Currency Hedging", *Financial Analysts Journal*, vol. 50, March-April 1994, pp. 55–59.

Herring, Richard H., and Marston, Richard C., "The Forward Market and Interest Rates in the Euro Currency and National Money Markets", in Stern, Carl H., Makin, John H. and Logue, Dennis E. (eds.), *Eurocurrencies and the International Monetary System*, Washington, D.C.: American Enterprise Institute. 1976.

Hilley, John L., Carl R. Beidleman, and James A. Greenleaf, "Does Covered Interest Arbitrage Dominate in Foreign Exchange Markets?", *Columbia Journal of World Business*, Winter 1979, pp. 99–107.

Hodgson, John A., and Phelps, Patricia, "The Distributed Impact of Price Level Variation on Floating Exchange Rates", *Review of Economics and Statistics*, February 1975, pp. 58–64.

Hsieh, D., "The Statistical Properties of Daily Foreign Exchange Rates: 1974–1983", *Journal of International Economics*, vol. 24, 1988, pp. 129–145.

Huang, Roger D., "Expectations of Exchange Rates and Differential Inflation Rates: Further Evidence on Purchasing Power Parity in Efficient Markets", *Journal of Finance*, March 1987, pp. 69–79.

Huizings, John, “An Empirical Investigation of theLong-Run Behavior of Real Exchange Rates”, *Carnegie-Rochester Conference on Public Policy*, 1987, pp. 149–214.

In, Francis, and Sugeman, Iman, “Testing Purchasing Power Parity in a Multivariate Cointegrating Framework”, *Applied Economics*, vol. 27, September 1995, pp. 891–899.

Isard, Peter, “How Far Can We Push the Law of One Price?”, *American Economic Review*, December 1977, pp. 942–948.

Juselius, Katarina, “Do Purchasing Power Parity and Uncovered Interest Rest Parity Hold in the Long Run? An Example of Likelihood Inference in a Multivariate Time-Model”, *Journal of Econometrics*, September 1995, pp. 211–240.

Kane, Alex, and Rosenthal, Leonard, and Lhung Greta, “Tests of the Fisher Hypothesis with International Data: Theory and Evidence”, *Journal of Finance*, vol. 28, no. 2, 1983, pp. 539–551.

Kaen, Fred R., Evangelos O. Simos, and George A. Hachey, “The Response of Forward Exchange Rates to Interest Rate Forecasting Errors”, *Journal of Financial Research*, Winter 1984, pp. 281–290.

Khayum, Mohammed F., Yong H. Kim, and Rhim, John C. Rhim, “Causes of Deviations from Purchasing Power Parity”, *Multinational Business Review*, Spring 1996, pp. 112–121.

Kohlhagen, Stephen W., *The Behavior of Foreign Exchange Markets–A Critical Survey of the Empirical Literature*, New York: New York University Monograph Series in Finance and Economics, no. 3, 1978.

Koveos, Peter, and Bruce Seifert, “Purchasing Power Parity and Black Markets”, *Financial Management*, Autumn 1985, pp. 40–46.

Krugman, Paul, “Purchasing Power Parity and Exchange Rates, Another Look at the Evidence”, *Journal of International Economics*, 1978, pp. 397–407.

Kwok, Chuck C. Y., and Leroy D. Brooks, “Examining Event Study Methodologies in Foreign Exchange Markets”, *Journal of International Business Studies*, Second Quarter 1990, pp. 189–224.

Lee, Cheng-Few, and Edward L. Bubnys, “The Relationship Between Inflation and Short-

Term Interest Rates: An International Comparison", *Advances in Financial Planning and Forecasting*, vol. 4, 1990, pp. 123–130.

Levich, Richard M, "Analyzing the Accuracy of Foreign Exchange Advisory Services: Theory and Evidence", in *Exchange Risk and Exposure*, Richard Levich and Class Wihlborg, eds., Lexington, Mass.: D.C. Heath, 1980.

_____, "Tests of Forecasting Models and Market Efficiency in the International Money Market", in Jacob A. Frenkel and Harry G. Johnson, eds., *The Economics of Exchange Rates*, Reading, Mass.: Addison-Wesley, 1978, pp. 129–158.

_____, "Are Forward Exchange Rates Unbiased Predictors of Future Spot Rates?", *Columbia Journal of World Business*, Winter 1979, pp. 49–61.

Levin, Jay H., "Trade Flow Lags, Monetary and Fiscal Policy and Exchange Rate Overshooting", *Journal of International Money and Finance*, December 1986, pp. 485–496.

Lewis, Karen K., "Can Learning Affect Exchange Rate Behavior? The Case of the Dollar in the Early 1980s", *Journal of Monetary Economics*, vol. 23, 1989, pp. 79–100.

Lippert, Alston Flynn, and Brruer, Janice Boucher, "Purchasing Power Parity and Real Factors", *Applied Economics*, vol. 26, November 1994, pp. 1029–1036.

Liu Christina Y., Jia He, "Permanent or Transitory Deviations from Purchasing Power Parity (PPP): an Examination of Eight Pacific-Basin Countries", *Pacific-Basin Capital Markets Research*, 1991, pp. 413–436.

MacDonald, Roland, *Floating Exchange Rates: Theories and Evidence*, London: Unwin Hyman, 1988.

Magee, Stephen P., "Currency Contract Pass-Trough, and Devaluation", *Brookings Papers on Economic Activity*, 1:1973, pp. 303–325.

_____, "Contracting and Spurious Deviations from Purchasing Power Parity", in Jacob A. Frenkel and Harry G. Johnson, eds., *The Economics of Exchange Rates, Reading*, Mass.: Addison-Wesley, 1978. pp. 67–74.

Mahajan, Arvind, and Dileep Mehta, "Swaps, Expectations, and Exchange Rates", *Journal of*

Banking and Finance, March 1986, pp. 7–20.

Maldonado, Rita, and Anthony Saundres, "Foreign Exchange Restrictions and the Law of One Price", *Financial Management*, Spring 1983, pp. 19–23.

Mann, Catherine L., "Prices, Profit Margins, and Exchange Rates", *Federal Reserve Bulletin*, June 1986, pp. 366–379.

Manzur, Meher, "An International Comparison of Prices and Exchange Rates: A New Test of Purchasing Power Parity", *Journal of International Money and Finance*, March 1990, pp. 75–91.

McCallum, Bennett T., "A Reconsideration of the Uncovered Interest Parity Relationship", *Journal of Monetary Economics*, February 1994, pp. 105–132.

Meese, Richard, and Kenneth Rogoff, "Was It Real? The Exchange Rate-Interest Differential Relation over the Modern Floating-Rate Period", *Journal of Finance*, September 1988, pp. 933–948.

Melvin, Michael, and David Bernstein, "Trade Concentration, Openness, and Deviations from Purchasing Power Parity", *Journal of International Money and Finance*, December 1984, pp. 369–376.

Miller, Norman C., "Short-Run Disequilibrium and Long-Run Deviations from Purchasing Power Parity", *Journal of Post Keynesian Economics*, vol. 15(3), Spring 1993, pp. 443–450.

Mishkin, Frederick S., "Are Real Interest Rates Equal Across Countries? An Empirical Investigation of International Parity Conditions", *Journal of Finance*, December 1984, pp. 1345–1357.

Moffett, Michael H., "The J-Curve Revisited: An Empirical Examination for the United States", *Journal of International Money and Finance*, 1989, pp. 425–444.

Moosa, Imad A., "Testing Proportionality, Symmetry and Exclusiveness in Long-Run PPP", *Journal of Economic Studies*, 1994, pp. 3–21.

_____, and Bhatti, Razzaque H., "Testing Covered Interest Parity under Fisherman Expectations", *Applied Economics*, vol. 28, Jane 1996, pp. 71–74.

Obar, Ruth, and Sharma, Mneesh K., "Testing for Purchasing Power Parity: A Data Matching Problem or a Long-Run Phenomenon?", *Multinational Business Review*, Spring 1995, pp. 74–81.

Officer, Lawrence H., "The Purchasing-Power-Parity Theory of Exchange Rates: A Review Article", *IMF Staff Papers*, March 1976, pp. 1–60.

______, "The Productivity Bias for Purchasing Power Parity", *International Monetary Fund Staff Papers*, November 1976, pp. 545–579.

Officer, Lawrence H., Edward I. Altman, and Ingo Walter, eds., *Purchasing Parity and Exchange Rates: Theory, Evidence, and Relevance*, Contemporary Studies in Economic and Financial Analysis, vol. 35, London: JAI Press, 1982.

Ohno, Kenichi, "Exchange Rate Fluctuations, Pass-Through, and Market Share", *IMF Staff Paper*, 37, no. 2, June 1990, pp. 294–310.

Oxelheim, Lars, *International Financial Market Fluctuations*, Somerset, N.J.: Wiley, 1985.

Pakko, Michael R., and Pollard, Patricia S., "For There or To Go? Purchasing Power Parity and the Big Mac", *Federal Reserve Bank of St. Louis Review*, vol. 78, January-February 1996, pp. 3–21.

Pan, Ming-Shiun, Angela Y. Liu, and Hamid Bastin, "An Examination of the Short-Term and Long-Term Behavior of Foreign Exchange Rates", *Financial Review*, vol. 31, no. 3, August 1996, pp. 603–622.

Pedersson, George, and Tower, Edward, "On the Long and Short Run Relationship Between the Forward Rate and the Interest Parity", North Carolina, Duke University, Mimeo, 1976.

Pelaez, Rolando F., "The Fisher Effect: Reprise", *Journal of Macroeconomics*, vol. 17(3), Spring 1995, pp. 333–346.

Piet, Sercu, Raman, Uppal, and Cynthia, Van Hulle, "The Exchange Rate in the Presence of Transaction", *Journal of Finance*, September 1995, pp. 1309–1319.

Pigott, C., and Sweeney, R. J., "Purchasing Power Parity and Exchange Rate Dynamics: Some Empirical Result", in Arndt, S. W., Sweeney, R. J. and Willett, T. Mass.: Bellinger, 1985.

Popper, Helen, "Long-Term Covered Interest Parity: Evidence from Currency Swaps",

Journal of International Money and Finance, August 1993, pp. 439–448.

Raymond, Arthur J., "Short-Term Foreign Assets and Portfolio Risk", *Eastern Economic Journal*, vol. 21, Summer 1995, pp. 327–337.

Rogoff, Jenneth, "The Purchasing Power Parity Puzzle", *Journal of Economic Literature*, vol. 34, no. 2, June 1996, pp. 647–668.

Roll, Richard W., and Bruno H. Solnik, "A Pure Foreign Exchange Asset Pricing Model", *Journal of International Economics*, May 1977, pp. 161–179.

Sercu, Piet, Uppal, Raman, and Van Hulle, Cynthia, "The Exchange Rate in the Presence of Transaction Cots: Implications for Tests of Purchasing Power Parity", *Journal of Finance*, vol. 50, September 1995, pp. 1309–1319.

So, Jacky C., "The Distribution of Foreign Exchange Prices Changes: Trading Day Effect and Risk Measurement–A Comment", *Journal of Finance*, March 1987, pp. 181–188.

Somanath, V. S., "Exchange Rate Expectations and the Current Exchange Rate: A Test of the Monetarist Approach", *Journal of International Business Studies*, Spring/Summer 1984, pp. 131–140.

Spiefel, Mark M., "Capital Controls and Deviations from Proposed Interest Rate Parity: Mexico 1982", *Economic Inquiry*, vol. 28, 1990, pp. 239–248.

Stein, Jerome L., "The Forward Rate and Interest Parity", *Review of Economic Studies*, April 1965.

Taylor, Dean, "Official Intervention in the Foreign Exchange Market, or Bet Against the Central Bank", *Journal of Political Economy*, April 1982, pp. 429–438.

Taylor, Mark P., "Covered Interest Parity: A High-Frequency, High-Quality Data Study", *Economica*, vol. 54, no. 216, November 1987, pp. 429–438.

Thygesen, N., "Inflation and Exchange Rates", *Journal of International Economics*, vol. 8, 1977, pp. 301–317.

Wihlborg, Clas, "Interest Rates, Exchange Rate Adjustments, and Currency Risks: An Empirical Study, 1967–1975", *Journal of Money, Credit and Banking*, February 1982, pp. 58–75.

Williamson, John, *Equilibrium Exchange Rates: An Update*, Washington, D.C.: Institute for International Economics, 1990.

Wolff, Christian C. P., "Forward Foreign Exchange Rates, Expected Spot Rates, and Premia: A Signal Extraction Approach", *Journal of Finance*, June 1987, pp. 395–406.

Wu, Yangru, "Are Real Exchange Rates Nonstationary?", *Journal of Money, Credit and Banking*, 1996, pp. 54–63.

第二篇 匯率風險管理

要管理匯率風險 (Exchange Rate Risk)，必須先瞭解匯率風險的定義。一般而言，公司因匯率變動而須承擔的風險有三種，一是換算風險 (Translation Risk)，二是交易風險 (Transaction Risk)，三是營運風險 (Real Operating Risk)。換算風險是因為會計上的處理而產生的風險，因此又稱會計風險 (Accounting Risk)；交易風險和營運風險可合稱為經濟風險 (Economic Risk)或現金流量風險 (Cash Flow Risk)，此乃是因為此兩種風險會影響到公司的現金流量狀況；交易風險可稱之為契約型現金流量風險 (Contractual Cash Flow Risk)，而營運風險則稱之為非契約型現金流量風險 (Noncontractual Cash Flow Risk)。公司受曝於各種外匯風險的程度，稱之為 Foreign Exchange Exposure，受曝風險程度 (Exposure) 表示公司可能賺到外匯利得或遭受外匯損失的機會大小與幅度。本篇第七、八、九三章將對如何衡量及管理以上三種型態的匯率風險，作一詳細的描述。

第七章

換算風險的衡量與管理

第一節　換算方法簡介
第二節　現階段換算方法分析比較
第三節　換算風險如何衡量
第四節　換算風險的管理
第五節　我國外幣換算之會計處理準則概述

本章重點提示

- 四種各國已採用過的換算方法
- FASB #52 vs. FASB #8 主要差異
- 功能貨幣 vs. 報表貨幣
- 累計換算調整帳戶介紹
- 美國及臺灣現階段會計換算程序
- 換算風險衡量範例演算
- 管理換算風險的方法

一公司若有子公司設於國外，則承擔有換算風險 (Translation Risk)。換算風險又稱為會計風險 (Accounting Risk)，乃是因每逢會計年度結算時，公司必須編列合併財務報表 (Consolidated Financial Statements)，使投資人瞭解其經營狀況。公司若有子公司設於國外，則必須先將子公司以外幣編列的財務報表，轉換成以母公司所在地貨幣 (Reporting Currency) 編列的財務報表，再將所有子公司的財務報表，與母公司的統籌整理，編成合併財務報表，由於合併報表的編製牽涉到匯率的換算，因此報表上的合併淨利 (Consolidated Net Income) 及合併權益淨值 (Consolidated Net Worth) 會隨著匯率變動而產生變化，此種變化完全是因匯率變動而引起的，與子公司管理階層的表現是否良好無直接的關係。若一家公司完全沒有國外的子公司，則匯率變動對其合併財務報表不會產生影響，如此就不必考慮換算風險衡量與管理的問題。

公司受曝於換算風險的程度 (Translation Exposure)，即是公司合併財報會被匯率變動影響的程度，也就是公司合併淨利或合併權益淨值會被匯率變動影響的程度。由於換算風險是因會計上的處理而產生，因此同一公司在不同會計準則的規範下，有可能承擔不同程度的換算風險，本章先在第一節中就各種不同的換算方法作一介紹，再於第二節詳述美國及其他國家（包括臺灣）近年來所採用的兩種重要的換算方法。本章第三節舉例說明換算風險的衡量，第四節則討論有關管理換算風險的議題。

第一節 換算方法簡介

過去各國所採用的換算方法 (Translation Methods) 大致可分為四種：

流動／非流動法 (Current / Noncurrent Method)

此方法可以算是最古老的換算法，在美國是從 1930 年代到 1975 年間被採用。此方法的基本精神，是將資產與負債按照其到期期限作換算，因此將資產與負債都分成流動 (Current) 與非流動 (Noncurrent) 兩部分。子公司資產負債表上的流動性資產與負債（大致上到期期限是一年以內）是採用現行匯率 (Current Exchange Rate) 來換算，非流動性資產與負債以及權益資本則採用歷史匯率 (Historical Exchange Rate) 來換算。現行匯率即是資產負債表日之匯率，歷史匯率則是過去資產與負債首次入帳時的匯率。子公司損益表上的一般項目是採用該會計期間平均匯率 (Average Exchange Rate) 來換算；然而，那些與非流動性資產及負債有關的項目（例如折舊費用）則採用歷史匯率換算。在流動／非流動換算方法之下，當子公司當地貨幣升值（貶值）且子公司的淨營運資金大於零（即流動資產大於流動負債）時，公司會有換算利得（損失）。

貨幣／非貨幣法 (Monetary / Nonmonetary Method)

在此方法下，資產負債表上所有貨幣性的資產與負債（包括現金、有價證券、應收帳款、應付帳款、長期應收帳款、長期負債等）是採用現行匯率換算，非貨幣性的資產（包括存貨、固定資產等）則採用歷史匯率來換算，另外股東權益 (Equity) 也是採用歷史匯率來換算。損益表上的項目一般是採用該會計期間平均匯率換算，但折舊、銷貨成本因為與非貨幣性的資產（固定資產、存貨）直接有關，所以採用歷史匯率換算。貨幣／非貨幣法的精神在於貨幣性帳戶的價值有易受匯率影響的相同特性，因此應以相同的匯率換算。

時點法 (Temporal Method)

時點法在一般項目的處理上，與貨幣／非貨幣法相同，但對於非貨幣性資產（存貨，固定資產）的處理則有一些不同。例如對於子公司的存貨處理，貨幣／非貨幣法是採用歷史匯率來換算，時點法則要看子公司所採用的存貨方法是那一種；若採用先進先出法 (First In First Out, FIFO)，則可能採用現行匯率來換算；若採用後進先出法 (Last In First Out, LIFO)，則可能採用歷史匯率來換算。時點法所持的原則是，若子公司帳面上非貨幣性的資產價值已反映出現行市場匯率，則要根據現行市場匯率來進行換算，如此才能符合成本不變（以公司所在地的貨幣衡量）的會計原則。

【例一】假設美國某公司的瑞士子公司進貨兩批，美元成本皆為 $1,000，較早第一批進貨時匯率為 SF1 = $0.5，因此登錄為：

存貨　　SF2,000

目前第二批進貨時匯率為 SF = $0.4，因此登錄為：

存貨　　SF2,500

若該公司在編資產負債表時，僅剩存貨一批，若採先進先出法 (FIFO)，則在資產負債表上，存貨為 SF2,500，此時宜採現行匯率換算，才能得到 $1,000 的原始成本。若採後進先出法 (LIFO)，則在資產負債表上，存貨餘額為 SF2,000，此時宜採歷史匯率換算，也才能得到 $1,000 的原始成本。

【例二】假設美國某公司的瑞士子公司購置一批固定資產，其美元成本為 $1,000,000，此固定資產購置時瑞士法郎兑美元的匯率為 SF1 = $0.5，因此登錄於子公司資產負債表上的金額為：

固定資產　　SF2,000,000

若母公司在編合併資產負債表時，匯率已變動為 SF1 = $0.4，則換算固定資產時要看子公司帳上的固定資產是否已按照現行匯率反映出市場價值，例如子公司可能已按照現行匯率將其固定資產金額調整為：

固定資產　　　SF2,500,000

在此種已調整的情形之下，時點法規定換算匯率時應採現行匯率，即 SF = $0.4，若尚未調整，則應採歷史匯率，即 SF1 = $0.5，如此才能在合併資產負債表上反映出該項固定資產的美元原始成本。

● 現行匯率法 (Current Rate Method)

現行匯率法是現今世界各國最普遍使用的方法，在此方法下，所有資產負債表上的項目（權益項目除外），都是採用現行匯率換算，權益項目（包括普通股股本及資本公積）則採用歷史匯率換算。在現行匯率法之下，權益項目還包括一個加項稱之為累計換算調整 (Cumulative Translation Adjustment, CTA) 帳戶，此帳戶記載公司歷年來累計的換算利得及損失。

所有損益表上的項目，一般是採用該會計期間的加權平均匯率換算或是以各損益表項目認列當天的真正匯率換算，股利則是以發放日 (Date of Payment) 當天匯率換算。

第二節 現階段換算方法分析比較

美國在 1976 年 1 月到 1981 年 12 月之間所採用的換算方法是「時點法」，此乃是根據美國財務會計準則委員會 (Financial Accounting Standards Board, FASB) 所規定的財務會計準則第八號公報 (FASB #8) 的規定。1981 年 12 月以後一直到現在，所採用的換算方法是「現行匯率法」，其施行是根據 1981 年 12 月通過的財務會計準則第 52 號公報 (FASB #52) 的規定。根據 FASB #52 的規定，一般公司在編製合併財務報表時，都應依據現行匯率法來作換算，但有兩個例外：

1. 若子公司所在地是高度通貨膨脹 (Hyperinflation) 國家，則該子公司財務報表的換算仍應依照過去施行的 FASB #8 的規定，亦即依據時點法來作換算。

2.若子公司所用的功能貨幣 (Functional Currency) 是美元，則該子公司財務報表的換算也應依照 FASB #8 的規定，依據時點法作換算。

高度通貨膨脹 (Hyperinflation)

FASB #52 公報中有一特別條款指出，若美國公司的國外子公司是設在高度通貨膨脹的國家，則編合併財報時，對於該子公司所用的換算方法應依據 FASB #8，也就是要以美元當作功能貨幣。

高度通貨膨脹國家是指某國在過去三年累積通貨膨脹率高達 100%（亦即平均每年通貨膨脹率為 26% 以上）。高度通貨膨脹國家由於物價指數相對於其他國家節節高升，因此貨幣貶值頻繁且幅度大。若採用 FASB #52 的一般規定，運用「現行匯率法」，則子公司存貨與固定資產經由不斷貶值的現行匯率換算之後，其帳面價值大幅滑落，會產生資產消失 (Disappearing Asset) 的問題。另外，子公司的銷貨收入隨物價升高，而折舊費用則是根據資產的原始成本算出，兩者若採用同樣的平均匯率（按照 FASB #52 一般規定）換算，則子公司以美元計價的利潤會高估。因此位於高度通貨膨脹國家的美國子公司，其財務報表換算須依照 FASB #52 公報中的特別條款規定，也就是採用 FASB #8 所用的時點法。

功能貨幣 (Functional Currency) vs. 報表貨幣 (Reporting Currency)

FASB #52 將功能貨幣與報表貨幣作了一個明確的區分。功能貨幣是指子公司從事經濟活動及創造現金流（包括現金流入與流出）的主要地區的貨幣，報表貨幣則是指母公司編製本身財務報表所使用的貨幣。如何研判子公司所使用的功能貨幣是子公司所在地的當地貨幣 (Local Currency) 或是母公司所在地的貨幣（美元），FASB #52 公報中訂有一些參考方針：

1.若子公司現金流的創造對母公司現金流不產生直接影響效果，且主要是以當地貨幣計價，則功能貨幣應是當地貨幣而非美元。反之，若子公司的現金流量主要是以美元計價，且直接會影響到母公司的現金流量，或是子公司的現金可以隨時匯送回美國，則子公司之功能貨幣應為美元。

2.若子公司的產品價格受當地市場競爭狀況的影響，且在短期不受匯率變動的影響，則功能貨幣應為當地貨幣。反之，若子公司的產品售價受世界市場競爭狀況的影響，且在短期內會受到匯率變動的影響，則功能貨幣應是美元。

3.若子公司的銷售及營業費用主要是以當地貨幣計價，則功能貨幣應是當地貨幣。反之，若主要費用是用來負擔由母公司進口的原料或半成品，則功能貨幣應是美元。

4.若子公司的產品在當地市場銷售情況活躍，則功能貨幣應是當地貨幣。反之，若子公司的產品主要是在母公司所在地的市場銷售，則功能貨幣應是美元。

5.若子公司的負債主要是以當地貨幣計價，且須靠本身營運所創造出的現金來償債，則功能貨幣應是當地貨幣。反之，若子公司經營所需的資金主要是由母公司供應，且要靠母公司的資金來償債，或是子公司的負債主要是以美元計價，則功能貨幣應是美元。

6.若子公司的營運相當自給自足，且與母公司之間的互動無多，則功能貨幣應是當地貨幣。反之，若子公司的營運依賴母公司甚多，兩者之間交易互動頻繁，則功能貨幣應是美元。

以上的參考方針，有助於子公司判斷其功能貨幣到底為何？例如，美國某公司在墨西哥設有一子公司，此子公司乃是一零件裝配廠 (Assembly Plant)。該裝配廠的原料是由美國母公司供應，產品裝配完成則運回美國市場或其他地區（例如亞洲市場）銷售，由於現金流量都是以美元計價，因此墨西哥子公司的功能貨幣是美元，編報表時所採用的換算方法應根據 FASB #8 的規定。另外，假設美國某汽車公司到臺灣設一子公司，僱用臺灣當地勞工製造生產汽車，且大部份的原料也是由臺灣當地供應，成品主要在臺灣市場銷售，如此則新臺幣是該子公司的功能貨幣，編製報表時所採用的換算方法應根據 FASB #52 的規定。

FASB #52 與 FASB #8 的主要差異

FASB #52 規定一般子公司按照「現行匯率法」換算其財務報表，而位於高度通貨膨脹的國家或功能貨幣是美元的公司，則需採用 FASB #8 所規定的「時點法」來從事換算。這兩份編號不同的財務會計準則公報的重要差異如下：

1.根據 FASB #52 所規定的「現行匯率法」從事換算，換算利得或損失 (Translation Gain or Loss) 是反映在資產負債表上的「累計換算調整」(CTA) 帳戶中。因此，1981 年 12 月以後，美國大部份子公司作財務報表換算時所導出的利潤或損失，不會列在損益表上，因此不會扭曲損益表上的稅後淨利及每股盈餘。「累計換算調整」(CTA) 帳戶屬於權益帳戶 (Equity Account)，其餘額反映出公司從過去到現在所累計的換算利得或損失總額。根據 FASB #8 所作的換算，其換算利得或損失是列在損益表上，因此會扭曲損益表的淨利數值。總之，根據 FASB #52 所作的換算，其換算利得或損失會影響合併權益淨值，而根據 FASB #8 所作的換算，其換算利得或損失則會影響合併淨利。

2.根據 FASB #52 所規定的「現行匯率法」從事換算，則全部資產項目（包括流動資產及固定資產）都是受險資產 (Exposed Assets)，因為這些資產都是以現行匯率換算，故換算後的值會受到匯率風險的影響。而全部負債項目（包括流動負債及長期負債）也都是受險負債 (Exposed Liabilities)，因為這些負債也都是全部以現行匯率換算。若根據 FASB #8 所規定的「時點法」從事換算，則只有流動資產（存貨除外）是以現行匯率換算，因此存貨除外的流動資產是受險資產，存貨及固定資產則是非受險資產 (Nonexposed Assets)；而流動負債與長期負債皆是以現行匯率換算，因此兩者皆是受險負債。

現行匯率法的主要優點及缺點

FASB #52 所規定的現行匯率法的主要優點，是換算利得或損失不會反應在損益表中的合併淨利項目內，因此不會造成公司的報導盈餘受匯率波動的影響；現行匯率法的另一個優點，是資產負債表中各項目之間的比例保留不變，因此不致扭曲一些資產負債表的比率（例如流動比率及速動比率等）。現行匯率法的主要缺點是它違反了「保持資產負債表項目以其歷史成本列帳」的會計原則。

美國現階段會計換算程序

綜合前述，美國現階段會計換算程序可以整理如下：

1.若子公司的財務報表是以美元編列，則不必換算。

2.若子公司的財務報表是以當地通貨編列，且當地通貨即是功能貨幣，則根據現行匯率法進行換算。

3.若子公司的財務報表是以當地通貨編列，但美元是功能貨幣，則根據時點法進行換算。

4.若子公司的財務報表是以當地通貨編列，但子公司的功能貨幣既非當地通貨，也非美元，而是另一種貨幣，則換算時要先將子公司的財務報表按照時點法換算成以功能貨幣編列，再根據現行匯率法換算成以美元編列。

值得注意的是，功能貨幣是那一種貨幣，並非是公司管理階層可以任意選擇的，而是要根據子公司的實際經濟活動所使用的貨幣來決定。許多美國大企業在海外有眾多子公司，有些子公司的功能貨幣是美元，有些子公司的功能貨幣則是當地貨幣；因此，大企業在編列合併財務報表從事換算時，對一些子公司須採時點法，對另一些子公司則須採現行匯率法，結果是大企業因匯率變動而導致的外匯利得與損失，會經由損益表影響到合併淨利，也經由資產負債表影響到合併權益淨值。臺灣現階段的會計換算程序基本上也是參照美國的作法。

世界主要國家現階段會計換算實務

目前世界各主要國家，在會計實務的換算處理上，多半是與美國的作法一致，亦即現行匯率法與時點法並用；子公司經濟活動性質與母公司有緊密聯結者採時點法，子公司經濟活動自給自足，與母公司關連性甚少者採現行匯率法。各主要國家換算方法採用情形如表 7–1 所示：

表 7–1　各主要國家換算方法採用情形

國　名	與母公司有緊密互動關係國外子公司	自給自足國外子公司
美　國	時　點　法	現行匯率法
日　本	時　點　法	現行匯率法
英　國	時　點　法	現行匯率法
法　國	時　點　法	現行匯率法
德　國	時點法或現行匯率法	時點法或現行匯率法
加拿大	時　點　法	現行匯率法
澳　洲	時　點　法	現行匯率法
臺　灣	時　點　法	現行匯率法
義大利	時　點　法	現行匯率法

第三節 換算風險如何衡量

如何根據美國財務會計準則委員會 (FASB) 所規定的換算方法來衡量換算風險，本節將舉簡例說明如下。

【例一】假設美國某公司在某年年初於英國設立一子公司，到第二年年底該子公司所編列的當年度的資產負債表及損益表如下所示（以英鎊編製）：

表 7–2　資產負債表

（貨幣單位：10 萬英鎊）

資產：	
現金	£100
應收帳款	200
存貨	300
固定資產	400
總資產	£1,000
負債及淨值：	
應付帳款	£140
長期負債	700
普通股股本	100
保留盈餘	60
總負債加淨值	£1,000

表 7–3　損益表

（貨幣單位：10 萬英鎊）

銷貨收入	£120
減：銷貨成本	(50)
折舊費用	(20)
其他費用	(10)
稅前淨利	40
減：所得稅 (35%)	(14)
稅後淨利	£26

假設：(1)自該子公司成立到第二年年初，匯率是 £1 = $1.5
(2)第二年年底，匯率是 £1 = $1.3
(3)第二年（即本年度）全年的平均匯率是 £1 = $1.4
(4)第一年年底子公司的保留盈餘是 £34
(5)存貨及固定資產取得時的匯率是 £1 = $1.5
(6)本年度不發放股利

根據以上假設，我們可以將子公司以英鎊編製的財務報表換算成以美元編製的財務報表，此處同時採用 FASB #8 的時點法及 FASB #52 的現行匯率法，並將換算結果對照表示如下：

表 7–4　資產負債表的換算（包括 FASB #8 及 FASB #52 兩種換算方法）

		FASB #8	FASB #8	FASB #52	FASB #52
資產：	£	匯率	$	匯率	$
現金	100	1.3	130	1.3	130
應收帳款	200	1.3	260	1.3	260
存貨	300	1.5	450	1.3	390
固定資產	400	1.5	600	1.3	520
總資產	£1,000		$1,440		$1,300
負債及淨值：					
應付帳款	140	1.3	182	1.3	182
長期負債	700	1.3	910	1.3	910
普通股股本	100	1.5	150	1.5	150
保留盈餘	60	Forced[a]	198		87.4[b]
累計換算調整 (CTA)					(29.4)[c]
總負債加淨值	£1,000		$1,440		$1,300

註：a Forced 意指此帳戶的金額是為了平衡資產負債表而強制得到的。

b 此金額反映出第一年年底的保留盈餘加上第二年新增的保留盈餘（由損益表得到），即是 £34 × $1.5/£ + $36.4 = $87.4。

c 在 FASB #52 規定下，換算利得或損失是列入「累計換算調整」帳戶中，括弧代表公司有換算損失 $29.4。

表 7–5　損益表的換算（包括 FASB #8 及 FASB #52 兩種換算方法）

	£	FASB #8 匯率	FASB #8 $	FASB #52 匯率	FASB #52 $
銷貨收入	120	1.4	168	1.4	168
減：銷貨成本	(50)	1.5	(75)	1.4	(70)
折舊費用	(20)	1.5	(30)	1.4	(28)
其他費用	(10)	1.4	(14)	1.4	(14)
外匯利得或損失		Forced	117.6[b]		
稅前淨利	40		166.6		56
減：所得稅 (35%)	14	1.4	(19.6)	1.4	(19.6)
稅後淨利	£26		$147[a]		$36.4

註：a 此金額等於本年度資產負債表上的保留盈餘餘額減去去年底的保留盈餘餘額，即是 $198 − £34 × $1.5/£ = $147。

b 此金額是為了平衡損益表而強制得到；此金額表示在 FASB #8 的規定之下，換算利得或損失是列入「外匯利得或損失」帳戶中，此例顯示公司有換算利得 $117.6。

由表 7–4 及表 7–5 可以看出，同一公司運用不同的換算方法，可以產生不同的換算利得或損失；上例若根據 FASB #8 的時點法產生換算利得，若根據 FASB #52 的現行匯率法則有換算損失。

由於美國在 1981 年 12 月以後所採用的主要換算方法是 FASB #52 所規定的「現行匯率法」，因此，本節再舉一簡例，說明 FASB #52 的換算方法如何應用。

【例二】假設美國某公司於某年年初在德國設立一子公司，從設立開始一直到第一年年底，匯率維持在 EURO1 = $1.3 的水準。子公司第一年年底的資產負債表（包括換算前及換算後的帳戶餘額）如下所示：

表 7-6　第一年年底德國子公司資產負債表
（包括換算前及換算後之帳戶餘額）

		FASB #52	FASB #52
資產：	EURO	匯率	$
流動資產	400	1.3	520
固定資產	600	1.3	780
總資產	EURO1,000		$1,300
負債及淨值：			
總負債	400	1.3	520
普通股股本	400	1.3	520
保留盈餘	200	1.3	260
累計換算調整 (CTA)			0
總負債加淨值	EURO1,000		$1,300

假設公司經營的第二年期間，匯率穩定下降，到第二年年底，匯率下降為 EURO1 = $1.2，因此第二年全年的平均匯率是 EURO1 = $1.25。子公司第二年年底的資產負債表及損益表（兩者皆包括換算前及換算後的帳戶餘額）如表 7-7 及表 7-8 所示（假設權益帳戶增加的金額是用來購置固定資產，並假設公司不分配股利）：

表 7–7　第二年年底德國子公司的資產負債表
（包括換算前及換算後的帳戶餘額）

		FASB #52	FASB #52
資產：	EURO	匯率	$
流動資產	400	1.2	480
固定資產	650	1.2	780
總資產	EURO1,050		$1,260
負債及淨值：			
總負債	400	1.2	480
普通股股本	400	1.3	520
保留盈餘	250[a]	200@1.3 50@1.25	322.5
累計換算調整 (CTA)			(62.5)[b]
總負債加淨值	EURO1,050		$1,260

註：a 保留盈餘累積餘額 EURO250 ，其中 EURO200 非本年度產生，因此使用歷史匯率 (1.3) 換算，本年度孳生的部分為 EURO50，乃由本年度損益表得來，因此使用本年度平均匯率 (1.25) 換算。

b 累計換算調整帳戶餘額是為了平衡資產負債表而強制得到，此處指出公司有累計換算損失 $62.5。

表 7–8　第二年德國子公司損益表
（包括換算前及換算後之帳戶餘額）

		FASB #52	FASB #52
	EURO	匯率	$
銷貨收入	300	1.25	375
減：銷貨成本	(200)	1.25	(250)
稅前淨利	100		125
減：所得稅 (50%)	(50)	1.25	(62.5)
稅後淨利	EURO50		$62.5

假設公司經營第三年期間，匯率穩定上升，到第三年年底，匯率上升為 EURO1 = \$1.42，因此第三年全年的平均匯率是 EURO1 = \$1.31 = (1.2 + 1.42) ÷ 2。子公司第三年年底的資產負債表及損益表（兩者皆包括換算前及換算後的帳戶餘額）如表 7–9 及表 7–10 所示（假設權益帳戶增加的金額是用來購置固定資產，並假設公司不分派股利）：

表 7–9　第三年年底德國子公司的資產負債表
（包括換算前及換算後的帳戶餘額）

		FASB #52	FASB #52
資產：	EURO	匯率	\$
流動資產	400	1.42	568
固定資產	710	1.42	1,008.2
總資產	EURO1,110		\$1,576.2
負債及淨值：			
總負債	400	1.42	568
普通股股本	400	1.3	520
保留盈餘	310[a]	200@1.3 50@1.25 60@1.31	401.1
累計換算調整 (CTA)			87.1[b]
總負債加淨值	EURO1,050		\$1,576.2

註：a 保留盈餘累積餘額 EURO310，其中 EURO60 乃由本年度損益表得來，因此使用本年度平均匯率 (1.31) 換算。

b 累計換算調整帳戶指出，公司過去三年累積的換算結果是換算利得 \$87.1。

表 7–10　第三年德國子公司損益表
（包括換算前及換算後之帳戶餘額）

	EURO	FASB #52 匯率	FASB #52 $
銷貨收入	450	1.31	589.5
減：銷貨成本	(330)	1.31	(432.3)
稅前淨利	120		157.2
減：所得稅 (50%)	(60)	1.31	(78.6)
稅後淨利	EURO60		$78.6

累計換算調整 (CTA) 帳戶餘額

累計換算調整 (CTA) 帳戶餘額顯示出公司歷年來因匯率改變而造成的換算利得或損失的累計結果。由本節【例二】中可以看出，公司經營的第一年匯率不曾改變，因此累計換算調整帳戶餘額為 0。公司經營的第二年，由於匯率產生變化，因此累計換算調整帳戶餘額為 (62.5)，此餘額為第一年和第二年的總和。若只算當年度的換算利得或損失，我們可以採用如下的公式：

當年度換算利得或損失＝（總資產 − 總負債）×（現行匯率 − 當年度年初匯率）− 淨利 ×（當年度平均匯率 − 當年度年初匯率）

在上述公式中，總資產、總負債及淨利皆是以當地貨幣 (Local Currency) 表示之金額，在此例中，即是以 EURO 表示之金額。舉例而言，第二年的換算利得或損失計算如下：

(EURO1,050 − EURO400) × ($1.2/EURO − $1.3/EURO)
− EURO50 × ($1.25/EURO − $1.3/EURO)
= −$62.5

因此第二年當年度公司有換算損失 $62.5。公司第三年的換算利得或損失也可計算如下：

$$(\text{EURO}1{,}110 - \text{EURO}400) \times (\$1.42/\text{EURO} - \$1.2/\text{EURO})$$
$$- \text{EURO}60 \times (\$1.31/\text{EURO} - \$1.2/\text{EURO})$$
$$= \$149.6$$

因此第三年當年度公司有換算利得 \$149.6。總計三年累積的換算餘額為：

$$\$0 + (-\$62.5) + \$149.6 = \$87.1$$

因此第三年資產負債表的「累計換算調整」帳戶餘額即為 \$87.1。

第四節 換算風險的管理

有關換算風險的管理，第一個重要的問題是：Whether to hedge（是否要避險）？這個問題產生的原因是因為換算損失只是一種會計上的帳面損失 (Book Loss) 或紙上損失 (Paper Loss)，並不影響公司真正的現金流，因此未必會影響到公司的股票價格。基於這個原因，公司管理階層對於是否要管理換算風險有見仁見智的看法。有些管理者認為股票市場是有效率的，投資人是機敏的，因此不影響現金流的紙上利得或損失不致會影響股票價格，因而不必採取避險策略。另一些公司的管理者則認為股票市場並非如此有效率，投資人也非如此機敏，換算損失會使得合併財務報表上的淨利或權益值受到負面影響，而使投資人對公司獲利能力產生懷疑進而影響到股票價格，因此應該要採取避險策略。

經濟學家及財務分析師一般認為公司不必積極規避換算風險。一個重要的原因是：運用減少換算風險的策略有可能因此增加交易風險，以紙上風險換取現金流風險是不甚明智的。

是否要「管理」或「忽略」換算風險，至今仍是一個頗有爭議的論題。本節重點在於：如若要管理換算風險，有那些策略可以採行？一般而言，有下列三種方法：

1. 資金管理 (Funds Management)
2. 遠期合約避險 (Forward Contract Hedge)
3. 資產負債表避險 (Balance Sheet Hedge)

資金管理 (Funds Management)

用資金管理的方式來規避換算風險，重點在於須正確預測出子公司所在地貨幣 (Local Currency, LC) 的升值或貶值。若預期 LC 升值，則要增加 LC 資產減少 LC 負債。若子公司位於強勢貨幣 (Hard Currency) 的國家，則應減少以該種貨幣持有的負債；反之，若子公司位於弱勢貨幣 (Soft Currency) 的國家，則應減少以該種貨幣持有的資產。由於跨國企業母公司與子公司或子公司彼此之間常有資金移轉 (Funds Transfer)，因此可以透過改變資金移轉的方向 (Direction)、金額 (Amount) 及時間 (Timing) 來減少換算風險。例如：若預期某 LC 將要貶值，則應減少以該 LC 持有的股票資產，而將資金引入位於有 LC 要升值國家的子公司，用來購買當地證券。或者是使 LC 將要貶值的子公司的部分資產（例如有價證券），轉換成現金，匯送回母公司，提早支付股利、費用及權利金給母公司。

母公司與子公司彼此之間常有商品買賣交易，也可以透過改變這些商品的價格（稱之為移轉價格，Transfer Price），來規避部分換算風險。例如，子公司的 LC 將要貶值，則子公司賣產品給母公司時，其移轉價格在合法合理的範圍內要盡量壓低；若是子公司向母公司買產品，其移轉價格在合法合理的範圍內要盡量提高。另外，公司應盡量以強勢貨幣作為應收帳款的計價貨幣。

遠期合約避險 (Forward Contract Hedge)

採用遠期合約來規避換算風險，必須要有能力對幾個變數的未來值作出正確的預測。首先，公司要預測出未來即期匯率的估計值；其次，則要預測出因匯率變動而可能造成的換算金額損失。舉例來說，假設美國某公司預測其某一子公司的當地貨幣（假設是瑞士法郎，SF）在未來這一年將會貶值而招致換算損失，公司若採用一年到期的遠期合約來避險，則須估計出一年後的即期匯率以及換算損失金額以便計算出今日所須避險的金額 (Amount Hedged)。因此，避險金額可計算如下式：

$$\text{Amount Hedged (即 Forward Contract Size)} = \frac{Loss^{e}}{(f_0 - \tilde{e}_1)} \tag{7-1}$$

$Loss^{e}$：預估換算損失金額

f_0：今日報價的一年到期的遠期匯率

$\tilde{e}_1$：一年後即期匯率的估計值

假設該公司所作的一年後的即期匯率的估計值是 $\tilde{e}_1 = \$0.86/SF$，而今日報價的一年到期的遠期匯率是 $f_0 = \$0.87/SF$，另外公司估計出其換算損失金額為 \$100,000。避險的策略是謀求在遠期合約上獲利以抵銷其換算損失，因此公司應賣出瑞士法郎一年期遠期合約，其合約金額為：

$$\text{Amount Hedged (Forward Contract Size)} = \frac{\$100,000}{(\$0.87/SF - \$0.86/SF)}$$

$$= SF10,000,000$$

一年後，若所作的一切預測正確，則可在即期外匯市場以 \$0.86/SF 匯率買入 SF10,000,000，並以買入的瑞士法郎用來支付遠期合約的交割，如此則在遠期合約上賺得 \$100,000，剛好抵銷換算損失。

採用遠期合約來規避換算風險，有幾個潛在的問題。首先，若公司對匯率預測錯誤，則採用遠期合約避險，會給公司帶來不利的結果。以上例而言，若瑞士法郎在未來一年未貶值反而升值為 \$0.875/SF，則公司在即期外匯市場上必須以較高的匯率來購買瑞士法郎以便能履行遠期合約的交割，如此則會產生外匯損失，計算如下：

$$SF10,000,000 \times (\$0.87/SF - \$0.875/SF) = -\$50,000$$

此外匯損失乃是真正的現金流損失；為了規避紙上損失而造成真正的現金流損失是得不償失的。

另外，在遠期合約上的獲利，是外匯利得 (Foreign Exchange Gain) 必須繳交所得稅，而在換算過程中招致的損失，是紙上損失，不能抵繳所得稅；因此，若考慮稅的因素，則避險金額將會更大，(7–1) 式應改寫如下：

$$\text{Amount Hedged (Forward Contract Size)} = \frac{Loss^{e}}{(f_0 - \tilde{e}_1) \times (1 - \text{Tax Rate})}$$

資產負債表避險 (Balance Sheet Hedge)

資產負債表避險法的基本精神，就是要使合併資產負債表中的淨受險資產等於零；也就是說，要使受險資產等於受險負債。如此一來，匯率不論朝那一個方向變動都不會導致換算利得或損失。

根據 FASB #52 的現行匯率法，總資產是受險資產，而總負債是受險負債，因此受險資產必定大於受險負債，為使兩者趨於平衡，公司應盡量減少受險資產，增加受險負債。增加受險負債的方法是盡量在子公司當地借款，此種作法的另一個好處是公司在子公司當地的資產與負債保持相當，可使政治風險 (Political Risk) 減至最小。資產負債表避險的成本在於子公司所在地的借款利率，若是已考慮匯率風險的借款利率遠高於母公司的借款利率，則此種方法的避險成本或許太高；另外，為避險而改變公司資產與負債的比率，可能會影響公司經營上的效率性。

如何運用資產負債表避險法來規避換算風險，我們可以運用本節【例二】表 7–6 的資料作一說明。從【例二】中，已知美國某公司在德國設立一子公司，且從設立開始一直到第一年年底，匯率維持在 EURO1 = $1.3 的水準，至第二年年底，匯率已下降為 EURO1 = $1.2，表示 EURO 貶值了 7.7%，我們可以將表 7–6 的資料，重新整理成為表 7–11，如下所示：

表 7–11　德國子公司資產負債表換算風險受曝程度（第一年年底）

		FASB #52	FASB #8
資產：		換算風險受曝情形	換算風險受曝情形
流動資產	EURO400	EURO400	EURO400
固定資產	600	600	
總資產	EURO1,000		
受險資產		EURO1,000	EURO400
負債及淨值：			
總負債	EURO400	EURO400	EURO400
普通股股本	400		
保留盈餘	200		
總負債加淨值	EURO1,000		
受險負債		EURO400	EURO400
淨受險資產		EURO 600	EURO0
× 第一年年底匯率 ($/EURO)		1.3	
以美元計價的淨受險資產		$780	
× 貶值率		7.7%	
預期換算損失		$60.06	

由表 7–11 可得知，德國子公司在第一年年底若預期歐元兌美元將在第二年年底貶值 7.7%，則運用 FASB #52 的現行匯率法計算出淨受險資產為 EURO600，預期換算損失為 $60.06；而運用 FASB #8 的時點法，計算出淨受險資產等於零，預期換算損失亦為零。欲採用資產負債表避險法以減少現行匯率法導致的淨受險資產金額，該公司應借得 EURO600，並須將借得的現金處理掉，以免公司的受險資產（現金部分）與受險負債同時增加 EURO600。處理現金的方式有若干種，例如：(1)將現金由歐元換成美元、(2)將該筆資金以股利的方式匯送給美國的母公司。

第五節 我國外幣換算之會計處理準則概述

我國外幣財務報表換算成本國貨幣財務報表之會計處理準則，是由我國財務會計準則委員會訂正，現階段的處理準則與前幾節所述美國現階段的處理準則與精神原則皆大致相同。從我國的會計處理準則第 13，14，15 條款中可以看出重點所在：

13.國外營運機構（即國外子公司）外幣財務報表換算為本國貨幣財務報表時，若該外幣為功能性貨幣，原則上以現行匯率換算之。所謂現行匯率，對資產負債科目而言，係指資產負債表日之匯率，對損益科目而言，係指損益認列日之匯率。惟實務上為簡便起見，損益科目可按當期加權平均匯率換算，無須逐筆按認列時之匯率換算。上述換算產生之兌換差額，因與國外營運機構由營業而產生之現金流量無關，而僅與本國企業現金流量有間接關係，故通常不列為當期損益，而作為股東權益之調整項目。

14.國外營運機構若在高度通貨膨脹之經濟環境下經營，其財務報表因缺乏穩定之衡量單位，如按現行匯率逕予換算，將無法允當表達其財務狀況及經營結果，故宜以本國貨幣作為其功能性貨幣，將其財務報表再衡量。所謂高度通貨膨脹，通常係指過去三年累積之通貨膨脹率達百分之百者。

15.判斷國外營運機構之功能性貨幣時，通常可參考下列各項指標：

(1)現金流量：是否對本國企業之現金流量影響甚小。

(2)銷貨價格：產品或勞務銷售價格之決定不受匯率短期變動之影響。

(3)銷售市場：產品或勞務是否按當地貨幣訂價且在當地出售。

(4)理財活動：是否以當地貨幣為之。

(5)成　　本：產品或勞務之人工、原料等各項成本是否均在當地發生。

(6)內部交易：與本國企業間之交易是否極為稀少。

上列各項指標經綜合研判後，傾向於肯定者，該當地貨幣即為功能性貨幣。

本章描述換算風險的衡量與管理。首先，就換算風險及換算風險受曝程度作成定義，其次就世界各國從過去到現在所採用的四種換算方法作簡介。本章並將現階段美國及我國所採用的主要換算方法作進一步描述及分析比較，並舉例說明如何在現階段的兩種換算方法之下，衡量出公司的換算利得及損失，並特別就累計換算調整 (CTA) 帳戶作進一步介紹。本章最後重點放在描述管理（規避）換算風險的各種方法。

資產負債表避險	(Balance Sheet Hedge)
累計換算調整	(Cumulative Translation Adjustment)
流動／非流動法	(Current/Noncurrent Method)
現行匯率法	(Current Rate Method)
遠期合約避險	(Forward Contract Hedge)
功能貨幣	(Functional Currency)
資金管理	(Funds Management)
高度通貨膨脹	(Hyperinflation)
貨幣／非貨幣法	(Monetary/Nonmonetary Method)
報表貨幣	(Reporting Currency)
換算風險受曝程度	(Translation Exposure)
換算風險	(Translation Risk)
時點法	(Temporal Method)

Aliber, R. Z., and C. P. Stickney, “Accounting Measures of Foreign Exchange Exposure: The Long and Short of It”, *Accounting Review*, January 1975, pp. 44–57.

Arnold, Jerry L., and William W. Holder, *Impact of Statement 52 on Decisions, Financial Reports, and Attitudes*, Morristown, N.J.: Financial Executives Research Foundation, 1986.

Ball, Ray, “Making Accounting International: Why, How, and How Far Will It Go?”, *Journal of Applied Corporate Finance*, vol. 8, no. 3, Fall 1995, pp. 19–29.

Business International Corporation, *New Directions in Managing Currency Risk: Changing Corporate Strategies and Systems Under SFAS no. 52*, New York: Business International Corporation, 1982.

Cheng, Thomas T., “Standard Setting and Security Returns: A Time Series Analysis of FASB No. 8 Events”, *Contemporary Accounting Research,* 3(1), 1986, pp. 226–241.

Choi, Jong Moo Jay, “Accounting Valuation and Economic Hedging of Foreign Inventory Under Exchange and Inflation Risk”, in *Advances in Working Capital Management*, vol. 2, JAI Press, 1991.

Collier, Paul A., E. W. Davis, J. B. Coates, and S. G. Longden, “Policies Employed in the Management of Currency Risk: A Case Study Analysis of US and UK”, *Managerial Finance*, vol. 18, no. 3, 1992, pp. 41–52.

Cornell, Bradford, and Alan C. Shapiro, “Managing Foreign Exchange Risks”, *Midland Corporate Dinance Journal*, Fall 1983, pp. 16–31.

Dufey, Gunter., “Corporate Finance and Exchange Rate Variations”, *Financial Management*, Summer 1978, pp. 51–57.

_____, and S. L. Srinivasulu, “The Case for Corporate Management of Foreign Exchange Risk”, *Financial Management*, Summer 1984, pp. 54–62.

Dukes, Roland, *An Empirical Investigation of the Effects of Statement of Financial Accounting Standards No. 8 on Security Return Behavior*, Stamford, Conn.: Financial Accounting

Standards Board, 1978.

Evans, Thomas G., and Timothy S. Doupnik, *Determining the Functional Currency under Statement 52*, Stamford, Conn.: Financial Accounting Standards Board, 1986.

_____, *Foreign Exchange Risk Management under Statement 52*, Stamford, Conn.: Financial Accounting Standards Board, 1986.

Evans, Thomas G., William R. Folks, Jr., and Michael Jilling, *The Impact of Statement of Financial Accounting Standards No. 8 on the Foreign Exchange Risk Management Practices of American Multinationals*, Stamford, Conn.: Financial Accounting Standards Board, November 1978.

Garlicki, T. Dessa, Frank J. Fabozzi, and Robert Fonfeder, "The Impact of Earnings under FASB 52 on Equity Returns", *Financial Management*, Autumn 1987, pp. 36–44.

Giddy, Ian H., "What Is FAS No. 8's Effect on the Market's Valuation of Corporate Stock Prices?", *Business International Money Report*, May 26, 1978, p. 165.

_____, "The Foreign Exchange Option as a Hedging Tool", *Midland Corporate Finance Journal*, Fall 1983, pp. 32–42.

Goeltz, Richard K., "Managing Liquid Funds on an International Scope", unpublished paper, New York: Joseph E. Seagram and Sons, 1971.

Gray, Dahli, "SFAS 52 in Perspective: Background of Accounting for Foreign Currency Translation in Financial Reports of United States Multinational Corporations", *The Academy of Accounting Historians*, working paper no. 59, June 1983.

Harris, Trevor S., "Foreign Currency Transactions and Translation", Chapter 16 in *Handbook of International Accounting*, Frederick D. S. Choi, ed., New York: Wiley, 1991.

Houston, Carol Olson, "Translation Exposure Hedging Post SFAS No. 52", *Journal of International Financial Management and Accounting*, vol. 2, nos. 2 and 3, Summer and Autumn 1990, pp. 145–170.

Houston, C., and G. Mueller, "Foreign Exchange Rate Hedging and SFAS No. 52–Relatives or Strangers?", *Accounting Horizons*, December 1988, pp. 50–57.

Ijiri, Yuji, "Foreign Currency Accounting and Its Transition", in *Management of Foreign*

Exchange Risk, R. J. Herring, ed., Cambridge, U.K.: Cambridge University Press, 1983.

Johnson, Merlin, Ioannis Kallianatis, Krishna Moorti Kasibhatla, John Malindretos, and Luis Eduardo Rivera-Solis, "Implications of FASB #52", *International Journal of Commerce & Management*, vol. 5, issue 4, 1995, pp. 114–117.

Kim, H. David, and David A. Ziebart, "An Investigation of the Price and Trading Reactions to the Issuance of SFAS No. 52", *Journal of Accounting, Auditing and Finance,* 6(1), 1991, pp. 35–47.

Lewent, J., and A. J. Kearney, "Identifying, Measuring, and Hedging Currency Risk at Merck", *Journal of Applied Corporate Finance*, 2(4),1990.

Malindretos, John, Edgar Norton, and Demetri Tsanacas, "Hedging Considerations under FAS #52", *Mid-Atlantic Journal of Business*, vol. 29, no . 2, June 1993, pp. 199–211.

Maloney, P. J., "Managing Currency Exposure: The Case of Western Miring", *Journal of Applied Corporate Finance*, 2(4), 1990.

Newhausen, Benjamin S., "Consolidated Financial Statements and Joint Venture Accounting", Chapter 15 in *Handbook of International Accounting*, Frederick D. S. Choi, ed., New York: Wiley, 1991.

Norton, E., and J. Malindretos, "FAS #52 and Exchange Rate Exposure: Hedging Strategies", *American Business Review*, June 1991.

Rezaee, Zabihollah, R. P. Malone, and Russell F. Briner, "Capital Market Response to SFAS Nos. 8 and 52; Professional Adaptation", *Journal of Accounting, Auditing & Finance*, vol. 8, no. 3, Summer 1993, pp. 313–332.

Rosenfield, Paul, "Accounting for Foreign Operations", *Journal of Accountancy*, August 1987, pp. 103–112.

Ross, Derek, "Investors: For or Against Translation Hedging?", *Accountancy*, vol. 109, no. 1182, February 1992, p. 100.

Ruland, Robert G., and Timothy S. Doupnik, "Foreign Currency Translation and the Behavior of Exchange Rates", *Journal of International Business Studies*, Fall 1988, pp. 461–476.

Salatka, William K., "The Impact of SFAS No. 8 on Equity Prices of Early and Late Adopting

Firms: An Events Study and Cross-Sectional Analysis", *Journal of Accounting and Economics,* vol. 11, no. 1989, pp. 35–69.

Shapiro, Alan C., and David P. Rutenberg, "Managing Exchange Risks in a Floating World", *Financial Management*, Summer 1976, pp. 48–58.

Sheikholeslami, Mehdi, "A Profile Analysis of the Predictability of Accounting Earnings Numbers After FAS 52", *Journal of Applied Business Research*, vol. 8, no. 2, Spring 1992, pp.31–35.

Srinivasulu, Sam, and Edward Massura, "Sharing Currency Risks in Long-Term Contracts", *Business International Money Reports*, February 23, 1987, pp. 57–59.

Stanley, M., and S. Block, "Response by United States Financial Managers to Financial Accounting Standard No. 8", *Journal of International Business Studies*, Fall 1978, pp. 85–99.

Statement of Financial Accounting Standards No. 52, Stamford, Conn.: Financial Accounting Standards Board, December 1981.

Taussig, Russell A., "Impact of SFAS No. 52 on the Translation of Foreign Financial Statements of Companies in Highly Inflationary Economies", *Journal of Accounting, Auditing and Finance*, Winter 1983, pp. 142–156.

Thompson, Rex, "Comment on Standard Setting and Returns: A Time Series Analysis of SFAS No. 8 Events", *Contemporary Accounting Research,* vol. 3, 1986, pp. 242–250.

Tsanacas, D., "X-Inefficiency, Flexible Exchange Rates and MNC Adjustments", *Journal of Business Issues.*, vol. (1), 1989, pp. 11–16.

Ziebart, David A., and David H. Kim, "An Examination of the Market Reaction Associated with SFAS No. 8 and SFAS No. 52", *The Accounting Review,* vol. 62, April 1987, pp. 343–357.

第八章

交易風險的衡量與管理

第一節　與交易風險有關的企業合約
第二節　如何衡量交易風險
第三節　管理交易風險的方法與策略
第四節　避險的正反面看法

本章重點提示

- 構成公司交易風險的成因
- 編製交易風險受曝程度表
- 合約式避險 vs. 操作式避險
- 再發貨單中心

交易風險 (Transaction Risk) 是指公司以外幣計價的契約現金流 (Contractual Cash Flows) 的本國貨幣價值可能會因匯率變化而產生變動。公司受曝於交易風險的程度 (Transaction Exposure)，直接與公司以外幣計價的契約現金流的總額有關。所謂契約現金流是指公司與另一方因對彼此作了承諾而產生的預期未來現金流入或流出。當今企業由於更頻繁與積極地從事國際貿易與投資活動，因此經常持有各種以外幣計價但尚未結清的商業與金融契約，必須更審慎地衡量與管理其所面對的交易風險。造成公司交易風險產生與增加的因素有許多，本章將先就此點於第一節中作一介紹，再於第二節中舉例說明如何衡量交易風險。至於管理交易風險的方法與策略，則於第三節中詳述之。

第一節 與交易風險有關的企業合約

企業在經營的過程中，必定經常會與其貿易夥伴或金融機構簽訂各類型合約，不論是簽訂那一種合約，只要是以外幣作計算單位，則此合約就會帶給公司額外的交易風險。換句話說，只要公司有以外幣計價的契約現金流，就承擔有交易風險。一個典型的創造交易風險的例子是企業與外國貿易夥伴進行賒購或賒銷 (Credit Purchase or Credit Sales) 的例子。從報價開始一直到貨款收齊，其間經歷過三個階段的風險：(1)報價風險 (Quotation Risk)，是賣方以外幣報出單價，到雙方簽約為止；(2)訂貨風險 (Backlog Risk)，是從簽約開始，到交貨為止；(3)收款風險 (Billing Risk)，是從交貨開始，到貨款收齊為止。公司真正受曝於交易風險是從簽約開始，一直到貨款收齊為止。其他創造交易風險的原因，還包括以外幣計價的借款或投資、簽定外匯遠期合約等等。

茲將構成公司交易風險的成因列舉如下：

以外幣計價的應收帳款 (Foreign Currency-Denominated Accounts Receivable)

若公司賣產品給外國公司而允許對方在未來某一時點以外幣付款，則從貨品出門（即在公司帳上登錄應收帳款的同時）到真正收到貨款之時，其間該筆外幣金額的本國貨幣價值有可能因匯率變動而增加或減少，造成以本國貨幣計算的現金流量不穩定，因此增加了公司的交易風險。

以外幣計價的應付帳款 (Foreign Currency-Denominated Accounts Payable)

若公司向外國某一公司買產品而被允許在未來某一時點以外幣付款，則從收到貨品（即在公司帳上登錄應付帳款的同時）到真正付出款項之際，其間該筆外幣欠款的本國貨幣價值，有可能因匯率變動而改變，因而影響到公司以本國貨幣計算的現金流量的穩定性，由是增加了公司的交易風險。

尚未列入財務報表中的以外幣計價的銷貨承諾 (Nonrecorded Foreign Currency-Denominated Sales Commitments)

若公司已承諾以外幣計價賣產品給某國外公司並談妥交貨付款條件，但在貨品尚未交運之前，該筆銷貨及相對應的應收帳款金額，不會列入財務報表中。但由於是公司已作的銷貨承諾，未來所收到的以本國貨幣計算的金額會受到匯率變動的影響，因此此類尚未列入財務報表的銷貨承諾，也會增加公司的交易風險。

尚未列入財務報表中的以外幣計價的購買承諾 (Nonrecorded Foreign Currency-Denominated Purchase Commitments)

若公司已承諾以外幣計價向國外公司購買產品，並談妥交貨付款條件，在貨品尚未收到以前，該筆存貨及相對應的應付帳款金額不會列入財務報表中。但由於是公司已作的購買承諾，未來所付出的以本國貨幣計算的金額會受到匯率變動的影響，因此此類尚未列入財務報表的購買承諾，也會增加公司的交易風險。

以外幣計價的長期負債的應付利息 (Foreign Currency-Denominated Interest Payable on a Long-Term Debt)

公司若向國外金融市場融得以外幣計價的長期資金，則須定期以外幣支付貸款利息，此種定期的利息負擔，其外幣金額固定，但其相對應的本國貨幣金額，則受到匯率變動的影響，因此會影響到公司以本國貨幣計算的現金流的穩定性，因而增加了公司的交易風險。

以外幣計價的長期投資的應收利息 (Foreign Currency-Denominated Interest Receivable on a Long-Term Investment)

公司若從事有以外幣計價的長期投資，則會定期收到以外幣支付的利息，此種利息收入的本國貨幣金額會受到匯率變動的影響，因此構成公司交易風險的成因之一。

從國外子公司而來的預期現金流 (Anticipated Cash Flows From Foreign Subsidiaries)

母公司若提供權益資金 (Equity Capital) 給國外子公司，則會收到子公司所支付的股利，若讓子公司使用其所享有的專利，則會從子公司收到權利金 (Royalty)。若提供子公司其他管理及技術上的服務，也會收到其他由子公司支付的費用。這一類由子公司而來的各項收入，若已由子公司編列預算 (Budgeted) 將於未來某一時點支付，由於是以外幣支付，因此構成交易風險的成因之一。

尚未交割的外匯遠期合約 (Unperformed Foreign Exchange Forward Contracts)

公司若有尚未交割的外匯遠期合約，則表示在未來某一時點，公司會有一筆外匯收入或是外匯支出。由於尚未交割的外匯遠期合約代表公司有以外幣計價的預期現金流，因此構成交易風險的成因之一。

第二節 如何衡量交易風險

為了衡量交易風險，企業可以試著將交易風險數值化；採用按照各國通貨分類的交易風險受曝程度表 (By-Currency Transaction Exposure Report) 可以達到這個目的。交易風險受曝程度表頗類似現金預算表 (Cash Budget Report)，該表通常是由公司的會計部門負責編列，基本上，它可以衡量出公司在「一段期間」內預期現金流入及流出的情形，也就是說可以衡量出以每一外幣為基礎的淨交易風險受曝程度 (Net Transaction Exposure)。至於「一段期間」究竟是多長？它可以是一年，一季或一個月，當然也可以長過一年；交易風險受曝程度表所應涵蓋的期間長短，事實上，是考量成本與效益 (Cost and Benefit) 後所作的決定，通常該表編列的愈勤，其效益衡量的愈精確，但相較上成本也愈高。

如何利用交易風險受曝程度表來衡量交易風險，本節將舉例說明如下。假設全球公司 (Global Corporation, GC) 的母公司是設在美國，該公司在 2004 年年底的合併資產負債表如下所示：

表 8–1　合併資產負債表(12/31/2004)

（貨幣單位：1,000 美元）

資產：	Total
現金	$20,000
應收帳款	40,000
存貨	60,000
固定資產	80,000
總資產	$200,000
負債及淨值：	
應付帳款	$32,000
長期負債	80,000
普通股股本	70,000
保留盈餘	18,000
總負債加淨值	$200,000

將合併資產負債表進一步加以分析，發現應收帳款及應付帳款中有部份是以外幣計價 (Foreign Currency-Denominated)，因此將合併資產負債表，按照通貨 (By Currency) 分類加以重新編列，標示出以外幣計價的各項金額，如表 8–2 所示：

表 8–2　合併資產負債表 (By Currency) (12/31/2004)

（貨幣單位：1,000 美元）

資產：	Total	SF	EURO	$
現金	$20,000			
應收帳款	40,000	$20,000	$15,000	$5,000
存貨	60,000			
固定資產	80,000			
總資產	$200,000			
負債及淨值：				
應付帳款	$32,000	$20,000	$4,000	$8,000
長期負債	80,000			
普通股股本	70,000			
保留盈餘	18,000			
總負債加淨值	$200,000			

全球公司除了有以外幣計價的應收帳款及應付帳款外，還有很多構成交易風險但尚未列入資產負債表的合約或承諾，這些合約的內容如下：

a. 全球公司在 2004 年 12 月 25 日簽定一年到期的遠期合約用來購買歐元 10,000 單位，遠期匯率鎖定為 \$1 = EURO0.7692（或 EURO1 = \$1.3）。

b. 全球公司有以瑞士法郎計價的長期負債，其利息費用是每半年支付瑞士法郎 7,500 單位，分別於每年的 3 月 31 日及 9 月 30 日支付。

c. 全球公司有以歐元及美元計價的長期負債，其利息費用皆為每年支付一次，分別是歐元 3,200 單位，美元 2,600 單位，皆是每年 12 月 31 日支付。

d. 目前列在合併資產負債表上的所有應收帳款及應付帳款均將於明年第一季中結清。

e. 全球公司簽定的 2005 年銷貨及購買合約如下

銷貨合約：

以瑞士法郎計價之全年總金額 = SF100,000

以歐元計價之全年總金額 = EURO56,000

以美元計價之全年總金額 = $40,000

購買合約：

以瑞士法郎計價之全年總金額 = SF80,000

以歐元計價之全年總金額 = EURO100,000

以美元計價之全年總金額 = $10,000

假設全年銷貨及購買是平均分配到各季，因此每季銷貨及每季購買金額分別是全年總額的 25%。

f. 針對每一季的銷貨及購買，其付款日期是下一季。舉例來說，第一季的銷貨及購買，其付款日期是在第二季，第三季的銷貨及購買，其付款日期是在第四季。

假設目前瑞士法郎兌美元的即期匯率是 $1 = SF1.25，而歐元兌美元的即期匯率是 $1 = EURO1。全球公司的交易風險受曝程度表 (Transaction Exposure Report) 可編列如下：

表 8–3　交易風險受曝程度表 (2005) (By Currency, 000 Omitted)

到期日	SF	EURO	$
第一季 (1/1–3/31)			
收入	100,000[d]	30,000[d]	5,000[d]
支出	(7,500)[b] + (100,000)[d]	(8,000)[d]	(8,000)[d]
淨風險程度	(7,500)	22,000	(3,000)
第二季 (4/1–6/30)			
收入	25,000[e&f]	14,000[e&f]	10,000[e&f]
支出	(20,000)[e&f]	(25,000)[e&f]	(2,500)[e&f]
淨風險程度	5,000	(11,000)	7,500
第三季 (7/1–9/30)			
收入	25,000[e&f]	14,000[e&f]	10,000[e&f]
支出	(7,500)[b]+ (20,000)[e&f]	(25,000)[e&f]	(2,500)[e&f]
淨風險程度	(2,500)	(11,000)	(7,500)
第四季 (10/1–12/31)			
收入	25,000[e&f]	10,000[a]+ 14,000[e&f]	10,000[e&f]
支出	(20,000)[e&f]	(3,200)[c]+ (25,000)[e&f]	(5,100)[a] + (2,600)[c] + (2,500)[e&f]
淨風險程度	5,000	(4,200)	(200)
全年收入	175,000	82,000	35,000
全年支出	–175,000	(86,200)	(23,200)
全年淨風險程度	0	(4,200)	11,800

根據表 8–3 所示，全球公司預期在 2005 年各季都會收到及付出瑞士法郎及歐元，因此承擔有交易風險。美元的收入與支出也列在表中，但美元是本國貨幣，以美元計價的收入及支出不構成交易風險，其列入表中只是為了平衡帳目之用。如何閱讀表 8–3 中的各項數字？舉例來說，全球公司在 2005 年第一季同時有以瑞士法郎計價的收入及支出，收支相抵之後的淨風險程度是支出 7,500,000 單位瑞士法郎（數字外面加括弧代表該數字是支出金額），

在第二季以瑞士法郎計價的淨風險程度是收入 5,000,000 單位瑞士法郎，在第三季是支出 2,500,000 單位瑞士法郎，在第四季是收入 5,000,000 單位瑞士法郎。若是以「一年」為衡量期間，則以瑞士法郎計價的全年淨風險程度為零。由此可以看出，交易風險衡量表若以太長一段時間為衡量期間，則有可能無法衡量出或低估了該期間內公司事實上所承擔的交易風險。

又表 8–3 中指出，全球公司在 2005 年以歐元計價的淨風險程度在第一季是收入 22,000,000 單位歐元，第二季是支出 11,000,000 單位歐元，第三季是支出 11,000,000 單位歐元，第四季是支出 4,200,000 單位歐元，以一年為衡量期間的淨風險程度則是支出 4,200,000 單位歐元。

第三節 管理交易風險的方法與策略

公司一旦衡量出其曝露於交易風險的程度，便可採用若干種方法來規避交易風險。一般的避險方法大致可歸納為兩類，一種是採用市場上已有的金融工具，另一種則是運用經營上的一些策略。採用市場上已有的金融工具來避險，稱之為合約式避險 (Contractual Hedges)，主要有下列四種：⑴遠期合約避險 (Forward Contract Hedge)、⑵貨幣市場避險 (Money Market Hedge)、⑶期貨合約避險 (Futures Contract Hedge)、⑷選擇權合約避險 (Options Contract Hedge)，茲分述如下：

遠期合約避險 (Forward Contract Hedge)

採用遠期合約避險是管理交易風險最受歡迎的一種方式。若公司在未來某一時點會有一筆外幣的淨收入，表示該公司對此外幣居於一長多部位 (Long Position)，因此應該創造一短空部位 (Short Position)，即是賣出此外幣之遠期合約，以沖銷此筆匯率風險。反之，若公司在未來會有一筆外幣的淨支出，表示該公司對此外幣居於一短空部位，因此應該創造一長多部位，即是購買此外幣之遠期合約來沖銷此筆匯率風險。由是有外幣應收帳款之公司，應賣出該外幣之遠期合約；而有外幣應付帳款之公司，應買進該外幣之遠期合約。

採用遠期合約來規避交易風險，我們可以採用表 8–3 中的數據來舉例說明。假設全球公司決定採用遠期合約來規避 2005 年第一季瑞士法郎與歐元的交易風險，則全球公司應針對第一季瑞士法郎淨支出 7,500,000 單位「購買」一瑞士法郎遠期合約及針對第一季歐元淨收入 22,000,000 單位「賣出」一歐元遠期合約。假設相關匯率資料如表 8–4 所示：

表 8–4　相關匯率資料（假設沒有買賣價差）

	SF/$	EURO/$
目前即期匯率	1.25	1
90 天遠期匯率	1.3	0.7692
180 天遠期匯率	1.35	0.7407

為規避第一季的瑞士法郎交易風險，全球公司應「購買」一個三個月到期的瑞士法郎遠期合約。由於 90 天的瑞士法郎遠期匯率是 SF1.3/$，因此瑞士法郎淨支出 7,500,000 單位的美元等值是：

$$SF7,500,000 \div SF1.3/\$ = \$5,769,231$$

表示全球公司若採 90 天到期遠期合約來規避第一季瑞士法郎風險，則到期（三個月後）實付美元為 $5,769,231。為規避第一季的歐元交易風險，全球公司應「賣出」一個三個月到期的歐元遠期合約。由於 90 天的歐元遠期匯率是 EURO0.7692/$，因此歐元淨收入 22,000,000 單位的美元等值是：

$$EURO22,000,000 \div EURO0.7692/\$ = \$28,601,144$$

表示全球公司若採 90 天到期遠期合約來規避歐元風險，則到期（三個月後）實收美元為 $28,601,144。

假設全球公司決定要針對 2005 年 6 月底以前的交易風險作避險措施，則除了要規避第一季風險，還要規避第二季風險。在第二季，全球公司有瑞士法郎淨收入 5,000,000 單位，因此應「賣出」一個六個月到期瑞士法郎的遠期合約。由於 180 天的瑞士法郎遠期匯率是 SF1.35/$，因此瑞士法郎淨收入 5,000,000 單位的美元等值是：

$$SF5,000,000 \div SF1.35/\$ = \$3,703,704$$

表示該公司若採 180 天到期遠期合約來規避第二季瑞士法郎風險，則到期（六個月後）實收美元為 $3,703,704。另外，若對第二季的歐元淨支出 11,000,000 單位作遠期合約避險，則應「購買」一個六個月到期的歐元遠期合約。由於 180 天的歐元遠期匯率是 EURO0.7407/$，因此歐元淨支出 11,000,000 單位的美元等值是：

$$EURO11,000,000 \div EURO0.7407/\$ = \$\ 14,850,817$$

表示全球公司若採 180 天到期遠期合約來規避第二季的歐元風險，則到期（六個月後）實付美元為 $14,850,817。

貨幣市場避險 (Money Market Hedge)

運用合約式避險來管理交易風險的第二種方法，是藉著在貨幣市場進行借貸來完成。採用貨幣市場工具避險，其重點在加速通貨轉換 (Expedite Currency Conversion)，也就是說，將未來所須作的外匯買賣，提前於目前完成，以便鎖住 (Lock-in) 目前的即期匯率。如何運用貨幣市場工具來避險，我們再以全球公司的例子作一說明。除了須用到表 8–4 中的匯率資料，還須有相關利率資料，因此假設相關利率資料如表 8–5 所示：

表 8–5　相關利率資料（Annualized，並假設沒有存放款利率價差）

	$	SF	EURO
90 天利率	8%	10%	6%
180 天利率	8.30%	10.50%	6.20%

採用貨幣市場避險法來規避全球公司 2005 年第一季瑞士法郎淨支出風險，首先，應先借得一筆美元資金，在目前即期匯率之下將其轉換成瑞士法郎，並將此筆瑞士法郎存入銀行帳戶，使其三個月後所產生的瑞士法郎本利和，剛好足以償付瑞士法郎淨支出金額。而美元借款三個月後的本利和，即是第一季瑞士法郎淨支出的實付美元成本。至於如何求得美元借款的金額，其計算步驟如下：

1. 將三個月後到期的瑞士法郎淨支出金額，運用 90 天利率算出其目前現值 (Present Value, PV)：

$$PV = \frac{SF7{,}500{,}000}{(1 + 10\% \times 3/12)}$$
$$= SF7{,}317{,}073$$

該現值 SF7,317,073 即為全球公司在目前應存入的瑞士法郎金額。

2. 根據所得到的瑞士法郎現值，算出在目前 SF/$ 的即期匯率之下，應備有多少美元，才能換得此瑞士法郎現值，計算如下：

$$SF7{,}317{,}073 \div SF1.25/\$ = \$5{,}853{,}658$$

3. 若公司今日借得 $5,853,658，根據 90 天美元利率，三個月後應償還美元的本利和為：

$$\$5{,}853{,}658 \times (1 + 8\% \times 3/12) = \$5{,}970{,}731$$

由以上計算過程得知，全球公司採用貨幣市場避險法來規避第一季瑞士法郎風險，實付美元為 $5,970,731。

採用貨幣市場避險法來規避全球公司 2005 年第一季歐元淨收入風險，

則須先借得一筆歐元，按照目前即期匯率轉換成美元，將其存入銀行帳戶，三個月後所產生的美元本利和即等於該筆歐元淨收入的實收美元值。另外所借得的歐元，三個月後所須償還的本利和，則可用歐元淨收入來抵還。所牽涉到的借款及存款過程計算如下：

1. 將三個月到期的歐元淨收入金額，運用 90 天利率算出其目前現值 (PV)：

$$PV = \frac{EURO22{,}000{,}000}{(1 + 6\% \times 3/12)}$$

$$= EURO21{,}674{,}877$$

該現值 EURO21,674,877 即為全球公司應借得的歐元金額。

2. 根據所得到的歐元現值，算出在目前 EURO/$ 的即期匯率之下的美元等值：

$$EURO21{,}674{,}877 \div EURO1/\$ = \$21{,}674{,}877$$

3. 將 $21,674,877 存入銀行，根據 90 天的美元利率，三個月後可獲得本利和為：

$$\$21{,}674{,}877 \times (1 + 8\% \times 3/12) = \$22{,}108{,}375$$

因此，全球公司若採貨幣市場避險法來規避第一季歐元風險，其實收美元為 $22,108,375。

全球公司也可運用貨幣市場避險法來規避第二季瑞士法郎及歐元的交易風險。由於第二季全球公司有瑞士法郎淨收入 5,000,000 單位，因此其計算步驟如下：

1. 將六個月後到期的瑞士法郎淨收入金額，運用 180 天利率算出其目前現值 (PV)：

$$PV = \frac{SF5{,}000{,}000}{(1 + 10.5\% \times 6/12)}$$

$$= SF4{,}750{,}594$$

2.公司借得 SF4,750,594，並按照目前 SF/$ 即期匯率，將其轉換成美元：

$$SF4,750,594 \div SF1.25/\$ = \$3,800,475$$

3.將 $3,800,475 存入銀行，根據 180 天美元利率，六個月後可獲得本利和為：

$$\$3,800,475 \times (1 + 8.3\% \times 6/12) = \$3,958,195$$

因此，以貨幣市場避險法來規避第二季瑞士法郎風險，其實收美元為 $3,958,195。

若全球公司以貨幣市場避險法來規避第二季歐元風險，由於第二季公司有歐元淨支出 11,000,000 單位，因此其計算步驟如下：

1.將六個月到期的歐元淨支出金額，運用 180 天利率算出，其目前現值 (PV)：

$$PV = \frac{EURO11,000,000}{(1 + 6.2\% \times 6/12)} = EURO10,669,253$$

該現值 EURO10,669,253 即為全球公司在目前應存入之歐元金額，以便使六個月後之本利和能夠清償歐元淨支出。

2.根據所算出的歐元現值，求出在目前 EURO/$ 的即期匯率之下，應備有多少美元才能換得此歐元現值？

$$EURO10,669,253 \div EURO1/\$ = \$10,669,253$$

3.若公司今日借得 $10,669,253，根據 180 天美元利率，六個月後應償還美元的本利和為：

$$\$10,669,253 \times (1 + 8.3\% \times 6/12) = \$11,112,027$$

因此，全球公司若採貨幣市場避險法來規避第二季歐元風險，其實付美元為 $11,112,027。

比較遠期合約避險與貨幣市場避險兩種方法，其避險結果可列表如下：

表 8–6　避險結果比較

	遠期合約避險		貨幣市場避險	
	SF	EURO	SF	EURO
第一季	($5,769,231)	$28,601,144	($5,970,731)	$22,108,375
第二季	$3,703,704	($14,850,817)	$3,958,195	($11,112,027)

註：有括弧者代表實付美元成本，無括弧者代表實收美元金額。

由表 8–6 可看出，第一季瑞士法郎風險應採遠期合約避險法，因其實付美元成本較低；第一季歐元風險也應採遠期合約避險法，因其實收美元金額較高。第二季瑞士法郎風險則應採期貨合約避險法，如此才可收到較多的美元；而第二季歐元風險應採貨幣市場避險法，因其實付美元成本較低。事實上，如果市場有效率以致於利率平價條件 (IRP) 成立，則無論採遠期合約避險法或是貨幣市場避險法，所得到的結果都應該相同。根據表 8–4 及表 8–5 中的資料，我們可以導出 90 天及 180 天的 IRP 成立的遠期匯率，如表 8–7 所示：

表 8–7　IRP 成立的遠期匯率

	$/SF	$/EURO
90 天遠期匯率（IRP 成立）	0.7961	1.0049
180 天遠期匯率（IRP 成立）	0.7957	1.0052

由於表 8–4 中的市場遠期匯率與表 8–7 中的 IRP 成立的遠期匯率不相同，因此可以得知，當 IRP 不成立時，遠期合約避險及貨幣市場避險兩種方法中，會有一種比較好。

期貨合約避險 (Futures Contract Hedge)

若採用期貨合約避險，廠商可以依照外匯部位購買或賣出外匯期貨合約，然後再於到期日之前從事交割 (Actual Delivery) 或將部位沖銷掉

(Offsetting)，但須注意的是，期貨市場只有少數幾種外幣有交易。例如，CME 的 IMM 期貨市場有歐元期貨合約的交易，因此全球公司可以運用 IMM 歐元期貨合約來規避歐元部位的風險。如何運用期貨合約來避險，我們以全球公司 2005 年第一季歐元淨收入避險為例，並假設相關期貨報價資料如表 8–8 所示：

表 8–8　相關期貨報價資料

	Open	High	Low	Settle	Change	Lifetime High	Lifetime Low	Open Interest
EURO/US Dollar (CME) −125,000; $Per €								
Mar	1.3262	1.3327	1.3235	1.3298	+.0056	1.3479	1.1363	141,005
June	1.3290	1.3346	1.3262	1.3320	+.0055	1.3495	1.1750	1,013
Sept	1.3335	1.3350	1.3335	1.3350	+.0054	1.3480	1.1750	296
Est. Vol. 23,284; Vol. Fr 19,009; Open int 92,499, +8,861.								

為規避全球公司 2005 年第一季歐元淨收入風險，全球公司可以賣出 176 口歐元期貨合約並選定 March 為到期月。待歐元 March 期貨合約到期之前，全球公司可以買回 176 口歐元期貨合約而將期貨部位沖銷掉，然後再至即期市場賣出所收到的 EURO22,000,000，如此此筆歐元的實收美元金額為：

$$\text{即期匯率} \times \text{EURO22,000,000} \pm \text{期貨合約的利得或損失}$$

若即期匯率上升，則全球公司在即期市場可以將歐元賣得較高價格，但會有期貨損失；若即期匯率下降，則全球公司在即期市場將歐元賣得較低價格，但會有期貨利得，因此，無論匯率是何種走勢，運用期貨合約避險後，全球公司的實收美元金額不致有太大的變異。

● 選擇權合約避險 (Options Contract Hedge)

採用選擇權合約避險，廠商雖然在簽定合約時就要付出一筆權利金成本 (Premium Cost)，但此筆權利金成本就是廠商可能負擔的最大避險成本，這筆權利金成本是已知的有限金額，由於負擔了這筆權利金成本，廠商一方面可以避險，一方面仍不失掉因匯率的有利變動而獲取更多潛在利益的機會。如何利用選擇權合約來避險，我們仍以全球公司的例子作一說明。假設相關選擇權報價資料如表 8–9 所示：

表 8–9　相關選擇權報價資料

		Calls		Puts	
		Vol.	Last	Vol.	Last
Swiss Franc					200
62,500 Swiss Franc−10ths of a Cent Per Unit					
20	March	80	1.50	–	–
20 1/4	March	–	–	–	–
EURO					50
62,500	EURO				
50	March	–	–	302	0.86
50 1/2	March	–	–	–	–

採用選擇權合約來規避全球公司 2005 年第一季瑞士法郎淨支出風險，全球公司必須購買 120 個瑞士法郎買權合約 (Call Option)；同時，全球公司須選定瑞士法郎買權合約的執行價格 (Strike Price)，並付出該合約所要求的權利金成本。倘若根據表 8–9 的選擇權報價資料，全球公司選擇了價平買權 (ATM Call)，其執行價格為 \$0.8/SF，權利金成本為 \$0.0015/SF，全球公司的總權利金成本 (Total Premium Cost) 為：

$$
\begin{aligned}
& SF62{,}500 \times 120 \times \$0.0015/SF \\
&= SF7{,}500{,}000 \times \$0.0015/SF \\
&= \$11{,}250
\end{aligned}
$$

為了比較各種避險方法的成本高低，所有的避險成本皆是以避險部位到期時點的價值為準，因此全球公司的瑞士法郎選擇權避險成本，是以權利金成本三個月後的價值為準，計算如下（所用利率是參考表 8–5 的資料）：

$$\$11,250 \times (1 + 8\%/4) = \$11,475$$

因此，每單位瑞士法郎實付權利金成本為 \$0.00153 (\$11,475 ÷ SF7,500,000)。在第一季結束時，全球公司為 7,500,000 單位瑞士法郎淨支出所實際付出的美元數目，決定於當時的瑞士法郎／美元即期匯率。若到期時即期匯率小於 \$0.8/SF（買權合約執行價格），全球公司就放棄選擇權合約而到即期市場購買瑞士法郎，因而此筆瑞士法郎的實付美元成本為：即期匯率 × SF7,500,000 + \$11,475。若到期時即期匯率大於 \$0.8/SF，全球公司可按照執行價格 (\$0.2/SF) 執行其買權，因而此筆瑞士法郎的實付美元成本為 \$6,011,475 (= \$0.8/SF × SF7,500,000 + \$11,475)。當然全球公司也可用對沖的方式結束選擇權合約，並在即期市場買進瑞士法郎，如此瑞士法郎的實付美元成本為：

$$\text{即期匯率} \times \text{SF}7,500,000 \pm \text{選擇權合約的損失或利得}$$

無論是以執行 (Exercising) 或對沖的方式結束買權合約，全球公司第一季瑞士法郎淨支出的最大可能實付美元成本為 \$6,011,475 (= \$0.8/SF × SF7,500,000 + \$11,475)。

採用選擇權合約來規避全球公司 2005 年第一季歐元淨收入風險，全球公司必須購買 352 個賣權合約 (Put Options)；同時，全球公司須選定歐元賣權合約的執行價格，並付出該合約所要求的權利金成本。倘若根據表 8–9 的選擇權報價資料，全球公司選擇了價平賣權 (ATM Put)，其執行價格為 \$1/EURO，權利金成本為 \$0.0086/EURO，全球公司的總權利金成本為：

$$\begin{aligned} & \text{EURO}62,500 \times 352 \times \$0.0086/\text{EURO} \\ &= \text{EURO}22,000,000 \times \$0.0086/\text{EURO} \\ &= \$189,200 \end{aligned}$$

同樣地，此權利金成本必須是以避險部位到期時點的價值為準；因此，全球公司歐元賣權的總權利金成本計算如下（所用利率是參考表 8–5

資料）：

$$\$189,200\,(1+8\%/4)=\$192,984$$

因此，每單位歐元實付權利金成本為 \$0.00877 (= \$192,984 ÷ EURO22,000,000)。在第一季結束時，全球公司為 EURO22,000,000 淨收入所實際收到的美元數目，決定於當時之歐元／美元即期匯率。若到期時即期匯率大於 \$1/EURO（賣權合約執行價格），全球公司就放棄選擇權合約而到即期市場賣出歐元，因而此筆歐元的實收美元數目為：即期匯率 × EURO22,000,000 − \$192,984。若到期時即期匯率小於 \$1/EURO，全球公司可按照執行價格 (\$1/EURO) 執行其賣權，因而此筆歐元的實收美元金額為：\$21,807,016 (= \$1/EURO × EURO22,000,000 − \$192,984)。若全球公司採用對沖方式結束選擇權合約，並在即期市場賣出歐元，如此歐元的實收美元金額為：

即期匯率 × EURO22,000,000 ± 選擇權合約的利得或損失

無論是以執行或對沖方式結束賣權合約，全球公司第一季歐元淨收入的最小可能實收美元金額為 \$21,807,016 (= \$1/EURO × EURO22,000,000 − \$192,984)。

以選擇權合約規避或許會發生的交易風險 (Options Contract Hedge on Contingent Transaction Exposure)

公司有時在對外報價時，並不能確定是否其報價會得標，在此情況下，最好採用選擇權合約來規避或然發生的交易風險。舉例來說，假設有一家臺灣公司欲標得國外一筆生意，於是在 3 月 1 日向國外報價 US\$1,000,000，但必須要等到 4 月 1 日才能獲知是否得標。公司擔心在 3 月 1 日到 4 月 1 日這段期間，美元若貶值，則會影響到其實收臺幣金額，但因不確定是否能得標，也不宜採用遠期合約或貨幣市場避險法。比較好的方法是採用選擇權避險，由於目前在交易所 (Organized Exchanges) 交易的選擇權並沒有臺幣兌美元的，因此公司只能找一家關係良好的銀行，與銀行簽定一 OTC (Over-the-

Counter) 賣權 (Put) 合約。在此例中，公司可以選定一執行價格，假設為 \$1 = NT\$32，其相關之賣權總成本 (Total Premium) 假設是 NT\$150,000。結果可能如下列幾種情形之一：(1)若公司未得標，但市場即期匯率下降以致小於賣權執行價格，如此公司可以在此賣權上獲利；(2)若公司未得標，且市場即期匯率上升，使得此賣權最終仍無法執行，如此則公司損失為 NT\$150,000，此損失為在任何情況下公司所可能招惹到的最大損失；(3)若公司得標且收款時即期匯率超過 NT\$32，則公司不執行選擇權而在現貨市場按照即期匯率賣出美元；(4)若公司得標但收款時即期匯率低於 NT\$32，則可將所收美元款項按照賣權的執行價格轉換成臺幣。上例採用選擇權來規避尚未確定的銷售合約所帶來的交易風險，可以使公司不致因匯率波動太大而無法報價，並使公司得以用有限的成本來規避潛在的龐大匯兌損失。

公司除了利用市場上已有的金融工具之外，也可以運用管理上或經營上的一些策略來規避交易風險，稱之為操作式避險 (Operational Hedges)，一般的方法有下列幾種：

報價策略 (Pricing Strategies)

在產品計價方面，若公司是以賒銷方式 (Credit Sales) 賣產品到國外，或是以賒購方式 (Credit Purchase) 向國外買產品，則應考慮以何種貨幣來計價最合算。一般原則是儘量以強勢貨幣 (A Hard Currency) 作為賒銷的計價貨幣且以弱勢貨幣 (A Soft Currency) 作為賒購的計價貨幣，強勢貨幣是預期會升值的貨幣，弱勢貨幣則是預期會貶值的貨幣。若報價貨幣既經決定為外幣，則要先利用相關的遠期匯率報價換算為本國貨幣的價值，看是否可以接受？

提前收付或延遲收付策略 (Leading or Lagging)

提前收付 (Leading) 是指提前付款或提前收款，延遲收付 (Lagging) 則是指延後付款或延後收款。公司若有以外幣計價的應付帳款或借款，倘該外幣是強勢貨幣，即該外幣預期會升值，則公司可採提前付款 (Leading Payables) 策略以減少或避免外匯損失；同樣情形倘該外幣是弱勢貨幣，即該外幣預期會貶值，則公司可採延遲付款 (Lagging Payables) 策略以求能從匯率變化獲益。相反地，公司若有以外幣計價的應收帳款，倘該外幣是強勢貨幣，則公司可採延遲收款 (Lagging Receivables) 策略以便能在匯率變化之後兌換回更多的本國貨幣；倘該外幣是弱勢貨幣，則公司可採提前收款 (Leading Receivables) 策略，以避免匯兌損失。

提前收付或延遲收付策略在相關企業之間使用較為可行，雖然此策略的運用，必然會扭曲各個子公司的成果表現，但若對公司整體有利，且總公司訂有方案補償受損的子公司，則在公司整體的經營目標之下是可採行的。

有些政府對於公司使用 Leading 或 Lagging 策略，訂有法令明文限制，例如日本對於商品進出口的付款或收款，提前或延後的時間以 360 天為限。大多數拉丁美洲或亞洲的國家，對於 Leading 或 Lagging 策略的運用都有設限。美國、加拿大、英國、墨西哥等國家則對此策略的運用採不管制態度。管理階層在運用此匯率風險管理的工具時，必須要對相關國家的法律規定有所瞭解，才不致另增紛擾。

外匯風險分攤 (Currency Risk Sharing)

有時買賣雙方會採用一種外匯風險分攤的方式來進行報價，基本上是在主契約上附帶一個價格調整的條款 (Price Adjustment Clause)，允許匯率在某一上下限的區域內調整，若真正的匯率移動超出此上下限，則超出部分所引起的差額，由買賣雙方平均分攤。例如，臺灣某公司向美國某廠商訂購貨品一批，報價為 100 萬美元，雙方同意基礎匯率是 \$1 = NT\$26，且匯率可在 \$1 = NT\$26.2 與 \$1 = NT\$25.8 之間移動，因此臺商的成本介於 NT\$26,200,000 與 NT\$25,800,000 之間。假設後來真正的匯率是 \$1 = NT\$26.4，則超出上限的部分由雙方分擔，因此調整後的匯率為基礎匯率加超出上限部分的二分之一，即 $26+\frac{(26.4-26.2)}{2}=26.1$，臺商的成本因此為 \$26,100,000。倘若後來真正的匯率是 \$1 = NT\$25.4，則低於下限的部分也由雙方分攤，因此調整後的匯率是基礎匯率減低於下限部分的二分之一，即 $26-\frac{(25.8-25.4)}{2}=25.8$，因此臺商的成本改變為 \$25,800,000。

我們可以將在不同匯率之下的有無風險分攤的臺商成本作一比較，列於表 8–10 中。由表 8–10 可以看出，採用風險分攤方式報價的公司所承擔的交易風險較小。另外，圖 8–1 是表 8–10 的圖解，由圖中的兩條曲線也可看出，有 Risk Sharing 的公司成本會在較小的範圍內變動，因此呈現較穩定狀態，代表風險程度較小。

表 8–10　有無風險分攤的成本比較

	臺商成本	
真正匯率	有風險分攤	無風險分攤
27	NT$26,400,000	NT$27,000,000
26.8	26,300,000	26,800,000
26.6	26,200,000	26,600,000
26.4	26,100,000	26,400,000
26.2	26,000,000	26,200,000
26	26,000,000	26,000,000
25.8	26,000,000	25,800,000
25.6	25,900,000	25,600,000
25.4	25,800,000	25,400,000
25.2	25,700,000	25,200,000
25	25,600,000	25,000,000

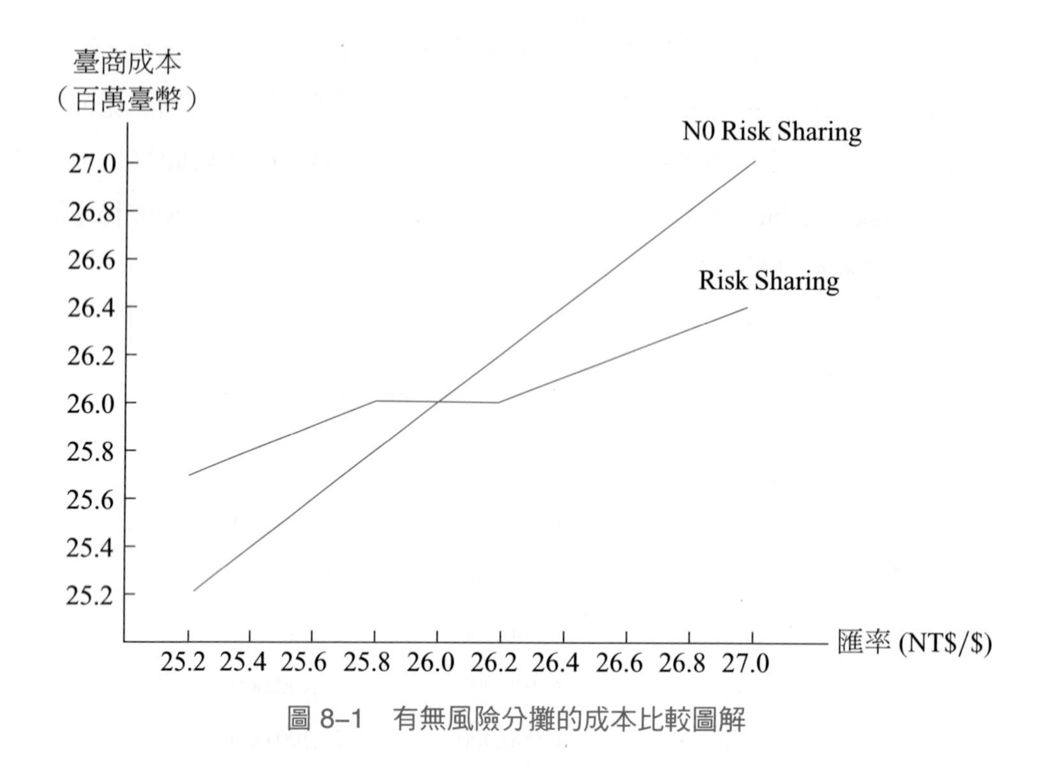

圖 8–1　有無風險分攤的成本比較圖解

風險沖銷法 (Exposure Netting)

風險沖銷法基本上是創造一相反的位置以完全或部分沖銷其原有風險。例如，公司對某外幣持有一長多部位，則可賣出一遠期合約 (Forward) 來完全沖銷其風險。但外匯市場上僅有幾種最重要的通貨（例如，歐元、瑞士法郎、英鎊……等）可獲得遠期合約，因此有時必須運用一些其他方法來部分沖銷風險。例如，非洲許多國家的通貨釘住歐元 (EURO)，若與這些國家交易而持有其貨幣則可運用本國貨幣兌歐元的遠期合約來部分沖銷其風險。又如許多國家的貨幣釘住美元，若持有這些國家的外幣，也可運用本國貨幣兌美元的遠期合約來避險。有時也可採用交叉避險法 (Cross Hedging) 來避險，例如，公司持有一長多部位於歐元，若另有一短空部位於瑞士法郎 (SF)，則產生自然避險 (Natural Hedging) 的效果，因為歐元和瑞士法郎常呈同向變動，又如公司有一長多部位於歐元，若另有一長多部位於美元 (US$)，則同樣產生自然避險的效果，因為歐元及美元 (US$) 常呈反向變動。

建立再發貨單中心 (Establishing A Reinvoicing Center)

公司可以成立一個財務子公司 (Finance Subsidiary)，專門處理整體企業的資金移轉及匯率風險管理問題，稱之為再發貨單中心 (Reinvoicing Center)。例如，製造子公司的產品可以直接運往銷售子公司市場從事銷售，但是發票卻不直接開給銷售子公司，而是經由再發貨單中心，如圖 8–2 所示：

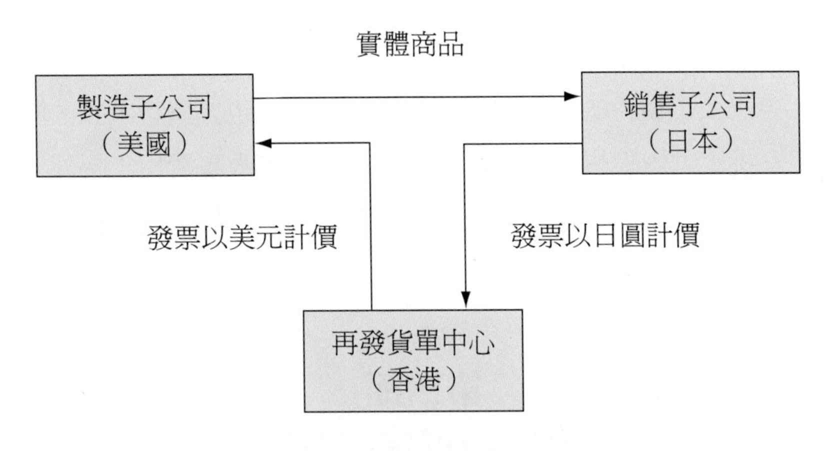

圖 8–2　再發貨單中心結構

圖 8–2 中，美國製造子公司將商品直接運往日本銷售子公司，但發票等單據則是寄給再發貨單中心，由再發貨單中心以美元付款給美國製造子公司，再發貨單中心再向日本銷售子公司收取日圓，交易風險則全由再發貨單中心統籌管理。通常，再發貨單中心為避免遭到相關政府質疑是否有運用移轉訂價 (Transfer Pricing) 策略改變獲利情況用以逃稅的問題，其出售給銷售子公司的價格，大約是向製造子公司購買的成本，加上再發貨單中心本身所承擔的成本。再發貨單中心為了維持非居民地位 (Nonresident Status) 以便享有非居民所可享受的一般免稅及外匯處理特別待遇，通常是儘量避免與當地供應商或消費者有任何生意往來。

企業成立再發貨單中心的好處有下列若干項

1. 由於交易風險由再發貨單中心統籌處理，該中心人員得以發展出專業能力運用最適避險策略，同時由於加總受險金額較大，在外匯交易上也能獲得較優的報價。

2.銷售子公司的成本因再發貨單中心的成立而得以用當地貨幣付款，在成本不被匯率影響的情況下，銷售子公司易於對最後客戶報價，也較能集中資源全力推展行銷工作。

3.再發貨單中心將各子公司的應收及應付帳款淨額化 (Netting) 之後，只須對淨額作匯率風險管理，也減少了匯率風險管理的成本。

成立再發貨單中心當然也會增加公司額外的成本。首先，建立一個獨立的子公司有其創設成本；其次，過去已存在的舊訂單檔案要重新整理並建立新流程，各子公司繳稅的狀況及與銀行的業務關係也要重新調整，同時，由於僱用了一批人力處理帳目，因此公司多了一大筆人事費用；另外，國稅局對於再發貨單中心的成立會寄予較多的注意，因此可能引起日後更多查帳的紛擾。

第四節 避險的正反面看法

不管是企業採用何種方式避險，一個重要的問題是：企業究竟從避險得到什麼好處？是企業的報酬或價值會增加，還是企業的風險會減少？一般認為，避險 (Hedging) 可以使企業未來預期現金流的波動性 (Volatility) 降低，因此可以減少企業的風險，但卻未必會增加企業的報酬或價值，避險對企業的好處可用圖 8–3 表達出來：

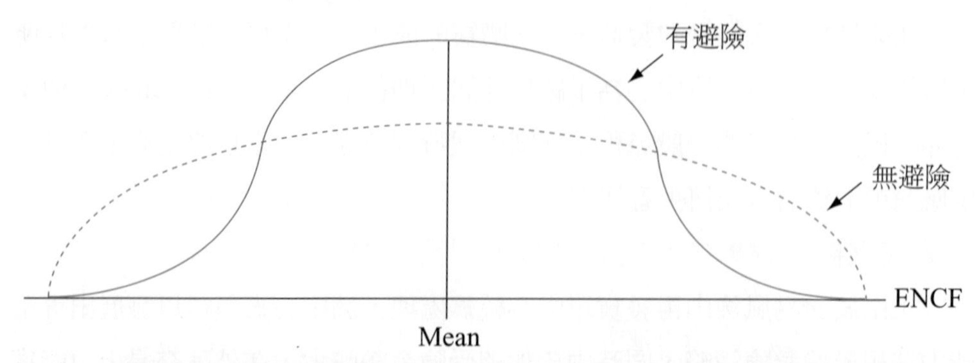

圖 8–3　避險對企業預期淨現金流 (Expected Net Cash Flows, ENCF) 分配的影響

由圖 8-3 可看出，避險可以改變企業預期淨現金流的分配 (Distribution)，但只是改變分配的變異數 (Variance)，卻不能改變其平均值 (Mean)，因此只是風險降低，預期報酬未必增加。至於避險使企業風險降低，是否就構成足夠的理由使企業將資源運用在避險的策略上？關於此點，我們可以歸納兩種不同的意見如下：

贊成避險的意見

1.避險使企業未來預期現金流的風險（不確定性）降低，有增進企業財務規劃的能力。

2.企業為了要能繼續經營，必須創造足夠的淨現金流入以支付固定的財務負擔（如利息），因此若淨現金流入低於某一水準，使企業無法應付其固定負擔，則企業陷入財務困難 (Financial Distress) 境地。避險可以減少現金流量的不確定性，因此減少企業陷入財務困難的可能性。

3.金融市場因為有許多不完全性 (Imperfections)，因此常處在一種不均衡的狀態，企業的管理階層對市場狀況的瞭解比個別股東為佳，因此懂得利用不均衡狀態所創造出的機會，從事避險而使公司獲益。

4.管理階層對公司的風險與報酬的狀況比個別股東瞭解得多，因此若管理階層採取避險的策略，也是出於對公司真正的瞭解而認為有此必要。

反對避險的意見

1.既然避險只能減少企業的風險而未能增加公司的報酬或價值，又何必將寶貴的資源消耗於避險策略，因為資源的消耗本身就造成公司價值的減少。

2.管理階層有時採用避險的策略，其目的只是在保護自身的權益，而致損害到股東的利益。根據財務文獻上的代理理論 (Agency Theory)，管理階層因為擔心其經營表現不佳以致地位不保，因此在經營企業時，其態度常趨保守。例如採取避險的策略以求公司現金流量穩定，但太過於保守的策略並不符合股東財富極大化 (Stockholder Wealth Maximization) 的公司原則與目的。

3.市場若處於均衡狀態以致國際平價條件成立，則是否採取避險策略所得到的現金流量結果皆一樣，而避險本身又有成本，因此避險之後，公司的淨現金流入 (Net Cash Inflows) 反而較少。

4.管理階層可能相信若採取避險策略而招致外匯損失，其所受的批評，要比不採取任何策略而招致損失的批評為小。因為當不利的情況出現時，他們可以防衛自己說已經盡了最大的努力，因為市場上可利用的避險工具已經被使用。同時，不採用避險策略所引起的外匯損失 (Foreign Exchange Losses) 是在損益表上單獨列帳，若此數字很大，則相當明顯。而採用避險策略或許能將外匯損失降低一些，但避險本身有成本，此成本是隱藏於營業費用 (Operating Expenses) 之下。因此，管理階層應是傾向於採取避險的策略，縱使避險比不避險造成公司更大的損失。

5.個別股東應比管理階層更有能力分散風險，若股東不想承擔外匯風險，則可以按照自己所願意接受的風險程度，作成含有不同外幣的投資組合 (Portfolios)，適度規避風險。

本章探討交易風險的衡量與管理。首先，就交易風險及交易風險受曝程度作成定義，並介紹引起交易風險產生或增加的各項企業合約。在如何衡量交易風險方面，本章舉例實地說明如何將交易風險數字化，並針對所算出的數字進行各種方式的避險。本章描述兩類型的避險方法，一類為合約式避險，包括遠期合約避險、貨幣市場避險、期貨合約避險，及選擇權合約避險；另一類為操作式避險，包括提前收付及延遲收付等各項策略，本章最後探討避險的正反面看法。

訂貨風險	(Backlog Risk)
收款風險	(Billing Risk)
合約式避險	(Contractual Hedges)
外匯風險分攤	(Currency Risk Sharing)
風險沖銷法	(Exposure Netting)
遠期合約避險	(Forward Contract Hedge)
期貨合約避險	(Futures Contract Hedge)
貨幣市場避險	(Money Market Hedge)
操作式避險	(Operational Hedges)
選擇權合約避險	(Options Contract Hedge)
報價風險	(Quotation Risk)
再發貨單中心	(Reinvoicing Center)
交易風險受曝程度	(Transaction Exposure)
交易風險受曝程度表	(Transaction Exposure Report)
交易風險	(Transaction Risk)

參考文獻

Adler, Michael, and Berard Dumas, "Exposure to Currency Risk: Definition and Measurement", *Financial Management*, Summer 1984, pp. 41–50.

Aggarwal, Raj, and Luc A. Soenen, "Corporate Use of Options and Futures in Foreign Exchange Management", *Journal of Cash Management*, November/December 1989, pp. 61–66.

Ankrom, Robert K., "Top Level Approach to the Foreign Exchange Problem", *Harvard Business Review*, July-August 1974, pp. 79–90.

Babbel, David F., "Determining the Optimum Strategy for Hedging Currency Exposure", *Journal of International Business Studies*, Spring/Summer 1983, pp. 133–139.

Batra, Raveendra N., Shabitai Donnenfeld, and Josef Hadar, "Hedging Behavior by Multinational Firms", *Journal of International Business Studies*, Winter 1982, pp. 59–70.

Batten, Jonathan, Robert Mellor, and Victor Wan, "Foreign Exchange Risk Management Practices and Products Used by Australian Firms", *Journal of International Business Studies*, Third Quarter 1993, pp. 557–573.

Beidleman, Carl R., John L. Hillary, and James A. Greenleaf, "Alternatives in Hedging Long-Date Contractual Foreign Exchange Exposure", *Sloan Management Review*, Summer 1983, pp. 45–54.

Belk, P. A., and M. Glaum, "The Management of Foreign Exchange Risk in UK Multinationals: An Empirical Investigation", *Accounting and Business Research*, vol. 21, no. 81, 1990, pp. 3–13.

Booth, Laurence D., "Hedging and Foreign Exchange Exposure", *Management International Review*, vol. 22, no. 1, 1982, pp. 26–42.

Bruce A. Benet, "Commodity Futures Cross Hedging of Foreign Exchange Exposure", *Journal of Futures Markets*, vol. 10(3), June 1990, pp. 287–306.

Copeland, Thomas, and Yash Joshi, "Why Derivatives Do not Reduce FX Risk", *Corporate Finance*, May 1996, pp. 35–41.

Cornell, Bradford, and Alan C. Shapiro, "Managing Foreign Exchange Risks", *Midland Corporate Finance Journal*, Fall 1983, pp. 16–31.

DeRosa, David F., *Managing Foreign Exchange Risk*, Chicago: Probus, 1991.

Dufey, Gunter, and S. I. Srinivasulu, " The Case for Corporate Management of Foreign Exchange Risk", *Financial Management*, Winter 1983, pp. 54–62.

Eaker, Mark R., "The Numeraire Problem and Foreign Exchange Risk", *Journal of Finance*, May 1981, pp. 419–426.

Fritsche, Hans, "Transaction Exposure Management in International Construction", *American Association of Cost Engineers Transactions*, 1994, pp. INT81–INT88.

Garner, C. Kent, and Alan C. Shapiro., "A Practical Method of Assessing Foreign Exchange Risk", *Midland Corporate Finance Journal*, Fall 1984, pp. 6–17.

Giddy, Ian H., "Exchange Risk: Whose View?", *Financial Management*, Summer 1977, pp. 23–33.

Griffiths, Susan, and Paul S. Greenfield, "Foreign Currency Management: Part I–Currency Hedging Strategies", *Journal of Cash Management*, July/August 1989, pp. 24–26.

Jacque, Laurent, "Management of Foreign Exchange Risk: A Review Article", *Journal of International Business Studies*, Spring/Summer 1981, pp. 81–100.

Jesswein, Kurt R., Chuck C. Y. Kwok, and William R. Folks, Jr., "Corporate Use of Innovative Foreign Exchange Risk Management Products", *Columbia Journal of World Business*, vol. 30, no. 3, Fall 1995, pp. 70–82.

Kaufold, Howard, and Michael Smirlock, "Managing Corporate Exchange and Interest Rate Exposure", *Financial Management*, Autumn 1986, pp. 64–72.

Kerkvliet, Joe, and Michael H. Moffett, "The Hedging of an Uncertain Future Foreign Currency Cash Flow", *Journal of Financial and Quantitative Analysis*, December 1991.

Khouri, Sarkis J., and K. Hung Chan, "Hedging Foreign Exchange Risk: Selecting the Optimal Tool", *Midland Corporate Finance Journal*, Winter 1988, pp. 40–52.

Kohlhagen, Steven W., "A Model of Optimal Foreign Exchange Hedging without Exchange Rate Projections", *Journal of International Business Studies*, Fall 1978, pp. 9–19.

Kulatilaka, Nalin, and Alan J. Marcus, "Hedging Foreign Project Risk", *Journal of International Financial Management & Accounting*, vol. 5, no. 2, June 1994, pp. 142–156.

Levi, Maurice D., and Piet Sercu, "Erroneous and Valid Reasons for Hedging Foreign Exchange Rate Exposure", *Journal of Multinational Financial Management*, vol. 1, no. 2, 1991, pp. 25–37.

Lewent, Judy C., and A. John Kearney, "Identifying, Measuring, and Hedging Currency Risk at Merck", *Journal of Applied Corporate Finance*, vol. 2, no. 4, Winter 1990.

Luehrman, Timothy A., "The Exchange Rate Exposure of a Global Competitor", *Journal of International Business Studies*, Second Quarter, 1990, pp. 225–242.

Malindretos, John, and Tsanacas, Demetri, "Hedging Preferences and Foreign Exchange Exposure Management", *Multinational Business Review*, vol. 3, Fall 1995, pp. 56–66.

Maloney, Peter J., "Managing Currency Exposure: The Case of Western Mining", *Journal of Applied Corporate Finance*, vol. 2, no. 4, Winter 1990, pp. 29–34.

Miyamoto, Arnold, and Stephen Godfrey, "Foreign Exchange Budget Rates: How They Can Affect the Firm", *Journal of Applied Corporate Finance*, vol. 8, no. 3, Fall 1995, pp. 115–120.

Moffett, Michael H., and Douglas J. Skinner, "Issues in Foreign Exchange Hedge Accounting", *Journal of Applied Corporate Finance*, vol. 8, no. 3, Fall 1995, pp. 82–94.

Nance, Deana R., Cliffort W. Smith, Jr., and Charles W. Smithson, "On the Determinants of Corporate Hedging", *Journal of Finance*, March 1993, pp. 267–284.

Park, Yoon S., "Currency Swaps as a Long-Term International Financing Technique", *Journal of International Business Studies*, Winter 1984, pp. 47–54.

Rodrguez, Rita M., "Coroporate Exchange Risk Management: Theme and Aberrations", *Journal of Finance*, May 1981, pp. 427–439.

Ruesch, Otto J., "Protecting Your Profits with Foreign Exchange Procedures", *Journal of European Business*, May/June 1992, pp. 34–36.

Soenen, Luc A., and E. G. F. Van Winkel, "The Real Costs of Hedging in the Forward Exchange Market", *Management International Review*, vol. 22, no. 1, 1982, pp. 53–59.

Stulz, Rene M., "Optimal Hedging Policies", *Journal of Financial and Quantitative Analysis*, vol. 19, no. 2, June 1984, p. 127.

_____, "Rethinking Risk Management", *Journal of Applied Corporate Finance*, vol. 9, no. 3, Fall 1996, pp. 8–24.

Swanson, Peggy E., and Stephen C. Caples, "Hedging Foreign Exchange Risk Using Forward Foreign Markets: An Extension", *Journal of International Business Studies*, Spring 1987, pp. 75–82.

第九章

營運風險的衡量與管理

第一節　實質匯率變動與營運風險
第二節　如何衡量營運風險
第三節　管理營運風險的方法與策略

本章重點提示

- 實質匯率 vs. 名目匯率
- 本國貨幣實質貶值與升值的效果
- 各種多角化策略管理營運風險
- 自然避險、外幣轉換、外匯交換

營運風險 (Operating Risk) 是指公司非契約現金流 (Noncontractual Cash Flows) 的本國貨幣價值「有可能」因非預期的實質匯率變化 (Unanticipated Real Exchange Rate Changes) 而產生改變，因而影響到公司整體的價值。非契約現金流是指公司未來（較長遠的未來）的銷貨收入或各項銷貨成本，這些收入或成本都是公司可以預期將來會產生但目前尚未與任何買方或賣方簽定契約。公司受曝於營運風險的程度 (Operating Exposure) 則是衡量實質匯率變動會影響公司整體價值到何種程度。營運風險的產生，主要是因為兩國經濟因素的相對變化而引起實質匯率改變，進而影響到公司在國際市場上的競爭情勢，因此營運風險又稱競爭風險 (Competitive Risk)。營運風險與交易風險合稱經濟風險，乃是因為匯率變動所造成的這兩種風險，會導致從經濟觀點衡量的公司價值產生改變。營運風險不但會影響到公司外幣現金流的本國貨幣價值，也會影響到公司創造現金流（包括外幣及本國貨幣）的能力。本章在第一節中將先對實質匯率改變會如何影響公司營運情形作一說明，再於第二節中描述如何衡量營運風險，至於管理營運風險的方法與策略則於第三節中敘述之。

第一節 實質匯率變動與營運風險

在第六章第一節中，我們曾提到實質匯率 (Real Exchange Rate) 與名目匯率 (Nominal Exchange Rate) 意義不同，並曾描述實質匯率與名目匯率（或稱市場匯率）兩者之間的關係如下：

$$e_t^r = e_t \left(\frac{1 + I_{FC}^e}{1 + I_\$^e} \right) \tag{9–1}$$

在 (9–1) 式中，e_t^r 代表t 期的實質匯率，e_t 代表 t 期的名目匯率。若美國預期通貨膨脹率 ($I_\$^e$) 與外國預期通貨膨脹率 ($I_{FC}^e$) 皆為零，則可知實質匯率等於名目匯率。若美國預期通貨膨脹率比外國的高，而名目匯率並未充分往上調整以沖銷兩國通貨膨脹率之間的差異，則實質匯率下降（即外幣實質貶值）。舉例來說，倘若美國在某年年初的物價指數是 100，年底的物價指數是 112，而臺灣在同年年初的物價指數是 100，年底是 106；另外，假設臺幣兌美元的市場匯率（即名目匯率）在年初是 NT$1 = $0.04，而在年底是 NT$1 = $0.0417。根據相對式購買力平價條件（請參考第六章 (6–3) 式），使 PPP 成立的年底市場匯率應是 NT$1 = $0.0423。由於真正的市場匯率 0.0417 要比 PPP 的市場匯率 0.0423 為小，表示市場匯率未充分往上調整以沖銷兩國通貨膨脹率的差異，因此導致實質匯率下降。以上分析可計算如下：

$$I_\$ = \frac{112 - 100}{100} = 12\% \qquad I_{NT\$} = \frac{106 - 100}{100} = 6\%$$

$$e_1^r = e_1 \cdot \frac{1 + I_{FC}}{1 + I_\$} = 0.0417 \cdot \frac{1 + 6\%}{1 + 12\%}$$

$$= \$0.0395/NT\$$$

實質匯率從年初的 NT$1 = $0.04 下降到 NT$1 = $0.0395。

在上例中，臺幣兌美元的實質匯率下降代表臺幣對美元實質貶值 (Real Depreciation)。一國的通貨實質貶值會使該國的出口在國際市場上更具競爭能力，因此出口會增加；同時，在國內市場上與輸入品競爭的國內產品 (Import-Competing Goods) 也會獲得較好的價格競爭能力，因此輸入品會減少。由是只要本國貨幣實質貶值，則國內產業不論是出口產業或是與輸入品競爭的產業銷售情形與盈餘都傾向變好。反之，若是本國貨幣實質升值 (Real Appreciation)，則不論是出口產業或是與輸入品競爭的產業銷售情形與盈餘都傾向變壞。在 1970 年代末期瑞士法郎兌美元實質升值，使瑞士錶的生產者在世界市場上的競爭情勢轉為不利而盈餘銳減。美國在 1980 到 1985

年期間，由於美元兌其他貨幣實質的升值，也使得美國出口減少，進口增加，對外貿易赤字不斷上升。

一國通貨的實質升值會使該國的出口產業及與輸入品競爭的產業面對左右兩難的困境；若要維持利潤 (Profit Margin) 則失去市場佔有率 (Market Share)；反之，若要保有客戶以維持市場配額，則勢必傷及原有利潤。有關實質匯率改變會如何影響企業競爭情勢進而影響到公司整體的價值 (The Value of the Firm)，我們可以舉若干簡例說明如下：

【例一】假設美國某公司乃一純國內公司 (Purely Domestic Firm, PDF)，在國內從事生產，使用本國原料及勞力資源，並在國內市場銷售其產品，此 PDF 在國內市場面對一國外（德國）來的競爭者，提供相似產品。假設美商與德商的產品單價，單位成本，及單位利潤等資料如下所示：

美商	
單價	$250
單位成本	150
單位利潤	$100

德商	
單價	EURO 500
單位成本	300
單位利潤	EURO 200

假設在 2004 年，美元兌歐元的匯率是 EURO1 = $1.3，則德國產品在美國市場的美元售價為 $650。假設到 2005 年，兩國之間相對通貨膨脹率並未有何改變；但歐元貶值，美元升值，而使匯率改變為 EURO1 = $0.4，此匯率改變並非反映相對通貨膨脹率的改變，因此代表歐元實質貶值或美元實質升值。由於歐元兌美元實質貶值，使德國產品在美國市場售價降為 $200，而使美國產品居於相對競爭劣勢。

歐元對美元貶值前	
美產品單價	$250
德產品單價	$650

歐元對美元貶值後	
美產品單價	$250
德產品單價	$200

美商若要維持原有的市場佔有率，勢必降價，如此則侵蝕到利潤；若要維持利潤，則面對較便宜的德國產品，勢必失去市場配額，因此美商因美元實質升值而面對左右兩難的困境。反之，德商若願意維持原有的利潤，則可以在新的低價（即 \$200）賣其產品而拉攏更多的客戶，若只欲保留原有的客戶，則可按照歐元貶值前的美元售價（即 \$650）銷貨而使其單位利潤上揚，總之，歐元實質貶值使德商游刃有餘，或則增加利潤，或則增加市場配額。

【例二】假設美國某公司專門從事外銷，在國內從事生產，使用本國原料及勞力資源，但將產品出口到瑞士市場，與當地一家廠商的產品競爭。假設美商與瑞士商的產品單價，單位成本與單位利潤等資料如下所示：

美　商	
單價	\$600
單位成本	360
單位利潤	\$240

瑞士商	
單價	SF750
單位成本	450
單位利潤	SF300

假設在 2004 年，美元兌瑞士法郎的匯率是 SF1 = \$0.8，則美國產品在瑞士的瑞士法郎售價為 SF750。假設到 2005 年，兩國之間相對通貨膨脹率並未有何改變，但瑞士法郎貶值，美元升值，而使匯率改變為 SF1 = \$0.5，此匯率改變並非由相對通貨膨脹率改變而引起，因此是實質匯率改變，表示瑞士法郎實質貶值或美元實質升值。由於美元兌瑞士法郎實質升值，使美國產品在法國市場售價上升為 SF1,200，而使美國產品居於相對競爭劣勢。

美元對瑞士法郎升值前	
美產品單價	SF750
瑞士產品單價	SF750

美元對瑞士法郎升值後	
美產品單價	SF1,200
瑞士產品單價	\$750

美商若要維持原有的市場佔有率，則須降價，如此則侵蝕到其美元利潤；若要維持利潤，則必須按照新調高的瑞士法郎價格售貨，在瑞士產品價格不變的情況下，其所居的價格劣勢必定使其喪失市場配額。因此，美出口商因美元實質升值而面對左右兩難的困境。反之，瑞士商面對進口品價格上升的情況下，或則維持原價以擴張其市場，或則稍微調高價格以增加其利潤，無論何種作法，皆因法郎實質貶值而獲得從天而降的好處 (A Wind Fall Gain)。

由【例一】及【例二】得知，企業所面對的國外競爭風險，是因實質匯率改變而產生；一般而言，本國貨幣的實質貶值對企業有利，本國貨幣的實質升值則對企業不利。但實質匯率改變到底會使個別企業的營業淨利增加或減少，還跟許多企業內部因素有關，例如企業是否有調整產品售價的能力（此與產品的需要價格彈性有關）？企業的成本結構是否也會受到匯率變動的影響？企業是否有能力調整生產因素的組合 (Input Mix) 以便儘量使用因匯率改變而致相對價廉的原料？欲衡量實質匯率改變對企業造成的淨效果 (Net Effect) 必須先考慮以上各相關因素，再進一步估算因實質匯率改變而引起的企業營業利潤的淨變化。

第二節 如何衡量營運風險

欲衡量企業受曝於營運風險的程度，我們必須先根據預期匯率改變對企業的產品售價，銷售量及成本結構作合理的調整，再估算調整後公司在未來每一年營業利潤上的變化，此預期變化即代表因實質匯率改變所引起的競爭風險受曝程度。舉例來說：

【例一】假設 AMC 製造公司是一母公司設在美國的跨國公司，該公司生產鋼管，工廠設在美國，60% 的產品在美國銷售，40% 的產品賣到國外（主要是德國）。該公司在國內外市場皆面對外來的競爭者。AMC 在生產過程中僱用本地勞工，但原料則有些在當地購買，有些由國外輸入。所有 AMC 賣出的產品皆是以美元計價，進口原料則是以歐元計價，假設目前歐元兌美元的匯率是 EURO1 = $1.3，根據此匯率所算出的 AMC 的簡化的損益表如下所示：

表 9–1　AMC 簡化損益表，EURO1 = $1.3

（貨幣單位：1,000美元）

銷貨收入：	數量	單價 ($)		總額
國內銷貨收入	300	40	12,000	
國外銷貨收入	200	40	8,000	
總銷貨收入				20,000
銷貨成本：				
工資成本	400	20	(8,000)	
本地原料	500	5.6	(2,800)	
進口原料	500	6	(3,000)	
總銷貨成本				(13,800)
營業毛利				$6,200

註：為簡化起見，本例假設無公司所得稅。

假設管理階層預期在未來這一年歐元將對美元貶值 7.7%，亦即將從 EURO1 = $1.3 貶值到 EURO1 = $1.2。假設歐元貶值並非因相對通貨膨脹率改變而引起，因此是實質貶值 (Real Depreciation)。倘若 AMC 預期，根據歐元的貶值（即美元的升值），公司所可能作的調整如下：

a. 產品在國內市場售價 ($ Price) 會下降 10%，銷售量則會減少 8%。
b. 產品在國外市場售價 ($ Price) 會下降 9%，銷售量則下降 6%。
c. 工資單位成本維持不變，但勞工僱用量則隨著總銷售量成比例下降。
d. 本地原料單位成本下降 4%，僱用量則隨著總銷售量成比例下降。

e. 進口原料單價 (EURO Price) 上漲 8%，僱用量則隨著總銷售量成比例下降。

f. 因歐元貶值使進口原料的美元成本降低，因此管理階層將以十萬單位的進口原料取代十萬單位的本地原料。

根據預期匯率及所作的相關的各項調整，可以估算出新的營業毛利如下：

表 9–2 AMC 簡化損益表，EURO1 = $1.2

（貨幣單位：1,000 美元）

銷貨收入：	數量	單價 ($)		總額
國內銷貨收入	276[a]	36[a]	9,936	
國外銷貨收入	188[b]	36.4[b]	6,843.2	
總銷貨收入				16,779.2
銷貨成本：				
工資成本	371.2[c]	20[c]	(7,424)	
本地原料	364[d&f]	5.376[d]	(1,956.9)	
進口原料	564[e&f]	5.982[e]	(3,373.8)	
總銷貨成本				(12,754.7)
營業毛利				$4,024.5

註：a 國內售價：$\$40 \times (1-10\%) = \$36$

國內銷售量：$300 \times (1-8\%) = 276$

b 國外售價：$\$40 \times (1-9\%) = \$36.4$

國外銷售量：$200 \times (1-6\%) = 188$

c 總銷售量變化百分比：$\dfrac{(276+188)-(300+200)}{(300+200)} = -7.2\%$

勞工僱用量：$400 \times (1-7.2\%) = 371.2$

d&f 本地原料單價：$\$5.6 \times (1-4\%) = \$5.376$

本地原料僱用量：$500 \times (1-7.2\%) - 100 = 364$

e&f 進口原料單價：

$\$6 \div \$1.3/\text{EURO} \times (1+8\%) \times \$1.2/\text{EURO} = \$5.982$

進口原料僱用量：$500 \times (1-7.2\%) + 100 = 564$

比較表 9–1 和表 9–2 中的營業毛利，可以看出 AMC 公司預估歐元實質貶值 7.7% 的效果，是會使該公司營業毛利一年減少 $2,175,500 ($6,200,000 − $4,024,500)。若未來五年的每一年，公司受此匯率變化的影響一樣，則 AMC 未來五年總營運損失 (Total Operating Loss) 的計算，是把每一年的營運損失折成現值後再加總。假設 AMC 所用的折現率 (Discount Rate) 是 15%，其總營運損失為 $7,292,613.416。

以上【例一】的例子，採用較簡化的損益表，因此未考慮公司的營業費用、折舊費用及所得稅等，也未考慮公司是否因銷貨收入改變而引起營運資金 (Working Capital) 的改變；因此，本節再舉一例，進一步闡明實質匯率變化如何影響公司未來的營業淨利情形。

【例二】假設 LNC 公司是一母公司設在美國的跨國公司，有一臺灣子公司 (TCI) 並掌控其百分之百所有權 (Wholly Owned)。此臺灣子公司在當地從事生產，使用當地的原料及人工，產品有一半在臺灣銷售，另一半則銷往亞洲地區其他國家。TCI 所有的銷貨收入皆是以新臺幣為計價單位，其應收帳款佔全年銷貨收入的 25%，存貨佔全年銷貨數量的 20%，存貨單位直接成本是銷售價格的 70%。TCI 因有過剩生產能量 (Excess Production Capacity)，因此很容易擴張生產而不改變其單位直接成本 (Unit Direct Cost)，折舊費用每年為 NT$1,000,000，TCI 的公司所得稅率為 40%。假設在 2004 年年底，TCI 的資產負債表如表 9–3 所示：

表 9–3　TCI 資產負債表，(12/31/2004)

現　金	NT$16,000,000	應付帳款	NT$12,000,000
應收帳款	42,000,000	流動負債	20,000,000
存　貨	23,520,000	長期負債	20,000,000
淨固定資產	48,000,000	普通股股本	15,500,000
總資產	NT$129,520,000	保留盈餘	62,020,000
		總負債加淨值	NT$129,520,000

倘若匯率 (NT$/$) 在未來繼續保持在目前的水準（即維持在 $1 = NT$28），則 TCI 的預期損益表及現金流狀況如表 9–4 所示。

倘若新臺幣兌美元在 2005 年貶值，貶值幅度為 12.5%，即從 2004 年的 $1 = NT$28 貶到 $1 = NT$31.5。此匯率變動對 LNC 的臺灣子公司 TCI 每年所創造的淨利（以美元計算）產生什麼樣的影響，要看 TCI 在銷貨數量與價格方面，以及成本結構上，能夠作出什麼樣的調整，我們考慮兩種調整方案如下：

1. 銷貨數量 (Sales Volume) 增加為原來的 1.5 倍，其他變數不變。
2. 新臺幣銷貨價格 (Sales Price) 比原來提高了 12.5%，其他變數不變。

銷貨數量 (Sales Volume) 增加為原來的 1.5 倍，其他變數不變

倘若新臺幣貶值 12.5% 之後，子公司的成本結構並未改變，同時 TCI 也維持其新臺幣銷售價格不變，因此全年銷貨數量成長 1.5 倍。由於銷貨收入增加，因此應收帳款與存貨也跟著同比例增加，導致子公司在新臺幣貶值的第一年（即 2005 年）要增加營運資金的投資，增加的投資金額為 NT$32,760,000 (NT$21,000,000 + NT$11,760,000)，此筆新增投資金額在此次匯率變動影響期間結束後再回收。銷貨數量增加所引起的現金流改變狀況如表 9–5 所示：

表 9-4　TCI 預期損益表及現金流狀況，2005～

（匯率：NT$28/$）

銷貨收入（1,000,000 單位 @NT$168）	NT$168,000,000
銷貨成本（1,000,000 單位 @NT$117.6）	(117,600,000)
營業費用	(15,772,000)
折舊費用	(1,000,000)
稅前利潤	NT$33,628,000
所得稅 (40%)	(13,451,000)
稅後淨利	NT$20,177,000
折舊費用	1,000,000
營業現金流（以新臺幣計算）	NT$21,177,000
原始匯率 (NT$/$)	28
營業現金流（以美元計算）	$756,321

預估未來每一年現金流狀況：

年	項目	NT$	$
1	營業現金流	21,177,000	756,321
2	營業現金流	21,177,000	756,321
3	營業現金流	21,177,000	756,321
:	:	:	:
:	:	:	:
:	:	:	:
N	營業現金流	21,177,000	756,321

表 9–5 TCI 預期損益表及現金流狀況，2005～
（匯率：NT$31.5/$，銷貨數量增加）

銷貨收入（1,500,000單位@NT$168）	NT$252,000,000
銷貨成本（1,500,000 單位@NT$117.6）	(176,400,000)
營業費用	(15,772,000)
折舊費用	(1,000,000)
稅前利潤	NT$58,828,000
所得稅 (40%)	(23,531,200)
稅後淨利	NT$35,296,800
折舊費用	1,000,000
營業現金流（以新臺幣計算）	NT$36,296,800
新匯率 (NT$/$)	31.5
營業現金流（以美元計算）	$1,152,279

預估未來每一年現金流狀況：

年	項目	NT$	$
1	營業現金流	36,296,800	
	減：新增營運資金投資金額	32,760,000	
		NT$3,536,800	$112,279
2	營業現金流	36,296,800	1,152,279
3	營業現金流	36,296,800	1,152,279
:	:	:	:
:	:	:	:
N	營業現金流	36,296,800	1,152,279
N	回收新增營運資金投資金額	32,760,000	1,040,000

新臺幣銷貨價格 (Sales Price) 比原來提高了 12.5%，其他變數不變

倘若公司得以將新臺幣銷貨價格提高 12.5%（即新售價為 NT$189）而不致影響到原來銷貨數量，則新的銷貨收入為 NT$189,000,000。由於銷貨數量未增加，因此存貨不增加，在此情況下，公司新增的營運資金投資只等於

應收帳款的增加（即 NT$5,250,000）。銷貨價格提高所引起的現金流改變狀況如表 9–6 所示：

表 9–6　TCI 預期損益表及現金流狀況，2005～
（匯率：NT$31.5/$，銷貨價格提高）

銷貨收入（1,000,000 單位@NT$189）	NT$189,000,000
銷貨成本（1,000,000 單位@NT$117.6）	(117,600,000)
營業費用	(15,772,000)
折舊費用	(1,000,000)
稅前利潤	NT$54,628,000
所得稅 (40%)	(21,851,200)
稅後淨利	NT$32,776,800
折舊費用	1,000,000
營業現金流（以新臺幣計算）	NT$33,776,800
新匯率 (NT$/$)	31.5
營業現金流（以美元計算）	$1,072,279

預估未來每一年現金流狀況：

年	項目	NT$	$
1	營業現金流	33,776,800	
	減：新增營運資金投資金額	5,250,000	
		NT$28,526,800	$905,613
2	營業現金流	33,776,800	1,072,279
3	營業現金流	33,776,800	1,072,279
：	：	：	：
：	：	：	：
N	營業現金流	33,776,800	1,072,279
N	回收新增營運資金投資金額	5,250,000	166,667

倘若 TCI 預期此次新臺幣兌美元匯率貶值會影響公司未來五年的現金流，則公司的營運風險受曝程度可估算如表 9–7 所示（假設 LNC 所用的折現率是 20%）：

表 9–7 LNC 營運風險受曝程度估算

（以美元計算）

年	(1)銷貨數量增加[a]	(2)銷貨價格提高[b]
1	−644,042	149,292
2	395,958	315,958
3	395,958	315,958
4	395,958	315,958
5	395,958	315,958
5	1,040,000	166,667
總營運利得（貼現率 20%）	$665,784	$1,034,203

註：a $112,279 − $756,321 = −$644,042
　　$1,152,279 − $756,321 = $395,958
　b $905,613 − $756,321 = $149,292
　　$1,072,279 − $756,321 = $315,958

由表 9–7 得知，LNC 在新臺幣兌美元貶值 12.5% 且影響長達五年的情況下，若採銷貨數量增加策略，則因新臺幣貶值而獲得的總營運利益 (Total Operating Benefit) 為 $665,784；若採銷貨價格提高策略，則因新臺幣貶值而獲得的總營運利益為 $1,034,203。

第三節 管理營運風險的方法與策略

實質匯率的改變會引起產品相對價格變化 (Relative Price Changes)，因而改變了廠商在國際市場上的相對競爭情勢。廠商在面對本國貨幣實質升值時，常須決定是否要保住價格以維持利潤或是犧牲利潤以保有市場佔有率。一般原則是，若預期的本國貨幣升值乃是短期現象，則以犧牲利潤保住客戶為宜，因為有些客戶一旦失去了，便可能永遠失去了。因此，短期的實質匯率調整，應該以保住市場配額為原則。若廠商預見本國貨幣的升值乃是較長期的，因此無法長期的犧牲利潤，在此情況下，則須適度調整價格，合宜減少利潤損失的程度，其代價是會失去一部分客戶。廠商在面對更長期的本國貨幣升值時，可以考慮在貨幣貶值的國家設立工廠，直接在當地從事製造。如此則可與貨幣貶值國家的廠商同樣享受該國貨幣貶值的利益。1985 年 9 月以後的幾年，亞洲許多國家（包括日本）的貨幣都對美元大幅升值，為減少本國貨幣升值所帶來的競爭壓力，許多亞洲廠商都紛紛到美國設廠從事生產，日本的許多汽車公司到美國設立分公司從事汽車生產即是一例。

如何判斷實質匯率的移動是短期現象或長期現象？一般認為，如果匯率的移動，使得目前的匯率與根據國際平價條件所算出的均衡匯率之間的差距變大，則多屬短期現象；反之，則較可能是永久現象。如何管理因實質匯率變動所帶來的營運風險？一般認為，比較有效且長久的方法，是採用多角化策略 (Diversification)。此種多角化策略應包括下列幾種：

1. 產品市場多角化 (Product Market Diversification)
2. 生產地點多角化 (Plant Location Diversification)
3. 原料來源多角化 (Input Source Diversification)

產品市場多角化 (Product Market Diversification)

公司外銷其產品到國際市場時，應該注意不能過度依靠單一行銷網路，即是應同時打開若干市場，以防本國貨幣對某一外幣大幅升值造成盈餘銳減。從 1986 年開始，臺幣對美元的逐步升值，已使臺商明瞭產品市場多角化的重要性，許多廠商積極打開歐洲及亞洲市場，即是要防止過度依賴美元而造成的匯率變動損失。

生產地點多角化 (Plant Location Diversification)

面對較長期的本國貨幣實質升值，一個根本的解決方法是把工廠移往海外，特別是要移往貨幣長期看貶的國家。日本的許多廠商，面對日圓長期升值的壓力，已經在世界各地諸如美國、臺灣、南韓及新加坡等地設立許多生產據點，臺灣的許多廠商也漸漸把廠房設備移往東南亞國家或中國大陸。生產據點愈分散的廠商，愈能抵抗甚至利用匯率變動的效果。也就是說可以在各個工廠之間，發揮移動生產 (Shifting Production) 的功效，令貨幣貶值國家的工廠增產，而令貨幣升值國家的工廠減產。生產地點多角化的壞處是不能發揮集中生產的規模經濟 (Economy of Scale) 效果，但在匯率變動頻繁且幅度大的今日，其在管理匯率變動上所帶來的利益，應是遠超過其因失去規模經濟而產生的損失。

原料來源多角化 (Input Source Diversification)

由於實質匯率變動會改變進口原料與本地原料的相對價格，因此公司應儘量使其在生產的過程中，擁有使用本地原料或進口原料皆可的彈性，也就是說，要儘量使兩種原料之間，具有相當的替代性，如此則可以利用匯率變動的效果來降低原料成本。公司平日即應建立全球性的原料購買網路，一旦有需要時，才能順利與便捷地取得所需的生產投入 (Factor Inputs)。

除了以上這三種多角化策略是預防本國貨幣升值的未雨綢繆之計或是因應之道以外，公司在面臨本國貨幣實質升值的同時，一個正本清源之計，是要提高自身的生產力 (Raising Productivity)，改進產品的品質，使產品在國際市場上能獲得更多的競爭力。日本的各種產品在國際市場上一向以品質好，形象佳著稱，因此並不因日圓升值而阻斷銷路。臺灣廠商在經由 1980 年代中期以後臺幣的持續升值，仍能愈挫愈勇，外銷業績持續看好，改善生產力，運用力求降低成本的各種策略不失為原因之一。

前述多角化策略及提高生產力是企業在預防或因應實質匯率升值時可採行的根本之計，除此之外，企業也可以運用一些操作上的策略或較長期的金融工具來管理營運風險，例如：自然避險 (Natural Hedge)、外幣轉換 (Currency Switching)、外匯交換 (Currency Swap) 等。

自然避險 (Natural Hedge)

管理較長期的匯率風險的有效方法之一，是儘量使企業的現金收入與現金支出用同樣的貨幣計價，如此則達到自然避險的目的。例如，某臺商有長期穩定的日圓外銷收入，因此，若有借款需求，可以在日圓金融市場取得借款，如此，則可以用日圓外銷收入，來支付日圓借款的本金與利息，而不必另外花費資源管理日圓外銷收入的營運風險。

外幣轉換 (Currency Switching)

企業在與貿易夥伴簽定銷售或購買合約時，可以考量自身的外幣部位，再與貿易夥伴商量，使用某種外幣作為計價貨幣，藉此將營運風險轉移掉。例如，某臺商有長期穩定的日圓外銷收入，且臺商從美國進口原料，在此情況下，臺商可與美國出口商商量，使其接受日圓付款，如此則臺商的進出口皆是以日圓計價；臺商當然也可以勸服日本的進口商支付美元，而使美國的出口商收取美元，如此則臺商的進出口皆是以美元計價。運用外幣轉換可以達到自然避險的目的。

外匯交換 (Currency Swap)

外匯交換合約的到期期限可能長達十數年，因此提供企業一個長期的匯率風險避險管道。企業在經營的過程中，因為現金流的計價貨幣以及現金流的到期結構常有變動，因此運用交換合約，不僅可以規避匯率風險，或將匯率變動所產生的外匯利得鎖住，還可順應企業資產到期結構的改變而將負債的到期結構進行調整。交換合約通常是透過交換銀行 (Swap Banks) 的安排。交換合約可以看作是一連串遠期合約 (A Series of Forward Contracts) 的組合。交換合約在會計處理上是非資產負債表項目，只列在報表中的附註欄內，因此不會增加企業的會計風險或經濟風險，有關交換合約的介紹，將於第十二章中再作詳述。

本章描述營運風險的衡量與管理。首先，就營運風險及營運風險受曝程度作成定義；接著分析實質匯率變動如何使進口廠商及出口廠商受曝於營運風險之下。本章並舉例說明如何運用財報資料及管理階層對匯率的預期衡量營運風險，本章最後介紹管理營運風險的方法與策略。

外匯交換	(Currency Swap)
外幣轉換	(Currency Switching)
多角化策略	(Diversification)
規模經濟	(Economy of Scale)
自然避險	(Natural Hedge)
名目匯率	(Nominal Exchange Rate)
營運風險受曝程度	(Operating Exposure)
營運風險	(Operating Risk)
實質升值	(Real Appreciation)
實質貶值	(Real Depreciation)
實質匯率	(Real Exchange Rate)
相對價格變化	(Relative Price Changes)
移動生產	(Shifting Production)

Abuaf, Niso, "The Nature and Management of Foreign Exchange Risk", *Midland Corporate Finance Journal*, Fall 1986, pp. 30–44.

Adler, Michael, and Bernard Dumas, "Exposure to Currency Risk: Definition and Measurement", *Financial Management*, Spring 1984, pp. 41–50.

Ahkam, Sharif N., "A Model for the Evaluation of and Response to Economic Exposure Risk by Multinational Companies", *Managerial Finance*, 1995, pp. 7–22.

Andrew Khoo, "Estimation of Foreign Exchange Exposure an Application to Mining Companies in Australia," *Journal of International Money and Finance*, vol. 13(3), June 1994, pp. 342–363.

Bartov, Eli, and Bodnar, Gordon M., "Firm Valuation, Earnings Expectations, and the Exchange-Rate Exposure Effect", *Journal of Finance*, December 1994, pp. 1755–1785.

Bilson, John, "Managing Economic Exposure to Foreign Exchange Risk: A Case Study of American Airlines", in Y. Amibud and R. Levich, editors, *Exchange Rates and Corporate Performance*, Irwin Professional Publishing, 1994.

Booth, Laurence, and Wendy Rotenberg, "Assessing Foreign Exchange Exposure: Theory and Application Using Canadian Firms", *Journal of International Financial Management and Accounting*, vol. 2, no. 1, Spring 1990, pp. 1–22.

Carter, Joseph R., Shawnee K. Vickery, and Michael P. D'Itri, "Currency Risk Management Strategies for Contracting with Japanese Suppliers", *International Journal of Purchasing & Materials Management*, vol. 29, no. 3, Summer 1993, pp. 19–25.

Dickins, Paul, "Daring to Hedge the Unhedgeable", *Corporate Finance*, August 1988, 11–13.

Dufey, Gunter, "Corporate Financial Policies and Floating Exchange Rates", Address Presented at the Meeting of the International Fiscal Association in Rome, October 14, 1974.

_____, "Corporate Financial and Exchange Rate Variations", *Financial Management*, Summer 1972, pp. 51–57.

_____, “Funding Decisions in International Companies”, in Foran Bergendahl, ed., *International Financial Management*, Stockholm: Norstedts, 1982, pp. 29–53.

Dufey, Gunter, and S. L. Srinivasulu, “The Case for Corporate Management of Foreign Exchange Risk”, *Financial Management*, Winter 1983, pp. 54–62.

Eaker, Mark R., and Dwight Grant, “Optimal Hedging of Uncertain and Long-Term Foreign Exchange Exposure”, *Journal of Banking and Finance*, June 1985, pp. 222–231.

Flood, Eugene, Jr., and Donald R. Lessard, “On the Measurement of Operating Exposure to Exchange Rates: A Conceptual Approach”, *Financial Management*, Spring 1986, pp. 25–36.

Giddy, Ian H., “Exchange Risk: Whose View?”, *Financial Management*, Spring 1986, pp. 25–36.

Glaum, Martin, “Strategic Management of Exchange Rate Risks”, *Long Range Planning*, vol. 23, no. 4, 1990, pp. 64–72.

Grant, Robert, and Luc A. Soenen, “Conventional Hedging: An Inadequate Response to Long-Term Foreign Exchange Exposure”, *Managerial Finance*, vol. 17, no. 4, 1991, pp. 1–4.

Harris, Trevor S., and Nahum D. Melumad, “An Argument Against Hedging by Matching the Currencies of Costs and Revenues”, *Journal of Applied Corporate Finance*, vol. 9, no. 3, Fall 1996, pp. 90–97.

Hekman, Christine R., “Don’t Blame Currency Values for Strategic Errors”, *Midland Corporate Finance Journal*, Fall 1986, pp. 45–55.

_____, “A Financial Model of Foreign Exchange Exposure”, *Journal of International Business Studies*, Summer 1985, pp. 83–99.

_____, “Measuring Foreign Exchange Exposure: A Practical Theory and Its Application”, *Financial Analysts Journal*, September/October 1983, pp. 59–65.

Henrey, Robert, and Dana Jaffe, “DASTM: The Mexican Peso Devaluation Rules”, *International Tax Journal*, vol. 21, no. 4, Fall 1995, pp. 16–25.

Jacque, Laurent L., *Management of Foreign Exchange Risk: Theory and Practice*, Lexington, Mass.: Heath, 1978.

_____, "Management of Foreign Exchange Risk: A Review Article", *Journal of International Business Studies*, Spring/Summer 1981, pp. 81–101.

Johnson, Robert, "Evaluating the Impact of Investment Projects on the Firm's Currency Exposure", *Managerial Finance*, 1994, pp. 51–58.

Jorion, Philippe, "The Exchange-Rate Exposure of U.S. Multinationals", *Journal of Business*, vol. 63, no. 3, July 1990, pp. 331–345.

Khoo, Andrew, "Estimation of Foreign Exchange Exposure: an Application to Mining Companies in Australia", *Journal of International Money and Finance*, vol. 13(3), June 1994, pp. 342–363.

Kohn, Ken, "Futures and Options: Are You Ready for Economic-Risk Management?", *International Investor*, September 1990, pp. 203–204, 207.

Kwok, Chuck C. Y., "Hedging Foreign Exchange Exposures: Independent vs. Integrative Approach", *Journal of International Business Studies*, Summer 1987, pp. 33–52.

Lessard, Donald R., "Global Competition and Corporate Finance in the 1990s", *Continental Bank Journal of Applied Corporate Finance 5*, 1990, pp. 9–72.

Lessard, Donald R., and John B. Lightstone, "Volatile Exchange Rates Can Put Operations at Risk", *Harvard Business Review*, July-August 1986, pp. 107–114.

Levich, Richard M., and Clas G. Wihlborg, eds., *Exchange Risk and Exposure*, Lexington, Mass.: Lexington Books, 1980.

Lewent, Judy C., and A. John Kearney, "Identifying, Measuring, and Hedging Currency Risk at Merck", *Continental Bank Journal of Applied Corporate Finance*, 1990, pp. 19–28.

Logue, Dennis E., "First We Kill All the Currency Traders", *Journal of Business Strategy*, vol. 17, no. 2, March/April 1996, pp. 12–13.

Luehrman, Timothy A., "The Exchange Rate Exposure of a Global Competitor", *Journal of International Business Studies*, vol. 21, no. 2, 1990, pp. 225–242.

Malindretos, John, and Demetri Tsanacas, "Hedging Preferences and Foreign Exchange Exposure Management", *Multinational Business Review*, vol. 3, no. 2, Fall 1995, pp. 56–66.

Mendoza, Enrique G, "The Terms of the Trade, the Real Exchange Rate, and Economic Fluctuations", *International Economic Review*, vol. 36, February 1995, pp. 101–137.

Millar, Bill, "Exposure Management at the Crossroads", *Business International Money Report*, Special FX Issue, December 18, 1989, pp. 401–411.

Millar, William, and Brad Asher, *Strategic Risk Management*, Business International, New York, January 1990.

Moffett, Michael H., and Jan Karl Karlsen, "Managing Foreign Exchange Rate Economic Exposure", *Journal of International Financial Management and Accounting,* vol. 5, no. 2, June 1994, pp. 157–175.

Nance, Deana R., Clifford W. Smith Jr., and Charles W. Smithson, "On the Determinants of Corporate Hedging", *Journal of Finance*, March 1993, pp. 267–284.

Neumann, Manfred, "Real Effects of Exchange Rate Volatility", *Journal of International Money and Finance*, vol. 14(3), June 1993, pp. 417–426.

O'Brien, Thomas J., "Corporate Measurement of Economic Exposure to Foreign Exchange to Foreign Exchange Risk", *Financial Markets Institutions and Instruments*, vol. 3(4), 1994, pp. 1–60.

Pringle, John J., "Management Foreign Exchange Exposure", *Journal of Applied Corporate Finance*, vol. 3, no. 4, Winter 1991, pp. 73–82.

_____, "A Look at Indirect Foreign Exchange Exposure", *Journal of Applied Corporate Finance*, vol. 8, no. 3, Fall 1995, pp. 75–81.

Rawls, S. Waite, III, and Charles W. Smithson, "Strategic Risk Management", *Journal of Applied Corporate Finance*, Winter 1990, pp. 6–18.

Scgnabel, Jacques A., "Real Exposure to Foreign Currency Risk", *Managerial Finance*, 1994, pp. 69–77.

Scheirer, Lois R., "Going Global: What Does It Mean for Foreign Exchange Risk Management?", *Treasury Management Association Journal*, vol. 14, no. 3, May/June 1994, pp. 54–58.

Shafa, H. S., Shandiz. M., and Meyer, J., "International Risk Analysis: An Empirical

Investigation of Practices of Malaysian International Firms", *Managerial Finance*, vol. 21, 1995, pp. 44–61.

Shapiro, Alan C., "Exchange Rate Changes, Inflation, and Value of the Multinational Corporation", *Journal of Finance*, May 1975, pp. 485–502.

_____, and David P. Rutenberg, "Managing Exchange Risks in a Floating World", *Financial Management*, Summer 1976, pp. 73–82.

_____, and Robertson, Thomas S., "Managing Foreign Exchange Risks: The Role of Marketing Strategy", working paper, The Wharton School, University of Pennsylvania, 1976.

Soenen, Luc A., and Jeff Madura, "Foreign Exchange Management–A Strategic Approach", *Long Range Planning*, vol. 24, no. 5, October 1991, pp. 119–124.

Stonehill, Arthur I., Niels Ravn, and Kare Dullum, "Management of Foreign Exchange Economic Exposure", in Goran Bergendahl, ed., *International Financial Management*, Stockholm: Norstedts, 1982, pp. 128–148.

Wihlborg, Clas, "Economics of Exposure Management of Foreign Subsidiaries of Multinational Corporations", *Journal of International Business Studies*, Winter 1980, pp. 9–18.

Wu, Yangru, "Are Real Exchange Rates Nonstationary? Evidence from a Panel-Date Test", *Journal of Money, Credit & Banking*, vol. 28, February 1996, pp. 54–63.

第

篇

國際金融市場與資金來源

跨國公司在作各項決策時，常會思及國際化(Thinking International)，因此在籌募資金時也不例外。如何能在國際市場上以較低成本融得所需的資金，必須先瞭解國際上各種可利用的金融市場及金融工具，本篇將對此作一介紹。本篇第十章介紹國際貨幣市場及國際債券市場，第十一章討論國際股票市場，第十二章則論及國際銀行業務及金融交換。

第十章

國際貨幣市場及國際債券市場

第一節　歐洲通貨市場
第二節　國際債券市場
第三節　國際債券評價模型

本章重點提示

- 各個主要的歐洲通貨業務中心
- 歐洲通貨市場各種金融工具
- 歐洲通貨的創造過程
- 外國債券 vs. 歐洲債券
- 國際債券市場的各種金融工具

金融市場的存在，是為了便利資金的移轉 (Transfer of Funds)，經濟體系內的盈餘單位 (Surplus Units)，或稱儲蓄者 (Savers)，有了剩餘資金，將其借給一些赤字單位 (Deficit Units)，或稱借款者 (Borrowers)。此種資金移轉或借貸過程的完成，是靠著金融市場中的金融機構 (Financial Intermediaries) 作媒介，才能順利進行，持續不斷。每一個國家本身都有其國內的金融市場 (Domestic Financial Markets)；國內金融市場的特質，是所有的交易，雖然可能有外國人參與，但都是以本國貨幣完成。例如，美國的金融市場，得以向國外吸取很多資金，國外的個人投資者或是廠商，基於美國政治安定、文化教育各方面條件良好，也願意將錢存在美國的銀行或投資美國股市；當然，也有許多外國廠商常在美國的金融市場借錢，這些資金的移轉，都是以「美金」型態完成，所以是國內金融市場的活動。

公司向國內金融市場借錢的方式可以分為直接融資 (Direct Financing) 和間接融資 (Indirect Financing) 兩種。直接融資是透過一些投資銀行 (Investment Banks) 的協助，直接在金融市場發售股票或債券，間接融資則是向一般商業銀行 (Commercial Banks) 取得銀行貸款 (Bank Loans)。企業在國內金融市場喜歡以何種方式借錢，因國而異。譬如說，美國及英國的企業，多喜歡以發售證券的方式直接融得資金；德國，日本及一些亞洲國家的公司則偏向倚重向銀行借款。目前的趨勢是，在工業國家及一些新興國家，投資銀行的業務愈來愈拓展，也就是說，直接融資將會是這些國家未來企業取得資金的主要方式。

隨著電訊傳播技術的日趨進步，以及各國金融管制的逐漸解除，各國的金融市場日趨整合，也使得各主要金融中心的業務競爭日趨激烈。各國投資者及借款者，在面對今日更加整合的國際金融市場，以及在市場競爭之下不斷推陳出新的各類型新金融商品，更須瞭解自己有何種可利用的投資及融資管道，以便能在充分獲得資訊之後，作出對自身最有利的決策。

國際金融市場 (International Financial Markets) 主要是由世界上最重要的幾個金融中心構成，包括倫敦 (London)、紐約 (New York)、東京 (Tokyo) 及法蘭克福 (Frankfurt)，以及一些其他的市場，例如新加坡 (Singapore)、香港 (Hong Kong)、盧森堡 (Luxembourg)、蓋門島 (Cayman Islands) 及巴哈馬 (The Bahamas) 等國的金融市場。國際金融市場與國內金融市場的最重要的不同點在於前者可接受該市場所在國貨幣以外的其他通貨作為存放款或證券的計價貨幣。另外，國際金融市場對於相關限制較少，因此可以吸引大量資金，並有效降低融資者的資金成本。

本章第一節介紹國際貨幣市場，一般通稱之為歐洲通貨市場 (Eurocurrency Markets)，其興起及交易的金融工具以及歐洲美元的創造過程，第二節描述國際債券市場 (International Bond Market)，第三節則討論國際債券評價 (International Bond Valuation) 模型。

第一節　歐洲通貨市場

歐洲通貨市場的誕生與成長

國際貨幣市場的核心為歐洲通貨市場，在早期是以歐洲美元市場 (The Eurodollar Market) 為主。在 1959 年，也就是布雷頓梧茲協定簽定後的第十五年，歐洲的外匯市場重新恢復運作，各國外匯又再度可以自由的在市場中買賣，不過只限於經常帳的交易；也就是說，買賣外匯必須是為了從事商品與勞務的國際貿易。在歐洲外匯市場重新開放之前兩年（即 1957 年），歐洲美元市場已經開始出現。簡單來說，歐洲美元是指在美國境外之美元，而歐洲美元市場就是位於美國境外（主要是倫敦），同時接受美元存款並提供美元放款的金融市場。在 1957 年之前，歐洲除了英國之外，也有其他國家從事接受美元存款的業務，但多屬暫時性或只接受美元存款而未同時提供美元放款業務。例如，蘇聯及東歐一些國家，在二次世界大戰結束後，與美國成為政治上對峙的局面，這些國家開始擔心其存放在紐約的美元存款，有可能因為政治上的原因而被美國凍結或沒收，於是將其在紐約的美金存款所有權，移轉至位於倫敦及巴黎的兩家蘇聯主控的銀行，分別是 The Moscow Narodny in London 及 The Banque Commerciale Pour 1' Europe du Nord in Paris；當時蘇聯的想法是，美國應不致於凍結或沒收所有權屬於英國或法國銀行的存款。不過這兩家接受美元存款的銀行，並沒有同時從事美元放款的業務，因此還不算真正創造了歐洲美元市場。

歐洲美元市場的誕生，正式說來，應是在 1957 年。在 1956 年發生的蘇伊士運河危機事件 (The Suez Crisis)，埃及總統欲將蘇伊士運河國有化，引起英、法等國對埃及的攻擊，美國為了迫使英國從埃及撤兵，透過聯邦準備銀行大賣英鎊來促使英鎊貶值，同時又阻止英國向 IMF 借款。英國的中央銀行 (The Bank of England) 為了要制止英鎊貶值，遂禁止本國銀行將英鎊貸放給外國客戶，目的之一是要防止外國人持有過多英鎊以致能靠賣英鎊來影響英鎊的匯率。然而，英國的海外及商買銀行 (Overseas and Merchant Banks) 主要是靠貸放英鎊給外國人作國際貿易維生，在不得貸放英鎊給外國人的法令限制下，只得另謀生路。商買銀行開始從事美元存放款業務，他們提供足夠吸引美元資金的存款利率，再將美元貸放出去。由於英國的中央銀行採取「不管制」的態度，允許商買銀行從事非英鎊的存放款業務，由是歐洲美元市場開始起飛，且一直以「不管制」為其特色。發展至今，歐洲美元市場已不再侷限於美元，而是各種主要通貨皆有的歐洲通貨市場，包括如歐洲日元 (Euroyen)、歐洲英鎊 (Eurosterling) 等等。

雖然歐洲通貨市場的誕生是由於英鎊危機，但其日後快速的成長與發展則拜美國在 1960 年代所施行的若干金融管制政策之賜。美國在 1960 年代，因為國際收支赤字的困境，而施行一連串資本管制政策。首先，為了防止國內資金外流，施行了利息均等稅 (Interest Equalization Tax) 以及外信限制方案 (Foreign Credit Restraint Program) 等政策，使得外國公司或美國企業在國外的分支機構取得美金的成本提高，這些機構因此轉往歐洲美元市場來取得所需之美金。其次，美國聯邦準備理事會的 Q 管制條款 (Federal Reserve Regulation Q) 對國內銀行存款利率設定了上限 (Interest Ceiling)，使得美國國內銀行不能夠藉自由調高利率來吸引存款戶，無法反應市場利率水準的變動。在 1960 年代後期，歐洲美元存款利率比美國境內的存款利率高出很多，甚至達到 5 個百分點。這些因素促使歐洲美元市場的地位日趨重要；美國很多銀行都開始尋找在倫敦設立分行，以便能藉自身的競爭能力，調高利率，吸收資金，拓展業務。當時在倫敦市場設立分行須符合最低資本額 $500,000 的要求，因此一些財力不足或尋求低成本的銀行就轉往加勒比海 (Caribbean) 設立所謂的介殼分行 (Shell Branches)，例如，在 1969 年，40 家美國銀行在巴哈馬群島的納梢市 (Nassau) 成立介殼分行，當時美國國內各大銀行就是靠著這些介殼分行在海外吸收資金維持業務成長，因為美國銀行在國外的分行可以不受利率上限的管制。

由於歐洲美元市場不受管制，因此提供的存款或貸款利率都較為吸引人。例如，歐洲美元存款不受美國聯邦準備理事會所制定的 M 管制條款 (Federal Reserve Regulation M) 限制，無須提存法定準備 (Legal Reserve Requirements)，因此百分之百的存款都可貸放出去。此外，歐洲美元存款也不必受美國聯邦存款保險公司 (Federal Deposit & Insurance Corporation, FDIC) 的管制，因此銀行可以不必買保險而省下一筆保險金 (Insurance Premium)。由於存放款金額龐大以及銀行保有存款的成本較低，因此，可以提供較高的存款利率及較低的放款利率，使得歐洲美元市場的利率價差 (Interest Rate Spread) 常小於 1%，要比相對應的國內市場的利率價差為小（請參考圖 10–1）。從過去到現在，歐洲通貨市場「不管制」的特色，大致可歸納為下列幾項：

1. 不受法定準備率的管制
2. 不受存款保險的管制
3. 不受利率上限的管制
4. 不課徵預扣稅 (Withholding Tax)

5. 揭露要求 (Disclosure Requirement) 較不嚴格

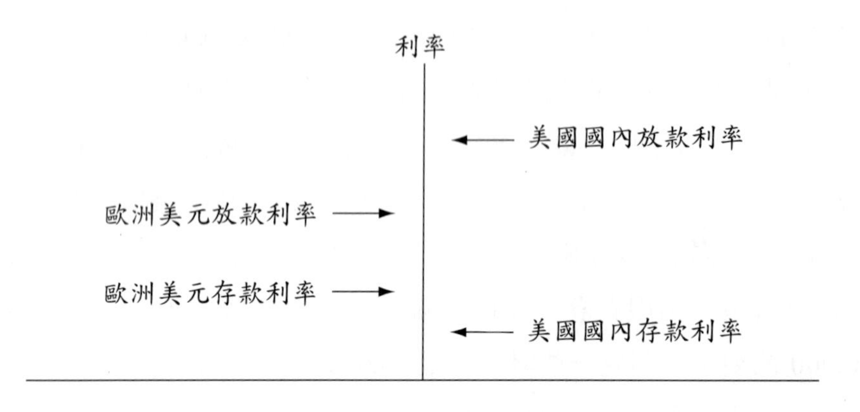

圖 10–1　利率價差比較

隨著固定匯率時代的結束，在 1960 年代助長歐洲通貨市場成長的因素諸如利息均等稅及外信限制方案等都已廢止或消失，但該市場仍然繼續地快速成長。歐洲通貨市場在 1970 年代仍能繼續興盛的主因之一，是此市場對於借款者而言提供了便利性，借款者可以在自己國家的金融市場融得以不同外幣計價的資金，而不必遠赴不熟悉的他國金融市場。除了在當地市場借外幣的便利性，歐洲通貨市場存在的另一利基是其較國內金融市場管制為少，以致於有較少利率價差足以吸引存款者及借款者。不過，近年來各國國內金融市場管制逐漸鬆綁，使得歐洲通貨市場「不管制」的特色不若以往彰顯，而歐洲通貨市場提供給借款者的便利性 (Convenience)，則愈發成為支撐該市場快速發展的重要動能。

歐洲通貨業務中心 (Eurocurrency Centers)

歐洲通貨市場剛開始時，完全是以「美元」為計價基礎，因此當時只能稱作是歐洲美元市場，之後主要工業國家的貨幣也漸漸被用來作為計價基礎，因此今日的歐洲通貨 (Eurocurrencies)，除了有歐洲美元，還有歐洲加幣 (Euro-Canadian Dollar)、歐洲瑞士法郎 (Euro-Swiss Franc)、歐洲英鎊 (Eurosterling)、歐洲日圓 (Euroyen) 等等。最初的歐洲美元市場主要是位於倫敦，後來只要各金融中心有從事以非當地貨幣為計價基礎的存放款業務，都構成歐洲通貨市場的一部分。由於歐洲通貨市場是由倫敦起飛，因此倫敦仍是今日世界上最重要的歐洲通貨業務中心。歐洲除了倫敦以外，尚有巴黎、蘇黎世也是重要的歐洲通貨業務中心，其他還有亞洲的新加坡、香港、日本；加勒比海及中美洲的蓋門島、巴哈馬群島；美國各州的 IBFs (International Banking Facilities)；中東的巴林 (Bahrain) 皆是今日世界重要的歐洲通貨業務中心。

各個主要的歐洲通貨業務中心，可以概括介紹如下：

西歐 (Western Europe)

位於西歐的倫敦是最早成立也是至今最重要的歐洲通貨業務中心。目前倫敦的歐洲通貨市場，是以美國及日本銀行的業務量最大。由於倫敦是歐洲通貨信用貸款最主要的中心，因此倫敦銀行同業拆放利率 (LIBOR) 遂成為最被廣泛使用的參考利率。

美國 (The United States)

美國聯邦準備理事會在 1981 年 12 月正式准許銀行在美國境內成立歐洲通貨業務中心，稱之為國際銀行業務體制 (International Banking Facilities, IBFs)。IBFs 是銀行（美國銀行、外國銀行在美國的分行或艾奇法案公司 (Edge Act Corporations)）帳戶上分開處理的一套資產與負債體系，而不是另成立的獨立金融機構，因此 IBFs 是會計上的實體而非法律上的實體，也就是說，IBFs 雖是實體上在美國境內營業，但其存款業務，不受美國存款準備率、聯邦存款保險 (FDIC) 或利率上限 (Interest Ceiling) 的管制。

IBFs 的存款戶或放款戶僅限於外國居民、IBFs 的同業、或 IBFs 的母公司。非銀行客戶存款或取款至少要達 10 萬美元，取出累積利息或結清帳戶則不受此限制。非銀行客戶的存款，到期期限須符合至少兩個工作天的要求。IBFs 不可發行可轉讓的金融工具（例如可轉讓的定期存單），此乃為防止 IBFs 的金融工具流入美國居民的手中。IBFs 對於非銀行客戶的放款要受到取得資金流向 (Use of Proceeds) 的限制，即借款戶貸款所得的資金，不得用來替其在美國境內的企業融資。

為了吸引 IBFs 的業務，美國許多州都給予 IBFs 免繳州稅及地方稅的優惠，美國擁有的 IBFs 目前也不必繳聯邦稅，但外國擁有的 IBFs 仍須繳聯邦稅。自從 IBFs 成立以來，已將大量的歐洲通貨業務從加勒比海轉移到美國境內，導致加勒比海介殼分行的歐洲通貨業務成長停滯。IBFs 的歐洲通貨業務較中美洲的歐洲通貨業務佔優勢之處，在於美國能提供政治上的安定性，因此外國資金較喜將存款置於美國境內的 IBFs。但 IBFs 也不能完全取代加勒比海的介殼分行，此乃因美國居民 (U.S. Residents) 可以從境外借得歐洲美元資金，卻不能從境內的 IBFs 融得歐洲美元。

中美洲 (Central America)

位於中美洲的蓋門島是美國銀行最喜歡在海外建立介殼分行的地區。這些介殼分行因為是在美國境外登記，因此在當地（蓋門島）是法律上確實有登記的公司，只不過營運項目就如同美國境內的國際銀行業務體制 (IBFs) 一樣，是反應在美國境內總公司帳戶上分離出來的一套資產與負債體系內，介殼分行的實際業務也是由美國境內總公司的人員經辦。國際大銀行喜歡在蓋門島建立介殼分行的原因是：⑴營業利潤可享受免稅或低稅率優惠，比在英國成立分行省稅；⑵易於達到最小資本額的要求，事實上母公司的資本就可充當介殼分行的資本；⑶任何歐洲通貨業務不受法定準備率及其他管制；⑷通用語言是英語且現代通訊設備便捷；⑸營業時間與美國紐約同時區。由於以上原因，蓋門島居民雖不及兩萬人，卻有五百家國際大銀行的分行。

中東 (The Middle East)

巴林是中東地區歐洲通貨業務及外匯交易中心，過去中東的金融中心是黎巴嫩 (Lebanon) 的貝魯特 (Beirut)，由於黎巴嫩的戰爭使巴林取代了貝魯特的地位，同時由於巴林靠近沙烏地阿拉伯 (Saudi Arabia)，而很多歐洲通貨信用貸款都是以美元或沙烏地阿拉伯的瑞亞 (Riyal) 為計價貨幣，因此巴林因為是瑞亞的交易中心而在中東地區成為金融重心。

亞洲 (Asia)

新加坡是亞洲的歐洲通貨業務中心，或可稱其為亞洲美元市場 (Asian Dollar Market)。1968 年 10 月美國銀行 (Bank of America) 的新加坡分行獲得當地政府的許可，開始承辦歐元銀行業務，成為第一個在新加坡境內的國際銀行業務體制，此體制稱之為亞洲通貨單位 (Asian Currency Unit, ACU)。ACU 被准予接受美元（或其他外幣）存款及放款，但存款戶或放款戶必須為非當地居民，目前當地的亞洲美元（或其他外幣）放款是以新加坡銀行同業拆放利率 (SIBOR) 為參考利率。日本也在 1986 年在其境內建立其國際銀行業務體制 (IBFs)，稱之為日本境外市場 (Japan Offshore Market, JOM)，而東京也成為日本的歐洲通貨業務中心。

歐洲通貨市場金融工具與利率

地處歐洲通貨市場的銀行，凡有從事歐洲通貨的業務，即可稱之為歐元銀行 (Eurobanks)。歐元銀行一般接受歐洲通貨存款 (Eurocurrency Deposits)，也提供歐洲通貨銀行貸款 (Eurobank Loans)。歐洲美元存款 (Eurodollar Deposits) 的定義是存放在美國境外的銀行，以美元計價的定期存款 (Time Deposits)。歐洲通貨市場的每筆交易金額都很龐大，通常一筆交易至少是 100 萬美元或其等值。當歐元銀行從客戶接受一筆歐洲美元存款時，該歐元銀行資產負債表的負債面 (Liabilities) 就增加了一筆美元定期存款，同時，資產面 (Assets) 也增加一筆存放在美國某國內銀行的美元活期存款 (Demand Deposit)，如下所示：

歐　元　銀　行

資　產	負　債
美元活期存款——在美國某國內銀行 +$1,000,000	某客戶美元定期存款 +$1,000,000

歐洲通貨市場的金融工具，代表國際貨幣市場的金融工具，其種類相當多，我們可以從歐元銀行的資產面及負債面看出其中一部分。歐元銀行構成歐洲通貨市場部分的負債面大致包括有不定期存款 (Call Money)、定期存款、可轉讓定期存單 (Negotiable Certificate of Deposit, NCD)，及浮動利率定期存單 (Floating-Rate Certificate of Deposit, FRCD)；資產面則包括對銀行同業放款 (Loans to Banks) 及對外國公司、政府部門及國際機構放款 (Loans to

Foreign Companies, Foreign Governments and International Institutions)；茲將這些金融工具簡述如下：

歐元銀行負債面

1.不定期存款

歐洲通貨不定期存款沒有設定到期期限，存款者若要將存款金額提出，或許會被銀行要求須給予預先通知。

2.定期存款

歐洲通貨定期存款設有到期期限，利率在存款期間維持固定不變，存款者必須在到期時才能將本金與利息提走，此類存款目前仍是佔歐元銀行負債面的最大比例。

3.可轉讓定期存單 (NCD)

可轉讓定期存單 (NCD) 與定期存款 (Time Deposit) 不同之處，在於前者可以在次級市場 (Secondary Market) 中交易，因此存款者若在到期之前想要將存款取回，可以在次級市場將存單售出，換回現金。

4.浮動利率定期存單 (FRCD)

固定利率定期存款使銀行及存款戶雙方都承擔有利率風險 (Interest Rate Risk)；市場利率上升時損及存款戶，市場利率下降時又傷及銀行。因此，近年來，浮動利率定期存單愈來愈盛行，此種存單的利率乃是釘住某一參考利率 (Reference Rate)，按期隨著參考利率的變動而作調整，FRCD 使銀行的成本及存款戶的報酬都能反映市場利率，雙方都不再承擔利率風險。

歐元銀行資產面

1.對銀行同業放款

歐元銀行對銀行同業放款，多屬較短期的性質。事實上，由於利率是浮動利率 (Floating-Rate)，因此不論到期期限為多少年，本質上都是具有短期性。歐元銀行彼此間的借貸是透過電話完成，每一家歐元銀行隨時有存款利率 (Bid Rate) 及放款利率 (Ask Rate or Offered Rate) 供客戶參考使用。在歐洲通貨市場上最重要的存款利率，稱之為銀行同業拆借利率 (Interbank Bid Rate, IBID)，是指歐元銀行在接受銀行同業存款資金時所願支付的利率；歐洲通貨市場上最重要的放款利率稱之為銀行同業拆放利率 (Interbank Offered Rate, IBOR)，是指歐元銀行對銀行同業放款所收取的利率。就主要的歐洲通貨而言，銀行同業拆借與拆放利率差異通常是 12.5 個基點（即 0.00125%）。

2.對外國公司、政府部門及國際機構放款

歐元銀行對外國公司、政府部門與國際機構放款，稱之為歐洲通貨信用貸款 (Eurocredit Bank Loans)，其到期期限較銀行同業之間的放款期限為長，此類貸款構成歐洲通貨信用市場間接融資的部分。由於此類貸款通常額度較大，甚至超過單一銀行的最高放款極限，因此眾多銀行常組成聯貸銀行團 (Syndicate) 共同分擔貸款風險。聯貸銀行團信用貸款 (A Syndicated Bank Loan) 是由一家領導安排銀行 (A Lead Arranger Bank) 代表其借款客戶進行安排，領導安排銀行徵求其他銀行的參與，每一參加銀行 (Participating Bank) 負責提供貸款總額的一部分資金；至於貸款總額，到期期限，參考利率等細節問題則由領導安排銀行，領導管理與承銷銀行 (Lead Managing and Underwriting Banks) 與借款客戶共同擬定。由上得知，聯貸銀行團內的成員可以分為三個群體：(1)領導安排銀行、(2)領導管理與承銷銀行，及(3)參加銀行。聯貸銀行團信用貸款的借款者要付出一筆事前費用 (Up-Front Fees)，等於借款本金 (Principal) 的 1.5%，由以上三組成員按其貢獻度分配取得。

歐洲通貨信用貸款的利率通常是某參考利率加上一風險貼水 (Risk Premium)，風險貼水反應借款者的信用狀況，信用較差的借款者所付的風險貼水較高。

$$\text{Loan Rate} = \text{Reference Rate} + \text{Risk Premium}$$

舉例來說，假設某跨國公司在 1990 年年初獲得一個七年到期的歐洲美元信用貸款，貸款利率言明為六個月到期的 LIBOR 加上 0.5% 的風險貼水：

$$\text{Loan Rate} = \text{6–Month LIBOR} + 0.5\%$$

又假設在核定貸款時，LIBOR 是 $7\frac{7}{8}\%$，因此第一筆利息費用（假設 1990 年 6 月 30 日償付）是依照如下利率支付：

$$\text{Loan Rate} = 7\frac{7}{8}\% + 0.5\% = 8.375\%$$

假設在 1990 年 6 月 30 日當天，6–Month LIBOR 已上升為 $8\frac{1}{8}\%$，因此第二筆應付的利息費用（1990 年 12 月 30 日償付）所依照的利率為：

$$\text{Loan Rate} = 8\frac{7}{8}\% + 0.5\% = 8.625\%$$

由於貸款利率每六個月調整一次，因此雖是一個七年的貸款，本質上卻是一個六個月到期，按照參考利率自動調整的短期貸款。

歐洲通貨信用貸款利率最常釘住 LIBOR。LIBOR 是倫敦銀行同業拆放利率，由於倫敦從過去到現在一直是最重要的歐洲通貨業務中心，因此 LIBOR 也是歐洲通貨信用貸款最重要的參考利率。在市場中，針對每一個重要的貨幣都有一個參考利率（見表 10–1）。

表 10–1　LIBOR, 3–Month Rates

通貨	年利率	
	1987[a]	1995[b]
U.S.$	7.18%	6.04%
¥	4.26%	1.27%
SF	3.91%	3.09%
£	9.80%	6.73%

資料來源：a International Financial Statistics, IMF, July 1988, p. 64.
b International Financial Statistics, IMF, Nov. 1996, p. 56.

基本上，LIBOR 是由英國銀行協會 (British Bankers Association, BBA) 每日根據各大銀行公布的銀行同業拆放利率計算而得；例如，美元 LIBOR 是英國銀行協會，根據十六家跨國銀行的銀行同業拆放利率，在每日上午 11 時（倫敦時間）的資料，計算其平均值而得到，日圓 LIBOR 則是取八家國際銀行的資料。由於 LIBOR 是根據每天市場狀況作調整，因此，每一種通貨的 LIBOR 都會反映該國國內每日的金融市場狀況。LIBOR 本身的利率大小也反映到期期限的長短，例如三個月的 LIBOR (3–Month LIBOR) 通常會比六個月的 LIBOR (6–Month LIBOR) 利率為低（見表 10–2）。

表 10–2　LIBOR, U.S. Dollar

到期期限	年利率	
	1987[a]	1995[b]
Overnight	6.63%	5.90%
1–Month	6.99%	5.97%
3–Month	7.18%	6.04%
6–Month	7.30%	6.10%
1–Year	7.61%	6.24%

資料來源：a International Financial Statistics, IMF, July 1988, p. 64.
b International Financial Statistics, IMF, Nov. 1996, p. 56.

歐洲通貨信用貸款所使用的參考利率，除了 LIBOR 之外，尚有許多其他的參考利率也常被使用，如下所示：

1. 法蘭克福銀行同業拆放利率 (Frankfurt Interbank Offered Rate, FIBOR)
2. 布魯塞爾銀行同業拆放利率 (Brussels Interbank Offered Rate, BRIBOR)
3. 都柏林銀行同業拆放利率 (Dublin Interbank Offered Rate, DIBOR)
4. 盧森堡銀行同業拆放利率 (Luxembourg Interbank Offered Rate, LUXIBOR)

5. 巴黎銀行同業拆放利率 (Paris Interbank Offered Rate, PIBOR)
6. 馬德里銀行同業拆放利率 (Madrid Interbank Offered Rate, MIBOR)
7. 巴林銀行同業拆放利率 (Bahrain Interbank Offered Rate, BIBOR)
8. 美國基本放款利率 (U.S. Prime Rate)
9. 加拿大基本放款利率 (Canadian Prime Rate)
10. 香港銀行同業拆放利率 (Hong Kong Interbank Offered Rate, HIBOR)
11. 新加坡銀行同業拆放利率 (Singapore Interbank Offered Rate, SIBOR)
12. 臺灣銀行同業拆放利率 (Taiwan Interbank Offered Rate, TIBOR)
13. 日本長期基本放款利率 (Japan Long-Term Prime Rate)

歐洲通貨信用市場可供跨國企業、政府部門及國際機構運用的短、中期的融資工具，除了屬間接融資的聯貸銀行團信用貸款之外，尚有一些直接融資的工具，較盛行的包括：(1)歐洲通貨短期債券、(2)歐洲通貨中期債券及(3)歐洲通貨商業本票等，茲分述如下：

歐洲通貨短期債券 (Euronotes)

歐洲通貨短期債券是短期的，可在次級市場轉售的債券，通常到期期限是三至六個月。雖是短期債券，但對發行債券的公司而言，卻等於是一種中期的融資工具。此乃因歐洲通貨短期債券是由一群國際商業銀行或投資銀行聯合包銷發行，這些發行銀行對發行公司承諾，在一段期間內（通常是三到十年），發行公司只要有資金需求，就可在授信額度之內多次循環發行此類債券，由發行銀行負責包銷及分配，因此歐洲通貨短期債券在會計上雖被認定為短期債券，但卻是企業融得穩定中長期資金的工具。Euronotes 的發行銀行團，稱之為「體制」(Facilities)，有三種不同的發行體制：(1)循環包銷體制 (Revolving Underwriting Facilities, RUFs)、(2)短期債券發行體制 (Note Insurance Facilities, NIFs) 及(3)隨時待命短期債券發行體制 (Standby Note Issuance Facilities, SNIFs)。歐洲通貨短期債券與歐洲通貨信用貸款相比，有其受歡迎之處，原因是 Euronotes 是直接融資 (Direct Financing) 的工具，融資成本較低，又有一活躍的次級市場；而發行銀行在最初的包銷及分配服務上，可以獲得一大筆服務費，因而樂於促成此種債券的發行。

歐洲通貨中期債券 (Euro-Medium Term Notes, EMTNs)

1982 年美國開始施行 SEC 415 規範，准許有信譽的大公司使用「總括申報制」(Shelf Registration) 來辦理債券發行登記，一旦公司得到總括申報許可，就可以在一段期間內連續發債而不必每次辦理登記，總括申報制使得美國公司得以在成本降低及彈性增加的情況下發行中期債券，造成美國中期債券大受企業歡迎。

1986 年開始，國際債券市場上也出現了到期期限較一般長期債券稍短的債券，稱之為歐洲通貨中期債券，其精神採總括申報的作法，即公司可以在一個連續的基礎上發行中期債券，只要獲得發行體制銀行的許可，就可按其需要分段融得資金，不必一次完成，增加了融資彈性及便利。歐洲通貨中期債券填補了歐洲通貨商業本票 (Euro-Commercial Paper) 及歐洲通貨長期債券 (Eurobond) 之間的到期期限落差，最初 EMTNs 多是採包銷方式發行，但目前大多數是採非包銷方式 (Nonunderwriting) 發行。

EMTNs 的基本特性與一般的長期債券相同，有本金、到期期限、票面利率等的設定，但其到期期限較短，大致是九個月到十年左右。票面利息大致是固定利率 (Fixed Rate)，半年付息一次。EMTNs 有三項較特殊的地方值得一提：⑴EMTNs 提供了一項便利，即是可在一段時間內連續發行，不似歐洲通貨長期債券必須一次發行完畢；⑵EMTNs 的票面利息選在特定的日期支付而不管發行日期為何，因此造成其利息費用及價格的計算較一般的債券為複雜；⑶EMTNs 的發行金額較小，大約是 200 萬至 500 萬美元之譜。

歐洲通貨商業本票 (Euro-Commercial Paper)

歐洲通貨商業本票，與各國國內市場的商業本票一樣，是一年以內短期的融資工具，到期期限多半是一個月、三個月或六個月。90% 以上流通在外的歐洲通貨商業本票是以美元為計價貨幣。ECP 與 EMTNs 一樣，早期完全是以包銷方式發行，現已大部分改採非包銷方式。過去 ECP 市場對於發行者信用品質的要求不若國內 CP (Commercial Paper) 市場的嚴謹，近年來由於各國國內金融管制的鬆綁，使得 ECP 市場面臨更多的國內競爭，造成國際投資人對於歐洲通貨商業本票發行者的信用品質，給予較嚴格的要求。

歐洲通貨的創造過程

歐洲通貨是如何創造的？我們可以歐洲美元作例子，用下列一連串的 T 字帳來加以說明：

假設某臺商售貨一批給某美商，獲得 200 萬元金額的美金支票一張，此美金支票是由該美商在其紐約花旗銀行 (Citibank in New York) 的帳戶來支付。臺商將此美金支票存入倫敦的洛伊士銀行 (Lloyds Bank)，由於是美金存入美國境外的銀行，此筆存款就成為歐洲美元存款，而所有權移轉的情形如下：

Step 1：

紐約花旗銀行

		美商活期存款	−$2,000,000
		洛伊士銀行活期存款	+$2,000,000

倫敦洛伊士銀行

在花旗銀行活期存款	+$2,000,000	臺商定期存款[a]	+$2,000,000

註：a 代表歐洲美元存款

由 Step 1 可以看出，倫敦洛伊士銀行在紐約花旗銀行保有帳戶（事實上，各大銀行彼此之間都互有帳戶），因此所有權移轉發生時，美元並不需要從紐約花旗銀行提走，只是將 200 萬美元從該銀行的美商帳戶轉到洛伊士銀行的帳戶而已。

洛伊士銀行收了臺商存款，必須要對該筆存款付息，因此必須將 200 萬美元以更高的利率貸出，才能賺得利差。假設洛伊士銀行將其中 100 萬美元貸給某法商，法商將貸款獲得的 100 萬美元，暫時存入法國銀行 (Bank of France)。在此階段，另一筆 100 萬美元的歐洲美元存款被創造，歐洲美元存款的總金額達到 300 萬美元。所有權移轉的情形如下：

Step 2：

紐約花旗銀行

		洛伊士銀行活期存款	−$1,000,000
		法國銀行活期存款	+$1,000,000

倫敦洛伊士銀行

對法商放款	+$1,000,000		
在花旗銀行活期存款	−$1,000,000		

法國銀行

在花旗銀行活期存款	+$1,000,000	法商定期存款[a]	+$1,000,000

註：a 代表歐洲美元存款

由 Step 2 可知，法國銀行在紐約花旗銀行也保有帳戶，因此洛伊士銀行將 100 萬美元貸給法商，法商又將其存入法國銀行這一過程，並未使 100 萬美元離開紐約，而是將 100 萬美元從花旗銀行的洛伊士銀行帳戶轉到法國銀行的帳戶而已。因此花旗銀行的美元總額，並未因 Step 2 而改變，但歐洲美元存款卻因 Step 2 而增加了 100 萬美元，總共是 300 萬美元（臺商定期存款 200 萬美元加上法商定期存款 100 萬美元）。

假設法商將存在法國銀行的 100 萬美元提走，拿來償付其積欠某英商的一筆貨款，該英商同意接受美元，並把 100 萬美元存入倫敦的洛伊士銀行。所有權移轉的情形如下：

Step 3：

紐約花旗銀行

		洛伊士銀行活期存款	+$1,000,000
		法國銀行活期存款	−$1,000,000

倫敦洛伊士銀行

在花旗銀行活期存款	+$1,000,000	英商定期存款[a]	+$1,000,000

法國銀行			
在花旗銀行活期存款	−$1,000,000	法商定期存款[a]	−$1,000,000

註：a 代表歐洲美元存款

在 Step 3 階段，歐洲美元存款的總金額未改變，仍是 300 萬美元（臺商定期存款 200 萬美元加上英商定期存款 100 萬美元）。以上的例子可以讓我們瞭解歐洲美元的創造過程，自始至終，美元從未離開過紐約的花旗銀行，只是所有權轉移而已。雖然在花旗銀行的美元總額從未改變，但是透過歐洲通貨市場存款放款的過程，使得歐洲通貨市場的信用創造得以擴張。歐洲美元創造的過程是否會影響到美國國內銀行（例如上述的花旗銀行）放款能力，取決於是否美國中央銀行對存款戶要求一致的存款準備率，若是，則完全沒有影響；若對美國境外的存款戶（例如前述的洛伊士銀行或法國銀行）要求較低的存款準備率，則歐洲美元的創造會增加美國國內銀行的放款能力。

世界債券市場包括本國債券 (Domestic Bonds)、外國債券 (Foreign Bonds) 及歐洲債券 (Eurobonds) 三部分，其中外國債券與歐洲債券又可合稱之為國際債券 (International Bond)。根據國際清算銀行 (BIS) 的資料，並以 1996 年為準，以發行量在整個世界債券市場佔有率作一比較，本國債券市場遠較國際債券市場為大，前者佔世界債券市場的 90%，後者佔 10%。而不論本國債券或國際債券市場，美元、日圓及歐元則為用來作為債券計價貨幣的前三名。本節的重點在於探討國際債券市場 (International Bond Market)。

國際債券市場的興起，乃是借款者及投資人在國際間尋找對自己最有利的融資或投資途徑的結果；而各國稅法的變革，稅率的消長以及金融管制的趨緊或鬆綁，則是影響此市場發展的重要原因。本節先就本國債券、外國債券及歐洲債券作一描述，再敘述國際債券市場的發展情況。

本國債券 (Domestic Bonds)

本國債券是由本國人發行，在國內市場交易，並受國內政府管制，並依據國內債券市場的諸多傳統所設計的債券。各國債券的基本設計是根據其既有的傳統 (Conventions)，例如每年付息的次數、債券所有權是否記名、利息日期計算方式、掛牌登記及揭露標準、有沒有課徵預扣稅 (Withholding Tax) 等皆是因國而異（請參考表 10–3）。

表 10–3 各國國內債券市場的特性

債券種類	所有權	付息次數	利息日期計算
本國債券			
加拿大	Registered	Semiannual	Actual/365
日　本	Registered	Semiannual	Actual/365
法　國	Bearer	Annual	Actual/365
德　國	Bearer	Annual	30/360
瑞　士	Bearer	Semiannual	30/360
英　國	Bearer	Semiannual	Actual/365
美　國	Registered	Semiannual	30/360（公司債） Actual/365（公債）
歐洲債券			
固定利率債券	Bearer	Annual	30/360
浮動利率債券 (FRNs)	Bearer	Semiannual	Actual/360

表 10–3 顯示，美國、日本、加拿大等國的本國債券是記名的 (Registered)，而且是半年付息一次 (Semiannual)，西歐各國的本國債券則多半是沿襲不記名 (Bearer) 的傳統。至於利息（或殖利率）的計算方式，也各有不同；例如，在美國，公債是採用一年有 365 天的標準並計算真正持有債

券的日期，也就是使用 Actual/365 的方式，而公司債則採用一年有 360 天，一個月有 30 天的標準，也就是使用 30/360 的計算方式。假設公債付息是每年的 6 月 30 日及 12 月 31 日，倘若某人在 2 月 7 日購買半年付息 3% 的公債，則已孳生利息為 3% (38/182.5) ≈ 0.006246。假設某人購買了同樣條件的公司債，則已孳生利息為 3% (37/180) ≈ 0.006167。

外國債券 (Foreign Bonds)

外國債券是外國的借款者在一國國內的資本市場所發行的債券，並以發行地當地的通貨 (Local Currency) 作為計價貨幣；例如，日本公司在美國發行以美元計價的債券，此債券屬外國債券。由於外國債券的發行對象為地主國投資人，並且是在吸收地主國幣別的資金，對於該國金融市場，貨幣供給等具有重大影響，因此，外國債券的發行，與本國債券一樣，要受到地主國主管機關的管制。外國債券與本國債券也有若干相異之處，例如投資者購買外國債券或本國債券，其利息收入可能課徵不同的稅率，政府對於外國債券發行的時間表及總額與本國債券可能有不同的管制，對於發行債券時的揭露要求也可能設定不同的標準。現階段世界上最大的外國債券市場是在瑞士，也就是說，瑞士法郎是最重要的外國債券計價貨幣。

外國債券在國際金融市場上常有暱稱 (Nicknames)，例如在美國發行的美元計價的外國債券稱之為 Yankee Bonds，在日本發行的日圓計價的外國債券稱之為 Samurai Bonds，在英國發行的英鎊計價的外國債券稱之為 Bulldog Bonds，在荷蘭發行的基爾德計價的外國債券稱之為 Rembrandt Bonds，在西班牙發行的普賽它計價的外國債券稱之為 Matador Bonds。近年來許多超國際組織如亞洲開發銀行 (Asian Development Bank, ADB)、歐洲復興開發銀行 (European Bank of Reconstruction and Development, EBRD) 來到國內發行以新臺幣計價的債券，一般稱之為小龍債券 (Dragon Bond)，也屬於外國債券。外國債券也包括一些不以發行地通貨作計價貨幣的債券；例如，在東京發行的以他國通貨作計價貨幣的外國債券稱之為 Shogun Bonds，在紐約發行的以 ECU (EURO) 作計價貨幣的外國債券稱之為 Yankee ECU (EURO) Bonds。除了瑞士的蘇黎世之外，比較重要的外國債券市場還包括紐約、東京、法蘭克福、倫敦及阿姆斯特丹。

歐洲債券 (Eurobonds)

歐洲債券是國際借款者同時在好幾個國家的資本市場所發行的債券，其計價貨幣必須是非發行地當地的貨幣；也就是說，若此債券是以美元計價，則只能在美國以外的其他資本市場發行。例如，美國公司在瑞士、英國、法國等地的資本市場同時發行以美元為計價貨幣的債券，則此債券稱之為歐洲債券，因為是以美元計價，也可稱之為歐洲美元債券 (Eurodollar Bond)，若是以日圓為計價貨幣，則稱之為歐洲日圓債券 (Euroyen Bond)。

歐洲債券在發行初期，不可將債券售給發行幣別國家的投資人。但是，由於歐洲債券並不需要向發行幣別國的主管單位註冊，因此歐洲債券在發行後，通常必須經過一段銷售凍結時間 (Lock-Up Period)，才可以在次級市場中銷售給發行幣別國的（合格）投資人。歐洲美元債券的凍結銷售時間為 40 天，而歐洲日元債券則為 90 天。不過市場的趨勢是將此限制漸漸的排除，以利市場流通性的提升。例如日本在 1994 年就將國家層級 (Sovereign) 機構所發行歐洲日圓債券的銷售凍結期間解除，可以直接銷售予日本投資者❶。

許多工業國家的通貨，都常被用作歐洲債券的計價貨幣，但仍是以美元居最重要的地位。在 1980 年到 1985 年之間，美元持續升值，當時歐洲債券以美元為計價貨幣的發行額至少佔全部發行總額的 70% 以上。在 1985 年到 1987 年期間，美元大幅度且持續貶值，使美元在歐洲債券市場也失去相對魅力，以美元為計價貨幣的相對發行比率節節下降，到 1988 年以後則又回升一些。今日美元仍是歐洲債券市場最重要的貨幣，其比重大約是居於 30% 至 40% 之間（見表 10–4）。其他重要的計價貨幣包括歐元、英鎊、日圓。瑞士法郎 (SF) 一般不用來作為歐洲債券的計價貨幣，乃因瑞士中央銀行禁止瑞

❶ 這些國家層級機構包括了超國際組織、外國政府及央行，以及以這些機構為主要股東（50% 以上）的企業個體。

表 10–4 歐洲債券以美元作為計價貨幣的比重（百萬美元為單位）

Currency	1980 (%)	1981 (%)	1982 (%)	1983 (%)
U.S. dollar	16,427 (68.5)	26,830 (85.4)	43,959 (85.1)	38,428 (79.7)
Total	23,970 (100)	31,427 (100)	51,645 (100)	48,196 (100)

Currency	1984 (%)	1985 (%)	1986 (%)	1987 (%)
U.S. dollar	65,334 (80.2)	96,822 (70.9)	118,096 (62.9)	56,727 (40.4)
Total	81,420 (100)	136,543 (100)	187,747 (100)	140,481 (100)

Currency	1988 (%)	1989 (%)	1990 (%)	1991 (%)
U.S. dollar	74,539 (41.7)	117,500 (55.2)	70,000 (38.9)	81,600 (31.6)
Total	181,015 (100)	212,800 (100)	180,100 (100)	258,100 (100)

Currency	1992 (%)	1993 (%)	1994 (%)	1995 (%)
U.S. dollar	103,165 (37.4)	147,689 (37.4)	149,374 (40.5)	144,400 (38.9)
Total	276,080 (100)	394,588 (100)	368,410 (100)	371,300 (100)

資料來源：*World Financial Markets*, various issues.

士法郎被用來作為計價貨幣。

歐洲債券與外國債券之間，除了前述所指出的基本不同點之外，尚有許多其他的差異。例如，外國債券是記名債券 (Registered Bonds)，而歐洲債券則是不記名債券 (Bearer Bonds)，外國債券常由一家投資銀行負責發行，歐洲債券則因發行金額過於龐大，非一家銀行所能獨力承擔全部的銷售，因此多由許多家銀行合組一個銀行團 (Syndicate)，由成員各自分攤一部份的銷售，常常一個銀行團是由一百家以上的銀行組成，發行金額至少在兩、三千萬美元以上。外國債券受發行地當地的政府管制，歐洲債券因為並不是以發行地當地的貨幣作為計價貨幣，因此不受發行地當地政府的管制，基本上是由位於蘇黎世的國際債券自營商協會 (The Association of International Bond

Dealers, AIBD) 自律❷。外國債券的利息多採半年支付一次 (Semiannual Payments)，而歐洲債券因是不記名債券，也就是說沒有記載誰是債券的所有權人，在付息時比較麻煩，因此多採一年付息一次 (Annual Payments)❸。外國債券與歐洲債券的主要差異，可綜合整理如表 10–5 所示：

表 10–5 外國債券與歐洲債券的比較

外國債券 (Foreign Bonds)
1.計價貨幣即是發行地當地的貨幣
2.記名債券
3.債券利息多採半年支付一次
4.受發行地的政府管制，發行成本高且發行速度慢
5.常由一家投資銀行負責發行
6.常有暱稱
歐洲債券 (Euro Bonds)
1.計價貨幣必須是非發行地當地的通貨
2.不記名債券
3.債券利息多採一年支付一次
4.不受任何官方管制，發行速度快
5.常由許多大型國際銀行合組一個銀行團，成員各自分攤一部份銷售金額

歐洲債券與歐洲通貨信用貸款 (Eurocredit Bank Loans)，同樣是由眾多銀行組成銀行團，替國際借款者籌措巨額資金的工具，但前者不同於後者之處，是歐洲債券屬直接融資，借款者只要能按期支付利息並償還本金，就不

❷ AIBD 在 1969 年成立，隨後更名為 The International Securities Market Association，簡稱 ISMA。

❸ 歐洲債券付息的方式是每到付息日，債券持有人將利息單 (Coupon) 剪下，寄給其銀行（例如某家瑞士銀行），銀行將此利息單寄給債券發行者，發行者將利息寄給代理銀行，銀行再將此筆利息款項存入債券持有人的帳戶中，因為債券持有人的國家並不知有此筆利息收入，通常債券持有人也不會主動申報這筆收入，因此歐洲債券的利息收入本質上是免稅的。

算違約 (Default)；而歐洲通貨信用貸款屬間接融資，借款者必須在貸款合約中承諾其必須維持某特定的資本／資產比率，若無法維持資本／資產比率在一定的水準，則可以被視為技術性違約 (Technical Default)，造成日後再度融資的困難。

國際債券市場依照發行幣別及國別等特性區隔為外國債券及歐洲債券，而歐洲債券市場的佔有率遠較外國債券市場為大（參考表 10–6）。國際債券市場的金融工具就其利率設定及本金償還的方式分為若干種類：⑴固定利率債券 (Straight Fixed-Rate Bonds)、⑵浮動利率債券 (Floating-Rate Notes, FRNs)、⑶可轉換債券 (Convertible Bonds) 或附有認購權證的固定利率債券 (Straight Fixed-Rate Bonds with Warrants)、⑷零息債券 (Zero-Coupon Bonds)、⑸抵押擔保債券 (Mortgage-Backed Bonds)、⑹雙軌貨幣債券 (Dual-Currency Bonds)、⑺通貨籃債券 (Currency Cocktail Bonds) 等，茲分述如下：

表 10–6　國際債券市場的區隔與金融工具

（單位：10 億美元）

	1991	1992	1993	1994	1995
市場區隔：					
外國債券	50.5	57.6	86.4	60.2	89.4
歐洲債券	258.2	276.1	394.6	368.4	371.2
合　計	308.7	333.7	481.0	428.6	460.6
金融工具：					
固定利率債券	242.7	265.4	369.1	290.6	346.7
浮動利率債券	18.3	43.6	69.8	96.3	78.9
可轉換債券	10.1	5.2	18.1	21.7	12.3
附有認購權證的固定利率債券	31.6	15.7	20.6	9.9	5.8
零息債券	3.8	3.2	1.8	5.6	8.4
其　他	2.2	0.6	1.6	4.5	8.5
合　計	308.7	333.7	481.0	428.6	460.6

資料來源：Financial Market Trends, OECD, 1996.

固定利率債券 (Straight Fixed-Rate Bonds)

歐洲債券市場最常見的債券是固定利率債券，採定期支付固定利率，通常是一年計息一次，由於歐洲債券是不記名債券，支付利息時手續較繁，因此習慣上採每年付息一次。固定利率債券在國際債券市場上佔最大比例（參考表 10–6）。

浮動利率債券 (Floating-Rate Notes, FRNs)

歐洲債券市場一向是以美元為最重要的計價貨幣，1970 年代美國的高通貨膨脹率導致美元名目利率不斷上升，造成浮動利率債券的興起。浮動利率債券的誕生，是為了保障買賣雙方皆免於承擔利率風險。浮動利率債券通常是每半年付息一次，債券利率等於某參考利率（例如 LIBOR）加上若干基點 (Basis Points) 以反應該債券的信用等級，雖然債券的到期期限可能為數年到數十年，但利率是每半年調整一次，以反應參考利率的新水準。由表 10–6 顯示，浮動利率債券在國際債券市場的佔有率位居第二。

可轉換債券 (Convertible Bonds) 或附有認購權證的固定利率債券 (Straight Fixed-Rate Bonds with Warrants)

可轉換債券在歐洲債券市場是相當受歡迎的債券，許多亞洲國家因為尚未建立債信評等 (Bond Credit Rating) 制度，因此在國際債券市場上只能發行可轉換債券。可轉換債券的基本結構就是債券定期支付固定利息，到期時投資人可將債券按面值贖回或是在到期之前將債券轉換成另一種形式的資產，通常是發行債券公司的普通股股票。除了普通股股票以外，可轉換債券有時也可轉換成其他形式的資產，例如黃金、石油；或是其他債券，例如固定利率債券轉換成浮動利率債券。附有認購權證的債券是固定利率債券附帶有一個買權，債券持有人在指定期間內可按照認購權證上指定的價格及股數購買發行公司的股票。

零息債券 (Zero-Coupon Bonds)

零息債券是不支付利息的債券，投資債券的報酬等於債券的購買價格與面值 (Face Value) 的差異。過去日本的投資人喜好購買零息債券，此乃因彼時日本將零息債券的購買價格與面值的差異，全部算作資本利得 (Capital

Gains) 而不課稅，不過，目前各國零息債券的購買價格與面值的差異，都須按照利息所得課稅。

抵押擔保債券 (Mortgage-Backed Bonds)

抵押擔保債券是歐洲債券市場在 1984 年以後出現的新金融商品，由於只有信用最好的借款者才能在歐洲債券市場融資，一些信用較差者（例如美國的儲蓄與貸款協會，American Savings & Loan Association）想要涉足歐洲債券市場，則必須以抵押品作擔保以加強其信用。

雙軌貨幣債券 (Dual-Currency Bonds)

雙軌貨幣債券是債券發行時使用一種貨幣為計價貨幣 (Denominating Currency)，在支付利息或償還本金時則是使用另一種貨幣，兌換匯率則是在債券發行時鎖定。雙軌貨幣債券在 1980 年代中期頗受歡迎，尤其是日本跨國企業特喜以此種方式融資，發行日圓／美元的雙軌貨幣債券。

通貨籃債券 (Currency Cocktail Bonds)

通貨籃債券是固定利率債券，他們是以多種通貨作為計價貨幣，一般是以這些通貨的加權平均值作為計價基礎。過去最常用的兩種通貨籃計算單位是特別提款權 (Special Drawing Rights, SDR) 及歐洲通貨單位 (European Currency Unit, ECU)，其中 ECU 已自 1999 年 1 月 1 日以 1:1 的比例更換為 EURO。特別提款權是美元、歐元、日圓及英鎊的加權平均值，其中美元因地位最重要，因此其權數數值最大。歐洲通貨單位則全由一些歐洲通貨加權平均而得。公司的營業收入若是以多種歐洲通貨作為計價基礎，則發行 ECU 債券可以有良好的避險作用。另外居於歐洲的公司或投資人，也喜歡發行或投資以 ECU 計價的債券，因為 ECU 的匯率價值相較於任何一種歐洲通貨都較為穩定。比較起來，SDR 的匯率價值波動較大，此乃因 SDR 中美元是最重要的通貨，而美元的匯率價值波動頗大，但是 SDR 對非歐洲地位的投資者而言，應是比 ECU 具有較好的風險分散效果，因為 SDR 中包括有兩個非歐洲的通貨（美元、日圓）。

交換合約 (Swaps)

時至今日，大約有 70% 以上的歐洲債券是交換合約導向 (Swap-Driven)，許多外國債券也是藉著交換合約來規避匯率風險。交換合約使借款者以某一種形態的利率結構借到資金，卻是以另一種形態的利率結構來償還本金和利息。交換合約大致可分為利率交換 (Interest Rate Swap) 及外匯交換 (Currency Swap) 兩種。

利率交換只是就定期支付的利息部分作交換，可以是固定利率換成浮動利率 (Fixed-for-Floating) 或是浮動利率換成固定利率 (Floating-for-Fixed)。外匯交換則是以一種通貨借得資金，再換成以另一種通貨償還本金或利息。基本的外匯交換 (A Basic Currency Swap) 是以一種通貨計價的固定利率負債換成以另一種通貨計價的固定利率負債 (Fixed-for-Fixed)，例如一美國公司發行以英鎊計價的固定利率債券，可以在負債到期之前，與其他公司進行外匯交換，而將其負債義務換成以美金來償還本金和利息的固定利率負債。許多交換銀行 (Swap Banks) 也提供固定利率換成浮動利率的外匯交換 (Fixed-for-Floating Currency Swap) 服務，隨時提供指示價格表 (Indication Pricing Schedule) 給顧客作參考（本篇第十二章對交換合約有更詳盡之介紹）。

歐洲債券的交易與清算 (Eurobond Trading and Clearing)

歐洲債券的交易中心是店頭市場 (The OTC Market)，主要在倫敦，其次是法蘭克福、阿姆斯特丹及蘇黎世等地區。歐洲債券的店頭市場是由美、日、歐的大銀行及經紀商的電訊網路聯結而成。經紀商 (Brokers) 接受客戶的買賣下單 (Buy or Sell Orders) 並替客戶找尋對作 (A Matching Party) 以使客戶的下單成交，經紀商對客戶收取佣金 (Commission)，佣金典型為交易金額的 0.0625%，但經紀商不對客戶作雙向報價 (Two-Way Price Quote)，事實上他們也不對零售客戶 (Retail Customers) 提供服務。

負責雙向報價及對零售客戶提供服務的是自營商 (Dealers)，即市場創造者 (Marketmakers)。市場創造者對於提供服務不收佣金，只賺取買賣價差

(Bid-Ask Spread)，由於債券報價是以債券面值 (Face Value) 的百分比表示，因此買賣報價 96.5～97 表示面值 $1,000 的債券買價 (Bid Price) 為 $965，賣價 (Ask Price) 為 $970。固定利率債券 (Fixed-Rate Bond) 的買賣價差典型為債券面值的 0.5%，但也因市場活絡的情況而異。通常債券初發行時的市場最活絡，買賣價差可以少至 0.125%，而在市場不活絡時，買賣價差也可高至 1.5%。浮動利率債券 (FRNs) 市場的流動性較好，因此買賣價差較固定利率債券或可轉換債券的買賣價差為小。歐洲債券的每次交易至少為 100 張債券。大多數歐洲債券的清算是經由兩個主要的清算系統，一是 Euroclear Clearance System Limited，簡稱 Euroclear，另一是 Cedel S.A.，簡稱 Cedel。Euroclear 是 1968 年在布魯塞爾 (Brussels) 由 Morgan Guaranty Trust Corp 創設；Cedel 則是在 1970 年在盧森堡 (Luxembourg) 由一群歐洲銀行創立。歐洲債券交易總額中有三分之二是經由 Euroclear 清算，另外三分之一是經由 Cedel 清算。此兩家清算系統旗下皆各有一群存款及保管銀行，負責實體債券的保管，各銀行並在其所屬的清算系統立有帳戶。每次債券交易發生，債券及現金的所有權就會在兩會員銀行的帳戶上發生移轉，但實體債券 (Physical Bond) 本身很少移動。

Euroclear 及 Cedel 除了負責債券在次級市場交易的清算工作，也有許多其他的功能，諸如：(1)在初級市場 (Primary Market) 負責債券收款及分配工作。大批新發行債券送抵清算公司保存，清算公司向認購債券者收齊款項，將債券所有權登記在認購者名下，並將所收齊款項匯送承銷商；(2)負責債券日後利息分配的工作。借款者將應付利息存入清算公司，清算公司再按照各該應付金額存入債券所有人所屬銀行的帳戶；(3)貸款給歐洲債券市場的自營商，但所貸金額最多只能為自營商存放在清算公司的債券總值的 90%。

國際債券市場的發展情況

美　國

國際債券市場的發展因各國法令常有更動而導致消消長長。美國的 Yankee Bond 市場早年原是最重要的外國債券 (Foreign Bond) 市場，最近幾年已被瑞士法郎外國債券市場超越，這與美國在 1963 年所課徵的利息均等稅（Interest Equalization Tax, 1963～1974）有顯著關係。1963 年開始施行的利息均等稅，使美國居民在購買外國債券時須就債券的購買價格付稅，此舉提高了外國借款者到紐約發行 Yankee Bond 的借錢難度，因而阻礙了 Yankee Bond 市場的發展❹。但 1963 年的利息均等稅 (IET) 也促成了歐洲債券市場 (Eurobond Market) 的興起，第一個歐洲債券即是在 1963 年由英國的商賈銀行 S.G. Warburg 代表義大利的 Autostrada 發行，雖是以美元計價，但不必根據美國的證券法送件登記，也不受美國法令的管制。歐洲債券市場在初期成長得相當快，在 1963 年到 1968 年五年之間，市場規模成長了二十倍。

Yankee Bond 在發行之前要根據美國 1933 年的證券法 (The Securities Act of 1933) 辦理發行登記，若要在紐約證券交易所 (NYSE) 掛牌，則也須根據 1934 年的證券交易法 (The Securities Exchange Act of 1934) 送件登記，申請期間通常長達四週。1982 年美國 SEC 的 415 規範 (Rule 415)，已准許有信譽的大公司在發行新證券時使用「總括申報制」(Shelf Registration)，借款者可以出具一份公開說明書 (Prospectus)，載明未來一年所有預期的發行件數，日後每次提出新的發行案件，則只須交付一份公開說明書補助篇 (Prospectus Supplement)，申請程序在一週之內即可完成。美國「總括申報制」的施行，使得公司得以在一個連續的基礎上發債而不必每次經過冗長的登記手續，大大簡化並加速了本國債券及外國債券在美國境內發行的過程。這些國內金融管制減輕的措施，對於歐洲債券市場的成長，倒是給予一些打擊，此乃因國

❹ 事實上美國對其居民在購買外國債券所課徵的利息均等稅 (IET)，也只是針對歐洲來的債券發行者，若 Yankee Bond 是由加拿大、墨西哥等國或是世界銀行 (The World Bank) 等國際組織發行，則購買的美國居民可以免除利息均等稅。

內金融市場的管制愈嚴，歐洲債券市場才得以發揮其不管制的相對競爭優勢。

美國在 1984 年以前，對於非居民 (Nonresidents) 持有美國政府公債或公司債，所賺的利息所得課徵 30% 的預扣稅。1984 年 7 月，美國財政部撤消了此 30% 預扣稅，此舉助長了美國本國債券市場的發展，過去在海外發行歐洲債券以規避 30% 預扣稅的美國公司，現在可以在本國的資本市場賣債券給外國人而不再因預扣稅而須付出較高的利息。但是在美國國內的資本市場，有違約風險的公司債券還是不若無風險的政府公債較能吸引外國投資者，因此美國的大銀行或大公司在美國境內若無法與政府公債競爭進而吸引到足夠的投資人，則仍須到歐洲債券市場發行 Eurobond。幸而美國國會不准許政府公債以無記名方式 (Bearer Form) 發行，此舉使得美國公司在歐洲債券市場不必面對本國政府公債的競爭，而得以繼續靠發行無記名債券吸收資金。

為了吸引更多的發行者進入美國市場，美國的證券主管機關 (SEC) 在 1990 年 4 月通過了所謂的 144A 規範 (Rule 144A)，大幅度的降低了以私募 (Private Placement) 方式在美國債市融資的發行成本。一般而言，目前在美國以私募方式發行債券，可以不必符合嚴格的揭露要求，同時可以免除冗長費時的登記手續和登記費用（約為發行金額的萬分之二點五）。不過以 144A 規範所發行的債券只有所謂的合格機構投資人 (Qualified Institutional Buyers, QIBs) 才能買賣。不過即使如此，由於發債的時機容易掌握，發債成本也可以明顯降低，對於外國發行機構而言，美國債券市場便顯得更具有吸引力了。利用 144A 規範來發行債券的機構，在早期主要來自歐洲及拉丁美洲，現在，亞洲的大型企業也成為 Yankee Bond 市場的發行常客了。

日　本

日本在 1984 年以前，由於金融管制較為嚴格，以致於國內的債券市場，大多數為政府部門或是長期信用銀行 (Long-Term Credit Banks) 所使用。在日本的外國債券 (Samurai Bond) 市場，是在 1970 年代末期才開始，此市場也只限於國際組織（例如世界銀行）及外國政府使用。一般日本公司若是要在國內市場發行公司債，傳統上必須要提供公司資產作 100% 抵押擔保品，此限制使得日本公司想要利用國內債券市場融資不甚容易。歐洲日圓債券 (Euroyen Bond) 在 1977 年首度出現，但在 1977 年至 1984 年七年之間，也僅有十一家國際或政府借款者得以進入歐洲日圓債券市場融資。日本財政部規定國內證券公司，一年只能發行四到六個國際型融資案例，每次最大金額不得超過日圓 150 億，到期期限不得超過十年。歐洲日圓債券的發行者，同時必須符合下列幾項限制：(1)過去已發行過至少一次 Samurai Bond、(2)被美國信用評等機構評定為 AAA 等級、(3)領導管理銀行必須為日本證券商之一。由於以上這些限制，使得歐洲日圓債券市場的主要借款者僅限於超國際組織 (Supranational Institutions) 如世界銀行、亞洲開發銀行 (Asian Development Bank, ADB) 及歐洲投資銀行 (European Investment Bank) 等。1984 年 5 月以後，日本金融自由化政策對日本公司在歐洲日圓債券市場融資的限制大幅減少，此舉使得歐洲日圓債券的發行總額在 1985 年以後顯著增加。

瑞　士

瑞士擁有現今世界最大的外國債券市場，以瑞士法郎 (Swiss Frac, SF) 為計價貨幣的外國債券是不記名債券，每年付息一次，最小面額是 SF5,000。由於瑞士政府禁止瑞士法郎作為歐洲債券的計價貨幣，因此瑞士法郎歐洲債券市場實質上不存在。在法令上，瑞士政府並無從禁止外國借款者發行以瑞士法郎為計價貨幣的歐洲債券，但外國借款者也不願與瑞士政府當局作對，以免日後透過瑞士商業銀行換取瑞士法郎以支付債券利息時，會遭受到不被禮遇的困擾。

德　國

德國的商業銀行及投資銀行不像美國有法令明定其可操作與不可操作業務，而德國的國際債券市場是由德國主要商業銀行主控。外國債券及歐洲債券在德國沒有法令上的不同，其區別主要是看發行債券的銀行團 (Syndicate) 的成員，若債券的銀行團成員全部皆是德國銀行 (German Banks)，則此債券歸類為馬克外國債券 (DM Foreign Bonds)，若銀行團成員也包括非德國銀行 (Non-German Banks)，則此債券歸類為歐洲馬克債券 (Euromark Bonds)。

1964 年德國開始對於外國居民 (Nonresidents) 購買本國債券 (Domestic

Bonds) 的利息所得課徵 25% 的預扣稅，此舉是為了阻止資本流入。同年，以馬克為計價貨幣的國際債券（包括外國債券及歐洲債券）市場興起，主要動機即在規避此項預扣稅。美國在 1984 年 7 月撤消了其對於外國居民購買本國債券的利息所得所課徵的 30% 預扣稅，德國也在 1984 年 10 月撤消了德國所課徵的預扣稅。

近年來，在亞洲出現了所謂的「小龍債券」(Dragon Bonds)，這種債券主要是指在亞洲地區以非亞洲國家幣別（日圓不受限）所發行之債券。嚴格而論，小龍債券應包含在前述歐洲債券定義之內，不過由於近年來經濟的蓬勃發展與財富的迅速累積，亞洲地區已成為資金需求者融資的有利場所，因此小龍債券的市場也就特別受到重視。

從 1991 年 10 月亞洲開發銀行 (ADB) 所發行之七年期，金額 3 億美元的第一次小龍債券開始，到 1994 年 5 月止，已經有二十二次發行記錄，總金額超過 50 億美元。此類債券的發行機構來自亞洲、歐洲以及美洲。這些融資者包括了公司企業如 GE Capital, Rabobank, Abbey National 等，也有主權國家如中國大陸以及超國際組織如亞洲開發銀行、韓國開發銀行、瑞典出口信用公司等。小龍債券的發行期限在三到十年之間，債券的信用等級在此市場的發展初期在 Aa 以上，但是近年來市場已逐漸出現較差的等級，甚至有近似高收益之債券出現。

如同大多數的歐洲債券，小龍債券主要是以不記名方式發行，大部分為固定利率，每年付息一次，到期一次還本的設計。少數的浮動利率債券則是以美元 LIBOR 作為每季或每半年之利率調整指標。當然，這個市場出現有更多變化的債券設計是指日可待的。小龍債券的發行幣別到目前為止仍是以美元為主，另外，也包括了日圓、加幣，以及澳大利亞幣等，發行額度則在美金 1 億至 5 億元間，而以美金 2 至 3 億的額度為最多見。

小龍債券的投資人主要來自亞洲各主要國家，這些投資人除了各國的央行、金融機構、公司企業，另外保險公司及一些退休基金，甚至於個人大戶也都逐漸的加入了此市場。小龍債券發行後均在香港及新加坡交易所掛牌交易。有些由歐洲政府或跨國機構所發行的債券也同時會在歐洲的交易所掛牌。此類債券的交割清算手續是經由 Euroclear 或 Cedel。

第三節 國際債券評價模型

債券的市場價格與市場利率成反方向變動，也就是說，市場利率上升時，債券價格會降低。投資人在購買債券之初，應先考慮到未來若要在債券到期之前將債券賣出，有可能因市場利率上升而賣得較低的價錢。此種投資風險稱之為利率風險 (Interest Rate Risk) 或價格風險 (Price Risk)。在其他條件一樣的情況下，債券的到期期限愈長，其利率風險愈高。國內債券的價格會受到利率變動的影響，而國際債券的價格，除了會受到利率變動的影響，還會受到匯率變動的影響，因此在投資國際債券之前，除了要考慮未來可能的利率變動方向，也要考慮未來可能的匯率變化方向，如此才能作好正確的國際債券評價。

至於利率和匯率的變動會如何影響投資者在國際債券市場上的操作，以致於影響到債券的價格，我們可以舉例來說明如下：

【例一】假設美國某公司正在考慮是否應將資金投資於英鎊債券或是瑞士法郎債券，此兩債券的條件如下：

英鎊債券：	瑞士法郎債券：
10 年到期	10 年到期
面值＝£10,000,000	面值＝SF22,500,000
目前價格＝£10,000,000	目前價格＝SF22,500,000
票面利率＝13%	票面利率＝6%
目前匯率＝$1.5/£	目前匯率＝SF1.5/$

若該公司決定將該筆資金投資於債券市場兩年，即兩年後必須將債券賣回市場，因此債券的賣價受到兩年後市場利率的影響，假設兩年後的預估市場利率如下：

兩年後預估市場利率：

英鎊：12%

瑞士法郎：7%

則英鎊債券及瑞士法郎債券兩年後的市場價格可計算如表 10–7 所示：

表 10–7　英鎊債券及瑞士法郎債券兩年後的市場價格

英鎊債券：

年	利息收入	債券市價
1	£1,300,000	
2	£1,300,000	£10,496,764[a]

瑞士法郎債券：

年	利息收入	債券市價
1	SF1,350,000	
2	SF1,350,000	SF21,156,458[b]

註：a 英鎊債券市價 $= \sum_{t=1}^{8} \frac{£1{,}300{,}000}{(1+12\%)^t} + \frac{£10{,}000{,}000}{(1+12\%)^8}$

$= £10,496,764$

b 瑞士法郎市價 $= \sum_{t=1}^{8} \frac{SF1{,}350{,}000}{(1+7\%)^t} + \frac{SF22{,}500{,}000}{(1+7\%)^8}$

$= SF21,156,458$

又假設英鎊兌美元及瑞士法郎兌美元的匯率在兩年間皆維持不變，則兩種債券以美元 ($) 計算的報酬率 ($r$) 可根據表 10–8 所示的現金流算出：

表 10–8　英鎊債券及瑞士法郎債券兩年內的現金流（假設匯率不變）

英鎊債券：

年	現金流 (£)	匯率 ($/£)	現金流 ($)
0	(£10,000,000)	$1.5/£	($15,000,000)
1	£1,300,000	$1.5/£	$1,950,000
2	£11,796,764	$1.5/£	$17,695,146

瑞士法郎債券：

年	現金流 (SF)	匯率 (SF/$)	現金流 ($)
0	(SF22,500,000)	SF1.5/$	($15,000,000)
1	SF1,350,000	SF1.5/$	$900,000
2	SF22,506,458	SF1.5/$	$15,004,305

根據表 10–8，英鎊債券的報酬率為：

$$\$15{,}000{,}000 = \frac{\$1{,}950{,}000}{(1+r)^1} + \frac{\$17{,}695{,}146}{(1+r)^2}$$

$$r\,(\text{£Bond}) = 15.31\%$$

瑞士法郎的報酬率為：

$$\$15{,}000{,}000 = \frac{\$900{,}000}{(1+r)^1} + \frac{\$15{,}004{,}305}{(1+r)^2}$$

$$r\,(\text{SF Bond}) = 3.06\%$$

以上結果顯示投資於英鎊債券將可以獲得較高的報酬率。

匯率變動的影響

倘若英鎊兌美元及瑞士法郎兌美元的匯率在兩年間的變化如下：

年	匯率 ($/£)	匯率 (SF/$)
0	$1.5/£	SF1.5/$
1	$1.4/£	SF1.4/$
2	$1.3/£	SF1.3/$

英鎊債券及瑞士法郎債券的報酬率會因匯率變化而改變，其結果可由表 10–9 計算得知：

表 10–9　英鎊債券及瑞士法郎債券兩年內的現金流（假設匯率改變）

英鎊債券：

年	現金流 (£)	匯率 ($/£)	現金流 ($)
0	(£10,000,000)	$1.5/£	($15,000,000)
1	£1,300,000	$1.4/£	$ 1,820,000
2	£11,796,764	$1.3/£	$15,335,793

瑞士法郎債券：

年	現金流 (SF)	匯率 (SF/$)	現金流 ($)
0	(SF22,500,000)	SF1.5/$	($15,000,000)
1	SF1,350,000	SF1.4/$	$964,286
2	SF22,506,458	SF1.3/$	$17,312,660

根據表 10–9，英鎊債券的報酬率為：

$$\$15{,}000{,}000 = \frac{\$1{,}820{,}000}{(1+r)^1} + \frac{\$15{,}335{,}793}{(1+r)^2}$$
$$r\,(\pounds\text{Bond}) = 7.36\%$$

瑞士法郎的報酬率為：

$$\$15{,}000{,}000 = \frac{\$964{,}286}{(1+r)^1} + \frac{\$17{,}312{,}660}{(1+r)^2}$$
$$r\,(\text{SF Bond}) = 10.70\%$$

以上結果顯示，若英鎊貶值及瑞士法郎升值，則投資於瑞士法郎債券將可獲得較高的報酬率。

根據以上【例一】的結果，我們可以推斷，國際債券市場上利率及匯率的相對變化，會引起投資人有不同的策略反應，因而影響到債券價格的變動情形。

【例二】假設某投資人正在考慮是否購買歐洲加幣債券 (Euro-C$ Bond)，債券面值為 C$1,000，票面利率 (Coupon Rate) 為 6%，到期期限為一年；目前買賣報價 (Bid/Ask Quote) 為 92.5～93。此投資人得以在歐洲通貨市場從事存款或借款，目前一年期的歐洲美元存放款利率為 9.495～9.62%；外匯市場即期匯率 (Spot Rate) 報價為 C$1.3874～1.3883/US$；一年到期的遠期匯率 (Forward Rate) 報價為 C$1.3075～1.3096/US$；此投資人是否應購買此歐洲加幣債券？

欲購買此歐洲加幣債券而在歐洲美元市場借錢，投資人應借得美元金額為：

$$C\$930 \div C\$1.3874/US\$ = US\$670.32$$

投資歐洲加幣債券一年後，投資人可得美元等值(採一年到期遠期合約避險)為：

$$C\$1{,}060 \div C\$1.3096/US\$ = US\$809.41$$

借美元資金一年後應償還金額為：

$$US\$670.32 \times (1 + 9.62\%) = US\$734.80$$

購買歐洲加幣債券的美元報酬率為：

$$(US\$809.41 - US\$734.80) \div US\$734.80 = 10.15\%$$

由於此報酬率高於投資人之借款利率，因此投資人應購買此債券。

由【例二】結果得知，投資人在考慮過債券的市價、票面利率、短期市場利率、外匯市場即期匯率及遠期匯率之後，可以擬定出是否購買債券的策略，而投資人的買賣行為，又會引起債券價格繼續調整到均衡狀態為止。

本章及下一章描述資金需求者及供給者，除了在自己國家的金融市場從事融資及投資外，還可考慮跨國界的融資與投資。國際金融市場包括短期的國際貨幣市場，還有長期的國際債券市場及國際股票市場（下一章討論）。本章探討國際貨幣市場及國際債券市場。國際貨幣市場主要是指歐洲通貨市場，本章詳細介紹歐洲通貨市場的誕生與成長、各個主要的歐洲通貨業務中心、歐洲通貨市場的金融工具及各主要參考利率、歐洲通貨的創造過程等。國際債券市場主要包括外國債券及歐洲債券，本章就此兩種債券的異同之處詳加比較，同時並分析歐洲債券及歐洲通貨信用貸款的異同。本章接著描述國際債券市場的發展狀況，最後並探討國際債券的評價。

本國債券	(Domestic Bonds)
小龍債券	(Dragon Bonds)
歐洲通貨中期債券	(EMTNs)
歐洲債券	(Eurobonds)
歐洲通貨信用貸款	(Eurocredit Bank Loans)
歐洲通貨市場	(Eurocurrency Market)
歐洲通貨短期債券	(Euronotes)
外國債券	(Foreign Bonds)
浮動利率定期存單	(FRCD)
浮動利率債券	(FRNs)
利率風險	(Interest Rate Risk)
倫敦銀行同業拆放利率	(LIBOR)
可轉讓定期存單	(NCD)
價格風險	(Price Risk)

Anonymous, "International Financial Markets: Overview", *Financial Market Trends*, vol. 61, June 1995, pp. 75–87.

_____, "Bank Borrowers Branch Out", *Euroweek*, November 1994, pp. 14–26.

_____, "Fannie Mae Speeds up Overseas Funding Drive", *Euroweek*, August 1994, p. 1.

_____, "Bank Restructuring in Central and Eastern Europe: Issues and Strategies", *Financial Market Trends*, February 1992, pp. 15–30.

Areskoun, Kai, "Exchange Rates and the Currency of Denominations in International Bonds", *Economics*, May 1980, pp. 159–163.

Bradley, Finbarr, "An Analysis of Call Strategy in the Eurodollar Bond Market", *Journal of International Financial Management and Accounting*, vol. 2, no. 1, Spring 1990, pp. 23–46.

Bullock, Gareth, *Euronotes and Euro-Commercial Paper*, London: Butterworths, 1987.

Chang, Rosita P., Peter E. Koveos, and S. Ghon Rhee, "Financial Planning for International Long-Term Debt Financing", *Advances in Financial Planning and Forecasting*, vol. 4, part B, 1990, pp. 33–58.

Chuppe, Terry M., Hung R. Haworth, and Marvin G. Watkins, "Public Policy Toward the International Bond Markets in the 1980s", *Advances in Financial Planning and Forecasting*, vol. 4, part B, 1990, pp. 3–32.

de Caires, Bryan, ed., *The Guide to International Capital Markets*, London: Euromoney Publications, 1988.

Doukas, John, "Syndicated Euro-Credit Sovereign Risk Assessments, Market Efficiency and Contagion Effects", *Journal of International Business Studies*, Summer 1989, pp. 255–267.

Dufey, Gunter, and Ian H. Giddy, *The International Money Market*, Englewood Cliffs, N.J.: Prentice-Hall, 1978.

_____, "Innovation in the International Financial Markets", *Journal of International Business*

Studies, Fall 1981, pp. 35–51.

Financing Foreign Operations, Business International Corporation, various issues.

Fisher III, F. G., *Eurobonds*, London: Euromoney Publications, 1987.

Folks, W. R., Jr., "Analysis of Short-Term, Cross-Border Financing Decisions", *Financial Management*, Autumn 1976, pp. 19–27.

_____, "Optimal Foreign Borrowing Strategies with Operations in Forward Exchange Markets", *Journal of Financial and Quantitative Analysts*, June 1978, pp. 245–254.

George, Abraham M., and Ian H. Giddy, eds., *International Finance Handbook*, New York: John Wiley & Sons, 1983.

Giovannini, Alberto, and Goodfriend, Marvin, "Central Banking in a Monetary Union: Reflections on the Proposed Statute of the European Central Bank: A comment", *Carnage-Rochester Conference Series on Public Policy*, vol. 38, June 1993, pp. 191–237.

Grabbe, Oren J., *International Financial Markets*, New York: Elsevier, 1986.

Heller, Lucy, *Eurocommercial Paper*, London: Euromoney Publications, 1988.

International Capital Markets: Development and Prospects, Washington, D.C.: IMF, 1990.

Jadlow, Janice Wickstrad, "Market Assessment of the Eurodollar Default Risk Premium", *Advances in Financial Planning and Forecasting*, vol. 4, part A, 1990, pp. 105–122.

Jennergren, L. Peter, and Bertil Näslund, "Models for the Valuation of International Convertible Bonds", *Journal of International Financial Management and Accounting*, vol. 2, (2/3), Summer and Autumn 1990, pp. 93–110.

Kim, Yong-Cheol, and Rene M. Stulz, "The Eurobond Market and Corporate Financial Policy: A Test of the Clientele Hypothesis", *Journal of Financial Economics*, vol. 22,1988, pp. 189–205.

_____, "Is There Still a Global Market for Convertible Bonds?", working paper, Ohio State University, April 1990.

Krol, Robert, "The Term Structure of Eurodollar Interest Rates and Its Relationship to the U.S. Treasury-Bill Market", *Journal of International Money and Finance*, vol. 6, no. 3, September 1987, pp. 339–354.

Lasfer, M. Ameziance, Poliyur S. Sudarsanam, and Richard J. Taffler, "Financial Distress, Asset Sales, and Lender Monitoring", *Financial Management*, vol. 25, no. 3, Autumn 1996, pp. 57–66.

Madura, Jeff, and Fosberg, Richard H., "The Impact of Financing Sources on Multinational Projects", *The Journal of Financial Research*, Spring 1990, pp. 61–69.

Marr. M. Wayne, Robert W. Rogowski, and John L. Trimble, "The Competitive Effect of U.S. and Japanese Commercial Bank Participation in Eurobond Underwriting", *Financial Management*, Winter 1989, pp. 47–54.

Miurin, Paolo, and Sommariva, Andrea, "The Financial Reforms in Central and Eastern European Countries and in China", *Journal of Banking and Finance*, vol. 17, September 1993, pp. 883–911.

Pettway, Richard H., Kaneko, Takashi, and Young, Michael T., "Further Evidence of Unsatisfied Clienteles in International Capital Financing", *The Financial Review*, November 1995, pp. 857–874.

Remmers, H. Lee, "A Note on Foreign Borrowing Costs", *Journal of International Business Studies*, Fall 1980, pp. 123–134.

Rhee, S. Ghon, Rosita P. Chang, and Peter E. Koveos, "The Currency-of-Denomination Decision for Debt Financing", *Journal of International Business Studies*, Fall 1985, pp. 143–150.

Robichek, Alexander A., and Mark R. Eaker, "Debt Denomination and Exchange Risk in International Capital Markets", *Financial Management*, Autumn 1976, pp. 11–18.

Robinson, Danielle, "The Hunt for Improving Value", *Euroweek*, January 1995, pp. 110–115.

Shapiro, Alan C., "The Impact of Taxation on the Currency-of-Denomination Decision for Long-Term Borrowing and Lending", *Journal of International Business Studies*, Spring/Summer 1984, pp. 15–25.

Smith, Clifford W., Jr., Charles W. Smithson, and Lee MacDonald Wakeman, "The Market for Interest Rate Swaps", *Journal of Financial Management*, Winter 1988, pp. 34–44.

Solnik, Bruno H., *International Investments*, Reading, Mass.: Addison-Wesley, 1987.

Sundaram, Anant, "International Financial Markets", in the *Handbook of Modern Finance*, Dennis Logue, editor, Warren, Gorham, and Lamont, New York, 1994.

Thomadakis, Stavros, and Usmen, Nilufer, "Foreign Project Financing in Segmented Capital Market: Equity Versus Debt", *Financial Management*, vol. 20, Winter 1991, pp. 42–53.

Truman, Edwin M., "The Mexican Peso Crisis: Implications for International Finance", *Federal Reserve Bulletin*, vol. 82, March 1996, pp. 199–209.

Zagaris, Bruce, "International: Financing Participation in Caribbean Basin Investment and Trade in the Aftermath of Reduced Section 936", *Bulletin for International Fiscal Documentation*, vol. 48(11), November 1994, pp. 567–573.

第十一章

國際股票市場

第一節　國際股市概況描述
第二節　存託憑證
第三節　國際股市報酬與風險決定因素分析

本章重點提示

- 主要股票市場特性比較
- 公司或投資者如何運用國際股市
- 各種存託憑證概述
- 發行存託憑證與國內現增比較

國際股票市場 (International Stock Markets) 的興起，較之歐洲通貨市場 (Eurocurrency Markets) 及國際債券市場 (International Bond Markets) 為晚。各國的大公司到本國以外的其他股市發行新股乃是近幾年來的事情。本章第一節將對世界各主要股市的特性作一介紹，並闡述公司到海外發行新股的動機與利益，以及投資者如何能夠利用國際投資機會來達成風險分散的目的。第二節介紹海外存託憑證的投資特性以及功能，以及企業如何使用存託憑證來擴大融資管道，建立國際商譽。第三節則討論國際股市報酬與風險評估，探討投資者應如何對外國股票進行評價。

第一節 國際股市概況描述

大多數的國家，都至少有一個主要的股票交易所 (Stock Exchange)。企業得以在此發行股票取得資金，投資人也可以經由股票的投資來取得不同公司的股權。由於市場發展程度的不同以及政府金融管制的鬆緊不一，各國的股票交易所都各具其本身的特性。這些特性包括市場資本額 (Market Capitalization) 的大小、上市公司的數目 (Number of Listed Firms)、市場集中度 (Market Concentration)、市場週轉率 (Market Turnover Ratio)，及交易時間 (Trading Hours) 的長短等等。各國主要股票市場的特性比較，可以參見表 11–1。

表 11-1　主要國家股票市場特性比較 (1995)

國家	市場資本額(10億美元)	國內公司上市數目	外國公司上市數目	市場[a]集中度(%)	市場[b]週轉率(%)	交易時間
澳　洲 (Australia)	245	1,178	36	25	43	10:00AM~ 4:00PM
比利時 (Belgium)	105	143	141	58	16	10:00AM~ 4:00PM
加拿大 (Canada)	366	1,196	103	40	54	9:30AM~ 5:00PM
中國大陸 (China)	42	323	–	20	116	9:00AM~11:00AM 1:30PM~ 3:00PM
法　國 (France)	522	450	195	25	147	10:00AM~ 5:00PM
德　國 (Germany)	577	678	944	47	211	10:30AM~ 1:30PM
香　港 (Hong Kong)	304	518	24	–	37	10:00AM~12:45PM 2:30PM~ 4:45PM
印　度 (India)	127	7,985	–	18	10	–
印　尼 (Indonesia)	66	238	–	41	25	–
義大利 (Italy)	210	250	4	46	45	10:00AM~ 1:45PM
日　本 (Japan)	3,667	2,263	110	19	31	9:00AM~11:00AM 12:30PM~ 3:00PM
韓　國 (Korea)	182	721	0	35	98	9:40AM~11:40AM 12:30PM~ 3:00PM
馬來西亞 (Malaysia)	223	529	–	29	36	–
墨西哥 (Mexico)	91	185	0	37	33	9:00AM~ 1:30PM
荷　蘭 (Netherlands)	356	387	215	67	75	10:30AM~ 4:30PM
菲律賓 (Philippines)	59	205	–	39	26	9:30AM~12:00PM

新加坡 (Singapore)	148	250	22	—	42	9:30AM~12:30PM 2:30PM~ 5:00PM
南　非 (South Africa)	281	640	—	26	6	—
瑞　士 (Switzerland)	434	216	233	50	84	10:00AM~ 1:00PM 2:00PM~ 4:00PM
臺　灣 (Taiwan)	187	347	0	30	175	9:00AM~12:00PM
泰　國 (Thailand)	141	416	0	36	41	10:00AM~12:30PM 2:30PM~ 4:00PM
英　國 (United Kingdom)	1,408	2,078	462	25	77	24 小時
美　國 (United States)	6,858	7,671	541	15	86	9:30AM~ 4:00PM

資料來源：參考 Emerging Stock Markets Factbook (1996) 及 Institutional Investor (1992) 及 FIBV Annual Report and Statistics (1995)。

a 市場集中度 = 十家最大廠商佔市場資本額的百分比。

b 市場週轉率 = 每年交易總值／市場資本額。

表 11–1 顯示出主要國家股票市場資本額的大小、上市公司的家數（包括國內公司及外國公司）、市場集中度、市場週轉率及每日交易時間。由表 11–1 可看出，美國股市的市場資本額大小是居世界第一，日本則為世界第二。日本曾在 1987 年到 1989 年期間，創下世界股市資本額大小排名第一的局面，然而，即使日本股市的規模曾排名世界第一，也有可能是因市場上交叉持股 (Cross-Holding) 的現象普遍而使市場規模被假象膨脹。由於美國股市這種交叉持股的現象極為少見，因此美國股市市場資本額的大小較能反應真實狀況。除了表 11–1 所列的主要股市重要特性比較，各國股市尚有其他不同的特性吸引不同的股票發行者及投資人，例如，美國股市是唯一健全的特別股的發行市場，因此，有些非美國的公司會到美國市場發行以美元計價的特別股。歐洲各國股市允許外國股票在當地股市掛牌上市的情形頗為普遍，例如表 11–1 中所示，德國及瑞士兩國，外國公司在其股市上市的數目比本國公司還多。

公司如何運用國際股市

公司到外國股市發行新股，主要原因是為了募集到更多的資金。許多大公司常常需要籌募數億元的資金，由於本國股市無法吸收如此大的發行量，只好將新股分別置於若干國家的股票市場，以防止單一市場過於飽和而造成股票價格下挫。為了能順利在海外市場售出新股，公司常尋求將其股票在兩個以上國家的股票市場上市，稱之為跨國上市 (Cross-Listing)。跨國上市對公司有若干潛在的好處，諸如：⑴有助於建立公司的國際形象，打響公司國際知名度；此點除了可以提高公司的聲望而有利於公司在國內及國外市場銷售其股票，並可以使公司因走國際化路線而具有從事國際購併的能力。⑵跨國上市使得地主國的投資人可以在其本國股票市場買到異國公司的股票，此種便利性，使發行公司的股票需求增加，如此有助於股票價格的上漲及增進流動性。⑶跨國上市使投資人的基礎擴大，造成股權分散，從管理階層的角度來看是一件好事，因為，不友善接管 (Hostile Takeover) 的可能性降低。

公司股票在外國股市申請上市，必須要符合當地相關單位的規定與要求。例如，尋求在美國股市上市，則要符合美國證管會 (SEC) 所規定的會計原則及揭露標準。但若外國公司的股票只限於出售給機構投資人一類的大股東，則可以參照 SEC Rule 144A 的規定，其對會計及揭露水準的要求較不嚴格。

投資者如何運用國際股市

投資人運用外國股市的主要目的，是為了達成國際風險分散 (International Diversification) 的效果。財務理論告訴我們，只要將報酬相關性小於 1 的股票組成投資組合，可以有效分散股票投資的風險，相關研究也顯示（例如 Levy and Sarnat (1970), Solnik (1974)），來自不同股市的股票報酬之間的相關係數要比出自同一股市的股票報酬之間的相關係數為小，因此由國際股市所組成的投資組合應可更有效的達到風險分散的目的。如圖 11–1 所示，學者 Bruno Solnik 的研究指出，相較於投資於單一股市（美國），國際型投資組合的風險可以更有效的降低風險。

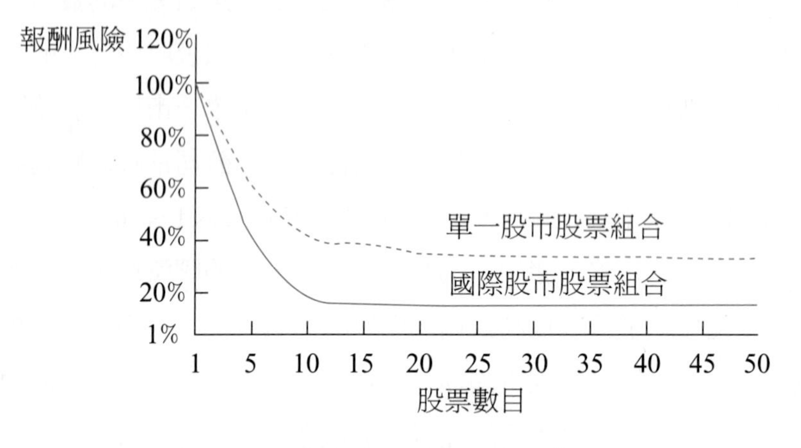

圖 11–1　國際投資組合的風險分散效果

以效率前緣 (Efficient Frontier) 的觀念來看，國際投資組合的效率前緣將優於以純國內股票所組成的投資組合，也就是說，在相同的風險暴露程度下，國際投資組合將可享有較高的預期報酬率；在相同的預期報酬率之下，單一股市的投資組合需要承擔較高的風險。圖 11–2 比較由國內及國際股票所組成之投資組合的效率前緣。

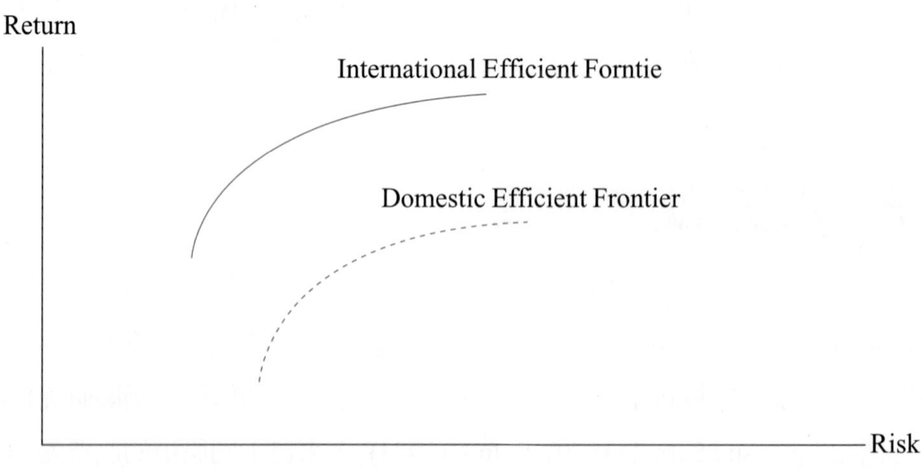

圖 11–2　由純國內股票組成的投資組合效率線 vs. 由國際股票組成的投資組合效率線

投資人想要經由國際投資來完成風險分散可以藉由下列數種途徑：

1. 直接購買外國股票
2. 購買共同基金 (Mutual Funds)
3. 購買存託憑證 (Depositary Receipts, DRs)
4. 購買本國跨國公司 (MNCs) 的股票

直接購買外國股票

投資人若想在其投資組合中納入外國的股票，可以直接進入外國股市購買，以目前網路下單的方式，投資人可以透過國際網際網路，輕易地在各國股市進行交易。不過投資人在交易外國股市的個股時，必須先選定一家外國的經紀商，在其處開立帳戶，並由該經紀商監管股票，且處理所衍生出的股利或其他相關權利事宜；每次下單時，若帳戶中沒有足夠的外幣，則須先將本國貨幣進行外幣轉換。直接購買外國股票的交易成本比購買國內股市的股票為高，因為除了須支付外國股市的證券交易稅或其他形式的稅，還要承擔外匯風險以及外匯市場的買賣價差。

購買共同基金 (Mutual Funds)

投資人運用國際股市以求分散風險的第二個管道，是購買由外國股票組成的共同基金，當散戶投資人對外國股市的個股不甚瞭解或因資金不足無法兼買多種股票時，投資共同基金可藉助於基金經理人的選股能力，同時運用基金化零為整的特性，而達到國際投資的目的。共同基金依其納入股票的地域或特性範疇可分為：(1)全球型的 (Global)——包含本國及外國的股票；(2)國際型的 (International)——僅包含外國的股票；(3)地區型的 (Regional)——僅包含某特定地區的各國的股票；(4)國家型的 (Country)——僅包含某特定國家的股票；(5)產業型的 (Industry)——僅包含某特定產業的各國股票。

共同基金依其是否准讓投資人隨時贖回基金而分為封閉型基金 (Closed-End Fund) 和開放型基金 (Open-End Fund) 兩種。封閉型基金發行固定數目的受益憑證，由於不可贖回，因此規模維持不變。受益憑證的價格由市場供需狀況決定，可能高於或低於標的股票 (Underlying Shares) 的淨資產價值 (Net Asset Value, NAV)，因此，相對於淨資產價值，受益憑證的價格可能反映溢

酬 (Premium) 或貼水 (Discount)。開放型基金由於隨時可供投資人贖回，因此規模不是固定的，投資人贖回基金是按照基金的淨資產價值 (NAV)，因此受益憑證的價格總是等於淨資產價值。當開放型基金的投資人想要退出此市場時，基金經理人必須要備好現金以供贖回，因此開放型基金的流動性很重要。基金經理人至少要把一部分基金投資於變現性高的金融工具，否則當投資人要求贖回而基金公司缺乏足夠的現金，則可能被迫在不利的價格或時機下處理掉投資工具。

購買存託憑證 (Depositary Receipts, DRs)

存託憑證提供了國內投資人一個有效率的國際投資管道，因為它實質上是將外國的股票引進國內發行，投資人投資存託憑證就像是在交易本國股票一樣，無須開設外幣戶頭，也無須暴露於匯率風險。

存託憑證依發行所在地的不同而各有不同的名稱。在美國股票交易所發行的存託憑證稱之為美國存託憑證 (American Depositary Receipts, ADRs)，在歐洲的股票交易所發行的通常稱之為全球存託憑證 (Global Depositary Receipts, GDR)。依此類推，若是在新加坡股票交易所發行，稱之為新加坡存託憑證 (Singapore Depositary Receipt, SDR)，而如果是在臺灣股票交易所發行的，則稱臺灣存託憑證 (Taiwan Depositary Receipt, TDR)。

存託憑證在美國股市占有十分重要的地位，到目前（1999 年）為止，美國存託憑證的買賣高達美國紐約證券交易所 (NYSE) 總交易量的 10%。國內主管機關近幾年來也積極的推動臺灣存託憑證在國內股市的發行，不過至目前為止並未見國際型企業在臺發行存託憑證，僅有的一例為新加坡上市公司（由國內日月光公司轉投資）福雷電子所發行的福雷存託憑證。至於存託憑證是如何能提供國內企業開拓國際融資管道，並建立國際名聲等功能，我們將在下一節中作詳細的說明。

購買本國跨國公司 (MNCs) 的股票

投資人欲從事國際投資以達風險分散的目的，也可以投資本國跨國企業的股票。然而，購買跨國公司的股票是否與前述三種投資管道有同樣的風險分散效果呢？財務文獻上所提供的結論指出，購買跨國企業的股票並非是前述三種投資管道的替代品，原因是本國跨國企業的投資人大多為本國人，他們慣於用國內企業的眼光看待本國跨國公司，因此本國跨國公司的股價行為反應，就如同其他的國內企業一樣，受國內因素的影響較多。

有關國際股市的資訊與資料

有關主要國家股票市場的各項資訊，可以從網路上以付費或非付費方式取得，重點是必須知道各股票市場的名稱或各該市場股價指數的名稱，如表 11–2 所示。至於有關主要國家股票市場的各項歷史統計資料，則可以參考國際財務公司 (International Finance Corporation, IFC) 或摩根史坦利資本國際公司 (Morgan Stanley Capital International, MSCI) 所出版的定期刊物。國際財務公司 (IFC) 是一個屬於世界銀行 (World Bank) 的跨國金融機構，於 1956 年成立，主要功能是要協助開發中會員國家的經濟成長。國際財務公司 (IFC) 每年出版的定期刊物，名為 Emerging Stock Markets Factbook，提供完備的已開發國家及新興國股市的各項統計資料。

摩根史坦利資本國際公司 (MSCI) 提供各種股價指數的統計資料，包括世界指數 (World Index)、地區性指數 (Regional Indices)，及各國指數 (National Indices)，MSCI 每月出版的定期刊物，名為 *Morgan Stanley Capital International Perspective*，提供已開發國家及新興國家股市報酬及市場資本額等資料。

表 11-2　主要國家股票市場股價指數

美洲國家：

美國

American Stock Exchange Composite –AMEX

Dow Jones Industrial Average–DJIA

New York Stock Exchange –NYSE

Standard and Poor's 500–S&P 500

National Association of Security Dealers Automated Quotation Composite –NASDAQ

加拿大

Toronto 300 Composite –TSE 300 Composite

巴西

Brazil Sao Paulo Bovespa

阿根廷

Argentina MerVal Index

墨西哥

Mexico I.P.C.

歐洲國家：

英國

London Financial Times Stock Exchange 100 Share Index –FTSE 100

德國

Frankfurt Deutsche Aktienindex –DAX

法國

Paris CAC 40

瑞士

Zurich Swiss Market

比利時

Brussels Bel –20 Index

西班牙

Madrid General Index

義大利

Milan MIBtel Index

亞洲國家：

澳洲

Australia All Ordinaries

香港

Hong Kong Hang Seng

新加坡

Singapore Straits Times

臺灣

Taiwan Weighted

南韓

Seoul Composite

日本

Tokyo Nikkei 225

Tokyo Stock Price Index–TOPIX

泰國

Thailand SET

馬來西亞

Malaysia KLSE Composite

菲律賓

PSE Composite

中國大陸

SSE Composite–SSEC

SSE A SHARE Index–SSEA

SSE B SHARE Index–SSEB

SZSE A SHARE Index–SZSA

SZSE B SHARE Index–SZSB

第二節 存託憑證

存託憑證的起源相當久遠，主要是因應市場投資人的需求。以美國存託憑證為例，由於在 1927 年英國通過了一項法令，禁止英國企業的股票實體流出國界，為了滿足美國投資人對英國股票的需求，美國存託憑證應運而生。

簡單來說，存託憑證是由銀行所發行的一種受益憑證，該憑證代表了存放在該銀行或其受託之外國企業股票。如果這些外國股票是由股票發行公司主動存託，我們將所發行的存託憑證稱之為主動型存託憑證 (Sponsored Depositary Receipts)，如果這些股票是由發行公司以外的第三者所存託的，則稱之為第三者或非主動型存託憑證 (Unsponsored Depositary Receipts)。

每一張存託憑證表彰著一定比例的外國股票股權。舉國內企業在美國所發行的存託憑證為例，臺灣積體電路（臺積電）在美國紐約證券交易所掛牌交易的 TSM 存託憑證，每一股代表著五股國內臺積電的股票，而旺宏電子在那士達克 (Nasdaq) 市場掛牌的 MXICY 存託憑證，權益比是 1:10。投資人若購買存託憑證，有權利按照存託憑證與標的股票間之權益比將存託憑證轉換成標的股票，因此存託憑證的價格與標的股票之價格會維持一定的關係，若出現過大的價差，經由標的股票與憑證間的買賣套利交易行為會很快的將價差消弭。

存託憑證的持有人在實質上為外國標的公司的股東，只是由存託機構代表列名於發行公司的股東名冊。因此，存託機構係代表持有人對發行公司主張股利，剩餘價值分配，以及行使其他股東權益，如投票權等。

美國存託憑證的種類

由於美國有著安定的政治環境以及成熟發展的金融市場，長久以來都吸引著外國企業到美國發行存託憑證，使得美國存託憑證 (ADR) 在美國股市中占有重要地位。根據統計，90% 以上的美國機構投資人均將美國存託憑證納入其投資組合，成為其建立國際投資組合的重要工具。

美國存託憑證可以採五種形式在美國發行，它們分別為：

1. 第三者發行之存託憑證 (Unsponsored ADR)
2. 第一級存託憑證 (Sponsored-Level I ADR)
3. 第二級存託憑證 (Sponsored-Level II ADR)
4. 第三級存託憑證 (Sponsored-Level III ADR)
5. 規範 144A 美國存託憑證 (Rule 144A ADR)

第三者發行之存託憑證 (Unsponsored ADR)

第三者發行之存託憑證所指的是非發行公司所主動發行的存託憑證。一家銀行為了因應市場對外國 A 公司的股票需求，可以在該國股市購入一定數量的 A 公司股票，將股票存入存託銀行，再由存託銀行發行憑證。由於此類憑證是衍生自該銀行在市場中所購得之標的公司股票，因此與標的股票公司本身並無直接關係，也無須經過標的公司的同意。此點於國內所發行的備兌型認購權證 (Covered Warrants) 相同。也由於此類存託憑證為第三者所發行，標的公司本身無須受到美國證管會揭露要求 (Disclosure Requirements) 的限制。

第一級存託憑證 (Sponsored-Level I ADR)

除了第三者存託憑證以外，其他種類的美國存託憑證均是由標的公司主動發行，不過依發行條件嚴格的程度而分成不同的等級。發行此類存託憑證的標的公司需要與存託銀行正式簽訂所謂的存託協定 (Deposit Agreement)，並向美國證管會登記申請。第一級存託憑證的發行門檻最低，主要是提供外國公司初次進入美國股市，以公開發行方式來建立基礎性投資股東的一種方法。此類憑證只能在美國店頭市場交易 (Over-the-Counter)，也就是透過所謂的 Unlisted Pink Sheets，而不得在全國性的證券交易所中買賣。以此種形式發行的存託憑證其發行成本最低，只需要填寫美國證管會的 Form–6 來申請登記，而免除了一般所需的登記揭露要求。

透過存託協定，標的公司對於存託憑證的發行得以有所掌控，不似第三者發行的存託憑證。存託銀行則扮演著標的公司與美國投資人之間的溝通橋樑，所有股權投資的相關事項包括股利的分配，財務資訊的公佈，以及公司重大措施等等，均是經由存託銀行傳遞給存託憑證投資人。不過，由於第一級憑證不得在全國性交易所掛牌交易，對於標的公司在美國建立公司商譽的效果會有所限制，此外也無法藉由此方式在美國股市取得新的資金。

第二級存託憑證 (Sponsored-Level II ADR)

第二級存託憑證的發行需要遵循美國證管會所要求的所有登記與揭露要件（除了繳交 F–6 號的申請書，還需填寫 20–F 號的申請書），年度報告以及其他財務報表的格式也均需依照美國一般公認的會計處理原則 (Generally Accepted Accounting Principles, GAAP)。由於符合了美國一般財務揭露的要求，此類存託憑證可以在全國各交易所掛牌交易，例如紐約證交所 (NYSE)，美國證交所 (AMEX) 或是以高科技股為主的那士達克 (Nasdaq)。

由於第二級存託憑證可在全國性的交易所掛牌交易，可以有效的擴大標的公司對市場的宣傳效果，吸引更多的投資人，並享有更高的憑證流通性。同時，由於揭露規定的要求，標的公司也可以對於股東的成員結構有所掌握。不過可以想見的，第二級憑證的發行成本會比較高，所需的準備時間也比較長。

第三級存託憑證 (Sponsored-Level III ADR)

第三級存託憑證的發行要求與第二級憑證大致相同，例如需要與存託銀行簽訂存託協定，可以在全國性交易所掛牌買賣，需符合證管會的財務揭露原則等等。主要的不同點在於此等級容許標的公司在美國發行存託憑證來取得新的資金 (Capital Raising Ability)。如此一來，標的公司可以透過美國股市來取得融資，真正地達到擴大融資管道的功效。不過相對上所需繳交的財務相關報告 (Financial Reports) 也大大增多，成本的增加也不在話下。

規範 144A 存託憑證 (Rule 144A ADR)

前述三種不同等級的存託憑證均是在美國股市公開發行，另外一種是遵照規範 144A，採用私下募集 (Private Placement) 的方式來發行。私募的存託憑證主要是針對所謂的專業機構投資人 (Qualified Institutional Buyers,

QIBs)，而不是以公共大眾為發行目標，因此此類憑證只能在美國證券商協會 (DASD) 的 PORTAL (Private Offerings, Resale and Trading through Automated Linkages) 交易系統上買賣。所謂的 QIB 是指掌握至少 1 億美金投資於證券的機構，由於美國目前僅有將近四千個合格的 QIBs，因此以私募方式發行的美國存託憑證，其市場流通性不如公開發行者來得高。不過由於公開發行的成本較高，以規範 144A 方式發行存託憑證仍受到多數外國企業的歡迎。以國內企業在美國所發行的存託憑證為例，到目前為止的四十八種存託憑證當中，僅有兩家（臺積電以及旺宏電子）是採用公開發行並在交易所掛牌，其餘的絕大多數都採用規範 144A 的私募方式在美國發行。

全球存託憑證 (Global Depositary Receipts)

如果標的公司想要同時進入兩個以上的國家股市，可以透過所謂全球存託憑證的發行來達到此目標。一般而言，全球存託憑證可以與發行美國存託憑證同時進行，發行程序也大致相同。全球存託憑證並無單一主管機關，通常，GDR 會在盧森堡或倫敦交易所掛牌。此類憑證可以是公開發行，也可以採行私募的方式。

目前國內企業所發行之海外存託憑證多屬全球存託憑證，同時銷售予歐亞地區的投資人。一般而言，由於美國證券市場規範較多，發行全球存託憑證對於企業而言為便利。不過如果要同時將全球存託憑證在美國發行，則只能透過規範 144A 的管道，針對美國專業機構法人銷售。

投資存託憑證與外國股票之比較

投資人想投資國外企業的股權，購買存託憑證比直接購買外國股票有若干的便利性。在存託憑證流通十分廣泛的美國市場而言，投資憑證或直接買賣外國股票的差異可以比較如下：

1. 投資交易成本：一般而言，買賣國內股票的交易成本要比直接在國外股市交易股票的成本低很多，由於存託憑證屬於國內股票，因此有成本上的優勢。

2.流通性：許多存託憑證的市場流通性甚至於比本國股票還要高，特別是發行量大的國外知名企業。此外，憑證持有人隨時可以選擇將憑證轉換成為標的股票。

3.股東權益：存託憑證的投資人享有與一般公司股東相同的權利，包括投票權與股利的分配。

4.結算交割：外國股票投資人必須面對不同的清算交割制度，而帳戶維持以及效率性的要求也是在國外開戶投資的重要考量。存託憑證就如同國內股票，投資人無須面對不同的結算交割制度。

5.股票保存：購買外國股票的保管需要負擔較高的費用。

6.資訊透明度：存託銀行對於存託憑證標的公司的相關資訊均會主動發佈，傳遞給相關投資人。反觀投資外國股票的資訊管道便相對較少，而且所需的成本亦高。

7.外匯風險：存託憑證是以當地國幣別交易，反觀直接投資外國股票，投資人需在國外設立外幣，並承擔匯率變動風險。不過，當外國貨幣貶值時，存託憑證雖然是以本國幣別計價，但是標的股票的市價不免會反映貨幣貶值的影響，所以不能完全免除外匯風險。

8.稅負問題：以美國存託憑證為例，購買憑證所獲得的股利，由保管銀行負責收取並轉換成美元，再存入美國投資人的帳戶，同時，美國投資人不須處理因收取外國股利而衍生出的稅的問題。但直接購買外國股票的投資人，股利是以外幣收取，須從事外幣轉換；同時，若外國政府對股利的支付有預扣稅等的問題，投資人還須作相關的稅的處理。

存託憑證對發行公司的好處

對於一個外國公司而言，發行存託憑證可以有效的增加該公司的國際知名度，擴大股東基礎，吸引投資人的興趣，增進股票在市場的流通性。此外，存託憑證可以提供外國企業一個融資管道，在本國以外的市場吸取資金，甚至於有助於國外購併計劃的進行。透過存託憑證，標的公司可以增強與外國股東間的溝通。以一個在美國設立的外國企業為例，對於所雇用的美國員工而言，員工入股計劃 (Employee Stock Ownership Plan, ESOP) 可以透過美國存託憑證來進行，增加員工入股的動機與便利性。透過權益比（標的股票與存託憑證間之轉換比例）的調整，可以將存託憑證的價格維持在市場所較易接受的水準。

發行海外存託憑證與國內現金增資的比較

國內企業有資金需求時，可以在國內市場現金增資，也可以考慮發行海外存託憑證。然而這兩種取得資金的管道對於企業而言有何差異呢？我們可以分析如下。比較顯而易見的，國內現金增資所取得的是本國資金，而發行存託憑證一般多以美元計價，如果該資金的取得是為了國外投資擴廠等目的，直接取得外幣可免日後結匯的匯率風險。依照目前法令規定，國內現金增資是依照「發行募集與發行有價證券處理準則」，主管機關為證期會，採申報生效或申請核准方式，而海外存託憑證則是依照「發行募集與發行海外有價證券處理準則」，主管機關為證期會及中央銀行，採申請核准制，審查過程通常比較寬鬆。兩種方式所需要的申請時間大致相同，約在六至八週。

至於相關的發行成本，現金增資約為發行金額的 0.5% 至 1%，而發行海外存託憑證的成本要高出許多，約為發行成本的 3.5% 到 4%。雖然海外存託憑證的發行成本較高，但是以企業可以取得的承銷價格而言，在國內辦理現金增資時，折價情形較嚴重，在承銷價格的 70%～90% 左右，而存託憑證則約在承銷價格的 90% 之上。至於兩者的承銷方式，國內的現金增資多由承銷商依洽定條件以公開申購或詢價圈購辦理，而海外存託憑證的承銷通常是由承銷團與發行公司議定承銷價格，辦理海外說明會 (Road Show)，然後定出最後承銷價及發行金額。

最後，依照國內現行法令，對於發行海外存託憑證所募集到的資金，必須使用於海外，例如成立國外分公司、企業併購等等之用途。如果要兌回國內，則需符合特定用途之規定。

第三節 國際股市報酬與風險決定因素分析

直接投資國際股市，對所投資標的的報酬與風險評估，要比投資國內股市考慮的因素為多。倘若不考慮因政治風險而造成資金受困等因素，購買外國股市的投資工具，其報酬的計算或可作如下分析。首先，假設投資標的的期初購買價格（以外幣計價）為 P_0^*，且期初匯率 (US$/FC) 為 e_0；又假設投資標的的預期期末賣出價格（以外幣計價）為 $\widetilde{P}_1^*$，且預期期末匯率 (US$/FC) 為 $\widetilde{e}_1$；該投資標的帶給投資人的投資期間報酬率（以美元計價）為 $\widetilde{R}$，計算如下：

$$\begin{aligned}\widetilde{R} &= \ln(\widetilde{P}_1^* \cdot \widetilde{e}_1 / P_0^* \cdot e_0) \\ &= \ln\left(\frac{\widetilde{P}_1^*}{P_0^*}\right) + \ln\left(\frac{\widetilde{e}_1}{e_0}\right) \qquad (11\text{–}1)\end{aligned}$$

(11–1) 式顯示，選擇國外投資標的，其報酬率的決定因素有二，一為投資標的本身價格的變化，二為匯率的變化。根據 (11–1) 式，我們又可導出國外投資標的的報酬率的風險決定因素，如 (11–2) 式所示：

$$\sigma^2_{(\widetilde{R})} = \sigma^2_{(\widetilde{P}^*)} + \sigma^2_{(\widetilde{e})} + 2\text{cov}\,(\widetilde{P}^*, \widetilde{e}) \qquad (11\text{–}2)$$

由 (11–2) 式得知，國外投資標的之報酬變異，是受到投資標的的價格波動，匯率波動及國外股價與匯率互動關係之影響。若外國股市的榮枯與其貨幣的匯率價值成同方向變動，亦即其貨幣升值則股票價格上漲，則投資報酬之風險加大；反之，若股票價格與貨幣之匯率價值成反方向變動，亦即其貨幣貶值則股票價格上漲，則投資報酬之風險縮小。

投資國際股市的股票，其報酬率之決定因素，或可參考一般財務文獻上所述之資本資產訂價模式 (CAPM) 及套利訂價理論 (APT)，只是在適用此兩模型之前，應將國際股市與國內股市的特性差異之處納入考慮。例如，本國股市與外國股市之間是否已漸趨整合，或是市場分割 (Market Segmentation)

的情況仍相當嚴重？若屬前者，則國內股票之計價模型就可一體適用於國外投資標的之評價，若屬後者，則須根據外國股市之特性，納入更多的評價因素。另外，各股市之市場效率性如何？購買力平價條件在兩國之間是否成立？皆是決定報酬評價模型時所應事先考量的因素。

財務文獻上探討什麼因素會影響國際股市的投資報酬及風險，有一些實證上的答案。一般而言，總體經濟因素、匯率變化、及產業結構是被探討的三個方向，但即使此三者被公認為是重要的決定因素，其實證上所發現的影響效果也常莫衷一是。但大多數的人應會同意，總體經濟或基本面的表現，應是決定股市報酬與風險較為重要的因素。

本章探討國際金融市場中的股票市場部分。首先就各主要國家的股票市場特性作一簡介，並闡述公司及投資人可如何運用國際股市來達到其降低成本或風險分散的目的。本章並對存託憑證作了詳細的介紹，本章最後對國際股市報酬與風險決定因素有概略描述。

美國存託憑證	(ADRs)
存託憑證	(Depositary Receipts)
全球存託憑證	(GDR)
規範 144A 美國存託憑證	(Rule 144A ADR)
主動型存託憑證	(Sponsored Depositary Receipts)
非主動型存託憑證	(Unsponsored Depositary Receipts)

Adhikari, Ajay, and Rasoul H. Tondkar, "Environmental Factors Influencing Accounting Disclosure Requirements of Global Stock Exchanges", *Journal of International Financial Management and Accounting*, vol. 4, no. 2, Summer 1992, pp. 75–105.

Aggarwal, Reena, Ricardo Leal, and Leonardo Hernandez, "The Aftermarket Performance of Initial Public Offerings in Latin America", *Financial Management*, Spring 1993, pp. 42–53.

Agmon, Tamir, "The Relations among Equity Markets: A Study of Share Price Co-Movements in the U.S., U.K., Germany and Japan", *Journal of Finance*, September 1972, pp. 839–855.

_____, "Country Risk: The Significance of the Country Factor for Share-Price Movements in the United Kingdom, Germany and Japan", *Journal of Business*, January 1973, pp. 24–32.

Alexander, G., C. Eun, and S. Janakiramanan, "Asset Pricing and Dual Listing on Foreign Capital Markets: A Note", *Journal of Finance*, March 1987, pp. 151–158.

_____, "International Listings and Stock Returns: Some Empirical Evidence", *Journal of Financial and Quantitative Analysis*, vol. 23, no. 2, June 1988, pp. 135–151.

Bank for International Settlements, Annual Report, annual issues, Basle.

Bartolini, Leonardo, and Allan Drazen, "Capital Account Liberalization as a Signal", *NBER Working Paper,* no. 5725, Cambridge, MA, August 1996.

Baumol, William J., and Burton G. Malkiel, "Redundant Regulation of Foreign Security Trading and U.S. Competitiveness", *Journal of Applied Corporate Finance*, Winter 1993, pp. 19–27.

Biddle, Gray C., and Shahrokh M. Saudagran, "The Effect of Financial Disclosure Levels on Firms; Choices among Alternative Foreign Stock Exchange Listings", *Journal of International Financial Management and Accounting*, vol. 1, no. 1, Spring 1989, pp. 55–87.

Black, Fischer, "Universal Hedging: Optimizing Currency Risk and Reward in International Equity Portfolios", *Financial Analysts Journal*, January-February 1995, pp. 161–167.

Bodurth, James N., D. Chingyung Cho, and Lemma W. Senbet, "Economic Forces in the Stock Market: An International Perspective", *Global Finance Journal*, Fall 1989, pp. 21–46.

Chamberlain, Trevor W., Cheung, C. Sherman, and Kwan, Clarence, "Test of the Value Line Ranking System: Some International," *Journal of Business Finance and Accounting*, June 1995, pp. 575–585.

Choi, Frederick D. S., and Arthur Stonehill, "Foreign Access to U.S. Securities Markets: The Theory, Myth and Reality of Regulatory Barriers", *The Investment Analyst*, July 1982, pp. 17–26.

Cochrane, James L., "Helping to Keep U.S. Capital Markets Competitive: Listing World-Class Non-U.S. Firms on U.S. Exchanges", *Journal of International Financial Management and Accounting*, vol. 4, no. 2, Summer 1992, pp. 163–170.

Cohen, Kalman, Walter Ness, Robert Schwartz, David Whitcomb, and Hitoshi Okuda, "The Determinants of Common Stock Returns Volatility: An International Comparison", *Journal of Finance*, May 1976, pp. 733–740.

Edwards, Franklin R., "Listing of Foreign Securities on U.S. Exchanges", *Journal of Applied Corporate Finance*, Winter 1993, pp. 28–36.

Eun, Cheol S., and S. Jankiramanan, "Bilateral Cross-Listing and the Equilibrium Security Prices", *Advances in Financial Planning and Forecasting*, vol. 4, part B, 1990, pp. 59–74.

Eun, Choel S., and Bruce G. Resnick, "Estimating the Correlation Structure of International Share Prices", *Journal of Finance*, December 1984, pp. 1311–1324.

Finnerty, Joseph E., and Thomas Schneeweis, "The Co-Movement of International Asset Returns", *Journal of International Business Studies*, Winter 1979, pp. 66–78.

Freund, William C., "Current Issues: International Markets, Electronic Trading and Linkages in International Equity Markets", *Financial Analysts Journal*, May/June 1989, pp. 10–15.

Fry, Clifford, Insup Lee, and Jongmoo Jay Choi, "International Listing and Valuation: The Case of the Tokyo Stock Exchange", *Review of Quantitative Finance and Accounting*, March 1994.

Giovannini, Alberto, and Philippe Jorion, "The Time Variation of Risk and Return in the

Foreign Exchange and Stock Markets", *Journal of Finance*, June 1989, pp. 307–326.

Grubel, Herbert G., and Kenneth Fadner, "The Interdependence of International Equity Markets", *Journal of Finance*, March 1971, pp. 89–94.

Gultekin, Mustafa N., N. Bulent Gultekin, and Alessandro Penati, "Capital Control and International Capital Market Segmentation: The Evidence from the Japanese and American Stock Markets", *Journal of Finance*, September 1989, pp. 849–870.

Hawawini, Gabriel, and Eric Rajendra, *The Transformation of the European Financial Services Industry: From Fragmentation to Integration*, New York: New York University Salomon Center; Monograph Series in Finance and Economics, no. 4, 1989.

Hilliard, J., "The Relationship between Equity Indices on World Exchange", *Journal of Finance*, March 1979, pp. 103–114.

Hoque, Moinzurul, "Impetus for Future Growth in the Globalization of Stock Investments: Evidence from Joint Time Series and Chaos Analyses", *Managerial Finance*, 1995, pp. 62–71.

Howe, John S., and Kathryn Kelm, "The Stock Price Impacts of Overseas Listings", *Financial Management*, Autumn 1987, pp. 51–56.

Huang, Roger D., and Hans R. Stoll, *Major World Equity Markets: Current Structure and Prospects for Change*, New York: New York University Salomon Center; Monograph Series in Finance and Economics, no. 3, 1991.

Ibbotson, Roger G., Richard C. Carr, and Anthony W. Robinson, "International Equity and Bond Returns", *Financial Analysts Journal*, July/August 1982, pp. 61–83.

Ioannou, Lori, "The Seismic Shirt Foreign Funding", *International Business*, vol. 7(4), April 1994, pp. 50–54.

Jacque, Laurent, and Gabriel Hawawini, "Myths and Realities of the Global Capital Market: Lessons for Financial Managers", *Journal of Applied Corporate Finance*, Fall 1993, pp. 81–90.

Jaffe, Jeffrey, and Randolph Westerfield, "The Weekend Effect in Common Stock Returns: The International Evidence", *Journal of Finance*, June 1985, pp. 61–83.

Jennergren, L. P., and P. E. Korsvold, "The Non-Random Character of Norwegian and Swedish Stock Market Prices", in E. J. Elton and M. J. Gruber, eds., *International Capital Markets*, Amsterdam: North-Holland, 1975, pp. 37–67.

Jonas, K., and M. Sladkus, "Trends in International Equity Market: 1975–1986", in C. Beidleman, ed., *The Handbook of International Investing*, Chicago: Probus Publishing Company, 1987.

Keppier, A. Michael, "Further Evidence on the Predictability of International Equity Returns", *Journal of Portfolio Management*, vol. 18, Fall 1991, pp. 48–53.

Kim, Jeong-Bon, and Krinsky, Itzhak, and Lee, Jason, "Motives for Going Public and Underbracing: New Findings from Korea", *Journal of Business Finance and Accounting*, vol. 20, January 1993, pp. 195–211.

Kish, Richard J., and Vasconcellos, Geraldo M., "An Empirical Analysis of Factors Affecting Cross-Border Acquisitions: U.S.-Japan", *Management International Review*, vol. 33, Third Quarter 1993, pp. 227–245.

Kunz, Roger M., "Factors Affecting the Value of the Stock Voting Right: Evidence from the Swiss Equity Market", *Financial Management*, vol. 25, no. 3, Autumn 1996, pp. 7–21.

Larson, John C., and Joel N. Morse, "Intervening Effects in Hong Kong Stocks", *Journal of Financial Research*, Winter 1987, pp. 353–362.

Lee, Sang H., and Varela, Oscar, "International Listings, the Security Market Line and Capital Market Integration: The Case of US Listings on the London Stock Exchange", *Journal of Business Finance and Accounting*, vol. 20, November 1993, pp. 843–863.

Maldonado-Bear, Rita, and Anthony Saunders, "International Portfolio Diversification and the Stability of International Stock Market Relationships, 1957–1980", *Financial Management*, Autumn 1981, pp. 54–63.

Marr, M. Wayne, John L. Trimble, and Raj Varma, "On the Integration of International Capital Markets: Evidence from Euroequity Offerings", *Financial Management*, Winter 1991, pp. 11–21.

_____, "Innovation in Global Financing: The Case of Euroequity Offerings", *Journal of*

Applied Corporate Finance, Spring 1992.

Meek, G. K., and S. J. Gray, "Globalization of Stock Markets and Foreign Listing Requirements: Voluntary Disclosures by Continental European Companies Listed on the London Stock Exchange", *Journal of International Business Studies*, Summer 1989, pp. 315–336.

Megginson, Qilliam, Robert C. Nash, and Matthias Ian Randenbough, "The Financial and Operating Performance of Newly Privatized Firms: An International Empirical Analysis", *Journal of Finance*, June 1994, pp. 403–452.

Mukherjee, Tarun K., and Naka, Atsuyuki, "Dynamic Relations between Macroeconomics Variables and the Japanese Stock Market: An Application of a Vector Error Correction Model", *The Journal of Financial Research*, Summer 1995, pp. 223–237.

Muscarella, Chris, Michael Vesuypens, "The British Petroleum Stock Offering: An Application of Option Pricing", *Journal of Applied Corporate Finance*, Winter 1989, pp. 74–80.

Petteay, Richard H., and Young, Michael T., "Further Evidence of Unsatisfied Clienteles in International Capital Financing", *The Financial Review*, November 1995, pp. 857–874.

Philippatos, G.C., A. Christofer, "The Inter-Temporal Stability of International Stock Market Relationships: Another View", *Financial Management*, Winter 1983, pp. 63–69.

Prasad, Anita Mehra, and Rajan, Murli, "The Role of Exchange and Interest Risk in Equity Valuation: A Comparative Study of International Stock Markets", *Journal of Economics and Business*, vol. 47(5), December 1995, pp. 457–472.

Reinganum, Marc R., and Alan C. Shapiro, "Taxes and Stock Return Seasonality: Evidence from the London Stock Exchange", *Journal of Business*, April 1987, pp. 281–298.

Roll, Richard, "The International Crash of 1987", *Financial Analysts Journal*, September-October 1988, pp. 19–35.

Saudagaran, Shahrokh M., "An Investigation of Selected Factors Influencing Multiple Listing and the Choice for Foreign Stock Exchanges", *Advances in Financial Planning and Forecasting*, vol. 4, part B, 1990, pp. 75–122.

_____, "An Empirical Study of Selected Factors Influencing the Decision to List on Foreign Stock Exchanges", *Journal of International Business Studies*, Spring 1988, pp. 101–128.

Shelly E. Webb, Dennis T. Officer, and Bryan E. Boyd, "An Examination of International Equity Markets Using American Depository Receipts (ADRS)", *Journal of Business Finance and Accounting*, April 1995, pp. 415–430.

Solnik, Bruno H., "Note on the Validity of the Random Walk for European Stock Prices", *Journal of Finance*, December 1973, pp. 1151–1159.

_____, "The Distribution of Daily Stock Returns and Settlement Procedures: The Paris Bourse", *Journal of Finance*, December 1990, pp. 1601–1610.

_____, *International Investments*, 3rd edition, Reading Mass.: Addison-Wesley, 1996.

Sundaram, Anant K., and Dennis E. Logue, "Valuation Effects of Foreign Company Listings on U.S. Exchanges", *Journal of International Business Studies*, First Quarter 1996, pp. 67–88.

Torabzadeh, Khalil M., William J. Bertin, and Terry L. Zivney, "Valuation Effects of International Listings", *Global Finance Journal*, vol. 3, no. 2, 1992, pp. 159–170.

Tsangarakis, Nickolaos V., "Shareholder Wealth Effects of Equity Issues in Emerging Markets: Evidence from Rights Offerings in Greece", *Financial Management*, vol. 25, no. 3, Autumn 1996, pp. 21–33.

Tsetsekos, George P., "Multinationality and Common Stock Offering Dilution", *Journal of International Financial Management and Accounting*, vol. 3, no. 1, Spring 1991, pp. 1–16.

Wahab, Mahmoud, and Malek Lashgari, "Stability and Predictability of the Comovement Structure of Returns in the American Depository Receipts Market", *Global Finance Journal*, vol. 4, no. 2, 1993, pp. 141–169.

Walter, Ingo, and Roy C. Smith, *Investment Banking in Europe: Restructuring for the 1990s*, Cambridge, Mass.: Basil Blackwell, 1990.

Waune, Marr, M., and Trimble, John L., and Varma, Raj, "On the International Capital Markets: Evidence from Euroequity Offerings", *Financial Management*, vol. 20, Winter 1991, pp. 11–21.

第十二章

國際銀行業務及金融交換

第一節　國際銀行業務
第二節　金融交換
第三節　國際放款風險問題

本章重點提示

- 銀行國外分支機構
- 艾奇法案與協定公司
- 貝索協定
- 各種形態的交換合約
- 貝克計畫 vs. 布萊第計畫

過去數十年國際銀行業務的發展，一方面是開拓本身的營業空間，一方面也是因應企業國際化的趨勢，而銀行業務國際化也便捷助長了跨國企業的成長。除了金融中心的大銀行運用規模經濟 (Economy of Scale) 提供全套性的國際性服務，一般銀行面對與日俱增的國際競爭壓力也都力求發展某些專門性的國際金融服務。國際化銀行所從事的主要金融業務項目包括：

1.辦理出口、進口融資。

2.吸取國際資金，從事國際放款。

3.買賣外匯。

4.在初級市場 (Primary Markets) 替企業籌措國際資金。

5.提供企業國際流動資金管理 (International Working Capital Management) 的服務。

6.提供顧客國際性資訊及建議。

這些國際性業務使銀行本身受到匯率風險的衝擊，而銀行自身由於也是跨國企業 (Multinational Enterprises)，因此也受曝於政治風險 (Political Risk) 之下。本章第一節先談到國際化銀行的成立型態，經營策略與業務方向；再於第二節談及銀行如何運用金融交換 (Financial Swaps) 來排除或減低匯率風險以及提供何種形式的金融交換服務給顧客。最後於第三節談及國際放款風險相關問題。

第一節 國際銀行業務

國際銀行業務當然是以國際金融中心 (International Financial Centers) 所承辦的業務為焦點所在。如圖 12-1 所示，所謂的國際金融中心，通常是指包括有下列四種業務的重要金融中心：

1.吸取國「內」資金，提供放款給國「內」借款者。

2.吸取國「內」資金，提供放款給國「外」借款者。

3.吸取國「外」資金，提供放款給國「內」借款者。

4.吸取國「外」資金，提供放款給國「外」借款者。

若某金融中心只從事前述第(1)種業務，只能算是國內金融中心 (Domestic Financial Centers)，而只從事第(4)種業務者，則稱之為境外金融中心 (Offshore Financial Centers)，因此國內金融中心與境外金融中心所從事的業務只能算是國際金融中心的一部分。

金融機構的產生最初是對本國投資人與借款者提供金融中介的功能，因此國內金融中心可說是存在於每一個有金融活動的國家之中。當國內市場中的金融機構開始參與國際聯貸，利用國際融資工具來吸引國際資金，同時開放跨國機構進入市場提供金融服務時，國內金融中心的業務也就逐步的擴展到境外金融中心，以至於區域性及國際性的金融中心。

目前世界上最重要的國際金融中心包括有英國的倫敦、日本的東京及美國紐約州的紐約市。其他次級重要的金融中心包括法國的巴黎、德國的法蘭克福 (Frankfurt)、瑞士的蘇黎世 (Zurich)、瑞士的日內瓦 (Geneva)，荷蘭的阿姆斯特丹 (Amsterdam)、新加坡及香港等。

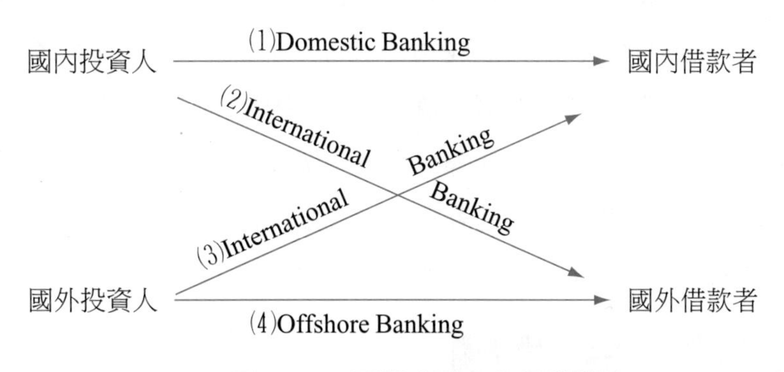

圖 12–1　國際金融中心承辦業務

境外金融中心 (Offshore Financial Centers)

隨著金融市場的國際化與自由化，要將金融機構的業務侷限在國內是不符實際的。由於國際金融業務牽涉到國際貨幣的流動，例如將本國資金透過換匯並投資於外國，對一國本身的貨幣政策將會有所衝擊，因此許多國家對於國際金融相關業務會有所規範與限制，包括資金進出國境的限制（外匯管制）、差別稅制 (Differential Taxation) 等等。然而也有一些金融活動，例如替第三國的企業募集所需的外幣資金，其實並不會對本國市場造成實質上的影響，但是由於國內法令規範的限制，使得許多金融機構轉向海外（境外），成立所謂的國際金融業務分行 (Offshore Banking Units, OBUs)。目前我國金融機構所成立的 OBUs 家數，至民國 93 年 12 月底止，一共有 42 家，包括一般銀行的 40 家以及中小企業銀行的 2 家。

國際上有許多國家或地區願意提供特別的誘因來吸引國際金融機構的設立，大多數是位於加勒比海地區，包括有巴哈馬群島 (The Bahamas)、蓋門島 (Cayman Islands)、荷屬安地列斯群島 (The Netherlands Antilles) 等，此外，還有盧森堡 (Luxembourg) 也扮有重要的角色。這些國家或地區本身或許對於金融業務的需求並不高，而吸引國際型金融機構的設立主要是著眼這些機構及從業人員在當地所能產生的經濟效益。這些金融機構的業務主要是跨國的資金轉介，相對於國內金融中心，因此我們將這些地區稱之為境外金融中心。這些國家或地區之所以能成為成功的境外金融中心，主要原因是他們都能提供安定的政治及經濟環境，資本流入流出完全沒有限制，資訊傳遞迅速，金融媒介機構有效率的運作等。另外一個重要的原因是這些地區大多保持相當低的稅率或免課稅，因此許多企業或銀行紛紛在這裡設立財務子公司 (Finance Subsidiary)，專門負責公司資金的管理與調度。

美國境內的境外金融中心

位於加勒比海的境外金融中心，就像一般的歐洲通貨市場 (Eurocurrency Market) 一樣，管制少，利率優，因此吸引許多歐洲通貨業務。在早期，美國許多的金融機構，礙於國內法令限制及成本的考量，紛紛赴海外的境外金融中心成立分支機構來提供歐洲通貨業務。在 1981 年，美國聯邦準備理事會 (The Federal Reserve Board) 通過法案，准許國際銀行業務體制 (International Banking Facilities, IBFs) 的建立，以使各大銀行得以在美國境內從事境外金融中心的業務。

IBFs 是一個會計實體 (An Accounting Entity) 而非法律實體 (A Legal Entity)，因為它並非一個獨立的機構，而是已存在銀行的一部分，各大銀行將其資產與負債分出一部分算是 IBFs 的資產與負債，不列在原來銀行的帳上，而是單獨列帳。IBFs 可以是美國特許的存款機構，或是外國銀行在美國的分行，也可以是艾奇法案公司 (Edge Act Corporation) 的辦事處。各大銀行欲申請建立 IBFs，必須於開放業務的兩個禮拜之前給予聯邦準備理事會通知。IBFs 雖然實際上座落於美國，但是所受到的待遇與境外銀行一樣，就其境外金融的業務，不必繳交州稅和地方稅 (State and Local Taxes)，不受法定準備 (Required Reserves) 的限制，無須參加聯邦存款保險公司 (Federal Deposit Insurance Corporation, FDIC) 的保險，也不必遵守訂定存款利率上限 (Interest Rate Ceilings) 的要求。IBFs 目前大概有五百家以上，其中半數是座落於紐約州，其餘則主要分佈於加州及佛羅里達州，由地理位置可以看出，美國境內的國際銀行業務主要是遍佈於沿海地區。

由於 IBFs 地處美國境內而享有境外金融中心的「不管制」待遇，因此所涉及的業務範圍必須是屬於境外金融中心的業務。例如，IBFs 存款與放款的對象，侷限於外國居民 (Foreign Residents)，美國國內的居民，不能在 IBFs 存款，也不能獲得 IBFs 的放款。IBFs 不可發行可轉讓的金融工具 (Negotiable Instruments)，以免這些金融工具轉入美國國內居民的手中。IBFs 對非銀行顧客（即非銀行外國居民），有較為嚴格的限制，例如，非銀行顧客存款與提款的交易金額必須至少是 10 萬美元，但是將累積的利息提出或是結束帳戶則不受此限制，銀行顧客則根本不受此限。IBFs 對非銀行顧客的放款，須受到取得資金流向的限制 (Use-of-Proceeds Restriction)，亦即借款者不可將貸款所得用來支援美國境內的企業運作。

自從 1981 年美國開放 IBFs 業務，已將位處加勒比海的歐洲通貨業務搶走了一大部分，但美國的 IBFs 並未能完全取代加勒比海的境外金融中心，主要原因是美國國內的居民並不能合法使用 IBFs，因此美國境內的居民，若要從事歐洲美元的存款或取得歐洲美元放款，則須利用加勒比海的境外金融中心或是其他的歐洲通貨市場。但是 IBFs 雖未完全取代在加勒比海的境外金融中心，卻已使後者自 IBFs 成立之後業務受挫而不再成長。美國的 IBFs 所以能吸引大量歐洲通貨業務的原因，是美國佔了政治安定的優勢。

銀行國外分支機構

國際銀行可以在國外設立不同形式的分支機構，通常有五種型態：

1. 通信銀行 (Correspondent Banks)
2. 代表人辦事處 (Representative Offices)
3. 分行 (Branch Banks)
4. 子銀行 (Subsidiary Banks)
5. 附屬銀行 (Affiliated Banks)

每一種形式的分支機構在各國所從事的銀行業務活動，常因各國法令的限制而不同。一般而言，這五種分支機構大致的描述如下：

通信銀行 (Correspondent Banks)

通信銀行是位於他處或他國的某銀行為別家銀行提供服務。一家銀行若在某地區或某國沒有設立任何型態的分支機構，則可以藉助當地的銀行提供通信服務 (Correspondent Services)。

通信銀行業務 (Correspondent Banking) 發展的原因是為了便利遠距離的付款，包括國內與國外，使得地方上的小銀行 (Local Banks) 可以運用地區性銀行 (Regional Banks) 的服務，而地區性銀行又可使用主要金融中心銀行 (Money Center Banks) 的服務。通信銀行業務最重要的部分是跨國界資金移轉 (Cross-Border Funds Transfers)，另外也提供顧客信用資訊、外匯轉換及承兌匯票等服務。舉例來說，如果我國居民要想支付美金給在美國的親戚，而存款銀行在美國並沒有分行，但是有當地的花旗銀行 (Citibank) 為其通信銀行，於是本國銀行可以開立由美國花旗銀行支付的銀行本票，寄給在美國的親戚。跨國資金移轉的過程主要是透過全球國際金融電信協會 (The Society for Worldwide International Financial Telecommunications, SWIFT) 傳遞付款訊息，清算工作則是由位於紐約的銀行同業支付系統清算所 (The Clearing House Interbank Payments System, CHIPS) 主掌。

使用通信銀行服務的外國銀行，在通信銀行立有存款帳戶，而提供通信業務的銀行，對其所保有外國銀行的存款餘額通常是不予計息 (Interest-Free)，此為通信銀行所提供服務的報償，若外國銀行的存款餘額過低，則通信銀行也會要求對方付一些費用 (Fees) 作為補償。在通信銀行關係之下，銀行不須在對方的城市派駐自己的行員，兩銀行間直接接觸之處，就是彼此的管理階層定期到對方銀行拜訪。企業所往來的本地銀行，若與世界各地銀行皆有互相提供通信服務的關係，可以使企業在世界各地獲得當地銀行提供的財務資訊與相關幫助。

代表人辦事處 (Representative Offices)

代表人辦事處與通信銀行一樣，不提供母銀行 (Parent Bank) 所在地的企業一般銀行業務服務 (General Banking Services)，例如存款，放款等。代表人辦事處甚至也不處理一般通信銀行所處理的若干業務，例如承兌匯票，代收或代付國外款項等。代表人辦事處基本上的功能與通信銀行相似，是幫助母銀行的顧客在國外從事企業活動時容易取得當地財務資訊。母銀行若有代表人辦事處在國外，會派駐若干行員在當地，其中一人為代表處負責人，其他幾人則為助理人員，這些人員有時是母銀行派來的，有時是在當地招募。代表人辦事處規模雖然很小，但比只在當地設立通信銀行的優點是，代表人辦事處派有自己的人員，可以對當地市場有更進一步的瞭解，可以協助母銀行的顧客尋找與開拓業務，可與當地政府官員建立關係，便利若干許可證的取得與地主國政府機構的其他幫助。有時銀行在國外設立分行 (Branche) 之前會先在當地設立代表人辦事處以進一步瞭解當地的市場，另外有些國家尚未准許外國的銀行來本國設立分行，則外國銀行只能在當地設立代表人辦事處。

分行 (Branch Banks)

母銀行在國外的分行 (Branch) 是母銀行合法的一部分，其資產是母銀行的資產，其負債也歸母銀行負責償還。分行既是母銀行的一部分，因此沒有自己獨立的章程 (Charter)、董事會 (Board of Directors) 或流通在外股票。分行除了受到母銀行所在地的本國銀行法管制，也受到地主國 (Host Country) 銀行法管制。不過，美國銀行在國外的分行，其收受的存款，不必受美國法定準備的限制，也不必參加 FDIC (Federal Deposit Insurance Corporation) 的保險，但若收受的存款又貸回給母銀行使用，則仍要受到以上的限制。

分行營業獲得的利潤，須合併母銀行的利潤報稅，分行營業的虧損也可以作為母銀行報稅時的減稅項目 (Tax Deductible Item)。分行與子銀行 (Subsidiary Banks) 功能一樣，能承辦完全的銀行業務 (Full-Range Banking Business)，但前者是母銀行的一部分，後者則是一個獨立的法律實體，因此成立分行程序上比成立子銀行簡易些。分行的課稅與母銀行合併申報，子銀行則是一個獨立的課稅單位。許多母銀行在國外開辦完全的銀行業務時，多半在開始時先設分行，因為剛開始經營的幾年，分行多半有虧損，其虧損可以作為母銀行報稅時的抵減項目，若干年後才慢慢將分行轉變為子銀行的型態經營。目前，美國銀行在國外設立的分支機構，主要型態是分行，佔全部國際銀行業務的 50%。

子銀行 (Subsidiary Banks)

子銀行與分行相同之處，在於兩者皆承辦完全的銀行業務，不同之處是子銀行乃一獨立的機構，100% 或大部分為母銀行擁有，因此為母銀行所控制。子銀行必須完全遵守地主國的法律規範。子銀行的放款能力完全決定於子銀行本身的資本額，此點也與分行不同，分行的放款能力是取決於母銀行的資本額大小。母銀行對子銀行負債承擔的範圍，只限於母銀行在子銀行所持有的權益資本，而非母銀行本身所有的權益資本。

一般而言，子銀行比分行容易吸收到地主國所在地的業務，尤其有些子銀行原來只是當地 (Local) 的銀行，後來為國外母銀行購買下來，此種情形的子銀行，能擅長吸收當地的業務，也能運用母銀行的專長，發展其國際性業務。一般國家的稅法，對子銀行的管制鬆於對分行的管制，例如，美國的銀行法准許子銀行從事包銷公司證券 (Underwriting Corporate Securities) 的業務，但卻不允許分行從事此類業務。子銀行是美國銀行在國外分支機構中第二種最重要的型態，佔全部國際銀行業務的 20%。

附屬銀行 (Affiliated Banks)

附屬銀行與子銀行相似之處，在於兩者皆是在地主國註冊登記的獨立法律實體，但子銀行為母銀行控制，而附屬銀行則是部分為母銀行擁有，母銀行未必對其掌有控制權。附屬銀行的剩餘股份，可能為當地銀行擁有，也可能屬於其他外國銀行。附屬銀行的好處是可以獲得不同股東(不同國外銀行)所提供的經營專長，其不利之處則是像一般的創投 (Joint Venture) 一樣，眾多銀行所有權人分庭抗禮，許多政策難以達成共識。

以目前國內的情況來看，至民國 93 年 9 月止，本國金融機構在國外設立分支機構達一百九十家，其中海外分行有八十二家，代表人辦事處有三十三家，其他形態的分支機構則有七十五家。按地區來區分，以美國的六十二家為最多，菲律賓二十三家次之，香港的二十一家再次之。詳細分布情況可參考表 12–1。

表 12–1　本國銀行在國外設立分行及分支機構地區別、國家別統計

中華民國 93 年 9 月底　　　　單位：家

國家別＼機構別		總計	分行	代表人辦事處	其他分支機構
總　計		190	82	33	75
東南亞	計	61	19	14	28
	印尼	9	–	2	7
	高棉	1	1	–	–
	泰國	5	2	3	–
	馬來西亞	3	2	–	1
	菲律賓	23	2	2	19
	越南	12	5	6	1
	新加坡	8	7	1	–
東北亞	計	6	6	–	–
	日本	6	6	–	–

中亞	計	2	1	1	–
	巴林	1	–	1	–
	印度	1	1	–	–
東亞	計	30	13	13	4
	大陸	8	–	8	–
	香港	21	12	5	4
	澳門	1	1	–	–
西歐	計	7	5	2	–
	法國	1	1	–	–
	英國	6	4	2	–
中歐	計	4	3	–	1
	比利時	1	–	–	1
	荷蘭	3	3	–	–
東歐	計	1	–	1	–
	波蘭	1	–	1	–
非洲	計	1	1	–	–
	南非	1	1	–	–
北美洲	計	68	26	–	42
	加拿大	6	1	–	5
	美國	62	25	–	37
中美洲	計	4	3	1	–
	巴拿馬	3	2	1	–
	薩爾瓦多	1	1	–	–
南美洲	計	2	1	1	–
	巴西	1	–	1	–
	巴拉圭	1	1	–	–
大洋洲	計	4	4	–	–
	帛琉	1	1	–	–
	澳大利亞	3	3	–	–

資料來源：本國銀行 Web 申報資料檔。

在我國設立分支機構的外國銀行到民國 93 年 9 月底共有三十五家，其中以美國的九家為最多，其次為法國、日本的四家，新加坡的三家再次之。這些分支機構主要是分行及代表人辦事處的組織，其中分行有六十七家，代表人辦事處有十家。詳細統計資料可參考表 12–2。

表 12–2　外國銀行在華設立分行及代表人辦事處地區別、國家別統計

中華民國 93 年 9 月底　　　　單位：家

國家別＼機構別		在華設分行之銀行家數	分行家數	代表人辦事處
總　計		35	67	10
東南亞	計	5	8	2
	泰國	1	3	–
	菲律賓	1	2	2
	新加坡	3	3	–
東北亞	計	4	5	–
	日本	4	5	–
東亞	計	2	10	2
	香港	2	10	2
西歐	計	5	8	–
	法國	4	5	–
	英國	1	3	–
中歐	計	6	12	4
	比利時	2	4	–
	荷蘭	2	6	1
	瑞士	1	1	1
	德國	1	1	2
北歐	計	–	–	1
	瑞典	–	–	1
非洲	計	1	1	–
	南非	1	1	–
北美洲	計	11	22	1
	加拿大	2	2	1
	美國	9	20	–
大洋洲	計	1	1	–
	澳大利亞	1	1	–

資料來源：外國銀行 Web 申報資料檔。

● 艾奇法案與協定公司 (Edge Act and Agreement Corporation)

美國的聯邦準備法案第 25 條 (Section 25 of the Federal Reserve Act) 在

1916 年的修訂案，准許美國國內銀行在本州以外的其他州成立子公司 (Subsidiaries)，專門從事國際銀行業務活動 (International Banking Activities)，母銀行在成立如此的子銀行時，必須要與聯邦準備委員會簽署一份協定 "Agreement"，承諾子公司所經營的業務為國際銀行業務，因此這些子銀行稱之為協定公司 (Agreement Corporation)。1919 年，國會又再對該法案通過一項修訂，此修訂是由新澤西州的參議員華特艾奇 (Walter E. Edge) 建議，將原有聯邦準備法案第 25 條的規定再放寬，核准子銀行（即協定公司）直接或是間接（透過取得國外金融機構的所有權或控制權）從事國際銀行業務或是從事國際性或國外金融（放款與投資）業務。根據 1919 年的修訂案核准設立的銀行州際子公司於是被稱作艾奇法案公司 (Edge Act Corporation)。艾奇法案公司得以在美國境外從事權益資本的投資 (Equity Investment)，而美國國內的銀行則是不被允許的。

美國的銀行法一向規定美國的銀行（總行及分行）只能在一州之內從事國內銀行業務 (Domestic Banking Business)，若要拓展業務而至他州設立子公司，則子公司只能為艾奇法案公司或協定公司。在 1979 年 6 月之前，艾奇法案公司的設立只能以子公司的方式設立，即子公司有其獨立的章程，法律上與母銀行是分離的獨立個體。1979 年 6 月聯邦準備理事會發佈新規定，准許艾奇法案公司以分行 (Branch) 的方式成立，大大便捷了艾奇法案公司的設立及成長。

美國境內的外國銀行，在 1978 年以前，得以在兩州以上開設州際分行 (Interstate Branch Banking)，從事國內銀行業務。但 1978 年的國際銀行法案 (International Banking Act of 1978) 規定，外國銀行也要與美國銀行受同等限制，即只能選擇一個州承辦完全的國內銀行業務，若在其他州成立分行，則只能從事艾奇法案銀行業務（即為國外客戶提供銀行業務或投資服務以及為國內客戶提供國際性之金融服務）。但是對於外國銀行早已存在的州際分行承辦國內銀行業務事實，則採既往不咎原則 (Grandfather Protection)，仍准予其繼續營業，但不得再拓展超過原先已有的部分。

艾奇法案與協定公司實際上座落於美國境內，並受限只能替國外客戶服務或為國內客戶提供國際性的金融服務。例如，接受國外客戶的活期與定期存款，貸款給國外客戶；替國內外客戶簽發信用狀，辦理國際貿易進出口融資，創造銀行承兌匯票；從事即期或遠期的外匯交易；以及替國外客戶買賣國內證券或國內客戶買賣國外證券等等。艾奇法案公司也可以成立控股公司，擁有國外銀行的股份，美國國內銀行過去在國外只能設立分行，艾奇法案路線使美國銀行得以在美國境外從事權益資本的投資而掌控有子公司。

國際銀行業務發展近況

國際銀行業務在二次世界大戰結束以來即穩定成長，先是 1950 年代國際貿易的拓展，接著是 1960 年代跨國企業的出現，使得大銀行迫不及待欲向海外發展，提供各項國際金融服務以求保住有國際資金需求的國內大客戶。1973 年年底能源危機發生，國際原油價格高漲數倍，石油輸出國家的貿易盈餘需要找地方投資，而石油輸入國家的貿易赤字則需要獲得融資，此時國際大銀行因為擔任石油美元 (Petrodollars) 的仲介工作（將石油輸出國賺得的美元借給石油輸入國）而得以擴展其國際存放款業務。由於有貿易赤字的石油輸入國家多為開發中國家，從 1973 年至 1979 年這六年之間，國際銀行的放款業務，是以對開發中國家 (LDCs) 所作的放款成長最快。

1980 年代的初期，國際銀行對開發中國家的放款繼續快速成長，但 1982 年 8 月開始，幾個開發中國家陸續出現了無法償還國際貸款的問題；先是墨西哥，接著是巴西、阿根廷，到 1983 年春天，大約有二十五個開發中國家陷於無法如期償債的困境。同期間，世界經濟的不景氣使得原油需求減少，油價下跌，石油輸出國家的收入銳減，國際銀行的資金來源因而縮水。開發中國家的償債問題加上銀行可貸資金的缺乏，使得國際銀行對開發中國家的放款顯著減少，這種情況一直持續到 1991 年才獲得改善。

國際銀行業務活動在 1980 年代遲緩下來，主要是開發中國家無法保持經濟成長及改善其國際收支赤字的狀態，到期債務無法償還，國際銀行受到重創而不再對開發中國家放款具有信心。當此之際，銀行本身及各國監督單位也開始檢討是否在銀行管理上有一些根本問題有待解決？事實上，1980

年代許多國家的銀行體系都在經歷一連串的管制鬆綁政策，管制的解除造成銀行同業之間的競爭加劇，是否因此使銀行為了生存競爭而陷自身於更為風險的境地？國際銀行在藉著增加放款來拓展其世界版圖的同時，又該如何來管制相關的風險？

設於瑞士貝索 (Basel, Switzerland) 的國際清算銀行 (The Bank for International Settlements, BIS) 所主持的貝索委員會 (Basel Committee)在 1987 年發展出一套以風險為基礎，用來衡量銀行資本適足性 (The Adequacy of Bank Capital) 的體制。所謂資本適足性，就是銀行的權益資本及其他的準備資產必須達到一定的資產比率，以保護存款者免於遭受損失。貝索委員會所通過的貝索協定 (The Basel Agreement) 在 1993 年生效，要求參加 BIS 的銀行，在 1992 年年底之前，要將其以風險為基礎的資本對資產比率 (Risk-Based Ratio of Capital to Assets) 調整到至少是 8% 的水準。根據貝索協定，銀行資本 (Bank Capital) 的定義，包含兩個層次：核心資本及補助性資本。核心資本又稱第一層資本 (Core Capital or Tier 1 Capital)，包含股東出資及保留盈餘；補助性資本又稱第二層資本 (Supplemental Capital or Tier 2 Capital) 是指國際可接受的非普通股項目，包括特別股及附屬債券等。核心資本必須最少占銀行資本 (Bank Capital) 的 50%，亦即至少須占依風險加權的銀行資產 (Risk-Weighted Bank Asset) 的 4%。

隸屬國際清算銀行 (BIS) 之下的貝索委員會之所以就銀行資本／資產比率作一規範，主要目的是要強化國際銀行業務系統，並減少國際間對銀行資本要求規定的不同而造成競爭上的不公平。例如，在貝索協定生效之前，日本的銀行其資本要求就較西方國家為低，因此貝索協定對日本的銀行有實際的規範效果。日本各大銀行在 1980 年代，挾著日本貿易盈餘的雄厚資金，開始進行低利率的國際放款以搶得市場配額，日本這種「成長優於利潤」的策略，的確使日本的銀行得以在國際銀行業務的版圖上快速拓展。

近年來，有幾個原因已使今日的日本大銀行無力再以低價搶奪市場佔有率為經營的優先目標。首先，日本的金融市場近年來放寬管制，使銀行同業之間的競爭加劇，資金成本提高，日本的銀行因此無法再以提供低利率放款的方式增加市場佔有率。第二，日本從 1991 年開始，泡沫經濟崩潰，股市崩盤，根據貝索協定對銀行資本的定義，日本各大銀行資本大幅縮水，使其資本適足比率落於貝索協定 8% 的要求之下，為了要提升其資本適足率，日本的銀行必須減少其對外放款。第三，日本各大銀行在 1986 年至 1990 年之間房地產價格的高峰時期，曾在日本境內及美國提供大量房地產貸款，之後房價巨幅滑落及空屋率節節上升，使得日本主要銀行面對的壞帳損失及問題貸款難以估計。日本各大銀行經歷了 1980 年代的教訓，已不再以低利率放款來搶奪國際銀行業務的版圖，且逐步縮減其國際資產及對國際客戶的放款。今日的日本主要銀行，在國際銀行放款業務上已不再居於往日龍頭的重要地位。

第二節 金融交換

金融交換 (Financial Swaps) 是 1980 年代興起的新金融工具，是與債券 (Bonds) 有關的產品。債券的特性就是定期償還利息及到期償還本金，這些利息可能是根據固定利率 (Fixed Rate) 算出，也可能是根據浮動利率 (Floating Rate) 算出，債券的計價貨幣 (Denominating Currency) 可以是本國貨幣 (Domestic Currency) 或是外國貨幣 (Foreign Currency)。債券的利率型態及採那一種貨幣作計價貨幣，都是在債券發行時即已決定，因此造成債券發行人受到某種特定形式的現金流負擔。但債券發行者的資金狀態會受到市場狀況而改變，使得債券發行時的最適狀態有可能隨時間過去經濟情況的改變而變為較為不適；同時金融市場本身有許多不完全性 (Imperfectness)，使得資金需求者在某些市場無法獲得最有利的借款條件。金融交換工具的出現，在不同形式的債券工具之間，搭起了互惠的橋樑，其能消除市場不完全性，使得金融市場更有效率，也使金融市場因有效率而更趨整合。今日世界，金融交換的市場 (Swap Market)，是成長最快速的市場，目前流通在外的交換合約的總金額已達數兆美元，所有重要的商業銀行及投資銀行都積極從事交換合約的業務。

交換合約產生的背景

交換合約簡單的定義，就是將兩系列債券義務 (Debt Obligation) 互換。交換合約的前身，是在 1970 年代在英國很流行的背對背貸款 (Back-to-Back Loan) 及平行貸款 (Parallel Loan)。背對背貸款是指兩個不同國家的公司互相以本國的通貨貸款給對方，而平行貸款則是兩個不同國家的母公司，互相以本國的通貨貸款給對方在本國的子公司。背對背貸款或平行貸款的出現都是為了規避 1970 年代若干國家施行的外匯管制政策。這些國家因為資本短缺而對資本流出課稅，目的在減少國外投資，增進國內投資。背對背貸款或平行貸款可以使企業在國外的子公司獲得所需的資金而沒有受到課稅的懲罰。事實上，這兩種貸款的其他功能是利用市場不完全性替企業節省了利息支出，同時也可以替企業規避匯率風險。此處就背對背貸款舉一例說明如下：

【例】某美國公司因企業需要而須融得歐元資金 EURO60,000,000，美國公司若在本國債券市場融資，可獲得利率 7% 的 5 年期美元貸款，若在法國債券市場融資，因不為當地投資者所熟悉，因此只能獲得利率 12% 的 5 年期歐元貸款。在同時，有某法國公司須融得美元資金 $10,000,000，法國公司若在本國債券市場融資，可獲得利率 11% 的 5 年期歐元貸款，若在美國債券市場融資，因不為當地投資人所熟悉，因此只能獲得利率 8% 的 5 年期美元貸款。目前即期匯率是 $1 = EURO0.9。兩家公司都是在本國市場有借款的比較利益 (Comparative Advantage)，因此可以利用背對背貸款來發揮比較利益而雙方受惠。背對背貸款的條件如圖 12–2 所示：

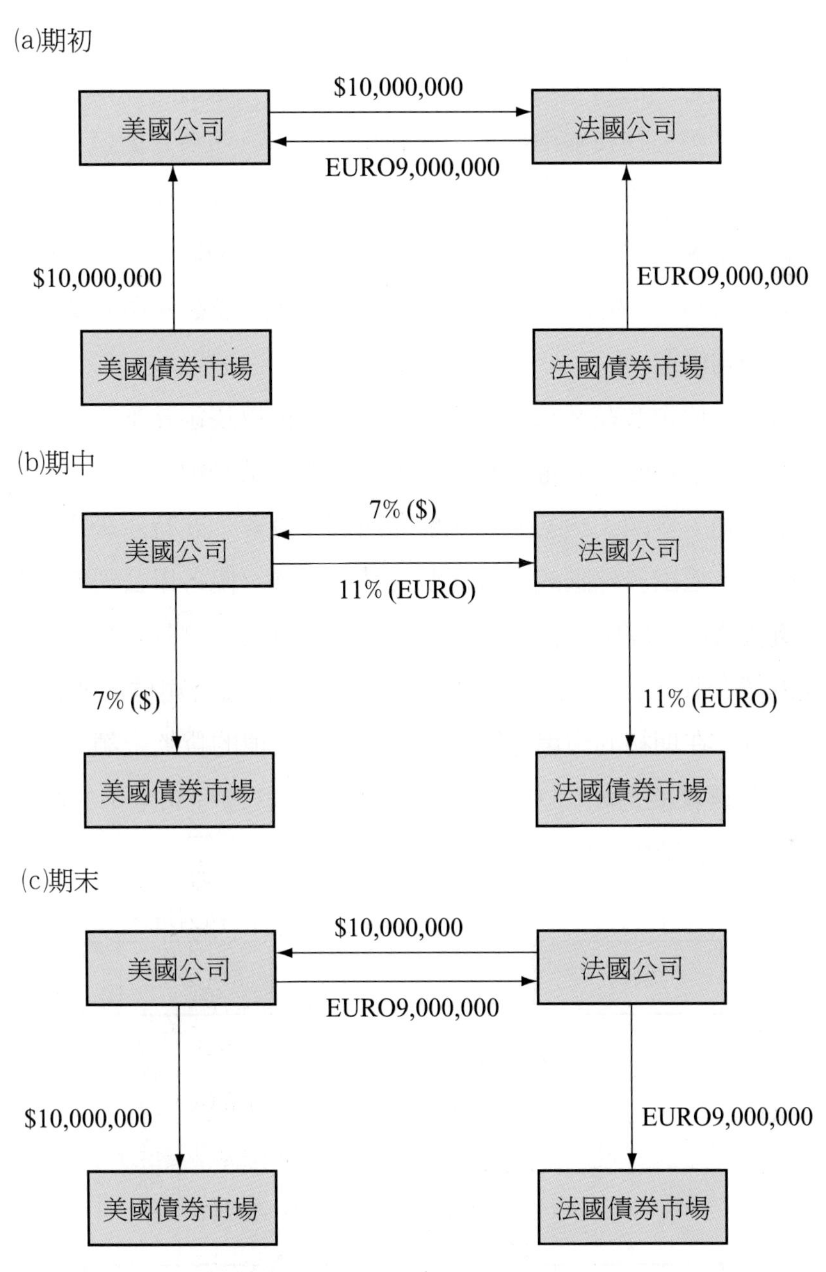

圖 12–2　背對背貸款現金流圖

圖 12–2 中的圖(a)顯示，在期初，美國公司在美國債券市場借得利率 7% 的美元資金 $10,000,000，而法國公司在法國債券市場借得利率 11% 的歐元資金 EURO 9,000,000，然後兩公司互換資金，各自取得所需，即美國公司取

得歐元，法國公司取得美元。圖(b)顯示，在貸款的 5 年期間，美國公司須定期償還美元利息，法國公司須定期償還歐元利息，兩公司互換利息負擔，即美元利息由法國公司負責償還，歐元利息由美國公司負責償還。若美國公司直接借歐元，須付利率 12%，經由交換只須付 11%，若法國公司直接借美元，須付利率 8%，經由交換，只須付 7%，交換合約使兩公司各自節省利率負擔 1%。圖(c)顯示在貸款到期時，美元本金實由法國公司償還，歐元本金實由美國公司償還。

平行貸款使企業在替國外子公司融資時，得以規避外匯管制，節省外匯交易成本，並獲得較好的融資利率。平行貸款通常是兩個母公司互相貸款給對方的子公司，例如美國某公司想要在西班牙投資，同時西班牙某公司也想在美國投資，但由於外匯或資本管制或其他因素，使各母公司無法對其子公司給予直接貸款。經由平行貸款的安排，美國母公司可貸款給西班牙公司位於美國的子公司，而西班牙母公司也可貸款給美國公司位於西班牙的子公司，兩個貸款在期初的市場即期匯率之下算出等值的貸款金額；到期時，子公司各自將貸款償還給對方的母公司，整個貸款過程完全不必經由外匯市場。平行貸款的結構可參考圖 12–3，如下所示：

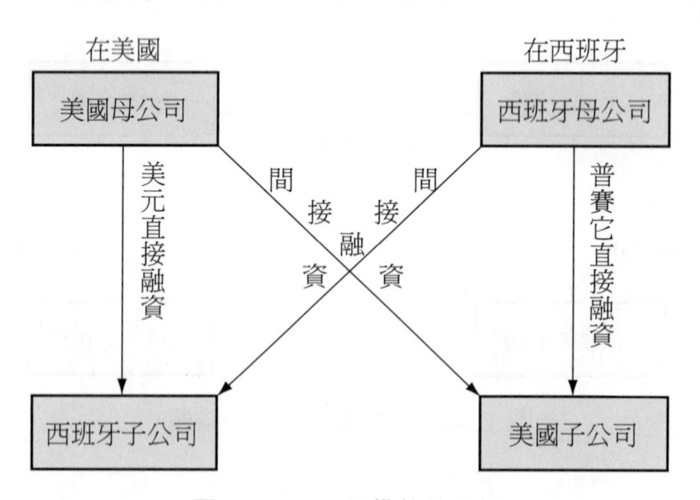

圖 12–3　平行貸款的結構

交換合約 (Swap Contract) 是由背對背貸款或平行貸款演進而來，其精神是規避外匯或資本管制對企業所造成的負擔，或利用市場不完全性所創造的套利機會。交換合約與前述背對背貸款大同而小異，相同之處在於兩者有同樣的現金流圖，其中期初與期末本金互換皆採期初即期匯率算出本金等值。小異之處有三（亦即背對背貸款或平行貸款的三個問題）：

1. 資產負債表的衝擊 (Balance Sheet Impact)：背對背貸款或平行貸款會出現在資產負債表，使得公司的負債假象倍增。而交換合約則是非資產負債表項目 (Off-Balance Sheet Items)，因此不具此問題。

2. 違約風險 (Default Risk)：背對背貸款或平行貸款若一方違約 (Default)，另一方並不能自動免除其負債義務，否則也算違約；交換合約則明確給予交易對手沖銷權 (Right of Offset)，即一方違約，另一方可自動免除其負債義務，如此給予雙方公平的保障。

3. 找尋成本 (Search Costs)：背對背貸款或平行貸款要找到兩個在貸款金額、外幣需求與到期期限都能配合的交易對手 (Counterparty) 不甚容易，因此，此市場成長困難。而交換合約則有交換銀行擔任仲介，隨時因應客戶的需求而替客戶找尋交易對手，或交換銀行本身也充當交易對手，促成交換合約的易於達成。

交換合約的出現，是為了解決背對背貸款或平行貸款的三個問題。在 1981 年，第一個交換合約正式由美國的所羅門兄弟投資銀行 (Salomon Brothers) 安排達成，此合約是外匯交換 (Currency Swap)，主角是美國的 IBM 公司與世界銀行 (The World Bank)。由於第一個交換合約使得雙方交易對手相當滿意，交換市場 (Swap Market) 自此起飛，不但有外匯交換，其他形式的交換如利率交換 (Interest Rate Swap)、外匯利率交換 (Currency-Interest Rate Swap) 皆相繼出籠，所有主要的商業銀行與投資銀行皆積極拓展交換業務，整個交換市場正在積極的蓬勃發展。根據國際交換與衍生性金融商品協會 (International Swaps and Derivatives Association, ISDA) 所提供資料，到 1996 年底，所有流通在外的利率及外匯交換總額高達 16.8 兆美元，而以利率交換佔較大多數。

交換合約的經濟效益

交換合約的產生，使得公司的財務經理在設計融資方案時，得以運用創新的金融工具達到減少融資成本，掌控利率風險及匯率風險，及彈性改變負債合約而不招致重大成本的目的。當公司的現金流結構改變而導致公司現金流入與流出的外匯結構不能配合，或是浮動利率資產與浮動利率負債比例不相稱的情形加劇，運用交換合約可以很輕易地將公司的負債結構改變成較理想的狀態而不會招致重大成本（若交換合約不存在，則公司欲改變其負債結構只有靠發行新債贖回舊債的方式，而發行新債招致高額的登記、揭露、包銷及分配等費用）。交換合約的存在也使得公司可以利用市場不完全性所創造的套利機會 (Arbitrage)，達到減少融資成本之目的。交換合約的產生並促進了市場的完整性，使得在另類情況下不能達到的境界，因為有了交換合約而得以達成。總而言之，交換合約提供給市場借款者諸多便利：⑴彈性化 (Flexibility)，使企業在負債合約的設計及調整上具有彈性；⑵套利機會，使企業在融資時得以運用機會降低資金成本；⑶市場完整性，使得市場更趨健全，有更多的金融工具可供利用來達到前所未能達到的境界。

各種型態的交換合約

目前市場上已發展出各種型態的交換合約，包括最早期的外匯交換、利率交換、外匯利率交換以及其他眾多的新金融商品工具，如總和收益利率交換、債券權益交換、交換選擇權等，茲分述如下：

外匯交換 (Currency Swap)

外匯交換，或稱換匯，是將兩系列以不同貨幣計價的負債義務作成交換。一個典型的外匯交換是固定利率對固定利率的外匯交換 (Fixed-for-Fixed Currency Swap)，就好像前述所舉的背對背貸款的例子，只不過背對背貸款是包含兩個分開的貸款 (Two Separate Loans)，而外匯交換則是整體算作一個單獨的合約 (A Single Contract)。外匯交換基本上包含三步驟：

1.最初的本金交換 (Initial Exchange of Principal)

2. 定期的利息交換 (Periodic Exchange of Interest Payment)

3. 期末的本金交換 (Eventual Exchange of Principal)

在簽定交換合約時，雙方須決定一個匯率（通常是簽約當時的即期匯率）作為計算本金及利息互換的基礎匯率。期初的本金交換可能是有名無實 (Notional)，也可能是實際存在的 (Physical)；在期初有沒有實際交換本金皆無所謂，因為匯率即當時的市場即期匯率，因此所需的外匯也可在市場照即期匯率換得。期初本金交換的重要性，只是在建立一個本金等值的指標，作為計算日後應付利息的基礎，同時也決定了期末該付還的本金金額。

定期的利息交換，是根據雙方所須支付的利息差額來支付，以前述背對背貸款的例子而言，在每一個利息付款日，法國公司會收到歐元淨值（所收歐元減所付美元）：

$$\text{EURO}990{,}000 - \$700{,}000/e_t$$

或美元淨值：

$$\text{EURO}990{,}000 \times e_t - \$700{,}000$$

若以上數字為正值，表示法國公司會從美國公司收到此金額，若此數字為負值，則表示美國公司會從法國公司收到此金額。其中的 e_t 代表付款日的即期匯率 (\$/EURO)。假設在利息付款日的匯率為 $e_t = \$1.1/\text{EURO}$，則：

$$\text{EURO}990{,}000 - \$700{,}000/(\$1.1/\text{EURO}) = \text{EURO}353{,}636$$

$$\text{或 EURO}990{,}000 \times (\$1.1/\text{EURO}) - \$700{,}000 = \$389{,}000$$

表示法國公司會從美國公司收到 EURO353,636 或是 \$389,000。

利率交換 (Interest Rate Swap)

利率交換，或稱換利，是將兩系列以同樣貨幣計價的負債義務作成交換，其中一系列負債義務是以固定利率計算利息，而另一系列則是以浮動利率計息。利率交換由於兩系列現金流皆是以同樣貨幣計價，因此沒有本金的互換，只有利息的互換。雖是沒有本金互換，卻是有一名目本金金額

(Notional Principal Amount) 用以作為計算利息的依據。利率交換所牽涉到的浮動利率 (Floating-Rate)，是使用市場上一些浮動利率指標 (Index, or Benchmark Rate) 作參考利率，然後再加減若干基點以反映借款者的信用風險。常被用來作為參考利率的有倫敦銀行同業拆放利率 (London Interbank Offer Rate, LIBOR)、美國的基本放款利率 (Prime Rate)、美國國庫券利率 (Treasury Bill Rate) 等。利率交換常被兩個信用等級不相同的借款者使用，通常信用較差的一方，在固定利率及浮動利率的債券市場都比信用較好的一方須付出較高的利率。但是在固定利率的債券市場，信用較差的一方所須付的信用風險貼水 (Credit Risk Premium) 比在浮動利率的債券市場所須付的為高，顯示出信用較差的一方在浮動利率的債券市場借款有比較成本優勢 (Comparative Cost Advantage)，而信用較好的一方則在固定利率的債券市場有比較成本優勢。假設雙方的借款需求乃是信用較好者想要在浮動利率市場融資，而信用較差者想要在固定利率市場融資，為了善於利用各自的比較成本優勢，信用較好者可在固定利率的市場取得資金，信用較差者可在浮動利率的市場取得資金，然後兩者進行利率交換。我們可以舉一個簡例，說明如下：

【例一】假設甲廠商信用比乙廠商好，兩者在美元債券市場融資可取得的利率如下：

表 12–3　市場利率假設

	甲	乙	信用風險貼水
固定利率	9%	9.8%	80 bps*
浮動利率	LIBOR + 20 bps	LIBOR + 40 bps	20 bps

* bps 是基點 (Basis Points)，一個基點是 0.01%。

甲廠商欲借得浮動利率，其直接融資成本 (Direct Borrowing Cost) 為 LIBOR 加上 20 個基點，乙廠商欲借得固定利率，其直接融資成本是 9.8%。使用利率交換可以使融資成本降低。譬如，在利率交換的安排之下，甲廠商先在固定利率的債券市場以 9% 借得資金，然後再與交換銀行互換利息負擔；甲廠商可以付給交換銀行 (Swap Bank) 浮動利率 LIBOR 加上 10 個基點，而交換銀行可以付甲廠商固定利率 9.2%。乙廠商先在浮動利率的債券市場以 LIBOR + 40bps 借得資金，然後再與交換銀行互換利息負擔；乙廠商可以付給交換銀行固定利率 9.5% 而從交換銀行收到浮動利率 LIBOR 加上 20 個基點。整個利率交換的現金流圖 (Cash Flow Diagram) 如下所示：

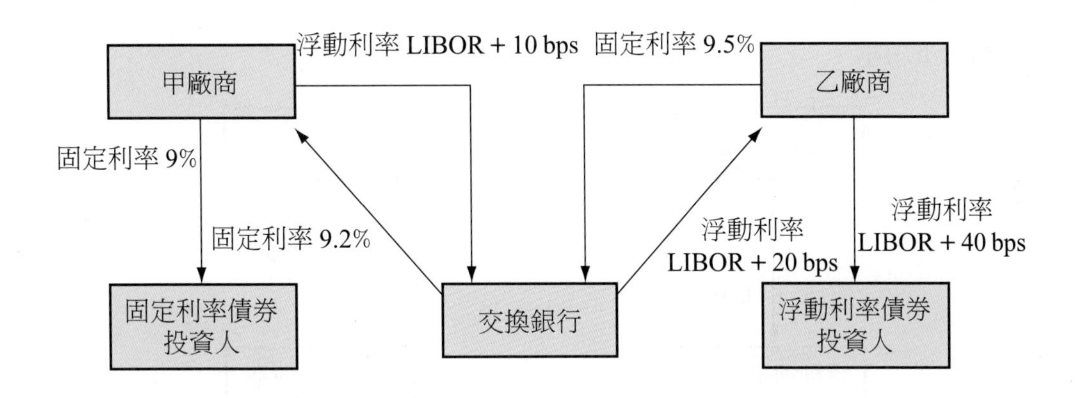

圖 12–4　利率交換現金流圖(一)

以上的利率交換，使得甲廠商得以間接的取得浮動利率，其有效成本 (Effective Cost) 為 LIBOR 減去 10 個基點，比直接在浮動利率市場融資的成本（LIBOR 加上 20 個基點）節省了 30 個基點。乙廠商也得以間接的取得固定利率，其有效成本為 9.7%，比直接在固定利率市場融資的成本 (9.8%) 節省了 10 個基點。交換銀行在固定利率方面獲得 30 個基點，在浮動利率方面付出 10 個基點，因此淨利益是 20 個基點。每一個參與利率交換的角色都獲得了利益，利益未必是平均分配給各角色，只要每一角色都有利可得，利率交換就有其存在的價值。

廠商或企業也可以直接與銀行作成利率交換，茲舉一例說明如下：

【例二】假設 ABC 公司想要發行固定利率債券而某銀行想要發行浮動利率債券，兩者在美元債券市場融資可取得的利率如下：

表 12–4　市場利率假設

	ABC 公司	銀行	信用風險貼水
固定利率	15%	12.5%	2.5%
浮動利率	LIBOR + 1%	LIBOR	1%

ABC 公司若直接發行固定利率債券其融資成本為 15%，銀行若直接發行浮動利率債券其融資成本為 LIBOR。假設經由交換合約的安排，其現金流圖如下所示：

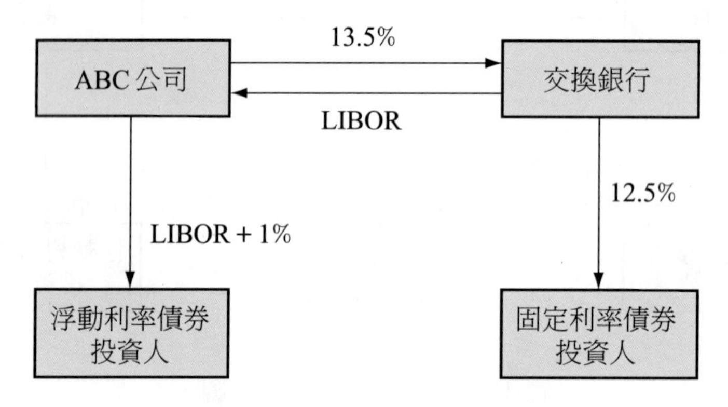

圖 12–5　利率交換現金流圖(二)

透過交換合約，ABC 公司得以間接取得固定利率債券，其融資成本為 14.5%，較直接取得節省了 50 個基點，而銀行也得以間接取得浮動利率債券，其融資成本為 LIBOR − 1%，較直接取得節省了 100 個基點。在交換合約中雙方所冒的風險是，若交易對手違約而不照約定付款，則本身會套在一個非己所願的負債結構中，因此在交換合約中所節省的利息成本，或可看作是對承擔此種風險的一種補償。

外匯利率交換 (Cross Currency-Interest Rate Swap)

外匯利率交換，或稱換匯換利，是將兩組以不同貨幣計價的負債義務互換，其中一組是以固定利率計息，另一組則是以浮動利率計息。換匯換利可以看作是前述的固定利率對固定利率的外匯交換與利率交換的集合體。譬如說，某公司若要將一個以瑞士法郎 (SF) 計價，五年到期的固定利率負債義務，轉換成一個以美元計價，五年到期的浮動利率負債義務，此交換合約即為換匯換利；我們可以將其看作是瑞士法郎固定利率負債換成美元固定利率負債的外匯交換與美元固定利率負債換成美元浮動利率負債的利率交換的集合體。

換匯換利合約的發展，是在換匯合約之後，但卻是目前交換市場上佔最大比例的合約型態。許多交換銀行提供指示價格表 (Indication Pricing Schedule) 給顧客參考，作為安排換匯換利合約的依據，茲舉一例說明如下：

【例】假設某交換銀行提供如下的指示價格表：

表 12–5　指示價格表 (EURO: Fixed⟷$: Floating)

到期期限	中點利率 (EURO-Fixed)
2	6.20% Sa
3	6.44% Sa
4	6.62% Sa
5	6.73% Sa
7	6.84% Sa
10	6.92% Sa

註： 1.如果由交換銀行付固定利率，從中點利率減去 3 個基點。
2.如果由交換銀行收固定利率，中點利率須加上 3 個基點。
3.以上所有的中點利率皆是與六個月到期美元的 LIBOR Flat 互換（Flat 表示不加基點於 LIBOR 上）。
4.Sa 是 Semiannual 的縮寫，表示半年複利。

假設某德國公司想要把一個四年到期的美元浮動利率負債（利率是 LIBOR 加上 50 個基點），轉換成一個四年到期的歐元固定利率負債。參考以上的指示價格表，可以導出如下的外匯利率交換（換匯換利）現金流圖：

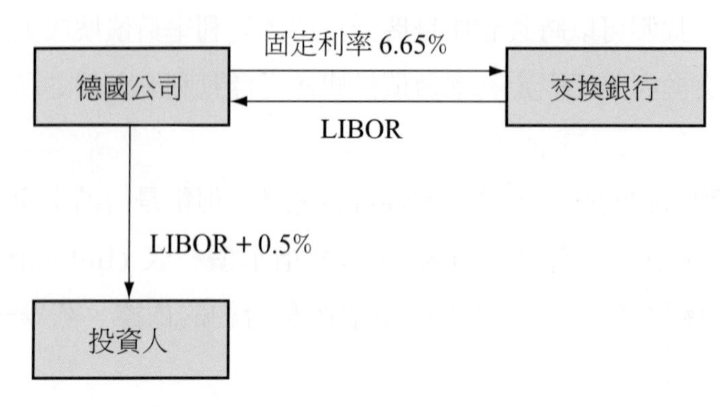

圖 12–6　換匯換利現金流圖 ($: Floating→EURO: Fixed)

由圖 12–6，可以算出德國公司每半年實際支付的歐元固定利率為 7.15%。

假設有一家美國公司想把一個四年到期的歐元固定利率負債（利率是 7%)，轉換成一個四年到期的美元浮動利率負債。參考以上的指示價格表，可以導出如下的換匯換利現金流圖：

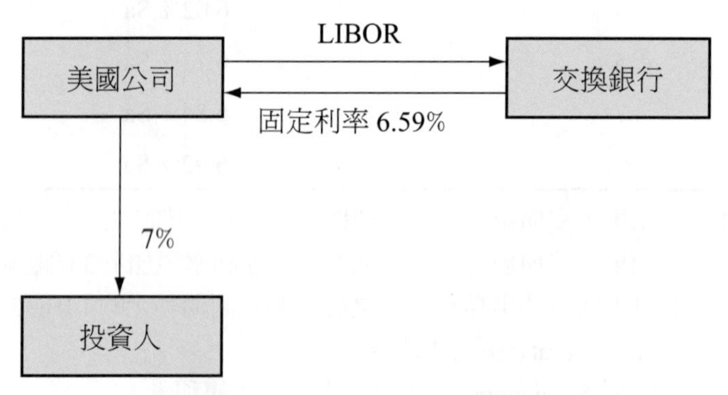

圖 12–7　換匯換利現金流圖 (EURO: Fixed→$: Floating)

由圖 12–7，可以算出美國公司實際支付的美元浮動利率為 LIBOR 加上 41 個基點。而若以上兩筆交換合約的美元本金與歐元本金在即期匯率之下等值，則交換銀行的利益是本金乘以 6 個基點。

總和收益利率交換 (Total Return Swap)

總和收益利率交換的投資標的為債券，是銀行在投資國外債券時，將信用風險 (Credit Risk) 轉嫁給其他投資者所創造的衍生性金融商品。此信用風險的轉嫁是銀行與其他投資者簽訂一個利率交換合約 (Interest Rate Swap)，並同時安排一個賣權 (Put Option)。舉例來說，假設花旗銀行在歐洲市場所取得資金的成本為 LIBOR + 0.5%，並投資一家位於巴西的企業所發行之債券，該債券票面利率是 LIBOR + 5.0%。經過評估，花旗銀行決定將該債券的信用風險轉嫁，於是將該債券介紹給某國內券商，言明國內券商若投資該債券，每期可獲得之票面利率為 4%，但券商須同時賣給花旗銀行一個賣權，在該債券發生違約風險時，花旗銀行可以依面額將該債券賣給國內券商。如此一來，花旗銀行得以賺取淨無風險利率 0.5%，但債券持有人仍為花旗銀行。當國外債券發行者違約，則花旗銀行可將該債券依所簽訂的賣權 (Put Option) 條件賣給券商而將本金收回。如此安排則花旗銀行完全不承擔任何信用風險，便可以賺取 0.5% 的淨利息收入。國內券商雖然每期得 4% 的票面利率，但須承擔該債券的信用風險，換句話說，該券商賣出了一個債券賣權，而該賣權的權利金收入就是每期 4% 的利息收入。由上述得知，總和收益利率交換就是利息收入與賣權的交換。

債券權益交換 (Debt-for-Equity Swap)

債券權益交換是兩交易對手將彼此的債券及權益投資互換。例如，甲方作的是債券型基金投資而乙方作的是股票型基金投資，甲方想要將債券型基金投資轉成股票型基金投資，期間為一年，乙方想要將股票型基金投資轉成債券型基金投資，期間也是一年。若雙方將原有的投資賣掉再買進新的投資標的，一年之後又再將投資標的轉換回來，如此的作法交易成本過高。債券權益交換可以幫助投資人達到同樣的目的而免除交易成本。透過債券權益交換，甲方將一年內債券投資所得的利息收入交給乙方，而乙方將一年內股票投資所得的報酬交予甲方，此種債券權益交換是 1989 年由 Bankers Trust 引進市場。債券權益交換給予機構投資人，例如共同基金或退休基金的經理人有改變其資產結構的彈性而不會招致交易成本。

另一種開發中國家負債權益交換 (LDC Debt-Equity Swap)，又稱負債交換 (Debt Swap)，與上述的債券權益交換不同。LDC 負債權益交換是投資人可以將其對 LDC 的負債投資轉換成同樣這些國家國營公司的股份投資。負債交換大約是在 1985 年開始，到 1988 年三年之間，已經有 150 億美元價值的 LDC 負債作成交換，當然與 LDC 國家的總負債數字相比，此市場仍然是小，但已是成長得相當快速。目前從事負債交換的國家包括六個主要的 LDC 負債國，即墨西哥 (Mexico)、巴西 (Brazil)、阿根廷 (Argentina)、智利 (Chile)、委內瑞拉 (Venezuela) 及菲律賓 (Philippines)。

交換選擇權 (Swaptions)

交換選擇權是附帶有一個或多個選擇權的交換合約，交換選擇權可以分為交換買權 (Swaption Call) 及交換賣權 (Swaption Put)。交換買權給予買方 (Buyer or Holder) 權利去成為交換合約的空方 (Short Side)，也就是成為固定利率的收取者及浮動利率的支付者，而交換買權的賣方 (Seller or Writer) 則有義務去成為交換合約的多方 (Long Side)，也就是說，當買方要執行合約而成為空方時，賣方有義務要配合買方的行動而成為多方。交換選擇權若是在到期日之前的任何時間皆可執行，則此交換選擇權為美式 (American Style)，若只能在到期日執行，則為歐式 (European Style)。

交換賣權給予買方權利去成為交換合約的多方，也就是成為固定利率的支付者及浮動利率的收取者，而交換賣權的賣方則有義務去成為交換合約的空方。

交換銀行的財務風險管理

交換銀行提供給顧客的指示價格表 (Indication Pricing Schedule) 必須經常修正，以反應市場上金融工具價格的變化以及交換銀行本身在交換合約投資組合上的不平衡狀態。交換銀行管理其與交換合約有關的財務風險，或稱市場風險，可以透過銀行內部的作業，或是運用外在的金融市場，例如外匯即期市場、遠期市場、期貨市場、選擇權市場及債券市場等。交換銀行因從事交換合約的操作而承擔財務風險，造成的原因層面很多，有可能是因為外匯部位的問題，也可能是到期期限的問題，也可能是金融工具的問題，交換銀行要儘量使其淨的交換合約部位 (Net Swap Position) 調整為零，才是最有效的管理市場風險的辦法。

交換市場的運作

交換合約市場的創造者，通常是大的國際商業銀行，它們扮演交換銀行的角色，隨時應客戶對交換合約的需求而充當交易對手。交換合約的市場，有其慣用的術語及評價邏輯，例如，合約雙方對合約內容同意而簽定交換合約之日稱之為交易日 (Trade Date)，交易日後的第五個工作日為生效日 (Effective Date)，利息即從生效日開始計算。交換合約中支付固定利率的一方稱之為固定利率支付者 (Fixed-Rate Payer) 或浮動利率收取者 (Floating-Rate Receiver)。固定利率支付者概念上可以看作是一方面發行了一個固定利率債券，一方面又購買了一個浮動利率債券。而支付浮動利率的一方稱之為浮動利率支付者 (Floating-Rate Payer) 或固定利率收取者 (Fixed-Rate Receiver)，浮動利率支付者概念上可以看作一方面發行了一個浮動利率債券，一方面又購買了一個固定利率債券。

交換合約全面的價值或成本稱之為 All-in-Cost，簡稱 AIC。對一個普通的交換合約（即平價交換合約）而言，AIC 是固定利率支付者付給浮動利率支付者的利率，即固定利率債券的票面利率。所謂普通的交換合約 (A Generic Swap) 或平價交換合約 (Par Swap)，是指該合約的固定利率債券半年付息一次 (Semiannual Payment)，而浮動利率債券的指標不作基點的調整（例如，6–Month LIBOR Flat with No Spread）。若固定利率債券並非半年付息一次，則 AIC 是經適當調整所算出的等值的半年複利利率。在交換合約中，固定利率支付者被認為購買了此交換合約，因此對此合約擁有一長多部位 (Long Position)，而浮動利率支付者則被認為賣出了此交換合約，因此對此合約擁有一短空部位 (Short Position)。若固定利率支付者欲結束其部位，則須反向操作以沖銷其部位，即是須在交換合約的次級市場，賣出其交換合約，換言之，即是創造一短空部位以沖銷原有的長多部位；也可以說是，把原來發行的固定利率債券贖回且把原來購買的浮動利率債券賣出。固定利率支付者在結束部位時，是否會由此交換合約獲利或受損，要看當時浮動利率債券的價值 (Value of Floating-Rate Note) 是否大於固定利率債券的價值 (Value of Fixed-Rate Bond)？若浮動利率債券的價值大於固定利率債券的價值，則固定利率支付者獲利，反之受損，獲利或受損的金額即等於兩債券價值的差異。根據以上的邏輯，交換合約在次級市場的價值 (Value of Swap)，即等於浮動利率債券的價值減去固定利率債券的價值。

交換合約的價值

交換合約在次級市場的價值，等於合約多方 (Long Side of the Swap)——即固定利率支付者，在市場可將其合約賣得的價錢，亦即是浮動利率債券的價值減去固定利率債券的價值。我們可以舉兩例說明如下：

【例一】假設某美元利率交換合約的條件如下：

一般條件

概念上的本金金額：	$10,000,000
交易日：	2005 年 6 月 8 日
生效日：	2005 年 6 月 15 日
到期日：	2010 年 6 月 15 日
AIC (All-in-Cost)：	8%

固定利率債券方面

固定票面利率：	8%
付息次數：	每半年付息一次
利息日期計算方式：	30/360

浮動利率債券方面

浮動利率指標：	6–Month LIBOR
付息次數：	每半年付息一次
利息日期計算方式：	實際日數／360
利率更新頻率：	每半年更新一次
首次票面利率：	7.75%

根據以上條件，假設固定利率支付者選定 2005 年 8 月 15 日為結束合約

之交易日。倘若此時的 AIC 為 8.25% 且 4–Month LIBOR 是 7.65%，則 2005 年 8 月 15 日此交換合約的價值計算如下：

1.浮動利率債券的價值：

浮動利率債券的價值在任一利率更新日皆是等於面值，因此我們可以計算投資者在 2005 年 12 月 15 日（第一個利率更新日）所獲得的本利和，再將其折現成 8 月 15 日的現值，計算如下：

$$\frac{\$10,000,000 \times 7.75\% \times \frac{183}{360} + \$10,000,000}{\left(1 + 7.65\% \times \frac{122}{360}\right)}$$

$$= \$10,131,304$$

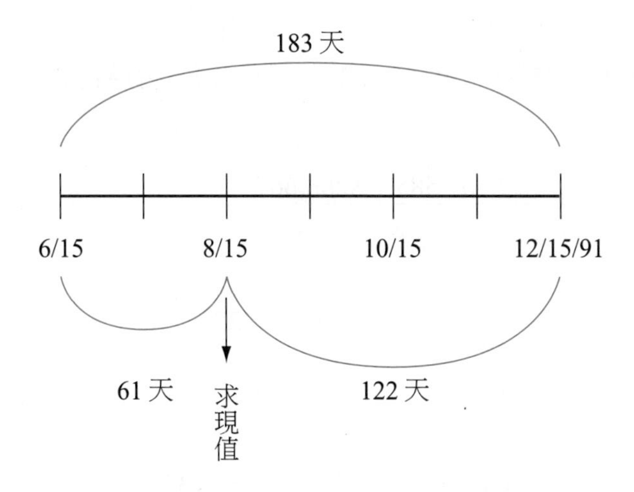

在 8 月 15 日購買浮動利率債券者可獲得已孳生利息：

$$\$10,000,000 \times 7.75\% \times \frac{61}{360} = \$131,319$$

因此，在 8 月 15 日含有 61 天利息的浮動利率債券價值為 \$10,131,304，而扣除 61 天利息的浮動利率債券為 \$9,999,985。

2.固定利率債券的價值：

首先計算固定利率債券在 2005 年 12 月 15 日的價值：

(a)半年票面利息 $= \$10,000,000 \times 8\% \times \frac{1}{2}$

$$= \$400,000$$

(b)固定利率債券在 2005 年 12 月 15 日的價值（根據 2005 年 8 月 15 日的 AIC 計算）：

$$\sum_{i=1}^{9} \frac{\$400,000}{\left(1+\frac{8.25\%}{2}\right)^{i}} + \frac{\$10,000,000}{\left(1+\frac{8.25\%}{2}\right)^{9}}$$
$$= \$9,907,585$$

然後計算 2005 年 8 月 15 日可獲得利息收入：

$$\$10,000,000 \times \frac{8\%}{2} \times \frac{120}{180}$$
$$= \$266,667$$

最後將 \$9,907,585 與 \$266,667 加總，再將總數折現為 2005 年 8 月 15 日的現值：

$$\frac{\$9,907,585 + \$266,667}{\left(1+\frac{8.25\%}{2}\right)^{\frac{120}{180}}}$$
$$= \frac{\$10,174,252}{1.027316} = \$9,903,722$$

由於在 8 月 15 日購買固定利率債券者可獲得已孳生利息為：

$$\$10,000,000 \times \frac{8\%}{2} \times \frac{60}{180} = \$133,333$$

因此在 8 月 15 日含有 60 天利息的固定利率債券價值為 \$10,037,055，即是 \$9,903,722 與 \$133,333 的加總。

根據以上計算結果，此利率交換合約在 2005 年 8 月 15 日的價值為：

浮動利率債券的價值 − 固定利率債券的價值

$$= \$10,131,304 - \$10,037,055$$
$$= \$94,249$$

也就是說，固定利率支付者（多方）在 8 月 15 日賣出此交換合約時，應向浮動利率支付者（空方）收取 \$94,249。

【例二】假設某外匯利率交換合約的條件如下：

一般條件

交易日：	2005 年 6 月 8 日
生效日：	2005 年 6 月 15 日
到期日：	2010 年 6 月 15 日
AIC (All-in-Cost)：	6%
匯率：	EURO0.9/US\$

固定利率債券方面

本金金額：	EURO9,000,000
固定票面利率：	6%
付息次數：	一年付息一次
利息日期計算方式：	30/360

浮動利率債券方面

本金金額：	\$10,000,000
浮動利率指標：	6–Month LIBOR
付息次數：	半年付息一次
利息日期計算方式：	實際日數／360
首次票面利率：	8.375%

根據以上條件，假設固定利率支付者選定 2005 年 8 月 15 日為結束合約之交易日。倘若此時的 AIC 為 7%，4–Month LIBOR 為 8.5%，且匯率為 EURO0.88/US\$，則 1991 年 8 月 15 日此換匯換利合約的價值計算如下：

1.浮動利率債券的價值：

$$\frac{\$10,000,000 \times 8.375\% \times \frac{183}{360} + \$10,000,000}{1 + 8.5\% \times \frac{122}{360}} = \$10,133,818$$

在 8 月 15 日購買浮動利率債券者可獲得已孳生利息：

$$\$10,000,000 \times 8.375\% \times \frac{61}{360} = \$141,909$$

因此，在 8 月 15 日含有 61 天利息的浮動利率債券價值為 $10,133,818，而扣除 61 天利息的浮動利率債券價值為 $9,991,909。

2.固定利率債券的價值：

此題須注意的是，交換合約的 AIC 總是以半年利率 (Semiannual Rate) 報價，即半年複利計息一次，若固定利率債券的付息方式是半年付息一次，則無須就利率作調整，若是一年付息一次，則須根據半年利率計算出有效年利率 (Effective Annual Rate, EAR) 。本題調整方式如下：

(a)根據 6 月 15 日 AIC 作調整：

$$EAR = \left(1 + \frac{6\%}{2}\right)^2 - 1 = 6.09\%$$

(b)根據 8 月 15 日 AIC 作調整：

$$EAR = \left(1 + \frac{7\%}{2}\right)^2 - 1 = 7.1225\%$$

本題計算固定利率債券的價值，首先須計算固定利率債券在 2006 年 6 月 15 日的價值：

(a)每年票面利息 = EURO9,000,000 × 6.09% = EURO548,100

(b)固定利率債券在 2006 年 6 月 15 日的價值（根據 2005 年 8 月 15 日的 Effective AIC 計算）：

$$\sum_{i=1}^{4} \frac{EURO548,100}{(1+7.1225\%)^i} + \frac{EURO9,000,000}{(1+7.1225\%)^4} = EURO8,686,111$$

然後計算 2005 年 8 月 15 日至 2006 年 6 月 15 日可獲得利息收入：

$$EURO9,000,000 \times 6.09\% \times \frac{300}{360} = EURO456,750$$

最後將 EURO8,686,111 與 EURO456,750 加總，將總數折現為 2005 年 8 月 15 日的現值：

$$\frac{\text{EURO}8{,}686{,}111+\text{EURO}456{,}750}{(1+7.1225\%)^{\frac{300}{360}}}$$

$$=\frac{\text{EURO}9{,}142{,}861}{1.059}=\text{EURO}8{,}633{,}485$$

由於在 8 月 15 日購買固定利率債券者可獲得已孳生利息為：

$$\text{EURO}9{,}000{,}000\times 6.09\%\times\frac{60}{360}$$
$$=\text{EURO}91{,}350$$

因此在 8 月 15 日含有 60 天利息的固定利率債券價值為 EURO8,724,835，即是 EURO8,633,485 與 EURO91,350 的加總。

根據以上計算結果，此外匯利率交換合約在 2005 年 8 月 15 日的價值為：

浮動利率債券的價值 − 固定利率債券的美元價值

$$=\$10{,}133{,}818-\text{EURO}8{,}724{,}835\div\text{EURO}0.88/\text{US}\$$$
$$=\$10{,}133{,}818-\$9{,}914{,}585$$
$$=\$219{,}233$$

也就是說，歐元固定利率支付者（多方）在 8 月 15 日賣出此換匯換利合約時，應向美元浮動利率支付者（空方）收取 $219,233（或 EURO192,925）。

第三節 國際放款風險問題

從 1973 年能源危機造成油價高漲開始，銀行國際放款逐漸掀起一陣風潮，世界主要銀行爭相將石油輸出國家存來的石油美元 (Petrodollars)，貸款給需錢甚殷的開發中國家及一些共產國家，而這些銀行則居中賺取存放款利率差異。然而，各大銀行在從事國際放款的同時，卻未盡思索借款國家的信用風險問題，以及後者對於所借得的資金，是否作了妥善不浪費的運用，以致於日後有能力償還貸款。1982 年發生的國際外債危機 (International Debt Crisis)，其實也就是國際銀行的危機，各大銀行開始重視國際放款風險問題 (The Risk of International Lending)。欲探討國際放款風險問題，首先應檢討 1982 年國際外債危機發生的原因。

1982 年國際外債發生的原因，歸納起來至少有如下四點：⑴國際債券市場上美元是最重要的計價貨幣，由於 1970 年代美國通貨膨脹率高，造成美元成弱勢貨幣，一般借款者對於美元作計價貨幣不認為有何不利的影響。豈知 1980 年代開始，美元逐步走強，以美元計價的國際貸款遂成為 LDC 負債國愈來愈沉重的負擔；⑵1980 年代初期，浮動利率債券已蔚為國際債券市場上的新風潮，此時美國採取擴張性的財政政策及緊縮性的貨幣政策，使得實質利率節節升高，浮動利率形式的債券遂使借款者陷於必須支付愈來愈高的實質利率；⑶石油價格在 1979 年第二度上漲，開發中國家進口石油的負擔加重，使國際收支赤字更形惡化；⑷1980 年春天開始，工業國家已開始出現經濟不景氣的現象，令開發中國家對工業國家的出口更為困難，開發中國家經濟情勢如雪上加霜。種種原因湊在一起，大量從事國際借款的開發中國家愈來愈不能應付龐大的利息負擔及本金償還。1982 年 8 月，墨西哥率先宣告已無法按期償付貸款，接著其他國家類似無法償付的問題紛紛引爆，1982 年國際外債危機正式呈現。

貸款償還問題協調方案 (Debt Renegotiation Plans)

1982 年國際外債危機爆發之後，對工業國家的大銀行及國際金融秩序打擊甚大，各大銀行開始縮減對 LDC 國家的放款，美國政府也出面協調欲幫助解決 LDC 國家貸款償還的問題。1985 年 10 月，美國財政部長詹姆士貝克 (James Baker) 召集十五個主要的 LDC 負債國，即所謂的貝克十五國 (Baker 15 Countries)，要求這些國家從事成長導向的結構性經濟改革，改革所須的支出，則安排由世界銀行及各大商業銀行給予融資上的幫忙，工業國家並承諾開放市場給 LDC 國家的輸出品。然而這些 LDC 負債國，並沒有誠意從事真正的改革來達成貝克計畫 (The Baker Plan) 所期待的「經濟改革之後就有能力償付貸款」。許多 LDC 負債國甚至認為，各大銀行既有貸款本金可能變成壞帳損失的憂慮，負債國因此可以要脅他們在放款條件上作更多的讓步。1987 年 5 月開始，國際各大銀行開始改採反制的強硬態度，首先是花旗銀行增列 30 億美元的貸款壞帳損失提撥，其他銀行也紛紛效法，這種作法透露訊息給 LDC 負債國，表示各大商業銀行已不再畏懼提撥壞帳損失，更不會對 LDC 負債國一再要求放鬆放款條件而讓步。由於 LDC 負債國未能從事真正的經濟改革導致各大商銀不願配合貝克計畫放鬆貸款條件，貝克計畫因而失敗。

貝克計畫失敗之後，繼貝克之後的美國財政部長尼克勒斯布萊第 (Nicholas Brady) 在 1989 年提出布萊第計畫 (The Brady Plan)，此計畫的重點是呼籲各大商銀配合採取負債減輕 (Debt Relief) 政策，即自動將 LDC 負債國所應償還的本金及利息費用金額減低；同時將部分未償還貸款在帳面上作沖銷，以換得 LDC 政府債券為替代品，所換得的債券即所謂布萊第債券 (Brady Bonds)。由於 LDC 國家的經濟狀況未獲得根本的改善，各大商銀配合布萊第計畫的結果，只是使得銀行本身的信用等級降低。布萊第計畫實行的結果是加強各大商銀欲快速將資金退出 LDC 市場的信念，事實上，流向開發中國家的資金中各大商銀提供的放款所佔的比率，在 1982 年是 33%，到 1990 年已下降為 13%。

貝克計畫及布萊第計畫皆是為了整治開發中國家的償帳問題而產生，前者的重點在於促成借款國經濟重建 (Economic Restructuring)，後者的重點則在於藉著負債減輕方案來減少負債國的沉重債務負擔。經濟重建或負債減輕，何者能真正解決開發中國家外債危機的問題？開發中國家，尤其是位於中南美洲及非洲等地的國家，資源豐富但經濟問題卻不斷，主要原因是這些國家官僚體系腐敗，政府常因政治因素考量而從事一些虧損的投資，也常為政治目的而擾亂經濟應有的秩序。這些國家若未能從事具體根本的經濟改革，則任何金援或負債減輕的優惠都只是治標不治本的辦法。1982 年以來長達十年的國際外債危機在 1992 年 7 月算是結束了，結束的原因乃是 LDC

國家如墨西哥、智利、阿根廷、委內瑞拉等真正地開始執行具體的經濟改革方案，改革項目包括開放市場給輸入品、取消外國資本在當地投資的限制、削減政府預算赤字、採取緊縮性的貨幣政策、開放國營公司給民間經營等。實質成功的經濟改革終於帶領 LDC 負債國走出了長達十年的外債危機陰霾。

國際放款風險問題衡量與管理

走過 1982 年的國際外債危機，各大商銀已體會到在從事國際放款時，對於借款國家的償債意願及能力，須事先賦與較多的注意並採取相關措施，才能降低放款的違約風險。一國是否有能力償還其對外負債，主要決定於該國的貿易條件 (Terms of Trade)，貿易條件是指輸出價格對輸入價格加權平均的比。若一國的貿易條件改善，表示輸出品價格相對於輸入品價格提高，國內人民的生活水準改善，整個國家的償債能力也提高；反之，若一國的貿易條件變差，表示出口品相對於進口品價格降低，國內人民的生活水準降低，國家的償債能力也變弱。有些國家在貿易條件轉壞、人民生活水準降低的同時，採取一些人為的方法（諸如支撐本國貨幣的匯率價值）來企圖維持國民的生活水準，如此作法反而使得貿易餘額更為減少，企業與人民信心喪失，導致資本的加速外流。

一國的貿易條件是否穩定，與其貿易產品多樣化的程度有關，若輸出品或輸入品中只包含少數幾種主要產品，則其中一兩種價格改變就會引起貿易條件的顯著波動。例如許多 LDC 國家的輸入品中，進口石油佔了相當大的比重，當石油價格上漲時，這些國家的貿易條件就明顯地轉壞。欲瞭解一國的償債能力，我們也可以進一步觀察其外債對出口的比率或外債對國民生產毛額 (GNP) 的比率；若外債對出口的比率大於 0.24，表示該國的償債負擔過重，恐有違約風險。當一國外債負擔過重且貿易條件變差時，其違約風險的大小又另取決於國際機構或工業國家是否願意給予緊急援助，通常與美國有地緣政治關係的國家（例如墨西哥）就比較容易獲得援助。

一國即使有償債能力但是否有意願償債則又是另一個層面的問題，因為一國即使貿易條件變差而使其信用風險增加，但若有意願償債，則會願意致力於改善國內經濟政策以增進其償債能力。各大商銀如何能促使借款國願意償債而非違約，有兩項可行的辦法：(1)讓借款國明瞭且嚴格執行，一旦借款國違約則不可能再從銀行獲得貸款；(2)從事聯合貸款 (Syndicated Loan) 且附有交叉違約條款 (Cross-Default Clause)，即是與其他銀行進行聯貸，借款者若對其中一家銀行違約，即代表對所有銀行違約，如此一來，借款者在未來將無法再從多家銀行獲得貸款。借款國家考慮到被排斥在國際金融市場之外的困境，自然不會輕易地就其負債義務進行違約。

本章探討國際銀行業務，對廿世紀末在金融市場及銀行業務上扮演極重要角色的金融工具——金融交換，以及銀行因從事國際放款而衍生的風險問題有詳細介紹。本章首先描述各大銀行在國外設立的五種不同形式的分支機構，並就艾奇法案與協定公司，以及國際銀行業務目前所受到的規範及發展近況作重點說明。本章接著對交換合約產生的背景，其經濟效益，其所發行的各種形式，作了頗為詳細的介紹，並舉例說明如何計算交換合約的價值。本章最後探討國際放款風險問題的衡量與管理。

附屬銀行	(Affiliated Banks)
背對背貸款	(Back-to-Back Loan)
分行	(Branch Banks)
通信銀行	(Correspondent Banks)
外匯交換	(Currency Swap)
債券權益交換	(Debt-for-Equity Swap)
艾奇法案與協定公司	(Edge Act and Agreement Corporation)
國際銀行業務體制	(IBFs)
利率交換	(Interest Rate Swap)
國際金融業務分行	(OBUs)
平行貸款	(Parallel Loan)
代表人辦事處	(Representative Offices)
子銀行	(Subsidiary Banks)
交換選擇權	(Swaptions)
貝索協定	(The Basel Agreement)
總和收益利率交換	(Total Return Swap)

參考文獻

Andersen, Torben Juul, *Currency and Interest Rate Hedging*, 2nd ed., New York: New York Institute of Finance, 1993.

Ball, Clifford A., and Adrian E. Tschoegl, "The Decision to Establish a Foreign Bank Branch or Subsidiary: An Application of Binary Classification Prodders", *Journal of Financial and Quantitative Analysts*, September 1982, pp. 411–424.

Bank for International Settlements, Sixtieth Annual Report, Basle, Switzerland: B.I.S., June 1990.

Baughn, William H., and Donald R. Mandich, eds., *The International Banking Handbook,* Homewood, Ill.: Dow Jones-Irwin, 1983.

Beidleman, Carl R., *Financial Swaps*, Homewood, Ill.: Dow Jones-Irwin, 1985.

_____, *Interest Rate Swaps*, Homewood, Ill.: Business One Irwin, 1991.

Bennett, Paul, "Applying Portfolio Theory to Global Bank Lending", *Journal of Banking and Finance*, June 1984, pp. 153–169.

Brown, Keith C., and Donald J. Smith, "Default Risk and Innovations in the Design of Interest Rate Swaps", *Financial Management*, vol. 22, no. 2, Summer 1993, pp. 94–105.

Bryant, Ralph C., *International Financial Intermediation*, Washington, D.C.: The Brookings Institution, 1987.

Burton, F. N., and H. Inoue, "An Appraisal of the Early-Warning Indicators of Sovereign Loan Default in Country Risk Evaluation System", *Management International Review*, vol. 25, no. 1, 1985, pp. 45–56.

Chen, Andrew H., and Sumon C. Mazumdar, "Interest Rate Linkages Within the EMS and Bank Credit Supply", *European Financial Management*, vol. 1, no. 1, March 1995, pp. 37–48.

Chrystal, K. Alec., "International Banking Facilities", *Federal Reserve Bank of St. Louis Review*, April 1984, pp. 5–11.

Clarke, Stephen V. O., *American Banks in the International Interbank Market*, New York:

Salomon Brother Center, New York University, 1983.

Cline, William R., *Mobilizing Bank Lending to Debtor Countries*, Washington, D.C.: Institute for International Economics, 1987.

Cox, John C., Jonathan E, Ingersoll, Jr., and Stephen A. Ross, "Duration and the Measurement of Basis Risk", *Journal of Business*, vol. 52, 1979, pp. 51–61.

Dermine, Jean, ed., *European Banking in the 1990s*, Oxford, UK; Cambridge, MA: Basil Blackwell, 1990.

Doukas, John, "Syndicated Euro-Credit Sovereign Risk Assessments, Market Efficiency and Contagion Effects", *Journal of International Business Studies*, Summer 1989, pp. 255–267.

Fierman, Jaclyn, "Fast Bucks in Latin Loan Swaps", *Fortune*, August 3, 1987, pp. 91–99.

Fischer, Stanley, "Sharing the Burden of the International Debt Crisis", *American Economic Review*, May 1987, pp. 165–170.

Frank, David , "Corporate Financing International: Index Swaps Trade High Rates for Low Ones", *Global Finance*, January 1992, pp. 18–20.

Galitz, Lawrence, *Financial Engineering: Tools and Techniques to Manage Financial Risk*, 2nd ed., Pitman Publishing, 1994.

Ganitsky, Joseph, "The Debt Crisis: A New Era for Decision Makers", *Columbia Journal of World Business*, Fall 1986, pp. 73–80.

Garg, Ramesh C., "Loans to LDCs and Massive Defaults", *Intereconomics*, January/February 1981, pp. 19–25.

Goldberg, Ellen S., and Dan Haendel, *On Edge: International Banking and Country Risk*, New York: Praeger, 1987.

Gommo, Richard, "Corporate Treasury: Five Pillars of Wisdom", *Risk*, vol. 4, no. 7, July-August 1991, pp. 14, 16, 19.

Grabbe, J. Orlin, *International Financial Markets*, 2nd ed., New York: Elsevier, 1991.

Guild, Ian, and Rhodri Harris, *Forfaiting*, London: Euromoney Publications, 1985.

Haar, Jerry, and William E. Renforth, "Reaction to Economic Crisis: Trade and Finance of

U.S. Firms Operating in Latin America", *Columbia Journal of World Business*, Fall 1986, pp. 11–18.

Hay, Richard K., Toby J. Kash, and Michelle J. Walker, "A Tripartite Model of the International Debt Crisis: An Analytical Study", *Columbia Journal of World Business*, Fall 1985, pp. 29–35.

Heller, H. Robert, "The Debt Crisis and the Future of International Bank Lending", *American Economic Review*, May 1987, pp. 171–175.

Houpt, James V., "International Trends for U.S. Banks and Banking Markets", *Staff Study of the Board of Governors of the Federal Reserve System*, no. 156, May 1988, p. 3.

Howe, Donna M., *A Guide to Managing Interest Rate Risk*, New York: New York Institute of Finance, 1991.

Hultman, Charles W., and L. Randolph McGee, "International Banking Facilities: The Early Response", *The Bankers Magazine*, May/June 1984, pp. 82–86.

Jain, Arvind K., "International Lending Patterns of U.S. Commercial Banks", *Journal of International Business Studies*, Fall 1986, pp. 73–88.

Jain, Arvind K., and Douglas Nigh, "Politics and the International Lending Decisions of Banks", *Journal of International Business Studies*, Summer 1989, pp. 349–359.

Johnson, Ronald A., Venkat Srinivasan, and Paul J. Bolster, "Sovereign Debt Ratings: A Judgmental Model Based on the Analytic Hierarchy Process", *Journal of International Business Studies*, First Quarter 1990, pp. 95–117.

Kawaller, Ira G., "The Imperative of Interest Rate Risk Management", *Treasury Management Association (TMA) Journal*, vol. 15, no. 6, November/December 1996, pp. 4–7.

Kennedy, Charles R., Jr., *Political Risk Management: International Lending and Investing Under Environmental Uncertainty*, Westport, Conn.: Quorum Books, 1987.

Key, Sydency J., "International Banking Facilities", *Federal Reserve Bulletin*, October 1982, pp. 565–577.

Khan, Mohsin S., "Islamic Interest-Free Banking", *IMF Staff Papers*, vol. 33, no. 1, March 1986, pp. 1–27.

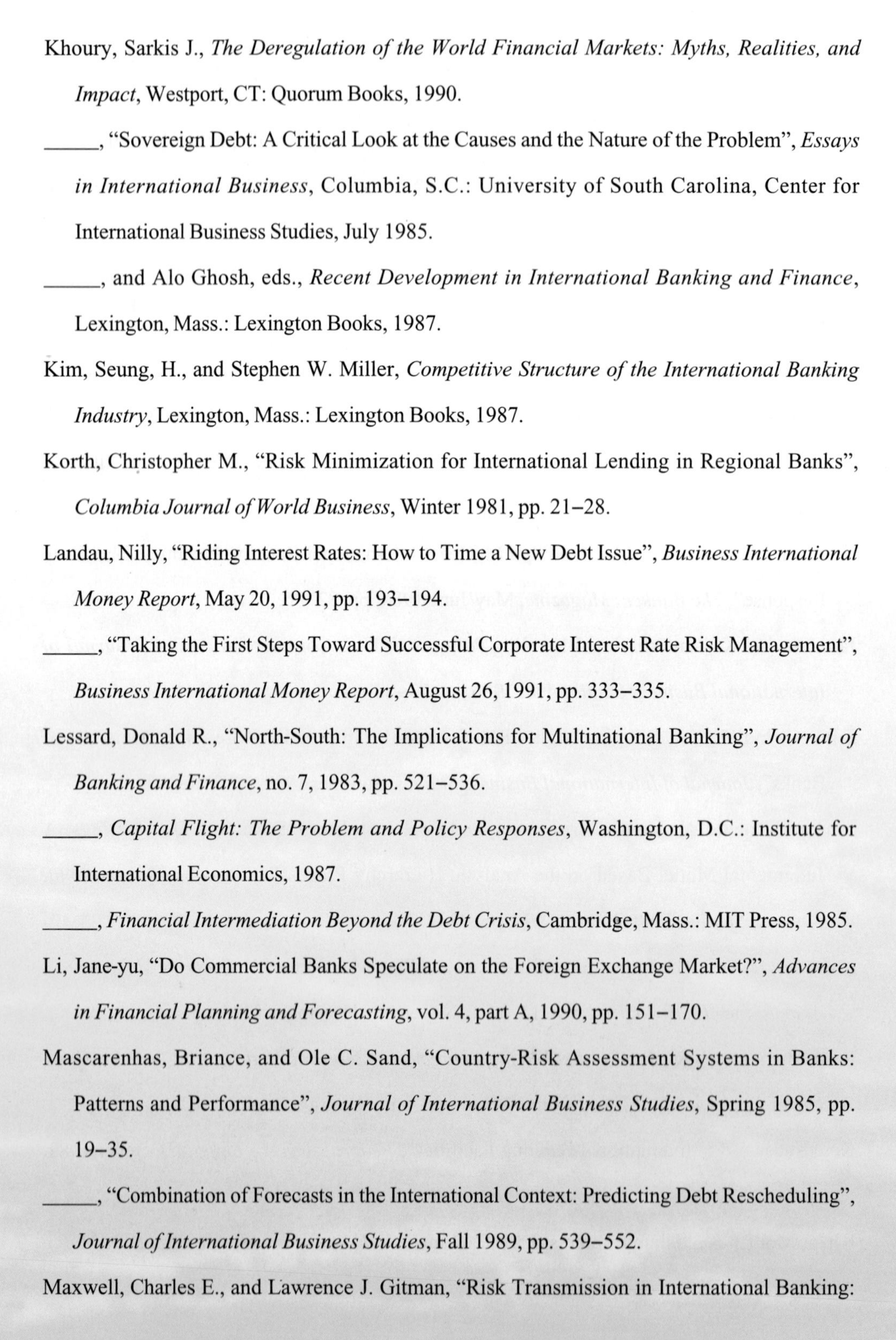

Khoury, Sarkis J., *The Deregulation of the World Financial Markets: Myths, Realities, and Impact*, Westport, CT: Quorum Books, 1990.

_____, "Sovereign Debt: A Critical Look at the Causes and the Nature of the Problem", *Essays in International Business*, Columbia, S.C.: University of South Carolina, Center for International Business Studies, July 1985.

_____, and Alo Ghosh, eds., *Recent Development in International Banking and Finance*, Lexington, Mass.: Lexington Books, 1987.

Kim, Seung, H., and Stephen W. Miller, *Competitive Structure of the International Banking Industry*, Lexington, Mass.: Lexington Books, 1987.

Korth, Christopher M., "Risk Minimization for International Lending in Regional Banks", *Columbia Journal of World Business*, Winter 1981, pp. 21–28.

Landau, Nilly, "Riding Interest Rates: How to Time a New Debt Issue", *Business International Money Report*, May 20, 1991, pp. 193–194.

_____, "Taking the First Steps Toward Successful Corporate Interest Rate Risk Management", *Business International Money Report*, August 26, 1991, pp. 333–335.

Lessard, Donald R., "North-South: The Implications for Multinational Banking", *Journal of Banking and Finance*, no. 7, 1983, pp. 521–536.

_____, *Capital Flight: The Problem and Policy Responses*, Washington, D.C.: Institute for International Economics, 1987.

_____, *Financial Intermediation Beyond the Debt Crisis*, Cambridge, Mass.: MIT Press, 1985.

Li, Jane-yu, "Do Commercial Banks Speculate on the Foreign Exchange Market?", *Advances in Financial Planning and Forecasting*, vol. 4, part A, 1990, pp. 151–170.

Mascarenhas, Briance, and Ole C. Sand, "Country-Risk Assessment Systems in Banks: Patterns and Performance", *Journal of International Business Studies*, Spring 1985, pp. 19–35.

_____, "Combination of Forecasts in the International Context: Predicting Debt Rescheduling", *Journal of International Business Studies*, Fall 1989, pp. 539–552.

Maxwell, Charles E., and Lawrence J. Gitman, "Risk Transmission in International Banking:

An Analysis of 48 Central Banks", *Journal of International Business Studies*, Summer 1989, pp. 268–279.

Moffett, Michael H., and Arthur Stonehill, "International Banking Facilities Revisited", *Journal of International Financial Management and Accounting*, vol. 1, no. 1, Spring 1989, pp. 88–103.

Moreno, Ramon, "LDC Debt Swaps", *FRBSF Weekly Letter*, Federal Reserve Bank of San Francisco, September 4, 1987.

Morgan, John B., "A New Look at Debt Rescheduling Indicators and Models", *Journal of International Business Studies*, Summer 1986, pp. 37–54.

Morgan Guaranty Trust Company, "Swaps: Volatility at Controlled Risk", *World Financial Markets*, April 1991, pp. 1–22.

Nigh, Douglas, Kang Rae Cho, and Suresh Krishnan, "The Role of Location-Related Factors in U.S. Banking Involvement Abroad: An Empirical Examination", *Journal of International Business Studies*, Fall 1986, pp. 59–72.

Park, Yoon S., and Jack Zwick, *International Banking in Theory and Practice*, Reading, Mass.: Addison-Wesley, 1990.

Price, John A. M., Jules Keller, and Max Neilson, "The Delicate Art of Swaps", *Euromoney*, April 1983, pp. 118–125.

Quantock, Paul, ed., *Opportunities in European Financial Services: 1992 and Beyond*, New York: John Wiley, 1990.

Quinn, Lawrence R., "How Corporate America Views Financial Risk Management", *Futures*, vol. 18, no. 1, January 1989, pp. 40–41.

Ross, Derek, "Interest Rate Risk Management: Put to the Test", *Accountancy*, vol. 106, no. 1168, December 1990, pp. 109–111.

Sabi, Manijeh, "An Application of the Theory of Foreign Direct Investment to Multinational Banking in LDCs", *Journal of International Banking Studies*, Fall 1988, pp. 433–447.

Shapiro, Alan C., "Currency Risk and Country Risk in International Banking", *Journal of Finance*, July 1985, pp. 881–891.

_____, "International Banking and Country Risk Analysis", *Midland Corporate Finance Journal*, Fall 1986, pp. 56–64.

Smirlock, Michael, and Howard Kaufold, "Bank Foreign Lending, Mandatory Disclosure Rules, and the Reaction of Bank Stock Prices to the Mexican Debt Crisis", *Journal of Business*, July 1987, pp. 347–364.

Smith, Clifford W., Jr., Charles W. Smithson, and Lee M. Wakeman., "The Evolving Market for Swaps", *Midland Corporate Finance Journal*, Winter 1986, pp. 20–32.

_____, "The Market for Interest Rate Swaps", *Financial Management*, Winter 1988, pp. 34–44.

Smith, Roy C., and Ingo Walter, *Global Financial Services: Strategies for Building Competitive Strengths in International Commercial and Investment Banking*, New York: Harper Business, 1990.

Solnik, Bruno, "Swap Pricing and Default Risk: A Note", *Journal of International Financial Management and Accounting*, vol. 2, no. 1, Spring 1990, pp. 79–91.

Terrell, Henry S., and Rodney H. Mills, "International Banking Facilities and the Eurodollar Market", *Staff Study of the Board of Governors of the Federal Reserve System*, no. 124, August 1983.

Tschogel, Adrian E., "International Retail Banking as a Strategy: An assessment", *Journal of International Business Studies*, Summer 1987, pp. 67–88.

Usmen, Nillufer, "Currency Swaps, Financial Arbitrage, and Default Risk", *Financial Management*, Summer 1994, pp. 43–57.

Walter, Ingo, "Competitive Positioning in International Services", *Journal of International Financial Management and Accounting*, vol. 1, no. 1, Spring 1989, pp. 15–40.

Watson, Rod, "Interest Grows as Risk Expands", *Airfinance Journal*, issue 159, February 1994, pp. 0143–2257.

Wright, Richard W., and Gunter A. Pauli, *The Second Wave: Japan's Global Assault on Financial Services*, New York: St. Martin's Press, 1988.

Wunnicke, Diane B., David R. Wilson, and Brooke Wunnicke, *Corporate Financial Risk*

Management, New York: Wiley, 1992.

Zenoff, David B., *International Banking Management and Strategies*, London: Euromoney Publication, 1985.

第四篇 國外投資決策

國外投資決策的決定過程要遠比純國內投資決策的複雜的多。企業首先要考慮是否要在國外投資？其次是要在那一國投資?最後則是怎樣進行投資計畫。企業在國外投資，由於資產與盈餘是以外幣形式持有，因此有匯率風險的問題。同時企業在地主國受到地主國法律的管制，若地主國法令改變或政權轉移，會影響到企業對盈餘的處理，因此企業又有政治風險 (Political Risk) 的問題。企業在海外投資，由於各國稅法的不同、外匯及資本管制等限制，以及匯率變動及交易成本的問題，使得跨國企業的現金管理情況更為複雜。本篇第十三章探討企業如何從事跨國資本預算 (Multinational Capital Budgeting)，重點在於匯率風險的考慮及差別稅率的處理。第十四章則探討政治風險的衡量與管理。第十五章描述跨國現金管理系統及各種現金管理及移轉策略。第十六章論及跨國企業稅務規劃。

第十三章

跨國資本預算

第一節　跨國資本預算的複雜性

第二節　國外投資計畫評估

第三節　匯率風險對國外投資計畫的影響

第四節　營運資金變動及匯兌利損的影響

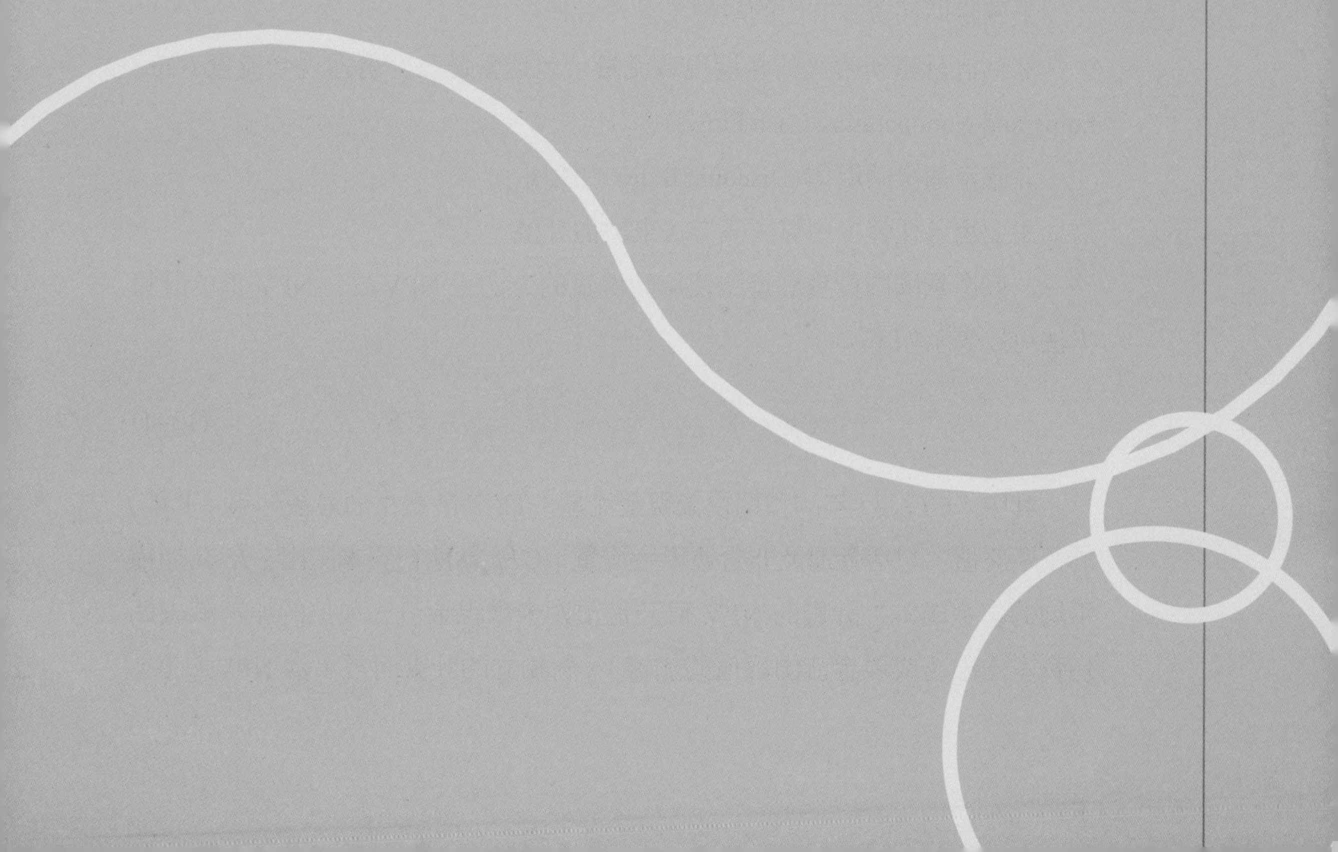

本章重點提示

- 傳統較優良的資本預算衡量方法：NPV 法則
- 國外投資計畫的複雜性
- 從子公司角度（計畫本身）衡量計畫的可行性
- 從母公司角度衡量計畫的可行性
- 差別稅率、受困資金、匯率變動對投資計畫可行性之影響

跨國資本預算 (Multinational Capital Budgeting) 重點在衡量國外投資計畫 (Foreign Investment Projects) 的可行性，其所運用的分析方法與理論架構與衡量國內投資計畫所用者相同。例如，不論是國內或國外投資計畫，兩者皆是採用折扣現金流量 (Discounted Cash Flows, DCFs) 法來分析現金流量；而計畫衡量的重心，也都是放在因計畫而產生的預期額外現金流量 (Expected Incremental Cash Flows) 上；國內計畫所採用的衡量方法如淨現值 (Net Present Value, NPV) 法及內部報酬率 (Internal Rate of Return, IRR) 法也都適用於國外計畫。因此，衡量國外投資計畫，所進行的步驟，一如衡量國內投資計畫，包括下列四項：

1. 確定期初資本支出的規模。
2. 估計計畫所帶來的各期現金流量，包括營運及非營運現金流量 (Operating and Nonoperating Cash Flows)。
3. 確定適當貼現率 (Discount Rate) 的使用。
4. 運用各種資本預算決策方法來評估計畫。

一般衡量國內投資計畫所使用較優良的方法是 NPV 法，NPV 值的計算方法可以表示如下：

$$\text{NPV} = \sum_{t=1}^{T-1} \frac{CF_t}{(1+K)^t} + \frac{TV_T}{(1+K)^T} - CF_0 \tag{13–1}$$

其中，CF_t 為 t 年的預期稅後現金流量；TV 為計畫生命最後一年（T 年）的預期終值，包括營運及非營運現金流量；CF_0 為期初資本支出；K 為加權平均的資金成本；計畫的 NPV 值乃是預期未來現金流入現值的加總減去期初資本支出（或現金流出現值的加總）。對獨立的計畫而言，當 NPV ≧ 0，

則此計畫可以接受，當 NPV < 0，則不該接受此計畫。對互斥的計畫而言，運用 NPV 法則是選擇所有計畫中 NPV 值最大者接受之。NPV 法較其他的資本預算決策方法優良之處，可參考一般的財務管理教科書。

第一節 跨國資本預算的複雜性

衡量國外投資計畫與衡量國內投資計畫不同的地方，在於衡量國外計畫所須考慮的因素與分析過程，遠比國內投資計畫多且複雜。這可由下列幾方面看出：

1. 國外計畫是由母公司主導，在本國 (Home Country) 以外的地區，也就是地主國 (Host Country)，所從事的投資規劃，其可行與否，必須由兩方面來看。首先要從計畫本身 (Project Itself) 來衡量其可行性，其次，也是更重要的，是要從母公司的角度來看，衡量計畫對母公司的現金流產生何樣的影響。

2. 國外投資計畫牽涉到母公司與子公司之間的資金往來，子公司的盈餘，可以採不同方式匯回母公司，例如發放股利，支付權利金 (Royalty) 及管理費用 (Management Fee) 等。由於兩國的稅率常有不同，因此比純國內計畫牽涉到一些複雜的稅負計算。

3. 國外投資計畫所產生的預期現金流量的估計，必須考慮匯率變化的問題，因為不論是產品的銷售，原料的購買，或是資金匯送回母公司，其間若有匯率的變化，就會影響到所估計的現金流量，因此匯率的估計及相關現金流量的處理，在國外投資計畫的衡量上，佔極重要的一環。

4. 國外投資計畫因是在地主國執行，因此受到地主國法令及政策的影響。地主國若對子公司所匯送給母公司的盈餘設限（例如只准匯送其中的 80% 或 50% 等），則在衡量計畫時，必須將此種外匯管制的效果納入考慮；亦即是說，不准匯送或延後匯送的現金流量，要納入計畫的衡量過程予以考慮。

5. 地主國有時為吸引國外投資，常就特定計畫提供補助性貸款 (Subsidized Loans)，此種貸款實際上降低公司的融資成本，其效果也要納入考慮。

6. 母公司在子公司所作的投資，有時是經由母公司將自身原有的設備 (Equipment) 賣給子公司的方式，如此則會影響到最初的投資支出金額 (Initial Investment Outlay)；尤其若母公司所賣的金額（市場價值）超出帳面上記載的價值，則母公司在差額上所付的稅，也要同時納入投資支出的考慮中。

從母公司或計畫本身的角度來衡量 (Parent vs. Project Valuation)

國外投資計畫是否可行，可以從母公司的角度或計畫本身（即子公司的角度）來衡量。一般而言，從計畫本身衡量其可行性有實質上的用處，但仍以從母公司的角度來衡量更為重要。雖然，子公司所賺的淨現金收入，最後都是歸母公司所有，但真正具體且重要的淨現金流入，是在法律允許的情況下，可匯回給母公司的部分，因此，母公司觀點的計畫評估應較為重要。

通常，子公司的資金流向母公司是經由四種管道：(1)股利 (Dividend)。子公司的稅後淨利，可採股利方式匯回給母公司，不過，可匯送的金額比例，有時會受到地主國的限制。(2)公司內部借款利息與本金的償還 (Interest and Principal Payments Due to Intra-Firm Debt)。母公司若貸款給子公司，則子公司須匯送利息與本金回母公司。(3)公司內部的購買 (Intra-Firm Purchases)。子公司向母公司購買成品、半成品或原料，則資金流向母公司，此項購買對子公司而言是銷貨成本，對母公司而言是銷貨收入。(4)權利金、費用及一般性開支 (Royalty, Fees and Overhead Charges)。這些費用的支付是因為使用了母公司的專利權、管理技術或各項服務，通常是按照子公司銷貨收入的若干百分比來支付。從子公司角度衡量計畫的可行性有其實用上的方便處。例如，子公司角度衡量的計畫內部報酬率，可與地主國同樣到期期限的公債殖利率相比，因為地主國的公債殖利率，代表當地的無風險利率加上預期通貨膨脹率，計畫的內部報酬率應比當地公債殖利率高，否則母公司大可購買當地公債賺取無風險利率即可。

大多數的公司在衡量國外計畫的可行性時，多半會採計畫本身及母公司的角度兩者並行，前者便於計畫本身與地主國其他投資管道的比較，後者則符合傳統上資本預算決策方法所採用的「計畫對公司整體（母公司）NPV有助益」的基本原則。

以上所述說明國外投資計畫的若干複雜性，至於真正在衡量國外投資計畫時所須納入考慮的因素，則因計畫本身，融資方法及地主國所在地的不同而有差異，本章將以例釋方式，於下列各節中詳述衡量國外投資計畫應著重之處。為簡化分析過程，本章所舉的例子皆是假設母公司掌有子公司 100% 的所有權。

第二節 國外投資計畫評估

假設美國一家多元企業公司 (Multi-Enterprise Company, MEC) 正在考慮一國外投資計畫。地主國是一假想國，稱之為代它國 (The Delta Republic)。MEC 原本每年輸出 100 萬單位的機械零件給代它國，單位售價是 $10，單位利潤為 $5。代它國的政府官員目前正與 MEC 代表協商，促 MEC 在代它國建廠製造此機械零件。雙方的條件是 MEC 降低單位售價為 $8，而且同意僱用當地人民作員工並購買當地的原料，而代它國給予 MEC 的回報是對其他輸入者課徵關稅以保障 MEC 的市場配額。若此計畫一經採用，則 MEC 估計其公司資金狀況變化如下：

1. MEC 估計其每年在當地可賣出 500 萬單位的機械零件，單價訂為 $8。

2. 生產因素（包括勞工及原料）的 70% 是在地主國當地取得，另 30% 由母公司供應，單位變動成本是 $3，其中母公司供應生產因素所獲得的單位利潤是 $0.5。

3. 子公司設備耗資 $50,000,000，其中 $30,000,000 是由母公司提供作為權益資金，剩餘的部分則向銀行融資，到期期限為十年，利息計算是每年支付一次，年息 10%，由子公司負責償還。子公司設備折舊費用計算採用直線法 (Straight-Line Method)，十年分攤完畢。在第六年年底，地主國政府將付給 MEC $30,000,000 而將其子公司接管，但限制條件是子公司每年提列之折舊資金不得挪作他用，須保留在公司內，作為日後設備更新所需的資金。

4. 代它國的公司稅率為 40%，美國的公司稅率為 34%。代它國對資金流出不設任何限制，子公司可以將 100% 的盈餘匯送回母公司，資金匯出也不課徵預扣稅 (Withholding Tax)。美國則對公司在國外已繳過稅再匯回公司的資金給予完全的國外已繳稅金抵減 (Foreign Tax Credit, FTC)。

5. 目前匯率是 1 DC (Delta Currency) = $0.5 或 $1 = 2 DC。MEC 預期未來匯率保持不變。

6. MEC 估計足以反映此計畫風險的必要報酬率 (Required Rate of Return) 是 12%。

根據以上的資料，我們可以從兩方面來衡量計畫的可行性，(a)從計畫本身（即子公司的角度）、(b)從母公司的角度。若採用財務管理上一般所用的淨現值法 (NPV) 及內部報酬率法 (IRR)，我們可以將評估結果列入表 13–1 及表 13–2 中。

在計算子公司的 NPV（或 IRR）時，有關期初資本支出的計算，有兩種算法。一是使子公司的期初資本支出僅包含自有資金 $30,000,000 的部分，並將每年所支付的利息費用自稅前淨利中扣除；另一種算法是將期初資本支出以 $50,000,000 列帳（包含自有資金及借入資金兩部分），但在每年稅前淨利的計算時，不必再扣除利息費用。我們在此採用前者而非後者的作法，乃是因為子公司在第六年年底將為地主國政府接管，因此子公司可免除本金的償還，而第二種算法隱含本金是由子公司償還，因此不合乎假設。

由表 13–1 得知，從子公司的角度（即計畫本身）來衡量此計畫（假設此計畫為母公司在當地唯一可行之投資機會），因 NPV > 0 (IRR > 12%)，故此計畫初步可以接受。但國外投資計畫從母公司的角度來衡量，應比從子公司的角度來衡量更為重要。因此有必要再將此計畫從母公司的角度來衡量，並將結果列入表 13–2 中。

表 13–1　從子公司的角度來衡量計畫

期初資本支出：	
購置設備公司自有資金	\$30,000,000
期初資本支出淨額	\$30,000,000
每年淨現金收入：	
銷貨收入	
(\$8 × 5,000,000)	\$40,000,000
減：變動成本	
(\$3 × 5,000,000)	(15,000,000)
減：利息費用	(2,000,000)
減：折舊	
(\$50,000,000 ÷ 10)	(5,000,000)
稅前淨利	\$18,000,000
減：應付稅額 (40 %)	(7,200,000)
稅後淨利	\$10,800,000
每年淨現金收入	\$10,800,000
第六年年底出售子公司收入	\$30,000,000

本計畫之子公司角度 NPV（必要報酬率 = 12 %）

$$= -30,000,000 + \sum_{i=1}^{6} \frac{10,800,000}{(1+12\%)^i} + \frac{30,000,000}{(1+12\%)^6} = \$29,602,133 > 0$$

IRR = 36.0% > 12%

表 13–2　從母公司的角度來衡量計畫

期初資本支出：	
母公司所出資金	$30,000,000
期初資本支出淨額	$30,000,000
每年淨現金收入：	
子公司銷貨收入	
($8 × 5,000,000)	$40,000,000
減：變動成本	
($3 × 5,000,000)	(15,000,000)
減：利息費用	(2,000,000)
減：折舊	
($50,000,000 ÷ 10)	(5,000,000)
稅前淨利	$18,000,000
減：應付稅額 (40%)	(7,200,000)
稅後淨利	$10,800,000
母公司收到之股利[a]	10,800,000
加：與所收股利有關之國外已付稅額加總 (Gross-up)	7,200,000
加：售予子公司生產因素利潤	750,000
母公司應稅所得	$18,750,000
母公司暫時稅負 (34%)	6,375,000
減：國外已繳稅金抵減 (FTC)	(7,200,000)
母公司應付稅額[b]	$ 0
母公司每年國外淨利益	
($10,800,000 + $750,000)	$11,550,000
減：因執行本計劃而損失之外銷淨利[c]	
($5 × 1,000,000 × (1 − 34%))	(3,300,000)
每年淨現金收入	$8,250,000

第六年年底出售子公司收入	$30,000,000

本計畫之母公司角度 NPV（必要報酬率 = 12 %）

$$= -30,000,000 + \sum_{i=1}^{6} \frac{8,250,000}{(1+12\%)^i} + \frac{30,000,000}{(1+12\%)^6} = \$19,118,044 > 0$$

IRR = 27.5.0% > 12%

註：a 因地主國准許子公司將 100% 盈餘匯送回國，故假設母公司所收股利即等於子公司稅後淨利。
b 母公司暫時稅負小於國外已繳稅金抵減，故母公司有超額國外已繳稅金抵減 (Excess Foreign Tax Credit, EFTC)，其應付稅額為 $0。
c 因執行計畫導致喪失原有的輸出配額而損失的淨利。

由表 13-2 得知，母公司從子公司收到之股利，即為子公司之稅後淨利，此乃因地主國准許將 100% 的盈餘匯送回母公司而不受任何限制，因此可假設子公司會將 100% 的稅後淨利以股利方式匯送回母公司。由於子公司的稅率比母公司的高，因此母公司的暫時稅負 (Tentative Tax Liability) 不足國外已繳稅金抵減 (FTC) 的金額，而產生超額國外已繳稅金抵減 (Excess Foreign Tax Credit, EFTC)，導致母公司應付稅額為 $0。另外，母公司因執行本計畫，而不再保有原本輸出 100 萬單位零件的利潤，因此須將此部分從每年淨現金收入中扣除。由於從母公司角度所計算的 NPV > 0 (IRR > 12%)，因此 MEC 應接受此國外投資計畫。

前述例子假設匯率在六年間維持不變，而且地主國也允許子公司將 100% 的盈餘匯送回國，這些情形通常與事實不符。國外投資計畫的複雜性，乃因匯率經常波動進而影響母公司的預期淨現金流入；同時，常有地主國施行外匯管制 (Foreign Exchange Controls)，使全部或部份資金無法自由匯送回母公司，而成為所謂的受困資金 (Blocked Funds)。我們暫不考慮匯率波動對計畫評估結果的影響，而僅將受困資金的影響效果作一分析。茲就下列假設，對此計畫作進一步的評估：

考慮受困資金的情況

假設代它國准許子公司將 80% 的稅後淨利以股利方式匯送回母公司，剩餘的 20% 必須存入一個不計息的政府帳戶中（為簡化計算過程，假設不計息），待子公司被代它國政府接管時，方可匯送回母公司。同時，代它國對於股利，課徵 5% 的預扣稅。

我們考慮以上的假設，再從母公司的角度評估計畫結果；並將結果列入表 13–3 中。

由表 13–3 看出，受困資金的存在，使得由母公司角度衡量的 NPV，從原來的 \$19,118,044，降為 \$14,698,919，但仍然為正值，因此此計畫可以接受。

表 13–3　從母公司的角度來衡量計畫（考慮 Blocked Funds）

期初資本支出：	
母公司所出資金	\$30,000,000
期初資本支出淨額	\$30,000,000
每年淨現金收入：	
子公司稅前淨利	\$18,000,000
減：應付稅額 (40%)	(7,200,000)
子公司稅後淨利	\$10,800,000
可匯回股利 (80%)[a]	8,640,000
減：預扣稅 (5%)	(432,000)
母公司收到之股利	8,208,000
加：與所收股利有關之國外已付稅額加總 (Gross-up)	
(\$7,200,000 × 80% + \$432,000)	6,192,000
加：售予子公司生產因素利潤	750,000
母公司應稅所得	\$15,150,000
母公司暫時稅負 (34 %)	5,151,000

減：國外已繳稅金抵減 (FTC)	(6,192,000)
母公司應付稅額	$ 0
母公司每年國外淨利益 ($8,208,000 + $750,000)	$8,958,000
減：因執行本計劃而損失之外銷淨利 ($5 × 1,000,000 × (1 − 34%))	(3,300,000)
每年淨現金收入	$5,658,000
第六年年底額外淨現金收入：	
受困資金[b] ($10,800,000 × 20% × 6)	$12,960,000
減：預扣稅 (5%)	(648,000)
母公司收到之額外股利	$12,312,000
加：與所收股利有關之國外已付稅額加總 (Gross-up) ($7,200,000 × 20% × 6 + $648,000)	(9,288,000)
母公司額外應稅所得	$21,600,000
母公司額外暫時稅負 (34%)	$7,344,000
減：國外已繳稅金抵減 (FTC)[c]	(9,288,000)
母公司額外應付稅額	$0
第六年年底出售子公司收入	$30,000,000
母公司第六年年底額外淨現金收入	$42,312,000

本計畫之母公司 NPV（必要報酬率 = 12 %）

$$= -30,000,000 + \sum_{i=1}^{6} \frac{5,658,000}{(1+12\%)^i} + \frac{42,312,000}{(1+12\%)^6} = \$14,698,919 > 0$$

IRR = 22.7%

註：a 子公司每年稅後淨利的 80%，可在當年度匯回母公司作為股利。
b 子公司每年稅後淨利的 20% 為受困資金，在不計息的情況下，六年共有 $12,960,000。
c 由於國外已繳稅金抵減 (FTC) 可以抵未來五年 (Carry Forward 5 Years)，因此過去的 FTC 仍可使用。

第三節 匯率風險對國外投資計畫的影響

國外投資計畫的評估，必須將匯率波動對現金流量造成的影響納入考量。本節的分析是將上節中的各項因素納入考慮之外，並特別納入匯率變動的效果，來評估國外投資計畫。

假設美國的環球機械公司 (Worldwide Mechanical Company, WMC) 正在考慮在西班牙成立製造子公司，生產機械設備銷售到當地市場及歐洲其他國家。有關此投資計畫的重要財務資料如下：

1. 未來西班牙製造子公司 (Manufacturing Subsidiary)，所生產的機器商品將供應西班牙國內市場及歐洲其他地區。該商品第一年訂價為每件歐元 1,500 元 (EURO1,500)。銷售到歐洲其他地區的零件也是以歐元為計價基礎。產品銷售量 (Sales Volume) 在西班牙當地估計第一年為 100,000 單位，以後每年成長率估計為 10%。銷售量在歐洲其他地區估計第一年為 130,000 單位，以後每年成長率估計為 15%。

2. 目前歐元 (€) 兌美元的匯率是 $1 = EURO0.755，估計西班牙的通貨膨脹率將以每年 20% 的速度成長，而美國的通貨膨脹率將以每年 5% 的速度成長。WMC 估計未來匯率的變化將與購買力平價條件 (PPP) 預測的一致。

3. 估計最初用來購買子公司廠房設備、機器等的資本支出為 200 百萬美元 (= EURO1,510,000)，而期初營運資金 (Working Capital) 的需求為 50 百萬美元。這些最初的資本支出中，150 百萬美元是由母公司以權益投資 (Equity Investment) 方式供應，另外 100 百萬美元則是由公司向一國際銀行融資得來，日後利息與本金由子公司負責償還，利息計算是每年支付一次，年息 20%，到期期限為五年，以美元償還，母公司估計此項貸款應可於到期時無限期再續 (Renew)，因此本金的償還可以延續到子公司結束營業為止。每年營運資金淨變化假設為零。

4. 子公司廠房、設備、機器等的折舊費用採直線法計算，以十年分攤完畢，殘值估計為零。每年提列之折舊費用所累積之折舊資金，係供子公司為繼續營運而購買機器設備之用，因此不匯回母公司。

5.WMC的西班牙子公司將是其 100% 擁有 (Wholly Owned) 的子公司，每年子公司要將全部銷貨收入的 5% 付給母公司作為使用其智慧財產的權利金，同時要將全部銷貨收入的 2% 付給母公司作為技術指導費用 (Technical Advisory Fee)。

6.WMC 稅後加權平均資金成本 (Weighted–Average Cost of Capital) 大約是 20%，由於在西班牙投資有較高的風險，因此 WMC 決定用 45% 來衡量此投資計畫。

7.估計第一年每單位變動成本是 EURO 800，其中 20% 是用來購買由美國進口的生產原料，40% 是用來購買西班牙當地供應的原料，另 40% 則是用來僱用當地的勞工。進口原料的成本每年隨美國的通貨膨脹率上升，西班牙當地的原料成本及工資率則隨西班牙的通貨膨脹率每年調整。

8.估計每年固定成本，除包含折舊費用，付給母公司的權利金及技術指導費用以外，還包括一般性開支 (Overhead Charges)，此一般性開支第一年預算為 EURO 45,715,000，以後每年隨西班牙 20% 的通貨膨脹率調整。

9.西班牙的公司稅率為 30%，美國公司稅率為 34%，假設西班牙不課徵預扣稅，也沒有外匯管制限制資金出口，因此子公司每年由營業而產生的可供利用資金，皆可匯送回母公司。

10.假設在沒有政局改變的情況下，子公司會繼續存在下去，因此子公司可能存在一段很長的時間。但每年現金流的估計是離開現在時點愈遠愈難估計，因此母公司只估計未來五年的現金流，而從第六年開始，子公司每年的稅後淨利假設為固定不變，且與第五年年底的稅後淨利相同。

根據以上十項的基本資料，我們可以採用下列的步驟，依序算出子公司（即計畫本身）的 NPV 及 IRR，以及母公司的 NPV 及 IRR。計算步驟如下：

1.預測未來五年的匯率。表 13–4 是根據購買力平價理論 (Purchasing Power Parity) 預測歐元對美元的匯率變化。計算的公式如下

$$\frac{e_t}{0.755} = \left(\frac{1+20\%}{1+5\%}\right)^t \qquad t = 1, 2, \cdots 5$$

表 13–4　未來五年的匯率預測（根據 PPP）

第 n 年底	EURO/$[a]
0	0.755
1	0.8628
2	0.9861
3	1.1269
4	1.288
5	1.472

註：a 此處匯率是以歐式報價表示，即一單位美元的外幣價值。

2. 表 13–5 算出子公司國內銷貨及輸出銷貨的收入 (Domestic Sales Revenue & Export Sales Revenue)。

表 13–5　銷貨收入的估計

年	1	2	3	4	5
子公司國內銷貨：					
單價 (EURO; 20% 通膨率)	1,500	1,800	2,160	2,592	3,110.4
銷售量 (10% 成長率)	100,000	110,000	121,000	133,100	146,410
國內銷貨收入 (EURO;000)	150,000	198,000	261,360	344,995	455,394
輸出銷貨：					
單價 (EURO; 20% 通膨率)	1,500	1,800	2,160	2,592	3,110.4
銷售量 (15% 成長率)	130,000	149,500	171,925	197,714	227,371
輸出銷貨收入 (EURO; 000)	195,000	269,100	371,358	512,475	707,215
總銷貨收入 (EURO; 000)	345,000	467,100	632,718	857,470	1,162,609

3. 表 13–6 針對單位變動成本 (Unit Variable Cost) 作估算。

表 13–6　單位變動成本估計

年	1	2	3	4	5
美國進口原料單位成本 ($; 5% 通膨率)	185	194	204	214	225
匯率 (EURO/$)	0.8628	0.9861	1.1269	1.288	1.472
美國進口原料單位成本 (EURO)	160	192	230	277	332
西班牙當地原料單位成本 (EURO; 20% 通膨率)	320	384	461	553	664
勞工單位成本 (EURO; 20% 通膨率)	320	384	461	553	664
總單位變動成本 (EURO)	800	960	1,152	1,383	1,660

4. 表13–7 預估未來五年之國內、輸出及總銷售量。

表 13–7　總銷售量估計

年	1	2	3	4	5
國內銷售量	100,000	110,000	121,000	133,100	146,410
輸出銷售量	130,000	149,500	171,925	197,714	227,371
總銷售量	230,000	259,500	292,925	330,814	373,781

5. 表 13–8(a)及 13–8(b)分別計算在不含利息費用與包含利息費用情況下之總固定成本及費用，包括權利金、技術指導費用、一般性開支及折舊等。

表 13-8(a) 固定成本與費用估計（不含利息費用）

年	1	2	3	4	5
權利金 (EURO; 000)	17,250	23,355	31,636	42,874	58,130
技術指導費用 (EURO; 000)	6,900	9,342	12,654	17,149	23,252
一般性開支 (EURO; 000)	45,715	54,858	65,830	78,996	94,795
折舊費用 (EURO; 000)	151	151	151	151	151
總固定成本與費用 (EURO; 000)	70,016	87,706	110,271	139,170	176,328

表 13-8(b) 固定成本與費用估計（包含利息費用）

年	1	2	3	4	5
折舊費用 (EURO; 000)	151	151	151	151	151
權利金 (EURO; 000)	17,250	23,355	31,636	42,874	58,130
技術指導費用 (EURO; 000)	6,900	9,342	12,654	17,149	23,252
一般性開支 (EURO; 000)	45,715	54,858	65,830	78,996	94,795
利息費用 (EURO; 000)	20,000	20,000	20,000	20,000	20,000
匯率 (EURO/$)	0.8628	0.9861	1.1269	1.288	1.4720
利息費用 (EURO; 000)	17,256	19,722	22,538	25,760	29,440
總固定成本與費用 (EURO; 000)	70,189	87,903	110,496	139,428	176,622

6.表 13-9(a)及 13-9(b)表示在不考慮利息費用與考慮利息費用兩種情況下，子公司稅後淨利的預估。

表 13–9 (a)　子公司稅後淨利估計（不考量利息費用）

年	1	2	3	4	5
銷貨收入：					
國內銷貨收入 (EURO; 000)	150,000	198,000	261,360	344,995	455,394
輸出銷貨收入 (EURO; 000)	195,000	269,100	371,358	512,475	707,215
總銷貨收入 (EURO; 000)	345,000	467,100	632,718	857,470	1,162,609
銷貨成本與費用：					
總單位變動成本 (EURO)	800	960	1,152	1,383	1,660
總銷售量	230,000	259,500	292,925	330,814	373,781
總變動成本 (EURO; 000)	184,000	249,120	337,450	457,516	620,476
總固定成本與費用[a] (EURO; 000)	70,016	87,706	110,271	139,170	176,328
稅前淨利 (EURO; 000)	90,984	130,274	184,997	260,784	365,805
減：公司所得稅 (30%)(EURO; 000)	27,295	39,082	55,499	78,235	109,742
稅後淨利 (EURO; 000)	63,689	91,192	129,498	182,549	256,063

註：a 此處總固定成本與費用是由表 13–8(a)求得，即不含利息費用。

表 13–9 (b)　子公司稅後淨利估計（考量利息費用）

年	1	2	3	4	5
銷貨收入：					
國內銷貨收入 (EURO; 000)	150,000	198,000	261,360	344,995	455,394
輸出銷貨收入 (EURO; 000)	195,000	269,100	371,358	512,475	707,215
總銷貨收入 (EURO; 000)	345,000	467,100	632,718	857,470	1,162,609
銷貨成本與費用：					
總單位變動成本 (EURO)	800	960	1,152	1,383	1,660
總銷售量	230,000	259,500	292,925	330,814	373,781
總變動成本 (EURO; 000)	184,000	249,120	337,450	457,516	620,476

總固定成本與費用[a] (EURO; 000)	70,189	87,903	110,496	139,428	176,622
稅前淨利 (EURO; 000)	90,811	130,077	184,772	260,526	365,511
減：公司所得稅 (30%)(EURO; 000)	27,243	39,023	55,432	78,158	109,653
稅後淨利 (EURO; 000)	63,568	91,054	129,340	182,368	255,858

註：a 此處總固定成本與費用是由表 13–8(a)求得，即不含利息費用

表 13–10　子公司 NPV 估計

年	0	1	2	3	4	5
期初資本支出：						
廠房設備 ($; 000)	2,000					
匯率 (EURO; $)	0.755					
廠房設備 (EURO; 000)	1,510					
期初營運資金需求 ($; 000)	500					
匯率 (EURO/$)	0.755					
期初營運資金需求 (EURO; 000)	378					
期初資本支出 (EURO; 000)	1,888					
淨現金收入：						
稅後淨利 (EURO; 000)		63,689	91,192	129,498	182,549	256,063
折舊 (EURO; 000)		151	151	151	151	151
營運資金還原		–	–	–	–	–
第五年額外資金 (EURO; 000)						569,029
淨現金收入 (EURO; 000)		63,480	91,343	129,649	182,700	825,243

7.表 13–10 是以子公司角度（即計畫本身）來估算計畫可行性。表中的

稅後淨利是由表 13–9(a)求得。此外，我們假設子公司繼續存在，因此期初營運資金 50 萬美元的還原是在很久以後的未來，因此假設其現值為零。最後，第五年額外資金，乃是假設從第六年起，子公司每年的稅後淨利皆等於第五年的稅後淨利，從而利用零成長股票計價模型 (Zero-Growth Stock Valuation Model) 算出第五年底額外資金如下：

$$\frac{\text{EURO}256{,}063{,}000}{0.45} = \text{EURO}569{,}029{,}000$$

8. 表 13–11 是以母公司角度來估算計畫之可行性。表中的稅後淨利是由表 13–9(b)求得。與前表相同的是，我們也是假設母公司會繼續存在，因此期初營運資金 50 萬美元的還原是在很久以後的未來，因此假設其現值為零。至於第五年額外資金，則是假設從第六年起，母公司每年的國外淨利益，皆等於第五年的國外淨利益，從而利用零成長股票計價模型 (Zero-Growth Stock Valuation Model) 算出第五年底額外資金為：

$$\frac{\$200,373,220}{0.20} = \$1,001,866,100$$

表 13–11　母公司 NPV 估計

年		1	2	3	4	5
期初資本支出：						
母公司所出資金	$150,000,000					
期初資本支出淨額	$150,000,000					
每年淨現金收入：						
稅後淨利 (EURO; 000)		63,568	91,054	129,340	182,368	255,858
匯率 (EURO/$)		0.8628	0.9861	1.1269	1.288	1.472
稅後淨利 ($; 000)		73,676.402	92,337.491	114,975.047	141,590.062	173,816.576
母公司收到之股利 ($; 000)		73,676.402	92,337.491	114,775.047	141,590.062	173,816.576
權利金 (EURO; 000)		17,250	23,355	31,636	42,874	58,130
匯率 (EURO/$)		0.8628	0.9861	1.1269	1.288	1.472
加：權利金 ($; 000)		19,993	23,684	28,073	33,287	39,490

技術指導費用 (EURO; 000)	6,900	9,342	12,654	17,149	23,252
匯率 (EURO/$)	0.8628	0.9861	1.1269	1.288	1.472
加：技術指導費用 ($; 000)	7,997.218	9,473.684	11,229.035	13,314.441	15,796.196
與所收股利有關之國外已付稅額加總 (Gross-up)(EURO; 000)	27,243	39,023	55,432	78,158	109,653
匯率 (EURO/$)	0.8628	0.9861	1.1269	1.288	1.472
加：與所收股利有關之國外已付稅額加總 (Gross-up)($; 000)	31,575.104	39,573.066	49,189.813	60,681.677	74,492.527
母公司應稅所得 ($; 000)	133,241.770	165,068.452	203,267.371	248,873.447	303,595.788
母公司暫時稅負 (34%; 000)	45,302.202	56,123.274	69,110.906	84,616.972	103,222.568
減：國外已繳稅金抵減 (FTC)($; 000)	31,575.104	39,573.066	49,189.813	60,681.677	74,492.527
母公司應付稅額 ($; 000)	13,727.098	16,550.208	19,921.093	23,935.295	28,730.041
母公司國外淨利益 ($; 000)	87,939.568	108,945.178	134,156.465	164,256.475	200,373.220
第五年額外資金 ($; 000)					1,001,866.100
淨現金收入 ($; 000)	87,939.568	108,945.178	134,156.465	164,256.475	1,202,239.320

從子公司角度衡量計畫的可行性

我們利用表 13–4，表 13–5，表 13–6，表 13–7，表 13–8(a)，表 13–9(a) 及表 13–10 中的資料來計算子公司的 NPV（子公司必要報酬率 = 45%；以千元為單位）：

$$NPV = -9,888 + \frac{63,480}{(1+45\%)^1} + \frac{91,343}{(1+45\%)^2} + \frac{129,649}{(1+45\%)^3}$$

$$+ \frac{182,700}{(1+45\%)^4} + \frac{825,243}{(1+45\%)^5} = EURO297,942 > 0$$

$$IRR = 46.73\% > 45\%$$

其中值得一提的是，子公司購買設備及配合期初營運資金需求所需的總

金額 $250 百萬（即 EURO1,887,500），已在計算 NPV 時的「期初現金支出」中全額納入考慮。因此在計算固定成本與費用時（見表 13–8(a)），即不再包含因借款（借款金額為 $1,000,000）而須支付的利息費用，以免重複計算 (Double Counting)。從分析結果得知，此計畫案從子公司的角度衡量，NPV 大於零 (IRR > 45%)，因此初步可以接受，但仍須進一步從母公司的角度衡量。

從母公司角度衡量計畫的可行性

使用表 13–8(b)，表 13–9(b)及表 13–10 中的資料，可以算得母公司的 NPV 如下（母公司必要報酬率 = 20%；以千元為單位）：

$$NPV = -1,500 + \frac{87,939}{(1+20\%)^1} + \frac{108,945}{(1+20\%)^2} + \frac{134,156}{(1+20\%)^3}$$

$$+ \frac{164,256}{(1+20\%)^4} + \frac{1,202,239}{(1+20\%)^5} = \$787,442 > 0$$

$$IRR = 112.48\% > 20\%$$

由於母公司對該計畫出資 $150,000，因此在計算 NPV 時，母公司觀點的「期初現金支出」為 $150,000。向外部融資的 $1,000,000 的利息費用是由子公司償還，但利息費用可以抵減所得稅，因此會影響到子公司的稅後淨利以致於影響到母公司所收之股利，因此從母公司觀點衡量計畫時，固定成本與費用的計算要包含利息費用（見表 13–8(b)）。依照分析結果，本計畫案從母公司的角度衡量，NPV 大於零（IRR > 20%），由於從母公司及子公司的角度衡量，NPV 皆大於零，因此計畫可以接受。

第四節 營運資金變動及匯兌利損的影響

在本節中，我們除了將先前的各項因素納入考慮之外，並特別就營運資金淨變化以及匯兌利得（或損失）對現金流量造成的影響加以分析。

假設美國國際電腦公司 (International Computer Corporation, ICC) 是一全方位電腦零件製造公司，準備在中國大陸建立一 100% 所有權歸母公司掌控的子公司，命名為中國電腦公司 (China Computer Corporation, CCC)。CCC 的地點是選在廣東的深圳，1999 年開始籌備建造，大概在 2000 年即可開始營業生產。中國政府不允許外國公司掌控中國公司的所有權，經多次協商 ICC 與中國政府取得約定，ICC 可以掌控 CCC 的所有權達五年，五年以後須將 CCC 售給中國政府。有關此投資計畫的重要財務資料如下：

1. 目前（2005 年），人民幣 (Renminbi, Rmb) 兌美元的匯率是 $1 = Rmb8.0，預估中國大陸的通貨膨脹率將以每年 8% 的速度成長，而美國的通貨膨脹率將以每年 3% 的速度成長。ICC 估計未來匯率的變化將與購買力平價條件 (PPP) 預測的一致。

2. 未來 ICC 的子公司 (CCC) 所生產的電腦零件，將供應中國大陸國內市場及東南亞其他國家，銷往國內市場的零件單價為 Rmb4.0，銷往東南亞其他國家的零件單價為 US$0.48。預估國內市場的銷售量 (Sales Volume) 第一年為 30,000,000 單位，以後每年成長率估計為 10%，而在東南亞其他國家的銷售量第一年為 20,000,000 單位，以後每年成長率估計為 6%。產品在國內市場的單價每年隨 8% 的通膨率向上調高，而銷往東南亞其他國家的零件單價（美元訂價）每年只能向上調整 3%。

3. 子公司 CCC 的變動生產成本 (Variable Production Cost) 包括中國大陸當地供應的原料，從母公司 ICC 進口的原料及僱用中國大陸當地勞工。中國當地原料成本估計第一年為 Rmb40,000,000，以後每年隨當地通膨率 8% 調高。當地勞工成本估計第一年為 Rmb80,000,000，以後每年也是隨當地通膨率 8% 調高。從母公司進口的原料第一年單價（移轉價格）是 $0.1，其中包括母公司 40% 的單位利潤，進口原料成本每年隨美國的通膨率 3% 向上調整。

4. 母公司 ICC 總共對 CCC 投資了 Rmb100,000,000，其中 Rmb30,000,000 是所提供的長期負債資金 (Long-Term Debt Capital)，另 Rmb70,000,000 是權益資金 (Equity Capital)。ICC 所提供的 Rmb30,000,000 長

期貸款，到期期限為五年，利率是每年 10%，並以美元作計價貨幣，此貸款是分期攤還貸款 (Amortized Term Loan)，每年所繳還利息加本金的總額相同。ICC 所提供的權益資金 Rmb70,000,000，構成 7,000 萬股的普通股的帳面價值（每股面值為 Rmb1.0）。

5.CCC 也向中國政府融得一筆長期負債資金，總額為 Rmb20,000,000，利率是每年 16%，本金與利息分八年平均攤還。

6.子公司 CCC 每年須將總銷貨收入的 2% 付給母公司作為使用其智慧財產的權利金，同時須提撥總銷貨收入的 5% 作為公司第一年的一般管理費用，估計公司一般管理費用的負擔會逐年加重，因此佔總銷貨收入的比例要逐年提高，估計每年增加一個百分點為恰當，由是未來五年一般管理費用佔總銷貨收入的比重分別是：5%、6%、7%、8% 及 9%。

7.子公司 CCC 的廠房設備與機器等資本支出大約為 Rmb100,000,000，折舊費用採用直線法計算，以八年分攤完畢，殘值估計為零。

8.CCC 在營業第五年底將被售與中國政府，售價是根據第五年底的稅後淨利，並假設 CCC 在第五年之後將保持零成長。

9.美國的公司所得稅率現階段是 34%；CCC 在中國的公司所得稅率是 30%。

10.CCC 加權平均的資金成本 (WACC) 為 16%，而母公司 ICC 加權平均的資金成本為 14%。

11.有關淨營運資金 (Net Working Capital) 每一年的變化大致描述如下：

(a)CCC 在第 0 年現金餘額為 Rmb10,000,000。

(b)存貨包含原料、半成品及成品，CCC 在第 0 年的存貨餘額是 Rmb10,000,000，從營業的第 1 年開始，存貨餘額維持在下一年度預期總變動成本的10%水準。

(c)應收帳款 (A/R) 在第 0 年為零餘額，從營業第 1 年開始，平均收現期間 (Average Collection Period) 維持在 45 天。應付帳款 (A/P) 在第 0 年為零餘額，從營業第 1 年開始，平均付款期間維持在 30 天。

(d)中國政府政策上不准銀行對外國人所控制的公司作短期放款，因此對 CCC 而言，保持現金餘額的穩定及資產保持適當的流動性是極為重要的。

12.CCC 的股利政策是營業第 1 年不分派股利，從第 2 年起，以每年稅後淨利的 80% 作為股利分配給股東。假設中國政府對於付給國外股東的股利課徵 15% 預扣稅，但對於付給國外公司的利息費用、權利金及一般管理費用不課徵預扣稅。

根據以上十二項的基本資料，我們依照前一節所採取的步驟，依序算出子公司（即計畫本身）的 NPV 及 IRR，以及母公司的 NPV 及 IRR。計算步驟分述如下：

1.表 13–12 利用 PPP 預測未來五年的匯率。

表 13–12　未來五年的匯率預測（根據 PPP）

日曆年度	2005	2006	2007	2008	2009	2010
計畫年度	0	1	2	3	4	5
匯率 (Rmb/US$)	8.0	8.388	8.795	9.222	9.670	10.139

註：運用 PPP 公式，Rmb/$ 匯率計算如下式：

$$\frac{e_t}{8}=\left(\frac{1+8\%}{1+3\%}\right)^t \quad t=1,2,\cdots 5$$

2.表 13–13 算出子公司的銷貨收入。

表 13–13　銷貨收入估計

日曆年度	2005	2006	2007	2008	2009	2010
計畫年度	0	1	2	3	4	5
國內銷貨：						
單價 (Rmb; 8% 通膨率)		4.0	4.32	4.66	5.04	5.44
銷售量 (10% 成長率)		30,000,000	33,000,000	36,300,000	39,930,000	43,923,000
國內銷貨收入 (Rmb; 000)		120,000	142,560	169,158	201,247	238,941
輸出銷貨：						

單價 ($; 3% 成長率)	0.48	0.494	0.509	0.524	0.54
匯率 (Rmb/$)	8.388	8.795	9.222	9.670	10.139
單價 (Rmb)	4.03	4.34	4.69	5.07	5.48
銷售量 (6% 成長率)	20,000,000	21,200,000	22,472,000	23,820,000	25,250,000
輸出銷貨收入 (Rmb; 000)	80,600	92,008	105,394	120,768	138,369
總銷貨收入 (Rmb; 000)	200,600	234,568	274,552	322,015	377,310

3. 表13–14 算出總銷售量。

表 13–14　總銷售量估計 (000 Omitted)

日曆年度	2005	2006	2007	2008	2009	2010
計畫年度	0	1	2	3	4	5
國內銷售量		30,000	33,000	36,300	39,930	43,923
輸出銷售量		20,000	21,200	22,472	23,820	25,250
總銷售量		50,000	54,200	58,772	63,750	69,173

4. 表 13–15 算出總變動成本，其中從母公司進口原料第 t 年成本計算是依照以下的公式：0.1（美元價格）× 1.03^{t-1}（美通膨率）× t 年匯率 × t 年總銷售量。

表 13–15　變動成本估計 (Rmb; 000 Omitted)

匯率 (Rmb/$)	8.0	8.388	8.795	9.222	9.670	10.139
日曆年度	2005	2006	2007	2008	2009	2010
計畫年度	0	1	2	3	4	5
當地原料成本		(40,000)	(43,200)	(46,656)	(50,388)	(54,420)
當地勞工		(80,000)	(86,400)	(93,312)	(100,777)	(108,839)
進口原料		(41,940)	(49,099)	(57,500)	(67,362)	(78,937)
總變動成本		(161,940)	(178,699)	(197,468)	(218,527)	(242,196)

5. 表 13–16 算出長期負債利息及本金的攤還。

表 13–16　長期負債利息及本金的攤還計算 (000 Omitted)

日曆年度	2005	2006	2007	2008	2009	2010
計畫年度	0	1	2	3	4	5
人民幣負債 (16%，八年)：Rmb20,000						
利息費用償還 (Rmb)		(3,200)	(2,975)	(2,714)	(2,412)	(2,061)
本金償還 (Rmb)		(1,404)	(1,629)	(1,890)	(2,192)	(2,543)
償還總額 (Rmb)		(4,604)	(4,604)	(4,604)	(4,604)	(4,604)
美元負債 (10%，五年)：$3,750						
利息費用償還 ($)		(375)	(313)	(246)	(172)	(90)
本金償還 ($)		(614)	(676)	(743)	(817)	(899)
償還總額 ($)		(989)	(989)	(989)	(989)	(989)

6. 表 13–17 算出匯兌利得或損失。由於人民幣逐年貶值，使得 CCC 子公司的美元負債實際所須償還的利息與本金（人民幣）金額較在 2005 年按照匯率 Rmb8.0/$ 估計的為多，因此產生匯兌損失。本金部分的匯兌損失列入資產負債表的權益項目中，而利息部分的匯兌損失則列入損益表中作為費用項目。

表 13–17　與美元負債相關的匯兌利得或損失計算 (000 Omitted)

匯率 (Rmb/$)	8.0	8.388	8.795	9.222	9.670	10.139
日曆年度	2005	2006	2007	2008	2009	2010
計畫年度	0	1	2	3	4	5
美元負債按照 2005 年匯率 (Rmb8.0/$) 計算利息與本金人民幣償還金額：						
利息費用償還 (Rmb)		(3,000)	(2,504)	(1,968)	(1,376)	(720)
本金償還 (Rmb)		(4,912)	(5,408)	(5,944)	(6,536)	(7,192)
償還總額 (Rmb)		(7,912)	(7,912)	(7,912)	(7,912)	(7,912)

美元負債按照每年匯率計算利息與本金人民幣償還金額：					
利息費用償還 (Rmb)	(3,146)	(2,753)	(2,269)	(1,663)	(913)
本金償還 (Rmb)	(5,150)	(5,945)	(6,852)	(7,900)	(9,115)
償還總額 (Rmb)	(8,296)	(8,698)	(9,121)	(9,563)	(10,028)
美元負債匯兌利得或損失					
利息部分 (Rmb)	(146)	(249)	(301)	(287)	(193)
本金部分 (Rmb)	(238)	(537)	(908)	(1,364)	(1,923)

7.表 13–18(a)及表 13–18(b)算出總固定成本與費用，其中的利息匯兌損失是由表 13–17 得來。

表 13–18 (a)　固定成本與費用估計（不含利息費用）(Rmb, 000 Omitted)

日曆年度	2005	2006	2007	2008	2009	2010
計畫年度	0	1	2	3	4	5
權利金		(4,012)	(4,691)	(5,491)	(6,440)	(7,546)
一般管理費用		(10,030)	(14,074)	(19,219)	(25,761)	(33,958)
折舊		(12,500)	(12,500)	(12,500)	(12,500)	(12,500)
利息匯兌損失		(146)	(249)	(301)	(287)	(193)
總固定成本與費用		(26,688)	(31,514)	(37,511)	(44,988)	(54,197)

表 13–18 (b)　固定成本與費用估計（包含利息費用）(Rmb, 000 Omitted)

日曆年度	2005	2006	2007	2008	2009	2010
計畫年度	0	1	2	3	4	5
權利金		(4,012)	(4,691)	(5,491)	(6,440)	(7,546)
一般管理費用		(10,030)	(14,074)	(19,219)	(25,761)	(33,958)
折舊		(12,500)	(12,500)	(12,500)	(12,500)	(12,500)
利息匯兌損失		(146)	(249)	(301)	(287)	(193)

美元負債利息費用	(3,000)	(2,504)	(1,968)	(1,376)	(720)
人民幣負債利息費用	(3,200)	(2,975)	(2,714)	(2,412)	(2,061)
總固定成本與費用	(32,888)	(36,993)	(42,193)	(48,776)	(56,978)

8.表 13–19 估計子公司稅後淨利及股利的分配，其中的總固定成本與費用是從表 13–18(b)得來，即含有利息費用。

表 13–19　子公司稅後淨利及股利分配估計 (Rmb, 000 Omitted)

日曆年度	2005	2006	2007	2008	2009	2010
計畫年度	0	1	2	3	4	5
總銷貨收入		200,600	234,568	274,552	322,015	377,310
總變動成本		(161,940)	(178,699)	(197,468)	(218,527)	(242,196)
總固定成本與費用		(32,888)	(36,993)	(42,193)	(48,776)	(56,978)
稅前淨利		5,772	18,876	34,891	54,712	78,136
公司所得稅(30%)		(1,732)	(5,663)	(10,467)	(16,414)	(23,441)
稅後淨利		4,040	13,213	24,424	38,298	54,695
減：股利		–	10,571	19,539	30,639	43,756
保留盈餘		4,040	2,642	4,885	7,659	10,939

9.表 13–20 及 13–21 分別表示現金餘額以及營運資金的變化情形，其中的稅後淨利是從表 13–19 得來。

表 13–20　現金餘額的變化 (Rmb, 000 Omitted)

計畫年度	0	1	2	3	4	5
稅後淨利		4,040	13,213	24,424	38,298	54,695
折舊		12,500	12,500	12,500	12,500	12,500
新增 A/R		(25,075)	(4,246)	(4,998)	(5,933)	(6,912)
新增存貨		(7,870)	(1,877)	(2,106)	(2,367)	(2,666)
新增 A/P		16,717	2,830	3,332	3,956	4,608
人民幣負債本金償還		(1,404)	(1,629)	(1,890)	(2,192)	(2,543)
美元負債本金償還		(4,912)	(5,408)	(5,944)	(6,536)	(7,192)
美元負債本金部分匯兌損失		(238)	(537)	(908)	(1,364)	(1,923)
股利		—	(10,571)	(19,539)	(30,639)	(43,756)
現金餘額變化		(6,242)	4,275	4,871	5,723	6,811
年初現金餘額		10,000	3,758	8,033	12,904	18,627
現金餘額變化		(6,242)	4,275	4,871	5,723	6,811
年底現金餘額		3,758	8,033	12,904	18,627	25,438

表 13–21　營運資金淨變化 (Rmb, 000 Omitted)

計畫年度	0	1	2	3	4	5
現金餘額變化		(6,242)	4,275	4,871	5,723	6,811
新增 A/R		(25,075)	(4,246)	(4,998)	(5,933)	(6,912)
新增存貨		(7,870)	(1,877)	(2,106)	(2,367)	(2,666)
新增 A/P		16,717	2,830	3,332	3,956	4,608
營運資金淨變化		(22,470)	982	1,099	1,379	1,841

10.表 13–22 是針對子公司在不扣除利息費用下之稅前淨利估計，其中的總固定成本與費用是從表 13–18(a)得來。

11.表 13–23 從子公司角度（即計畫本身）評量計畫可行性，表中的稅前

表 13–22 子公司不扣除利息費用的稅前淨利估計 (Rmb, 000 Omitted)

日曆年度	2005	2006	2007	2008	2009	2010
計畫年度	0	1	2	3	4	5
總銷貨收入		200,600	234,568	274,552	322,015	377,310
總變動成本		(161,940)	(178,699)	(197,468)	(218,527)	(242,196)
總固定成本與費用		(26,688)	(31,514)	(37,511)	(44,988)	(54,197)
稅前淨利		11,972	24,355	39,573	58,500	80,917

淨利的金額是從表 13–22 得來，不扣除利息費用是因為避免重複計算 (Double Counting)，另外，出售子公司收入的計算過程為：⑴計算 CCC 的售價：$\frac{\text{第五年年底稅後淨利}}{\text{WACC}} = \frac{\text{Rmb56,642,000}}{16\%}$ = Rmb354,013,000；⑵CCC 的售價減去 CCC 最初的權益投資等於長期資本利得（即 Rmb354,013,000 − Rmb70,000,000）。由於大多數新興國家對於長期資本利得不課稅，因此出售子公司收入即等於子公司的售價。

表 13–23 子公司 NPV 估計 (Rmb, 000 Omitted)

日曆年度	2005	2006	2007	2008	2009	2010
計畫年度	0	1	2	3	4	5
期初資本支出：						
現金加上存貨	(20,000)					
加：廠房設備機器	(100,000)					
期初資本支出	(120,000)					
淨現金收入：						
稅前淨利		11,972	24,355	39,573	58,500	80,917
公司所得稅 (30%)		(3,592)	(7,307)	(11,872)	(17,550)	(24,275)
稅後淨利		8,380	17,048	27,701	40,950	56,642
折舊		12,500	12,500	12,500	12,500	12,500
營運資金淨變化		(22,470)	982	1,099	1,379	1,841
加：出售子公司收入						354,013
淨現金收入		(1,590)	30,530	41,300	54,829	424,996

12.表 13–24 從母公司角度來衡量計畫可行性，表中的股利是由表 13–19 得來。美元貸款本金收回係資本還原 (Capital Recovery)，不課所得稅。出售子公司收入為 Rmb354,013,000，按照第五年匯率換算成美元為 $34,915,968。而 ICC 最初的權益投資為 Rmb70,000,000 (= $8,750,000)，由於美國的長期資本利得要課稅，因此在 34% 稅率之下，出售子公司稅後所得為 $26,019,000。

表 13–24　母公司 NPV 估計 (Rmb, 000 Omitted)

匯率	8.0	8.388	8.795	9.222	9.670	10.139
日曆年度	2005	2006	2007	2008	2009	2010
計畫年度	0	1	2	3	4	5
期初資本支出：						
母公司所出資金	($)12,500					
期初資本支出淨額	($)12,500					
淨現金收入：						
股利 (Rmb)		–	10,571	19,539	30,639	43,756
預扣稅 (Rmb)		–	(1,586)	(2,931)	(4,596)	(6,563)
母公司收到之股利 (Rmb)		–	8,985	16,608	26,043	37,193
母公司收到之股利 ($)		–	1,022	1,801	2,693	3,668
權利金 (Rmb)		4,012	4,691	5,491	6,440	7,546
加：權利金 ($)		478	533	595	666	744
加：美元貸款利息收入 ($)		375	313	246	172	90
售與子公司原料單位利潤 ($)		0.04	0.0412	0.0424	0.0437	0.045
總銷售量		50,000	54,200	58,772	63,750	69,173
加：售與子公司原料利潤總額 ($)		2,000	2,233	2,492	2,786	3,113

加：國外已付稅額加總 (Gross-up, $)	0	695	1,226	1,833	2,497
母公司應稅所得 ($)	2,853	4,796	6,360	8,150	10,112
母公司暫時稅負 (34%)	970	1,631	2,162	2,771	3,438
減：國外已繳稅金抵減 (FTC, $)	0	695	1,226	1,833	2,497
母公司應付稅額 ($)	(970)	(936)	(936)	(938)	(941)
母公司國外淨利益 ($)：					
母公司收到之股利 ($)	—	1,022	1,801	2,693	3,668
加：權利金 ($)	478	533	595	666	744
加：美元貸款利息收入 ($)	375	313	246	172	90
加：售與子公司原料利潤總額 ($)	2,000	2,233	2,492	2,786	3,113
減：母公司應付稅額	(970)	(936)	(936)	(938)	(941)
加：美元貸款本金收回 ($)	614	676	743	817	899
加：出售子公司稅後所得 ($)					26,019
母公司國外淨利益 ($)	2,497	3,841	4,941	6,196	33,592

從子公司角度衡量計畫的可行性

我們利用表 13–12、表 13–13、表 13–14、表 13–15、表 13–16、表 13–17、表 13–18(a)、表 13–18(b)、表 13–19、表 13–20、表 13–21、表 13–22 及表 13–23 中的資料，計算子公司的 NPV 及 IRR（本計畫之子公司必要報酬率 = 16%）如下：

$$NPV = -120,000,000 + \frac{-1,590,000}{(1+16\%)^1} + \frac{30,530,000}{(1+16\%)^2} + \frac{41,300,000}{(1+16\%)^3} + \frac{54,829,000}{(1+16\%)^4} + \frac{424,996,000}{(1+16\%)^5} = \text{Rmb}160,404,931 > 0$$

$$IRR = 40.75\% > 16\%$$

其中值得注意之處有二：(1)利息費用要避免重複計算，(2)大多數新興國家（包括中國大陸）的長期資本利得不課稅。從以上分析得知，此計畫案從子公司的角度衡量，NPV 大於零 (IRR > 16%)，因此初步可以接受，但仍須進一步從母公司的角度衡量。

從母公司角度衡量計畫的可行性

使用表 13–19 及表 13–24 中的資料，我們可以算得母公司的 NPV 及 IRR（本計畫之母公司必要報酬率 = 14%）如下：

$$NPV = -12,500,000 + \frac{2,497,000}{(1+14\%)^1} + \frac{3,841,000}{(1+14\%)^2} + \frac{4,941,000}{(1+14\%)^3} + \frac{6,196,000}{(1+14\%)^4} + \frac{33,592,000}{(1+14\%)^5} = \$17,096,071 > 0$$

$$IRR = 42.72\% > 14\%$$

此處須注意的有若干點：(1)母公司的股利所得是由子公司的稅後淨利而來，而子公司的稅後淨利必須是經由扣除過利息費用的過程計算得來；此處有兩筆利息費用須扣除，人民幣負債利息費用的扣除乃是因為由母公司觀點所看的期初資本支出不包含此筆借入資金。而美元負債利息費用的扣除，乃是因為此筆利息費用是付給母公司，母公司的利息收入是子公司的利息負擔，因此在母公司之一方列為收入，在子公司之一方則須列為費用，以免高估了公司整體的現金收入。(2)母公司對子公司的美元貸款，其本金收回是資本還原，不課稅。(3)出售子公司而產生的長期資本利得在美國要課稅。(4)若公司可能永續存在，折舊費用不考慮匯回母公司。分析結果指出，此計畫案從母公司的角度衡量，NPV 大於零 (IRR > 14%)，由於從母公司及子公司的角度衡量，NPV 皆大於零，因此計畫可以接受。

本章探討跨國公司的資本預算決策，首先指出國外投資計畫較國內投資計畫的諸多複雜之處，並指出國外投資計畫必須同時從計畫本身及母公司的角度來衡量。本章接著舉出諸多例子，考量在不同狀況下，如何計算公司的 NPV 及 IRR；例如，母公司的稅率與子公司地主國的稅率不同，子公司有資金無法匯回母公司，匯率變動對銷貨收入、成本、費用等造成影響，公司營運資金的變動，以及因匯率變動而造成匯兌利得或損失等，這些因素如何納入 NPV 及 IRR 計算的考量之中，皆是本章涵蓋的範圍。

受困資金	(Blocked Funds)
資本還原	(Capital Recovery)
預期額外現金流量	(Expected Incremental Cash Flows)
國外已繳稅金抵減	(FTC)
內部報酬率	(IRR)
淨現值	(NPV)
暫時稅負	(Tentative Tax Liability)
預扣稅	(Withholding Tax)
零成長股票計價模型	(Zero-Growth Stock Valuation Model)

Adler, Michael, "The Cost of Capital and Valuation of a Two-Country Firm", *Journal of Finance*, March 1974, pp. 119–132.

Agmon, Tamir, "Capital Budgeting and Unanticipated Changes in the Exchange Rate", *Advances in Financial Planning and Forecasting*, vol. 4, part B, 1990, pp. 295–314.

_____, and Donald R. Lessard, "Investor Recognition of Corporate International Diversification", *Journal of Finance*, September 1977, pp. 1049–1056.

Ang, James S., and Tsong-Yue Lai, "A Simple Rue for Multinational Capital Budgeting", *Global Finance Journal*, Fall 1989, pp. 71–75.

Baker, James C., and Laurence J. Beardsley, "Multinational Companies Use of Risk Evaluation and Profit Measurement for Capital Budgeting Decisions", *Journal of Business Finance*, Spring 1973, pp. 38–43.

Bavishi, Vinod B., "Capital Budgeting Practices at Multinationals", *Management Accounting*, August 1981, pp. 32–35.

Black, Fischer, "The Ins and Outs of Foreign Investment", *Financial Analysts Journal*, May-June 1978, pp. 1–7.

Booth, Laurence D., "Capital Budgeting Frameworks for the Multinational Corporation", *Journal of International Business Studies*, Fall 1982, pp. 113–123.

Copeland, Tom, Tim Koller, and Jack Murrin, Valuation: *Measuring and Managing the Value of Companies*, Second Edition, John Wiley & Sons, Inc., New York, 1994.

Dewenter Kathryn L., "Do Exchange Rate Changes Drive Foreign Direct Investment?", *Journal of Business,* vol. 68, no. 3, 1995, pp. 405–433.

Dinwiddy, Caroline, and Francis Teal, "Project Appraisal Procedures and the Evaluation of Foreign Exchange", *Economics*, February 1986, pp. 97–107.

Dixit, Avinash K., and Robert S. Pindyck, "The Options Approach to Capital Investment", *Harvard Business Review*, May-June 1995, pp. 105–115.

_____, *Investment Under Uncertainty*, Princeton University Press, Princeton, New Jersey,

1994.

Dotan, Amihud, and Arie Ovadia, "A Capital-Bud-Getting Decision-The Case of a Multinational Corporation Operating in High-Inflation Countries", *Journal of Business Research*, October 1986, pp. 403–410.

Doukas John, and Nickolaos G. Travlos, "The Effect of Corporate Multinationalism on Shareholders' Wealth: Evidence from International Acquisitions", *Journal of Finance,* vol. 63, no. 5, 1988, pp. 1161–1175.

Eiteman, David K., Arthur I. Stonehill, & Michael H. Moffett, *Multinational Business Finance*, chapter 18, 8th ed., Addison-Wesley Publishing Company, 1998.

Errunza, Vihang R., "Gains from Portfolio Diversification into Less Developed Countries", *Journal of International Business Studies*, Fall-Winter 1977, pp. 83–99.

Fatemi, Ali M., "Shareholder Benefits from Corporate International Diversification", *Journal of Finance*, December 1984, pp. 1325–1344.

Freitas, Lewis P., "Investment Decision Making in Japan", *Journal of Accounting, Auditing & Finance*, Summer 1981, pp. 378–382.

Froot Kenneth A., and Jeremy C. Stein, "Exchange Rates and Foreign Direct Investment: An Imperfect Capital Markets Approach", *Quarterly Journal of Economics,* vol. 106, 1991, pp. 1191–1217.

Gordon, Sara L., and Francis A. Lees, "Multinational Capital Budgeting: Foreign Investment Under Subsidy", *California Management Review*, Fall 1982, pp. 22–32.

Harris Robert S., and David Ravenscraft, "The Role of Acquisitions in Foreign Direct Investment: Evidence from the U.S. Stock Market", *Journal of Finance,* vol. 66, no. 3, 1991, pp. 825–845.

Hodder, James E., "Evaluation of Manufacturing Investments: A Comparison of U.S. and Japanese Practices", *Financial Management*, Spring 1986, pp. 17–24.

Kang Jun-Koo, and Anil Shivdasani, "Firm Performance, Corporate Governance, and Top Executive Turnover in Japan", *Journal of Financial Economics,* 38, May 1995, pp. 29–58.

_____, "Does the Japanese Governance System Enhance Shareholder Wealth? Evidence from the Stock-Price Effects of Top Management Turnover", *Review of Financial Studies,* vol. 9, Winter 1996, pp. 1061–1095.

Kaplan Steven N., and Bernadette A. Minton, "Appointments of Outsiders to Japanese Boards: Determinants and Implications for Managers", *Journal of Financial Economics,* vol. 36, 1994, pp. 225–258.

Kelly, Marie E. Wicks, and George C. Philippatos, "Comparative Analysis of the Foreign Investment Evaluation Practices by U.S.-Based Manufacturing Multinational Corporations", *Journal of International Business Studies*, Winter 1982, pp. 19–42.

Kester W. Carl, "Japanese Corporate Governance and the Conservation of Value in Financial Distress", *Journal of Applied Corporate Finance,* vol. 4, no. 2, 1991, pp. 98–104.

Lessard, Donald R., "Evaluating Foreign Projects: An Adjusted Present Value Approach", In Donald R. Lessard, ed., *International Financial Management: Theory and Application*, 2nd., New York: John Wiley & Sons, 1985, pp. 570–584.

Lin, James Wuh, and Jeff Madura, "Optimal Debt Financing for Multinational Projects", *Journal of Multinational Financial Management*, vol. 3, nos. 1/2, 1993, pp. 63–73.

Mantell, Edmund H., "Capital Budgeting for International Investment in Intellectual Property Rights", *Review of Business*, Spring 1995, pp. 24–30.

Markides Constantinos C., and Christopher D. Ittner, "Shareholder Benefits from Corporate International Diversification: Evidence from U.S. International Acquisitions", *Journal of International Business Studies,* vol. 25, no. 2, 1994, pp. 343–366.

Mehta, Dileep R., "Capital Budgeting Procedures for a Multinationals", in *Management of Multinationals*, P. Sethi, and R. Holton, eds., New York: Free Press, 1974, pp. 271–291.

Morck Randall, and Bernard Yeung, "Why Investors Value Multinationality", *Journal of Business,* vol. 64, no. 2, 1991, pp. 165–187.

Oblak, David J., and Roy J. Helm, Jr., "Survey and Analysis of Capital Budgeting Methoss Used by Mulinationals", *Financial Management*, Winter 1980, pp. 37–41.

Shao, Lawrence Peter, and Alan T. Shao, "Capital Budgeting Practices Employed by European Affiliates of U.S. Transitional Companies", *Journal of Multinational Financial*

Management, vol. 3, nos. 1/2, 1993, pp. 95–109.

Shapiro, Alan C., "Capital Budgeting for the Multinational Corporation", *Financial Management*, Spring 1978, pp. 7–16.

_____, "International Capital Budgeting", *Midland Journal of Corporate Finance*, Spring 1983, pp. 26–45.

_____, "Financial Structure and the Cost of Capital in the Multinational Corporation", *Journal of Financial and Quantitative Analysis*, June 1978, pp. 211–226.

Solnik, Bruno H., "Testing International Asset Pricing: Some Pessimistic Views", *Journal of Finance*, May 1977, pp. 503–512.

Stanley, Marjoire, and Stanley Block, "An Empirical Study of Management and Financial Variables Influencing Capital Budgeting Decisions for Multinational Corporations in the 1980s", *Management International Review*, no. 3, 1983.

Stonehill, Arthur, and Leonard Nathanson, "Capital Budgeting and the Multinational Corporation", *California Management Review*, Summer 1968, pp. 39–54.

Stulz, Rene M., "A Model of International Asset Pricing", *Journal of Financial Economics*, December 1981, pp. 383–406.

Trigeorgis, L., and S. Mason, "Valuing Managerial Flexibility", *Midland Journal of Applied Corporate Finance*, vol. 5, no. 1, Spring 1987, pp. 14–21.

第十四章

政治風險管理

第一節　政治風險的衡量
第二節　政治風險管理的方法與策略
第三節　所有權接管的對策
第四節　政治風險下的跨國資本預算分析

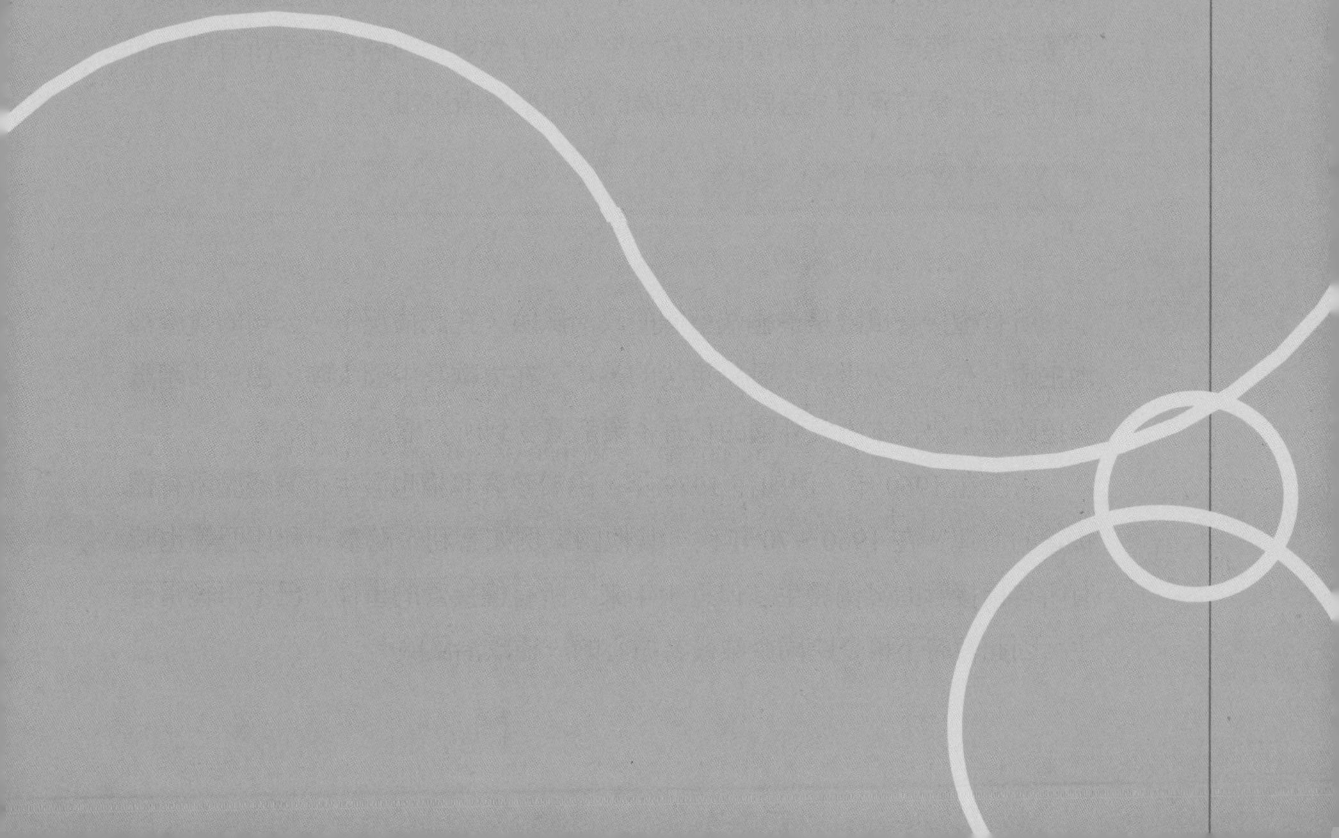

本章重點提示

- 各種型態的政治風險
- 政治風險的總體及個體評估
- 衡量政治風險的技術性工具
- 事前及事後管理政治風險的方法與策略
- 資金受困對跨國投資計畫的影響
- 所有權接管對跨國投資計畫的影響

政治風險 (Political Risk) 是指一種投資計畫的報酬或現金流狀況有可能因為地主國政府採取一些非企業所能預期到的政治行動而受到改變的風險。雖然通貨貶值或政府金融政策的改變也會影響到投資計畫的報酬，但政治風險嚴格說來，應是指威脅到整個投資計畫價值及現金流量所有權 (Ownership)，或是擾亂到企業營運的一種風險。明白的說，較嚴重的政治風險是指所有權接管 (Expropriation) 或資金受困 (Funds Blockage) 的情形。所有權接管又可分為有償 (With Compensation) 及無償 (Without Compensation) 兩種。前者是指當地政府接管企業時會給予一些補償，而後者則是最嚴厲的一種政治風險；公司資產完全被沒收而沒有任何補償，此種無償所有權接管也可以直接稱作沒收 (Confiscation)。其他形式的政治風險，如地主國政府採取保護主義的態度，推行購買國貨政策等，雖不致威脅到經營者的所有權，卻會干擾到企業的營運。茲就政治風險的各種型態描述如下：

各種型態的政治風險

所有權接管風險

所有權接管風險是最極端型態的政治風險，在此情況下，公司的資產被地主國占有。二次世界大戰結束後的幾年，在東歐及中國大陸，由於共產黨掌控政權，使得本國及外國的私有企業都遭受到所有權接管的命運。

古巴在 1960 年，伊朗在 1979 年，由於政客奪權也發生企業經歷所有權接管的命運。在 1960～70 年代，其他國家例如智利、祕魯、利比亞等也時有所有權接管的案例發生。但近十年來，所有權接管的事件，已不再經常發生，因此暫時不再是跨國企業最為擔心的一種政治風險。

所有權接管雖然分為有償與無償，但縱使是有償的情況，企業是否能獲得立即的、反映企業公平市價的，並以可轉換通貨 (Convertible Currency) 支付的賠償，則頗多疑點。首先，因為在接管的過程中，企業面對地主國政府的高姿態，要不斷與之協商，並經過冗長的談判與陳情過程，因此賠償不可能是立即的。其次，在企業眼中，公平的市價應是企業預期未來現金流現值的加總，但從地主國政府的角度，企業的價值只是反應在其折舊後的帳面價值上。至於以可轉換通貨付款則更不可能，因為會採取所有權接管方式占有外國企業的政權，多半缺乏外匯準備，因此賠償可能是以幣值不穩定的當地通貨或是該國政府的公債來折抵，如此一來，企業真正所獲得的賠償，與公司的真實價值，可謂相去不可以道里計。

資金受困的風險

地主國政府若是突然改變遊戲規則，禁止在國內的外國企業將資金轉換成外幣匯出，或是設定可匯出資金的上限，則外國企業面臨資金受困的情形，此種政治風險會干擾到企業的營運效率，並增加企業經營的成本。

政策轉變的風險

地主國政府的貨幣政策 (Monetary Policy)、財政政策 (Fiscal Policy) 及匯率政策 (Exchange Rate Policy) 有可能因為地主國國際收支惡化，幣值不穩，金融危機或是政府財政預算困難而突然轉向。例如，跨國企業在投資初期從地主國政府獲得的免稅或減稅特許權 (Tax Concession)，有可能在日後因政局或經濟局勢改變而被取消。又如地主國貨幣持續貶值而導致金融危機，地主國政府可能突然宣布外匯管制及資本管制政策，完全或局部地禁止本國貨幣轉換成外幣，以遏止本國貨幣繼續貶值及資本流出，如此政策導致跨國企業無法將過多的營運資金匯出而致無法靈活運用其短期資金。地主國外匯管制政策也可能要求企業對於某些進口品要先向官方申請許可證，導致跨國企業無法順利取得重要的進口原料或半成品，干擾到企業的營運效率。地主國也可能頒佈新的政策，剝奪跨國企業與當地企業公平競爭的機會。

保護主義風行的風險

地主國政府若基於國際收支不平衡或國內經濟發展的考量，而對當地人民宣導起愛用國貨的觀念，此舉有可能使跨國企業在當地市場的競爭陷入困境。地主國政府也可能採取一些保護主義的措施，諸如關稅或其他非關稅的貿易障礙，使企業的營業利潤或市場配額縮減。雖然近年來，加入關稅與貿易總協定 (The General Agreement on Tariffs and Trade, GATT) 的國家彼此之間，關稅的水準已經大為降低，但是地主國政府總是可以基於一些其他理由，諸如安全、衛生、健康或生態保護等理由，而對進口品設定一些非關稅的貿易限制，而影響到跨國企業的盈餘成長。

喪失智慧財產權保障的風險

跨國企業因投入許多資源在研究發展上，因而握有多種智慧財產權，諸如技術上的專利 (Patent) 及版權 (Copyright) 等等，跨國企業靠著這些智慧財產權的保障而取得競爭上的優勢地位。但許多開發中國家尚未立法對智慧財產權給予應有之保障，因此跨國企業在海外市場有可能因為缺乏智慧財產權的保障而喪失其應享有的競爭優勢，此乃政治風險的另一種型態。

腐敗官僚主政的風險

許多開發中國家表面上歡迎與鼓勵外來投資，但由於官僚體系主政已久，腐化貪污乃是積弊已深，因此在不瞭解其內部情況而誤入這些國家投資，常使跨國企業陷入進退兩難的境地。腐化貪污使跨國企業無法站在公平的立足點與地主國的國內企業競爭，地主國政府有可能對於跨國企業按照合法程序申請的各項執照或許可證，極盡擱置不處理或拖延發放之能事，但對於與其官僚體系有利益掛勾的群體組織，則給予各項便利與優惠待遇。跨國企業在決定前往任何國家投資之前，應該要對該國政府腐化的程度，進行一番瞭解，Transparency International (TI) 是一在德國柏林成立的非營利與非政府組織，每季出版一份簡訊 (Newsletter) ，其目的在於藉國際與國家的結盟，共同抑制政府的腐化貪污對國際企業投資活動的影響，鼓勵各國政府建立並執行有效的法律與政策，並落實反腐化貪污的方案。TI 訪察跨國企業與國際機構工作人員的實地經驗與感受，定期出版腐化感受指標 (Corruption Perception Index)，此指標並不代表各國政府真正腐敗的程度，而是代表實地工作人員的經驗感受。指標是以阿拉伯數字 0 到 10 代表 Corruption 的程度，

10 表示一國政府完全是乾乾淨淨，絲毫沒有腐化的現象，0 代表一國政府腐化的程度糟到極點，賄賂、巧取豪奪、收回扣等無所不為。TI 1996 年 9 月出版的 Corruption Perception Index 如表 14–1 所示：

表 14–1 TI Corruption Perception Index for 1996

等級	國家	分數	變異數	等級	國家	分數	變異數
1	紐西蘭	9.43	0.39	28	希臘	5.01	3.37
2	丹麥	9.33	0.44	29	臺灣	4.98	0.87
3	瑞典	9.08	0.30	30	約旦	4.89	0.17
4	芬蘭	9.05	0.23	31	匈牙利	4.86	2.19
5	加拿大	8.96	0.15	32	西班牙	4.31	2.48
6	挪威	8.87	0.20	33	土耳其	3.54	0.30
7	新加坡	8.80	2.36	34	義大利	3.42	4.78
8	瑞士	8.76	0.24	35	阿根廷	3.41	0.54
9	荷蘭	8.71	0.25	36	波利維亞	3.40	0.64
10	澳大利亞	8.60	0.48	37	泰國	3.33	1.24
11	愛爾蘭	8.45	0.44	38	墨西哥	3.30	0.22
12	英國	8.44	0.25	39	厄瓜多爾	3.19	0.42
13	德國	8.27	0.53	40	巴西	2.96	1.07
14	以色列	7.71	1.41	41	埃及	2.84	6.64
15	美國	7.66	0.19	42	哥倫比亞	2.73	2.41
16	奧地利	7.59	0.41	43	烏干達	2.71	8.72
17	日本	7.05	2.61	44	菲律賓	2.69	0.49
18	香港	7.01	1.79	45	印尼	2.65	0.95
19	法國	6.96	1.58	46	印度	2.63	0.12
20	比利時	6.84	1.41	47	蘇俄	2.58	0.94
21	智利	6.80	2.53	48	委內瑞拉	2.50	0.40
22	葡萄牙	6.53	1.17	49	喀麥隆	2.46	2.98

23	南　非	5.68	3.30	50	中　國	2.43	0.52
24	波　蘭	5.57	3.63	51	孟加拉	2.29	1.57
25	捷　克	5.37	2.11	52	肯　亞	2.21	3.69
26	馬來西亞	5.32	0.13	53	巴基斯坦	1.00	2.52
27	南　韓	5.02	2.30	54	奈及利亞	0.69	6.37

資料來源：*TI Newsletter*, September 1996, p.5.　Internet: <http://www.transparency.de>

第一節 政治風險的衡量

政治風險的衡量，可以採用兩種路線，一種是從整個地主國的角度來衡量跨國公司在當地所面臨的政治風險，此種方法稱之為政治風險的總體評估 (Macro-Assessment of Political Risk)，另一種是針對與跨國公司相關的產業或是跨國公司本身在當地所面臨的特定的風險作評估，此種方法稱之為政治風險的個體評估 (Micro-Assessment of Political Risk)。

政治風險的總體評估

總體評估應考慮所有會影響地主國整個投資大環境的變數，這些變數可分為政治面與經濟面（或金融面）兩類。政治面的因素包括：(1)地主國政府與跨國公司本國政府之間的關係、(2)地主國政府安定政局的能力、(3)地主國政府與鄰國政府之間的關係、(4)地主國執政黨領導的政府受在野黨接管的可能性、(5)地主國人民對跨國公司本國政府的態度、(6)地主國內部種族問題及社會衝突的嚴重性。經濟面因素包括：(1)地主國國民所得成長率、(2)地主國通貨膨脹的歷史及未來趨勢、(3)地主國政府預算赤字的狀況、(4)地主國國際收支的表現、(5)地主國失業率的狀況、(6)地主國利率的水準、(7)地主國外匯及金融管制的情形等。

總體的政治風險，也稱特定國家的風險 (Country-Specific Risk)，是國際大銀行所最為關心的；國際大銀行常對各國作出總體的風險評估，並根據所觀察的風險層級，對各國設定不同的貸款總額上限，以降低其本身所承擔的風險。

政治風險的個體評估

在同一個地主國從事投資的兩個不同的跨國公司，有可能因為下列各項因素，而面對不同的政治風險：(1)所屬產業的不同、(2)企業規模大小的不同、(3)公司所有權組成份子的不同、(4)技術水準的不同、(5)企業內部垂直整合程度的不同；因此個體評估自有其重要性。根據 David Bradley (1977) 的研究調查報告，從 1960 年至 1974 年世界各地所發生的所有權接管案例，若根據產業別來區分，以石油業、開採業、郵電運輸業、銀行保險業等佔較大多數，因此企業若是屬於這些產業群，則可能面對較大的政治風險。企業因規模大小的不同，也可能面對不同的政治風險。通常企業規模愈大，愈有可能受到地主國政府的青睞而遭受到所有權被接管的命運。畢竟佔有控制他國企業的所有權令地主國政府飽受外界的批評攻詰，甚至抗議與法律行動，因此企業的規模夠大，潛在利益夠豐厚，才較有可能成為所有權被接管的標的。跨國企業對子公司所有權的掌控情形（例如，是與地主國政府抑或是與民間企業合夥？）也會對所有權接管的可能性，產生不同的影響。跨國企業在地主國所從事的投資，其技術太高或太低，都較不會成為地主國接管所有權的對象，中級技術者被接管的可能性則大幅提高。跨國企業內部垂直整合的程度愈高，母公司愈易掌控子公司原料的來源及產品的出路，而地主國想要成功接管此種企業較不容易，因此接管的意願會降低。

政治風險的個體評估也可分為政治面與經濟面（或金融面）兩類。政治面的個體評估要考慮的因素包括：(1)該跨國公司與地主國政府的關係、(2)地主國人民對該跨國公司所持有的印象及態度。經濟面的因素包括：(1)地主國政府及人民對該跨國公司所生產的產品的受惠及依賴程度、(2)跨國公司盈餘成長率受到地主國經濟成長率、失業率，及通貨膨脹率等總體變數影響的程度。

衡量政治風險的技術性工具

一旦影響政治風險的總體與個體面的因素被考慮之後，跨國公司可以發展一套分析系統，將需考量的因素納入，再將各個被分析國家的政治風險作出等級分類。在建立政治風險等級 (Political Risk Rating) 的過程中，所採用的技術性方法可簡可繁，通常分為三種：

1. 徵詢專家意見
2. 數量方法分析
3. 實地訪查報告

以上三種技術性分析方法，大致描述如下：

徵詢專家意見

此方法是廣為收集對地主國當地政治、社會及經濟情況有深入瞭解的人士之個別意見，再將意見統籌整理，作出綜合報告。專家有可能是長期深入地主國工作的人士，也可能是對於前往地主國投資者提供投資顧問服務的顧問公司。跨國公司也可參考市場上已有的一些投資環境政治風險指標，例如企業環境風險指標 (Business Environment Risk Index, BERI) 就是一份將專家意見綜合整理所設計出的指標，該指標對於各國投資環境以阿拉伯數字給予風險等級分類，如表 14–2 所示。

表 14–2 列舉各國在 1993 年及 1997 年被 BERI 所定位的投資環境風險等級，其中可以看出，有些國家的投資環境在 1997 年被認為是轉好，有些則被認為轉差，例如美國在 1993 年屬低風險區，在 1997年則僅是尚可。

表 14–2　BERI 投資風險等級分類，1993, 1997

	風險等級				風險等級		
	1993	1997	2004		1993	1997	2004
瑞士	82	82	82	義大利	48	50	50
臺灣 (R.O.C)	80	76	72	哥倫比亞	46	43	41
日本	78	76	73	墨西哥	46	40	41
新加坡	78	79	78	南非	46	52	49

德國	74	71	70	印尼	43	45	39
荷蘭	74	74	73	伊朗	43	42	43
奧地利	73	70	69	委內瑞拉	43	40	38
美國	71	69	66	波蘭	42	45	45
挪威	70	71	72	菲律賓	41	43	43
比利時	67	66	67	阿根廷	40	43	36
法國	62	63	64	埃及	39	45	45
愛爾蘭	62	62	64	印度	39	43	46
西班牙	62	59	61	巴基斯坦	39	39	41
瑞典	62	63	65	烏克蘭	39	38	42
葡萄牙	61	59	56	希臘	38	43	44
英國	61	61	62	厄瓜多爾	35	37	35
南韓	59	57	58	蘇俄	35	40	44
中國 (P.R.C)	58	57	59	巴西	34	41	41
丹麥	58	61	61	祕魯	29	40	40
馬來西亞	58	58	59				
澳大利亞	57	57	57				
沙烏地阿拉伯	55	53	53				
加拿大	54	55	63				
捷克	54	51	49				
智利	52	53	53				
泰國	52	49	50				
匈牙利	51	45	46				
土耳其	51	46	41				

BERI 等級：

100　：完美投資環境 } 低風險區
99～70：優越投資環境 } 低風險區
69～60：尚可
59～50：中級風險國家，政治結構尚稱穩定，不致於擾亂企業營運
49～40：高風險投資區
低於 39：不可接受之投資環境

資料來源：參考 Business Environment Risk Information, EBRI S. A., Washington, D.C., 1993 & 2004.

數量方法分析

運用數量方法進行地主國政治風險的評估，最常採用的統計方法稱之為區別分析法 (Discriminant Analysis)。舉例來說，若歷史資料顯示，某些國家一向有較低的政治風險，而另一些國家則歸屬於有較高的政治風險群。區別分析法是從這兩大類的國家中，找出一些重要的政治面及經濟面因素，來幫助區分擁有何種政治及經濟特質的國家會有較高（或較低）的政治風險。例如實質經濟成長率高的國家傾向於有較低的政治風險，若一國實質經濟成長率逐漸變壞時，可以成為一個指標告知該國的政治風險逐漸提高中。

有些財務雜誌或月刊會定期出版對於各國投資環境所作的政治風險評估，例如 Euromoney。Euromoney 所採用的政治風險評估系統如表 14–3 所示：

表 14–3　政治風險評估系統 (By Euromoney)

	權　數 (%)
分析性指標	
經濟因素	15
政治風險	15
經濟風險	10
信用指標	20
市場指標	40
	100

Euromoney 針對以上的各項指標，蒐集統計資料及不同專家的意見，來對各個國家作出政治風險評估。其分析系統是將指標分為三類：(1)分析性指標 (Analytical Indicators)，佔 40%；(2)信用指標 (Credit Indicators) ，佔 20%；(3)市場指標 (Market Indicators)，佔 40%。分析性指標包括經濟因素、政治風險及經濟風險三項。經濟因素反映出該國的償債能力，其評估是運用一些統計數字得到，例如外債對輸出的比率及外債對 GNP 的比率等。政治風險及經濟風險兩項則是由 Euromoney 向經濟學家及政治學家徵詢意見得來。信用

指標衡量一國過去的償債表現是否良好，目前的債信評等如何，以及是否有能力將到期未能償還的負債作好妥善的安排。市場指標衡量一國金融市場所承載的風險，風險溢酬 (Risk Premium) 越高的市場，表示一般認為該市場上出售的金融商品風險程度高，市場指標也衡量一國金融市場短期與長期融資管道是否暢通。

財務文獻上也已建立一些評估政治風險等級的模型（例如 Haner (1979)），這些模型大體上是將各國的政治風險用阿拉伯數字表現出來（例如從 0 到 5 或從 0 到 9 等），數字越大表示政治風險越低。舉例來說，這些模型首先將影響政治風險的因素分為若干類，例如分為政治面及經濟面因素兩大類，若認為政治面因素佔較重要的比例，則給予政治面因素較高的權數，例如政治面因素給予 75% 的權數，而經濟面的因素給予 25% 的權數。其次，再將政治面因素細分為 A、B、C……等不同的因素，每個因素以權數表現出其相對的重要性，所有政治面因素的權數加總等於 100%，經濟面因素也以同樣的方式處理。最後再算出代表全面政治風險的等級數字（請參考圖 14–1 的舉例）。

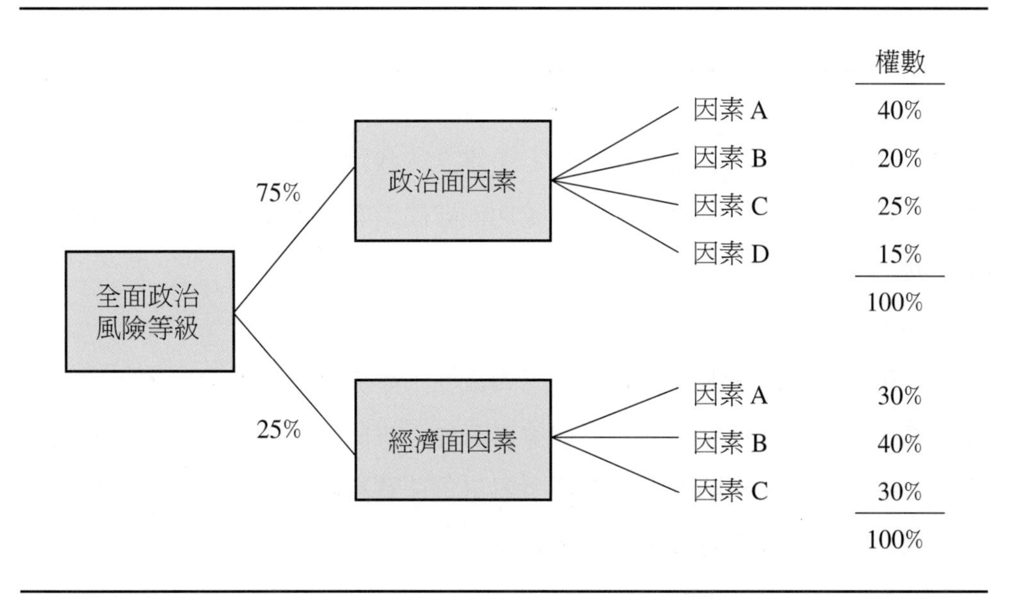

圖 14–1　影響政治風險等級因素的樹狀圖

根據圖 14–1，我們再進一步將每一項政治面及經濟面因素都給予等級 (Rating)，就可算出全面政治風險等級，如表 14–4 所示：

表 14–4　全面政治風險等級計算說明

(1) 政治面因素	(2) 因素等級 (0 ～ 7)	(3) 因素權數	(4) = (2) × (3) 權數價值
因素 A	5	40%	2
因素 B	3	20%	0.6
因素 C	2	25%	0.5
因素 D	6	15%	0.9
		100%	4.0
經濟面因素			
因素 A	4	30%	1.2
因素 B	4	40%	1.6
因素 C	3	30%	0.9
		100%	3.7

全面政治風險等級 = 4.0 × 75% + 3.7 × 25% = 3.925

不論是財務月刊或是財務文獻上所建立的政治風險評估模型，都尚屬相當初級的階段，其正確性及預測的成功性皆尚留有許多的空間可以繼續努力及拓展。

實地訪查報告

企業也可以組成考察團前往地主國當地，實際瞭解其風土民情，政治氣候，並在當地聘請專家顧問，進一步對法令、稅制、金融法規、產品配銷網路、人事管理等有深切瞭解，再將所取得各項資料綜合整理成報告出爐，對於在地主國投資的政治風險給予評估。

第二節 政治風險管理的方法與策略

跨國公司避免或管理政治風險的方法可以分為投資前 (Pre-investment) 及投資過程 (In the Investment Process) 兩階段運用。投資之前避免政治風險的方法有三種：

1. 放棄投資
2. 購買政治風險的保險
3. 與地主國簽訂互讓協同

放棄投資雖然可以完全杜絕承擔在地主國投資的政治風險，但也因此失去了在當地獲得高投資報酬的機會。至於購買政治風險的保險，許多已開發國家都已設定特定的政府部門，出售政治風險保險 (Political Risk Insurance) 來保障國內公司的國外資產。例如，英國的 ECGD (Export Credit Guarantee Department) 出售「沒收保障計畫」(Confiscation Cover Scheme) 給跨國公司，以保障其在海外的「新」投資計畫。美國政府也提供 OPIC (Overseas Private Investment Corporation) 的保險計畫給在開發中國家投資的廠商，針對四種型態的政治風險給予保險的保障；此四種型態的政治風險為：(1)不可轉換 (Inconvertibility)；此風險乃投資人無法將最初投資的原始資本、或利潤、權利金、管理費用收入及其他所得轉換成美元；(2)所有權接管；此風險是投資人或其海外子公司在地主國政府採取的手段之下，無法對其財產行使控制權；(3)戰爭、革命、暴動及內亂；此風險是地主國發生這些非常狀況時，投資人已保險的財產受到損壞；(4)企業所得 (Business Income)；此風險是投資國發生政治暴亂使企業資產受損而致無法營業，喪失企業所得。加拿大的輸出發展公司 (Export Development Corporation, EDC) 所扮演的角色，與美國的 OPIC 所扮演的角色一樣。世界銀行 (The World Bank) 近年也成立了 MIGA (Multilateral Investment Guarantee Agency)，提供在開發中國家從事直接投資的跨國公司政治風險的保險；保障內容包括所有權接管、毀約、戰爭、內亂，及通貨禁止轉換等。倫敦的洛伊士 (Lloyd's of London) 及美國的 AIG (American International Group) 則是屬於私人性質提供政治風險保障服務的機構，受保對象包括跨國公司在海外的「新」及「既存」的投資。另一種投資之前採取的避免政治風險的方法是與地主國簽訂互讓協同 (Concession Agreements)。該協同訂明投資廠商與地主國政府雙方的權利義務，使投資廠商在地主國有明確的規範遵行而受到應有的保護。此種互讓協同在開發中國家運用頗有其實效，但也不能保證百分之百棄絕政治風險，一旦現任政府被推翻，則合約形同具文。

一份互讓協同通常所言明的雙方權利義務可包括下列各項：

1. 確立可匯送回母公司的資金基礎，包括股利、權利金、管理費用及貸款利息與本金的償還等等。
2. 准許母公司派遣管理與技術人員到子公司服務，並准予這些人員享有免簽證費用及對隨身物品享有免進口關稅的優惠。
3. 准許子公司將產品銷往其他國家。
4. 准許子公司運用地主國當地的資本市場，從事長期融資。
5. 准許母公司對子公司掌控 100% 所有權。
6. 確立移轉價格 (Transfer Price) 的決定基礎。
7. 確立課稅的型態及稅率決定的基礎。
8. 子公司產品的原料及零件，必須部分由當地市場取得。
9. 子公司同意對地主國的社會及經濟計畫給予贊助，諸如辦學校、蓋醫院及確立員工良好的退休金制度。
10. 確立雙方有爭議時的仲裁條款。
11. 確立母公司有計畫撤資的條款，包括子公司將以何種價格售出及售與何人等。

一旦跨國公司已決定要在地主國投資，則廠商應採取各種經營策略，使其政治風險暴露程度減少到最低，一般可採用的方法如下：

短期利益最大化

盡量在短期內將所投資的金額回收，如此若發生所有權接管(Expropriation)，則可將損失減少到最低程度。此外，也盡量延緩機器設備汰舊換新的時間，以求有更多的盈餘匯送回母公司，但盈餘是否能順利匯送回本國，則要看地主國是否有外匯管制及其他官方限制。

運用當地資金

跨國公司的子公司最好盡量在地主國當地從事融資活動，如此資產與負債皆是以當地通貨為計算貨幣，不僅可以避免匯率風險，也可減少政治風險。但地主國政府未必容許跨國公司在當地融資，也就是說，跨國公司無法合法地向當地銀行取得貸款或在當地金融市場出售股票及債券。在此情況下，跨國公司應盡量向國際知名的大銀行融資，因為在 Expropriation 發生時，國際知名的大銀行較有能力要求地主國政府償債，而地主國政府為了國際視聽也比較願意償債，此種情況會使跨國公司雖然失去了子公司，但至少不必另外償還一筆鉅額負債。另外則是縱使跨國企業有充足的資金，也不應直接由母公司貸款給子公司，而是由母公司將資金存在國際知名的大銀行，再令子公司向該銀行申請貸款，並以母公司的存款作為抵押品。子公司所申請的此種貸款，稱之為前衛貸款 (Fronting Loan)，即大銀行充作子公司的前衛，當所有權接管情形發生時，地主國政府礙於國際視聽，較有意願償還大銀行的貸款，如此則母公司的損失可以降低。

使用獨特的供應品及半成品作生產原料

跨國公司在地主國子公司所使用的生產原料，最好有部份是由母公司或其他子公司所提供的物料及半成品，如此地主國政府雖接管其子公司，卻無法取得必要的原料而繼續生產因此降低了接管的可能性。

控制產品的銷售通路

若子公司所生產的產品，只有母公司能夠使用，或產品的配銷一定要經由母公司的銷售網路，則子公司被接管的可能性就大為降低。

有計畫的縮減企業規模

跨國公司可以在經營的過程中，階段性地將部份資產賣給地主國政府或當地的投資者，以減少暴露於政治風險下的資產總額。

創業投資合作計畫

跨國公司可以考慮以創業投資型態在地主國當地進行投資，一般都認為跨國企業與地主國政府各享有 50% 所有權的創業投資型態是比較安全的一種合作計畫，但 Bradley (1977) 指出，以創業投資計畫與地主國政府合作而被接管的案例，依照過去經驗是擁有 100% 所有權跨國企業的十倍；但過去的經驗也指出，與地主國當地私人企業合作的創業投資計畫，被接管的可能性則大幅降低，此乃因當地私人企業因有相關利益在內，而會對所有權接管發出反對的聲浪，使得欲從事所有權接管的地主國政府多所顧忌。

保留技術上的秘密

跨國公司最好能保有子公司生產上的技術秘密，如此若地主國政府將所有權接管，也無法繼續順利生產，因此減少了地主國政府接管的可能性。縱使接管，地主國政府也必須給予跨國公司相當的報酬，才能取得生產技術上的秘訣。

避免品牌當地化，建立單一、全球化的商標

跨國公司應儘量使用單一、全球化的商標 (Trademark) 在促銷廣告及產品的包裝上，培養顧客對產品商標的忠誠度，如此地主國政府一旦接管跨國公司的經營權，則不再能使用後者的商標而造成銷路大減。因此，避免品牌當地化可以減少地主國接管所有權的可能性。

第三節 所有權接管的對策

地主國政府想要接管企業的所有權，並非在毫無預警情況下發生。通常，企業會預先接到一些訊息或感受到一些蛛絲馬跡將要被接管，因此可以逐步的採取對策，以求將損失減少到最低程度。在企業面對所有權接管的威脅時，可以逐步採取下列對策：

1.理性的協商

2.運用政治力量

3.尋求法律的支持

4.放棄所有權並盡量從企業中求取殘值

理性的協商

跨國公司在面對所有權接管的威脅之初，應與地主國政府誠懇對談，曉以大義，告知接管對雙方都有不利影響。如果地主國政府提出接管的要求只不過是想要企業在經營管理上多所讓步，則協商成功的可能性極高。雙方可以簽訂互讓 (Mutual Concessions) 協約，地主國政府放棄接管，而跨國公司放棄原本享有的一些權益，使地主國政府與人民從跨國公司投資的企業中獲得更多的好處。經由協商，跨國公司所願意放棄的權益或提供給地主國的好處包括下列這些：

1.雇用地主國人民當高階管理人才

2.接受地主國當地企業作合夥人

3.投資更多的資本

4.捐款給當地政府作為政治獻金

5.放棄地主國政府以前給予的一些優惠待遇

6.支持當地政府從事的各項活動

7.暫緩子公司將股利匯送回母公司

8.放棄部份控制權

9.雇用更多地主國當地人民以取代母公司所派來的人員

如果理性的協商不為地主國政府所接受，則下一步可採取的行動是運用各種政治力量。

運用政治力量

跨國公司在此步驟可以採用的方法包括支持地主國當地的反對政黨，運用其力量來抵制地主國政府的接管，或是尋求本國政府的支持，對地主國政府提出嚴正勸告，否則將訴諸國際公法或採取其他的報復行動諸如限制地主國的原料及產品進口等。

尋求法律的支持

跨國公司若要經由法律途徑解決所有權接管的問題，通常程序上是首先要在地主國的法庭提出此案，若不能獲得公正合理的答覆，才在本國或國際法庭上將本案提出。另外一個解決問題的路徑是經由「投資爭端仲裁」(Arbitration of Investment Disputes)。自 1966 年以來，世界銀行建立其國際投資爭端處理中心 (The International Center for Settlements of Investment Disputes)，其目的是要促進國際投資並提供一法庭來處理國際投資爭端事務。此中心對當事雙方雖可提供一些拘束力，但對一意孤行的地主國而言，其實際發揮的作用也不大。

放棄所有權並盡量從企業中求取殘值

若經由各方面的努力與斡旋都無法使地主國退讓，則企業只有放棄對子公司的管理與控制權，但在放棄的過程中，企業應盡量找尋補償之道，例如向保險公司求償或是將子公司資產中尚可掌握的部份變現以求取殘值的獲得。

第四節 政治風險下的跨國資本預算分析

一般在作跨國資本預算分析時，我們首先考慮的是企業所承擔的額外的匯率風險。匯率風險對於投資計畫的影響可透過調整預期現金流 (Expected Cash Flows) 或貼現率 (Discount Rate) 的方式表現出來。此處在考慮如何將政治風險因素納入跨國資本預算的分析時，我們是假設預期現金流或貼現率已反映了匯率風險。同時，我們只考慮兩種型態的政治風險對跨國投資計畫的影響，此兩種型態的政治風險為：⑴資金受困、⑵所有權接管，其個別分析如下：

資金受困 (Funds Blockage) 對跨國投資計畫的影響

在不考慮政治風險的情況下，跨國投資計畫的淨現值 (Net Present Value, NPV) 計算如下：

$$\mathrm{NPV} = -I + \sum_{i=1}^{n} \frac{\mathrm{CF}_i}{(1+K)^i} \tag{14–1}$$

此處 I 代表現金支出的現值，CF_i 代表第 i 年的淨現金流入，也就是由計畫所產生的可以在第i年匯送回母公司的資金，K 代表反映出計畫風險（政治風險除外）的貼現率。

假設在評估一項投資計畫時，認為地主國政府在未來某年之後（例如 m 年），有可能限制其子公司將資金任意匯送回母公司，且規定被限制出境的資金（即受困資金）只能留在地主國賺得地主國政府准予的報酬率 (r)，倘若資金在 m 年開始受困的機率是 q_m，在其他年開始受困的機率為零，且受困資金只能在第 n 年匯送回母公司，則該計畫的 NPV 可以改寫成為：

$$\mathrm{NPV} = -I + \sum_{i=1}^{m-1} \frac{\mathrm{CF}_i}{(1+K)^i} + q_m \sum_{i=m}^{n} \frac{\mathrm{CF}_i\,(1+r)^{n-i}}{(1+K)^n} + (1-q_m) \sum_{i=m}^{n} \frac{\mathrm{CF}_i}{(1+K)^i} \tag{14–2}$$

我們可以將上式重新安排，算出讓計畫收支達到損益平衡點（Break-Even Point，即 NPV = 0）的 q_m。

$$-I + \sum_{i=1}^{n-1} \frac{\mathrm{CF}_i}{(1+K)^i} = q_m \left[\sum_{i=m}^{n} \frac{\mathrm{CF}_i}{(1+K)^i} - \sum_{i=m}^{n} \frac{\mathrm{CF}_i\,(1+r)^{n-i}}{(1+K)^n} \right]$$

$$\Rightarrow q_m^{BE} = \frac{\displaystyle\sum_{i=1}^{n} \frac{\mathrm{CF}_i}{(1+K)^i} - I}{\displaystyle\sum_{i=m}^{n} \frac{\mathrm{CF}_i}{(1+K)^i} - \sum_{i=m}^{n} \frac{\mathrm{CF}_i\,(1+r)^{n-i}}{(1+K)^n}} \tag{14–3}$$

此處 q_m^{BE} 代表損益平衡點的 q_m 值。

以上的計算過程，可以再以簡例說明如下：

【例一】假設某國外投資計畫的最初資本支出 (I) 估計為 EURO1,500,000，此計畫預計有十年的經濟生命，每年可創造稅後淨利 EURO400,000，貼現率估計為 20%。該跨國公司估計地主國政府有可能在第四年年初開始限制跨國公司的子公司將資金匯送回母公司，因此從第四年開始，子公司資金成為受困資金，只能在地主國投資，獲得 10% 的報酬率，且所有受困資金只能在第十年年底匯送回母公司。根據以上的假設，我們可以算出使計畫達到損益平衡點的 q_m 值，若所預測的 q_m 值大於損益平衡點的 q_m 值，則此計畫視為不可行 (Unacceptable)。

$$q_m^{BE} = \frac{\sum_{i=1}^{10} \frac{EURO400{,}000}{(1+20\%)^i} - EURO1{,}500{,}000}{\sum_{i=4}^{10} \frac{EURO400{,}000}{(1+20\%)^i} - \sum_{i=4}^{10} \frac{EURO400{,}000(1+10\%)^{10-i}}{(1+20\%)^{10}}}$$

$$= \frac{EURO1{,}676{,}989 - EURO1{,}500{,}000}{EURO834{,}396 - EURO612{,}892}$$

$$= \frac{EURO176{,}989}{EURO221{,}504}$$

$$= 80\%$$

若跨國公司認為實際可能發生的 q_m 值小於 80%，則此計畫所預測的 NPV 為正值。

所有權接管 (Expropriation) 對跨國投資計畫的影響

倘若政治風險是以所有權接管的方式出現，則跨國公司或許會得到一些補償。倘若所有權接管是在 h 年發生，則跨國公司得到的賠償總額（假若有的話）稱之為 COM_h，又假設所有權接管在 h 年發生的機率是P_h，在其他年發生的機率為零，則方程式 (14–1) 可以改寫成為：

$$NPV = -I + \sum_{i=1}^{h-1} \frac{CF_i}{(1+K)^i} + P_h \frac{COM_h}{(1+K)^h} + (1-P_h) \sum_{i=h}^{n} \frac{CF_i}{(1+K)^i} \qquad (14\text{–}4)$$

我們再將 (14–4) 式重新安排，算出損益平衡點的 P_h 值，即P_h^{BE}。

$$0 = -I + \sum_{i=1}^{h-1} \frac{CF_i}{(1+K)^i} + P_h \frac{COM_h}{(1+K)^h} + (1-P_h) \sum_{i=h}^{n} \frac{CF_i}{(1+K)^i}$$

$$\Rightarrow P_h^{BE} = \frac{\sum_{i=1}^{n} \frac{CF_i}{(1+K)^i} - I}{\sum_{i=h}^{n} \frac{CF_i}{(1+K)^i} - \frac{COM_h}{(1+K)^h}} \qquad (14\text{–}5)$$

茲舉列說明如下：

【例二】假設某國外投資計畫的最初資本支出 (I) 估計為 EURO1,950,000，此計畫預計有十年的經濟生命，每年可創造稅後淨利 EURO500,000，貼現率估計為20%。該跨國公司預測若所有權遭地主國政府接管，最有可能是在第六年期間發生，且從地主國政府得到的賠償估計為 EURO500,000，使用 (14–5) 的式子，我們可以算出使損益平衡的 P_h值：

$$P_h^{BE}=\frac{\sum_{i=1}^{10}\frac{\text{EURO}500{,}000}{(1+20\%)^i}-\text{EURO}1{,}950{,}000}{\sum_{i=6}^{10}\frac{\text{EURO}500{,}000}{(1+20\%)^i}-\frac{\text{EURO}500{,}000}{(1+20\%)^6}}$$

$$=\frac{\text{EURO}2{,}096{,}236-\text{EURO}1{,}950{,}000}{\text{EURO}600{,}930-\text{EURO}167{,}449}$$

$$=\frac{\text{EURO}146{,}236}{\text{EURO}433{,}481}$$

$$=34\%$$

若跨國公司認為實際可能發生的 P_h 值小於 34%，則此計畫所預測之 NPV 為正值。

本章論及與政治風險相關的各項議題。本章一開始描述各種型態的政治風險，並介紹如何從總體與個體的角度來評估政治風險，以及可採用何種技術性的工具來衡量政治風險。本章並描述管理政治風險的各種方法與策略、以及所有權接管的對策，最後探討在政治風險之下的跨國資本預算分析。

腐化貪污	(Corruption)
區別分析法	(Discriminant Analysis)
所有權接管	(Expropriation)
前衛貸款	(Fronting Loan)
資金受困	(Funds Blockage)
政治風險等級	(Political Risk Rating)
政治風險	(Political Risk)
保護主義	(Protectionism)

Beaty, David, and Oren Harari, "Divestment and Disinvestment from South Africa: A Reappraisal", *California Management Review*, Summer 1987, pp. 31–50.

Bradley, David, "Managing Against Expropriation", *Harvard Business Review*, July-August 1977, pp. 75–83.

Brewer, Thomas L., *Political Risks in International Business*, New York: Praeger, 1985.

Chase, Carmen D., James L. Kuhle, and Carl H. Walther, "The Relevance of Political Risk in Direct Foreign Investment", *Management International Review*, vol. 28, no. 3, 1988, pp. 31–38.

Cosset, Jean-Claude, and Suret, Jean-Marc, "Political Risk and the Benefits of International Portfolio Diversification", *Journal of International Business Studies*, 1995, pp. 301–318.

Doz, Yves L., and C. K. Prahalad, "How MNCs Cope with Host Government Demands", *Harvard Business Review*, March/April 1980, pp. 149–160.

Eiteman, David K., "A Model for Expropriation Settlement: The Peruvian-IPC Controversy", *Business Horizons*, April 1970, pp. 85–91.

Encarnation, Dennis J., and Sushil Vachani, "Foreign Ownership: When Hosts Change the Rules", *Harvard Business Review*, September/October 1985, pp. 152–160.

Fayerweather, John, ed., *Host National Attitudes Toward Multinational Corporations*, New York: Praeger, 1982.

Ghadar, Fariborz, Stephen J. Kobrin, and Theodore H. Moran, eds., *Managing International Political Risk: Strategies and Techniques*, Washington, D.C.: Ghadar and Associates, 1983.

Gonzalez, Manolete V., and Edwin Villanueva, "Steering a Subsidiary Through a Political Crisis", *Risk Management*, October 1992, pp. 16–27.

Green, Robert T., and Christopher M. Korth, "Political Instability and the Foreign Investor", *California Management Review*, Fall 1974, pp. 23–31.

Haendel, Dan, *Foreign Investment and the Management of Political Risk*, Boulder, Colo.:

Westview Press, 1979.

Haner, F. T., "Rating Investment Risks Abroad", *Business Horizons*, vol. 22, no. 2, 1979, pp.18–23.

Harvey, Michael G., "A Survey of Corporate Programs for Managing Terrorist Threats", *Journal of International Business Studies,* Third Quarter 1993, pp. 465–478.

Hawkins, Robert G., Norman Mintz, and Michael Provissiero, "Government Takeovers of U.S. Foreign Affiliates", *Journal of International Business Studies*, Spring 1976, pp. 3–15.

Hoskins, William R., "How to Counter Expropriation", *Harvard Business Review*, September-October 1970, pp. 102–112.

Howell, Llewellyn D., and Chaddick, Brad, "Models of Political Risk for Foreign Investment and Trade : An Assessment of Three Approaches", *Columbia Journal of World Business*, vol. 29 (3), Fall 1994, pp. 70–91.

Kim, W. Chan, "Competition and the Management of Host Government Intervention", *Sloan Management Review*, Spring 1987, pp. 33–39.

Kobrin, Stephen J., "Political Risk: A Review and Reconsideration", *Journal of International Business Studies*, Spring-Summer 1979, pp. 67–80.

Lee, Suk Hun, "Relative Importance of Political Instability and Economic Variables on Perceived Country Creditworthiness", *Journal of International Business Studies*, Fourth Quarter 1993, pp. 801–812.

Lessard, Donald R., "North-South: The Implications for Multinational Banking", *Journal of Banking and Finance*, 1983, pp. 521–536.

Mahajan, Arvind, "Pricing Risk of Expropriation", working paper, 1988.

Mandel, Robert, "The Overseas Private Investment Corporation and International Investment", *Columbia Journal of World Business*, Spring 1984, pp. 89–95.

Minor, Michael, "Changes in Developing Country Regimes for Foreign Direct Investment: The Raw Materials Sector, 1985–1986", *Essays in International Business*, no. 8, Columbia: University of South Carolina, September 1990.

Moran, Theodore H., The Politics of Dependence: *Copper in Chile*, Princeton: Princeton

University Press, 1974.

Nigh, Doulad, "The Effect of Political Events on United States Direct Foreign Investment: A Pooled Time Series Cross-Sectional Analysis", *Journal of International Business Studies*, Spring 1985, pp. 1–17.

Phillips-Patrick, Frederick J., "Ownership, Asset Structure, and Political Risk", *Advances in Financial Planning and Forecasting*, vol. 4, part A, 1990, p. 239.

Poynter, Thomas A., "Government Intervention in Less Developed Countries: The Experience of Multinational Companies", *Journal of International Business Studies*, Spring/Summer 1982, pp. 9–25.

Rogers, Jerry, ed., *Global Risk Assessments: Issues, Concepts and Applications*, Riverside, Calif.: Global Risk Assessments, Inc., 1988.

Rummel, R. J., and David A. Heenan, "How Multinationals Analyze Political Risk", *Harvard Business Review*, January/February 1978, pp. 67–76.

Salehizadeh, Mehdi, "Regulation of Foreign Direct Investment by Host Country", *Essays in International Business*, no. 4, Columbia: University of South Carolina, 1983.

Sethi, S. Prakash, and K. A. N. Luther, "Political Risk Analysis and Direct Foreign Investment: Some Problems of Definition and Measurement", *California Management Review*, Winter 1986, pp. 57–68.

Shapiro, Alan C., "Capital Budgeting for the Multinational Corporation", *Financial Management*, Spring 1978, pp. 7–16.

_____, "Risk in International Banking", *Journal of Financial and Quantitative Analysis*, December 1982, pp. 727–739.

_____, "Currency Risk and Country Risk in International Banking", *Journal of Finance*, July 1985, pp. 881–891.

Spiegel, Mark M., "Sovereign Risk Exposure with Potential Liquidation: The Performance of Alternative Forms of External Finance", *Journal of International Money and Finance*, vol. 13 (4) , August 1994, pp. 400–414.

Stobaugh, Robert B., "How to Analyze Foreign Investment Climates", *Harvard Business*

Review, September-October 1969, pp. 100–108.

Tallman, Stephen B., "Home Country Political Risk and Foreign Direct Investment in the United States", *Journal of International Business Studies*, Summer 1988, pp. 38–48.

Truitt, Frederick J., "Expropriation of Foreign Investment: Summary of the Post-World War II Experience of American and British Investors in Less Developed Countries", *Journal of International Business Studies*, Fall 1970, pp. 21–34.

Van Agtamael, A. W., "How Business Has Dealt with Political Risk", *Financial Executive*, January 1976, pp. 26–30.

Vanden Bulcke, D., and J. J. Boddewyn, *Investment and Divestment Policies in Multinational Corporations in Europe*, London: Saxon/Teakfield; New York: Praeger, 1979.

第十五章

跨國現金管理

第一節　跨國企業現金往來及中心化的現金管理系統
第二節　現金管理最適化策略
第三節　短期資金的管理
第四節　移轉訂價策略

本章重點提示

- 中心化現金管理系統
- 分項匯送策略
- 付款淨額化策略
- 移轉訂價策略

現金管理 (Cash Management) 一般有兩個主要的目標：⑴使公司的現金控制（例如現金流入及流出的時間及金額控制）能在迅速有效率的操作下達到最適狀態；⑵保留最適現金餘額而將多餘的資金作最適投資。第一個目標的達到必須仰賴建立正確、及時的預測及報導系統，改進現金收入及支出的情形，並使現金移轉的成本極小化；第二個目標則是要作好現金規畫及預算，算準所需用的最小現金餘額，而將多餘的資金盡量投資，以賺取最適投資報酬率。

跨國現金管理 (Multinational Cash Management) 較一般的現金管理更為複雜，主要原因是各國有不同的稅法及稅率規範跨國資金移轉(Cross-Border Cash Transfers)，而且匯率的波動也會影響跨國資金移轉的價值，同時，各國對於資本的流入及流出，有不同的管制及態度。

本章第一節描述跨國公司母公司與子公司之間現金流入及流出的情形，並探討中心化的跨國現金管理系統 (Centralized Multinational Cash Management System) 的功能與運作，第二節探討使現金流入及流出最適化的一些方法，第三節論及如何在國際貨幣市場將剩餘資金 (Excess Cash) 作適當管理及投資，第四節討論在跨國現金管理中佔極重要一環的移轉訂價策略 (Transfer Pricing Policy)。

跨國企業母公司與海外子公司或子公司彼此之間常因營運需要而有內部資金往來移轉的情形，若以一簡單的流程圖表示，則如圖 15–1 所示：

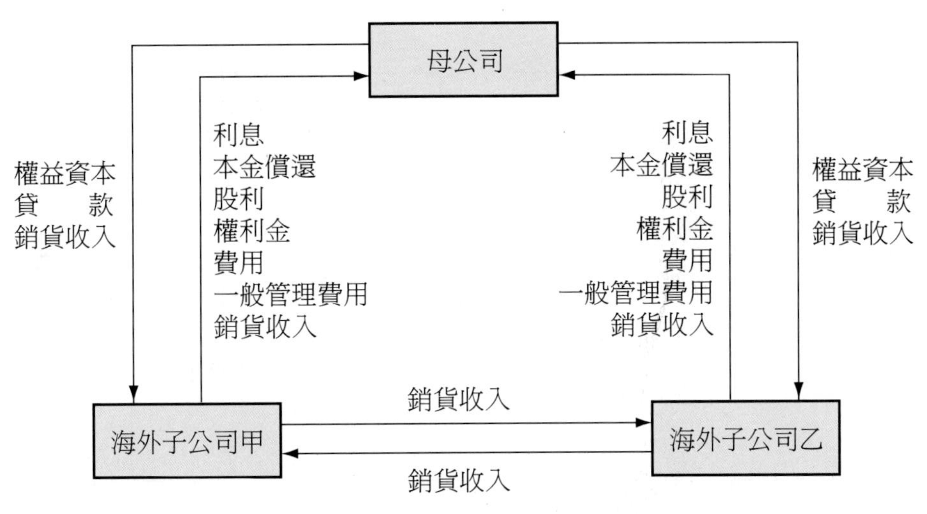

圖 15–1　跨國企業內部資金往來情形

母公司若提供貸款給子公司，則子公司要定期償還利息，日後並償還本金。母公司若准子公司使用其專利及商標，則子公司須付權利金 (Royalty)。若母公司提供管理及技術上的服務給子公司，則子公司須付費用 (Fee)。子公司並與其他子公司共同負擔母公司的一般管理費用 (Overhead Charges)。母公司與子公司之間或子公司彼此之間，常相互購買原料、半成品及成品，因此各單位都常有從企業內部得來的銷貨收入。子公司因使用母公司所提供的權益資本，因此須定期將盈餘以股利方式匯送回母公司。

跨國企業除了在內部系統有頻繁的資金移轉，與其他企業之間更有複雜的資金往來。例如，母公司（或子公司）向外界融資，則有貸款必須償還；母（子）公司向外界購買原料及半成品，則有現金流出或應付帳款的產生；母（子）公司將成品出售，則有現金流入或應收帳款的產生；母（子）公司從事長期投資，則有定期的現金收入。這些資金流入與流出的情形，如圖 15–2 所示：

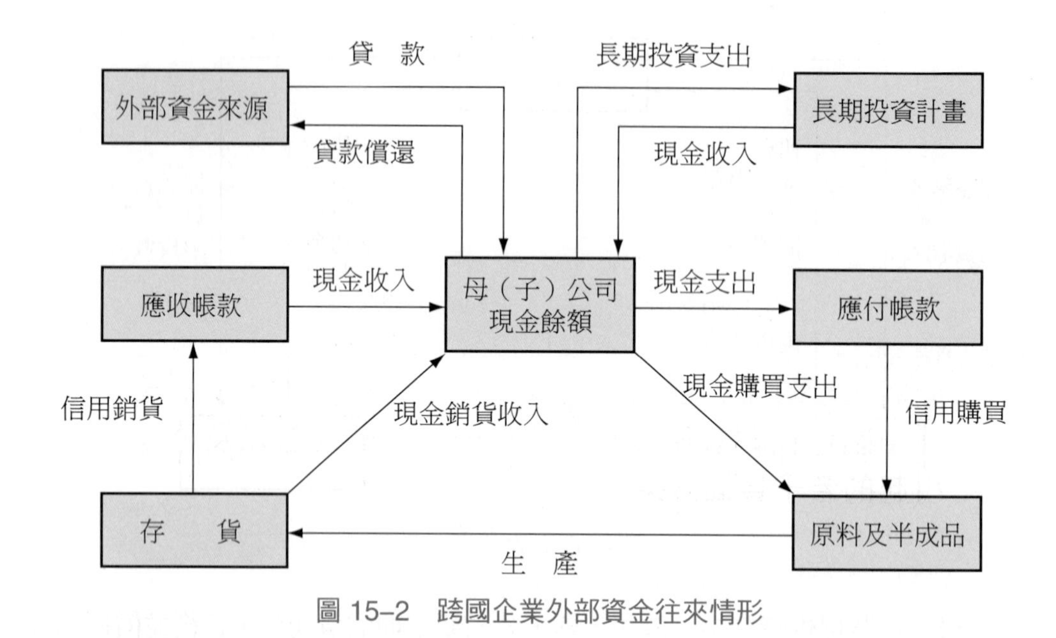

圖 15-2　跨國企業外部資金往來情形

中心化的現金管理系統 (Centralized Cash Management System)

不論是內部資金移轉或是外部資金往來，跨國企業在現金管理上都希望能做到最有效率的管理。目前，跨國公司採中心化的現金管理策略有逐漸成長的趨勢。中心化的現金管理系統乃是由母公司指定的「中心化現金管理部門」將各子公司的現金流入及流出情形統合管理，運籌帷幄，以節餘補不足，並以公司整體的利益作為決策的標準。雖然每一個子公司都希望獲得充分授權，以便利各自的內部管理，但中心化的現金管理制度提供了相當多的優點，如下所述：

1. 公司整體可以靠維持最少金額的現金運作。將各子公司預期的最小營業現金需求以外的短期資金集放在一起 (Pooled)，由「中心化現金管理部門」負責管理，隨時提供有額外的現金需求的子公司運用，因此各子公司不必為「預防動機」而保有現金。各子公司雖皆可能有不時之需的現金需求狀況，但因非預期的現金需求狀況不會同時發生，因此公司整體只須維持較少的現金餘額，就能滿足各子公司非預期的流動性需求，節省了持有過多現金的機會成本。

2. 中心化的現金管理制度，使得跨國企業得以運用付款淨額化 (Payments Netting) 策略，配合提前或延遲收付 (Leading or Lagging) 策略，而將交易成本減至最低。

3. 由於現金集放在一起供各子公司共同使用，使得各子公司因不時之需而從事的外部融資的機會減少，省卻了較高額的外部融資成本，而使公司的利潤得以增加。

4. 由於公司在國外的總流動資產減少，使得公司受曝的匯率風險及政治風險減少。

5. 由於各部門現金位置由「中心化的現金管理部門」統籌管理，使公司在通貨轉換 (Currency Conversion) 方面，因資金集中而能發揮經濟規模 (Economy of Scale) 效益，因而得以減少交易成本。

6. 若各部門對同樣通貨持相反的資金部位，則中心化現金管理制度可以將收入與支出互抵，並只對淨額從事避險，如此可以減少公司的避險總金額及因避險所引起的交易成本。

7. 在全盤性的現金監督及管理之中，公司得以及早發現一些問題而進行矯正；同時，公司的許多決定，也得以整體公司的利益為考量基準。

8. 由單一部門專門從事現金管理，使該部門得以發揮專精而將工作做得更好。

今日世界由於匯率及利率的波動加劇，外部融資的需求未必總是獲得滿足，企業內部的組織日趨複雜以及愈來愈著重公司的獲利性，諸多現象使得「中心化的現金管理」有時變成企業不得不採用的一種制度。中心化的現金管理制度並非是說子公司內部大大小小的現金狀況，皆是由總公司統一指揮，而是說屬於較高層次的現金決策，才是由總公司統一監管，以求達到最適境界的效果。

第三節 現金管理最適化策略

跨國公司為達到最適的現金管理狀態，可以運用一些策略來改善公司的現金流入及流出的情形，這些策略包括：⑴加速現金流入，縮短現金收取的時間；⑵運用付款淨額化策略減少母子公司之間跨國資金移轉的總金額及成本；⑶調整子公司之間現金流入及流出的情形，以縮減公司的全面稅負；⑷管理受困資金，茲分別討論如下：

一、加速現金流入

跨國公司由於從事海外貿易，在貨款的收取上常因支票的遞送或是銀行的清算過程而須等候較久的時間，從進口商付款到出口商收到款項之間通常需要八到十個工作日，使得運送途中的現金，面臨損失利息及損失匯價的風險。有幾種方式可以加速現金流入，減少耽擱。⑴運用電匯方式 (Wire Transfer) 運送資金，但是銀行與銀行之間的電匯，有時並非操作的很有效率，耽擱、將款項送錯帳戶是偶會發生的一些操作上的問題。比較可靠的方法是使用 SWIFT (Society for Worldwide Interbank Financial Telecommunications) 系統，SWIFT 有標準化的國際訊息傳遞格式，並有一專屬的電腦網路系統支援資金移轉的訊息。SWIFT 網路系統連結北美、西歐及遠東地區九百家銀行，提供資金移轉、帳戶餘額、外匯交易等各項訊息傳遞的服務。跨國公司若要運用 SWIFT 系統，其所往來之銀行必須是 SWIFT 的用戶。⑵為減少支票及匯票在運送途中所耗費的郵寄時間 (Mail Float)，跨國公司可以在世界各地有其活動的地方建立郵政信箱 (Lockbox)，指示顧客將支票寄至該信箱號碼，每日跨國公司指定的銀行會一次或多次前往收取支票，並立即將支票存入公司的戶頭，如此可減少耽擱，使公司的資金獲得更有效率的運用。⑶跨國公司也可以透過預先授權付款方式 (Preauthorized Payment)，獲得顧客的授權，直接從顧客銀行帳戶上扣除其應繳的金額。

不論是採用何種方式達到加速現金流入的目的，跨國公司在收取國外貨款時都須藉助銀行的幫忙，因此必須要與銀行維持良好的關係。良好的銀行關係是跨國現金管理上重要的一環，可以使跨國公司以合理的價格獲得高品質的銀行服務。跨國公司監督銀行提供服務品質時，必須注意下列幾項：(1)保持適當家數的銀行提供服務。使用太多家銀行提供服務，浪費公司的資源，除了付給銀行本身的費用增加，資金管理上也缺乏聯繫，以致造成閒置資金 (Idle Cash)，同時由於資金分散，利率及匯率的取得上，也可能獲得較差的報價。(2)小心追蹤銀行服務索取的直接及間接成本。銀行服務直接成本包括利率、匯率的買賣價差，及手續費、佣金等。間接成本則包括顧客支票在郵寄途中所耗費的時間長短 (Check Float)，以及款項收到後記入公司帳上之前，因清算 (Clearing) 所需等候的時間 (Value-Dating Period) 等。有些開發中國家的銀行所要求的間接成本相當高，公司應小心監督，以免浪費了現金資源。(3)銀行是否提供即時報導服務。銀行在收到款項時，是否立刻將資訊傳送給公司？是否隨時給予公司通知，使其瞭解帳戶餘額狀態？銀行在報導資訊方面造成耽擱，會使公司產生閒置資金，而造成現金管理缺乏效率。

運用付款淨額化策略 (Payments Netting)

跨國公司在原料、半成品、零件等的購買及成品的銷售方面，有極大比例是屬於內部交易；也就是說，製造子公司 (Manufacturing Subsidiary) 常向母公司或其他子公司購買原料、零件及半成品，也常將製成的產品銷售給母公司或其他子公司。由於有這些內部交易，使得公司內部跨國資金移轉 (Internal Cross-Border Fund Transfers) 相當頻繁。資金在國際間的匯送牽涉到管理及交易成本，這些交易成本包括匯率的買賣價差 (Foreign Exchange Bid-Ask Spread)、資金在運送途中耗時而損失的利息 (Opportunity Cost of Float)、電匯資金所使用的電纜費用 (Cable Charges) 以及銀行索取的手續費等。跨國資金移轉的總交易成本估計大概是所運送資金金額的 0.25% 到 1.5%，因此若匯送 100 萬美金到國外，則總交易成本最高可達 15,000 美元。

付款淨額化 (Payments Netting) 策略可以幫助減少跨國公司內部資金移轉

的交易成本，此方法可以分為雙邊淨額化 (Bilateral Netting) 及多邊淨額化 (Multilateral Netting) 兩種。雙邊淨額化牽涉到跨國公司內部兩個單位之間的資金往來；例如，某跨國公司瑞士子公司向其法國的子公司購買 200 萬美元的零件，同時又將 150 萬美元的成品賣給法國的子公司，若不採用雙邊淨額法，則總共需要匯送的金額是 350 萬美元，採用雙邊淨額法，則只需要由瑞士的子公司匯送 50 萬美元給法國的子公司，如此則節省了相當多的交易成本。多邊淨額化的策略，是運用在跨國公司內部更多單位之間的資金移轉方面，因此較雙邊淨額化策略更複雜一些，茲描述如下：

多邊淨額化策略 (Multilateral Netting)

若某美商公司有子公司分別設於英國、德國、法國及瑞士，各子公司之間資金移轉的情形如圖 15–3 所示：

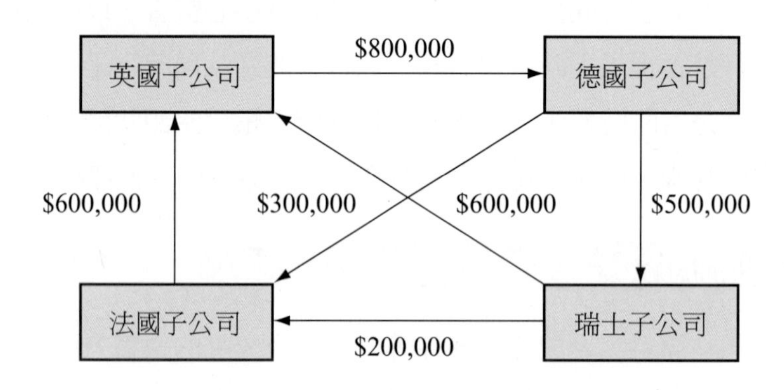

圖 15–3　多邊淨額化策略

根據圖 15–3 所示，若該公司不採用付款淨額化策略，則需要透過銀行移轉的資金總額為 $3,000,000，而公司若運用多邊淨額化策略，則各子公司的收支情形如下：

英國子公司：

$600,000(收入) + $300,000(收入) + (−$800,000)(支出) = $100,000

德國子公司：

$800,000(收入) + (− $500,000)(支出) + (− $600,000)(支出)

= –$300,000

法國子公司：

$600,000(收入) + $200,000(收入) + (– $600,000)(支出) = $200,000

瑞士子公司：

$500,000(收入) + (–$300,000)(支出) + (– $200,000)(支出) = $0

由上述得知，採用多邊淨額化策略，該公司需要透過銀行移轉的資金總額為 $300,000，即德國子公司付款 $100,000 給英國子公司，並付款 $200,000 給法國子公司，如此可以省卻買賣外匯的交易成本，同時也可以省掉銀行移轉資金所索取的費用。許多公司發現，採用付款淨額化策略使得公司在外匯交易成本及銀行移轉費用方面的節省，平均大約是 $100 可以節省 $1.5。

跨國公司若是已建立中心化的現金管理系統，則付款淨額化策略 (Netting) 得以順利推展。大多數公司的付款淨額化策略是以每月循環一次的方式進行。例如，某公司要求其各個子公司，在每月 15 號之前，將該月將到期的各項應付帳款及應收帳款的金額資料，送至總公司所設置的外匯清算中心 (Currency Clearing Center) 或是淨額中心 (Netting Center)，外匯清算中心再將所有的應付及應收帳款，按照 15 日的即期匯率，全部換算成某一共同通貨等值（例如美元），經 Netting 處理之後，通知各子公司其所應付的外匯淨額，並告知應付給那一方。子公司收到通知後，須負責通知收款的對方，並負責購買及運送外匯給對方，假設以當月的第 25 日為結清日 (Settlement Date)，若 25 日的匯率與 15 日的匯率（即外匯清算中心所依據的匯率）不同，則所產生的外匯利得或損失歸在付款子公司的帳上。

跨國企業在運用付款淨額化策略之前，要先弄清楚是否受到地主國政府任何法令的限制，一些開發中國家因為施行外匯管制而禁止 Netting，有些則要求企業要先獲得金融當局的許可才得從事 Netting。在有管制的情況下，企業多邊淨額化策略只能在部分的子公司之間運用，因而使其所能節省的管理及交易成本的範圍縮小。

調整子公司間現金流動以縮減稅負 (Minimizing Overall Tax Payment)

跨國企業的現金管理政策，要以增加公司全面的現金流（即減少公司全面的稅負）為目標，因此在各國不同的稅率制度之下，調整各子公司之間現金流入及流出的情形，可以達到節稅的目的。例如，若子公司位於高稅率國家，則母公司應儘量少提供貸款給該子公司，而讓該子公司在當地融資，因為利息費用可以減稅。又如子公司的地主國政府對子公司匯送盈餘回母公司課徵高額的預扣稅，則母公司可以安排子公司將盈餘保留在當地，尋求在當地的投資機會，例如，設立一研究發展部門，可以使公司整體受益，且可以規避繳交過高的稅負給地主國。另外，跨國公司也可以運用移轉訂價策略 (Transfer Pricing Policy)，將資金導向低稅率所在地的子公司，使公司全面稅負得以降低。

管理受困資金 (Managing Blocked Funds)

跨國企業子公司可匯送回母公司的資金，或子公司與子公司之間的資金移轉，有時會因地主國施行外匯或資本管制政策而成為受困資金 (Blocked Funds)。地主國若有嚴重外匯流失而造成外匯或資本短缺現象，且無法從國際大銀行獲得貸款援助，又無法吸引新的跨國企業到當地投資，為阻絕外匯或資本進一步流失，有可能突然宣布當地通貨禁止轉換成外幣的政策。當子公司可供利用資金變成受困資金，跨國公司應如何將受困資金在當地作最有效率的運用，或是利用策略將受困資金移轉到其他國家，管理者應就此事預先思量並作好未雨綢繆的工作。基本上，管理受困資金有若干方法可採行，如下所述。

採用分項匯送的方法 (Unbundling)

通常資金受困的情形嚴重性不一，最嚴重的情況是當地通貨完全禁止轉換成外幣，有些地主國政府則只是要求資金匯送到國外要先獲得當局的許可，地主國政府並依企業申請購買外匯的用途排定發給許可的優先順序。由於子公司匯送給母公司的資金，大致是依照下列項目：(1)股利分配；(2)貸款利息與本金的償還；(3)權利金、技術管理費用，及一般管理費用的給付；(4)購買母公司原料及半成品的付費。從地主國政府的觀點來看，子公司最不重要的使用外匯的理由，即是匯送股利給母公司，因此該項目最容易成為受困資金。然而，子公司匯送給母公司的資金中，通常是以股利分配佔最大金額，為了預防大筆的股利成為受困資金，跨國企業平日即應儘量將股利部分的匯送金額，分配到其他各匯送項目，以使在地主國外匯或資本管制政策下，首當其衝的股利部他金額極小化，此種方法稱之為分項匯送法(Unbundling Approach)。

移轉訂價策略 (Transfer Pricing Policy)

移轉訂價策略是將子公司與母公司或其他相關子公司之間產品、原料，或半成品的買賣價格作一番調整，使受困資金地區子公司的銷售價格降低，購買價格提高，以降低該子公司的利潤，如此則等於將受困資金移轉出該國。移轉訂價策略將在本章第四節中再作詳細討論。

將受困資金作最有效率的運用 (Making Efficient Use of Blocked Funds)

受困資金若無法透過分項匯送法或移轉訂價策略離開地主國，則跨國企業必須想辦法將受困資金在地主國當地作最有效率的運用，例如在當地尋求較好的投資機會，或成立研究發展部門，消耗當地的資金，使母公司或其他子公司受惠。跨國企業也可選擇在當地召開總公司年會，以子公司受困資金來支付年會的各項開銷及費用，節省了母公司的經費支出。

第三節　短期資金的管理

跨國現金管理的主要工作，除了建立適當的現金管理系統，將資金在子公司之間作最適分配運送之外，還包括如何將短期剩餘資金 (Short-Term Surplus Funds) 作最適投資。為了有效率地管理短期資金，跨國企業各子公司必須要做好幾項工作：(1)根據過去的經驗及目前的預算情況，對未來短期的現金需求作出一份預測報告；(2)估計出公司在未來期間的最小必要營運現金餘額 (Minimum Required Operating Cash Balance)，在作這些預測與估計時，公司要考慮通貨膨脹可能產生的效果以及匯率變化對現金流量造成的影響。

短期剩餘資金可以用來購買貨幣市場的工具，但貨幣市場工具眾多，如何從中選擇最適投資組合，考驗管理者的智慧與經驗；而地主國政府是否開放每一項貨幣市場工具供外國企業投資也是管理者所要考慮的另一項因素。通常，各國可供投資的貨幣市場工具包括有國庫券 (Treasury Bills)、商業本票 (Commercial Paper)、銀行承兌匯票 (Bankers' Acceptance) 等等。

跨國企業為了要將整體公司的短期剩餘資金作全球性規劃的最適投資，必須要建立起一套即時報導系統。通常在中心化的現金管理制度 (Centralized Cash Management System) 之下，報導系統的功能才得充分發揮。企業可以建立全球性 (Global) 或者只是地區性 (Regional) 的現金管理中心，負責中心化的現金蓄池 (Centralized Cash Pool or Centralized Cash Depository) 的管理，令各子公司每日向現金管理中心報導其當日及未來數日的現金流入及支出情形，而現金蓄池的管理者則將各子公司的現金狀況綜合整理，算出整體或局部部門的現金盈虧情形。若是屬現金短缺狀態，則管理者須決定如何籌措資金；若是有剩餘資金，則須決定將過剩資金投資於何種貨幣市場工具。由於有現金蓄池的建立，跨國企業得以將現金報導系統，或稱現金流通系統 (Cash Mobilization System) 的功效充分發揮，作好其短期資金的管理工作。

跨國企業運用現金報導及流通系統來管理短期資金的過程，可以舉例說明如下：

【例】假設某跨國公司在新加坡成立一地區性的現金蓄池 (Cash Pool or Cash Depository)，負責亞洲地區各子公司（包括香港、新加坡、臺灣、日本）的現金規劃、預算及投資融資工作。每日各子公司向新加坡管理中心報導其當日的淨現金餘額（即是已將當日所有收入及支出帳目結清後的餘額），所有餘額皆是以一共同通貨

（例如美元）報導，匯率則是由新加坡現金蓄池管理者所指定。假設各子公司交與新加坡現金蓄池的現金狀況報導如表 15–1 所示：

表 15–1 亞洲中心化現金蓄池各子公司每日現金報告表
(20××年 8 月 2 日，US$,000 Omitted)

子公司：香港				子公司：臺灣			
現金部位：+400				現金部位：+300			
未來五天預測如下：				未來五天預測如下：			
日期	收入	支出	淨額	日期	收入	支出	淨額
8 月 3 日	880	400	+480	8 月 3 日	340	100	+240
8 月 4 日	760	1,160	−400	8 月 4 日	760	300	+460
8 月 5 日	900	770	+130	8 月 5 日	200	370	−170
8 月 6 日	950	690	+260	8 月 6 日	350	230	+120
8 月 7 日	600	520	+80	8 月 7 日	200	300	−100
子公司：新加坡				子公司：日本			
現金部位：+100				現金部位：−200			
未來五天預測如下：				未來五天預測如下：			
日期	收入	支出	淨額	日期	收入	支出	淨額
8 月 3 日	100	60	+40	8 月 3 日	500	600	−100
8 月 4 日	160	220	−60	8 月 4 日	180	200	−20
8 月 5 日	250	420	−170	8 月 5 日	600	420	+180
8 月 6 日	200	300	−100	8 月 6 日	475	500	−25
8 月 7 日	500	400	+100	8 月 7 日	390	400	−10

表 15–1 包含各子公司當日（8 月 2 日）清算後的現金餘額及對未來五天的現金收支預測。資料顯示 8 月 2 日當天，香港子公司有剩餘資金 $400,000，臺灣子公司有過剩資金 $300,000，新加坡子公司有剩餘資金 $100,000，而日本子公司則透支 $200,000。新加坡現金蓄池的管理者將各子公司現金部位加

總整理後，進一步列出的資料，如表 15–2 所示：

表 15–2　亞洲中心化現金蓄池各子公司加總現金部位餘額
(20××年 8 月 2 日，US$,000 Omitted)

子公司	當日餘額	最小必要營運現金餘額	過剩或不足資金餘額
香　港	+400	250	+150
臺　灣	+300	200	+100
新加坡	+100	150	−50
日　本	−200	300	−100
亞洲地區餘額			+100

表 15–2 包含各子公司當日現金餘額，應每日營運需求而須保持的最小必要現金餘額，及所導出的過剩資金或透支部分餘額。表 15–2 顯示，考慮過整個亞洲地區各子公司所需的最小必要營運現金需求之後，可知 8 月 2 日尚有剩餘資金 $100,000 可供利用。現金蓄池的管理者則再進一步決定如何將此筆短期資金作適當投資，表 15–1 中所列各子公司對未來五天現金收支狀況的預測有助於管理者在這方面作決策。管理者可將各子公司未來五天現金收支狀況預測整理如表 15–3 所示：

表 15–3　亞洲中心化現金蓄池各子公司未來五天現金狀況預測

子公司	8 月 3 日	8 月 4 日	8 月 5 日	8 月 6 日	8 月 7 日	五日加總
香　港	+480	−400	+130	+260	+80	+550
臺　灣	+240	+460	−170	+120	−100	+550
新加坡	+40	−60	−170	−100	+100	−190
日　本	−100	−20	+180	−25	−10	+25
亞洲地區預測總額	+660	−20	−30	+255	+70	+935

根據表 15–3 所列的亞洲地區未來五日每日的現金狀況預測總額，得知公司在未來五日將會有充足的現金，因此 8 月 2 日的剩餘資金 $100,000，在

未來五日不用擔心會被公司動用到，因此新加坡管理中心可以將這筆資金作至少五天的投資。

第四節 移轉訂價策略

移轉價格 (Transfer Price) 是關係企業彼此間銷售商品、勞務或提供技術專利權等所訂出的價格，此價格與臂長價格 (Arm's Length Price) 相對應，因臂長價格是非關係企業對彼此買賣的商品、勞務或無形資產所訂的價格。縱使是純國內企業 (Purely Domestic Corporation)，對於母公司與子公司之間，或是子公司彼此之間貿易標的移轉價格的設定，都有相當的困難決定一套令各方都滿意的系統，更何況跨國企業還牽涉到資金跨國界的移轉，因此更增添了一些複雜的考量因素，包括各國所得稅率的不同、關稅的課徵，以及外匯及資本的管制等，這些因素有時還會產生彼此衝突性的效果，使得跨國企業移轉訂價策略 (Transfer Pricing Policy) 的建立更趨不易。

一般而言，跨國移轉訂價策略的運用，可以幫助公司達到資金移轉、全面所得稅負減少的目的，但也可能引起所繳交給地主國政府的進口關稅提高，或是子公司績效評估被擾亂等負作用，茲將跨國移轉訂價策略所引起的效果描述如下：

資金移轉的效果 (Funds Transferring Effect)

跨國企業兩子公司之間，一方有過剩資金，而另一方資金不足，為免透支的一方向外部融資，因而負擔過高的融資成本，跨國企業可以運用移轉訂價策略，將資金由充裕之一方導向不足之一方。假設此兩子公司之間有商品或勞務的買賣行為，移轉訂價策略是儘量使資金充裕一方的賣價降低，而買價提高，如此則可將資金移轉給透支的一方。

所得稅的效果 (Income Tax Effect)

由於各國稅率不同，跨國企業若想降低公司全面的所得稅負，可以運用移轉訂價策略，將盈餘從高稅率國家導向低稅率國家，使公司全面的稅負降低。舉例來說，若子公司甲位於 A 國（稅率為 50%），子公司乙位於 B 國（稅率 30%），甲公司向乙公司購買一批產品，移轉價格原本為 $100,000，乙公司生產產品的成本為 $60,000，而甲公司將產品賣給非相關企業的瞖長價格為 $160,000，假設甲、乙公司的營業費用各自為 $10,000。若跨國企業想要降低公司全面的所得稅負，可以將甲公司購買的移轉價格抬高，例如將之提高到 $130,000，此種政策稱之為高差價政策 (High Mark-Up Policy)，相對於原來的低差價政策 (Low Mark-Up Policy)，可以使公司全面的所得稅負降低，其效果如表 15–4 所示：

表 15–4　移轉訂價策略的所得稅效果

	甲公司	乙公司	甲、乙公司項目加總
低差價策略：			
銷貨收入	$160,000	$100,000	$160,000
		(60,000)	(60,000)
減：銷貨成本	(100,000)	$40,000	$100,000
減：營業費用	(10,000)	(10,000)	(20,000)
應稅所得	$50,000	$30,000	$80,000
減：所得稅 (50%/30%)	(25,000)	(9,000)	(34,000)
淨利	$25,000	$21,000	$46,000
高差價策略：			
銷貨收入	$160,000	$130,000	$160,000
減：銷貨成本	(130,000)	(60,000)	(60,000)
毛利	$30,000	$70,000	$100,000
減：營業費用	(10,000)	(10,000)	(20,000)
應稅所得	$20,000	$60,000	$80,000
減：所得稅 (50%/30%)	(10,000)	(18,000)	(28,000)
淨利	$10,000	$42,000	$52,000

註：乙公司的銷貨收入即是甲公司的銷貨成本。

由表 15–4 得知，在此例中高差價政策的移轉訂價，使得甲、乙兩公司加總的所得稅節省了 \$6,000(\$34,000 − \$28,000)，或加總的淨利增加了 \$6,000。

關稅的效果 (Tariff Effect)

在上例中公司採用高差價策略以達到節稅的目的，須留意地主國政府是否課徵關稅，關稅的課徵對公司節稅效果可能會產生沖銷作用。援用前例並假設 A 國政府對甲公司進口的產品課徵 10% 的進口稅，其影響如表 15–5 所示：

表 15–5　移轉訂價策略的關稅效果

	甲公司	乙公司	甲、乙公司項目加總
低差價策略：			
銷貨收入	\$160,000	\$100,000	\$160,000
減：銷貨成本	(100,000)	(60,000)	(60,000)
進口稅 (10%)	(100,000)	—	(10,000)
毛利	\$50,000	\$40,000	\$90,000
減：營業費用	(10,000)	(10,000)	(20,000)
應稅所得	\$40,000	\$30,000	\$70,000
減：所得稅 (50%/30%)	(20,000)	(9,000)	(29,000)
淨利	\$20,000	\$21,000	\$41,000
高差價策略：			
銷貨收入	\$160,000	\$130,000	\$160,000
減：銷貨成本	(130,000)	(60,000)	(60,000)
進口稅 (10%)	(13,000)	—	(13,000)
毛利	\$17,000	\$70,000	\$87,000
減：營業費用	(10,000)	(10,000)	(20,000)
應稅所得	\$7,000	\$60,000	\$67,000
減：所得稅 (50%/30%)	(3,500)	(18,000)	(21,500)
淨利	\$3,500	\$42,000	\$45,500

表 15-5 得知，關稅的課徵使得公司運用高差價政策而增加的淨利總額為 $4,500，相較於前述只考慮所得稅的例子，減少了 $1,500。

管理者績效評估擾亂效果 (Performance Evaluation Disruption Effect)

移轉訂價策略的運用，可能會造成施行非中心化現金管理系統的跨國公司難以評斷其各子公司的績效表現，乃因移轉價格的改變，使得各子公司的銷貨收入、成本、及利潤狀況受到改變，連帶影響各子公司的匯率風險受曝程度、避險措施的採用及其成果表現，以及其他相關的營運績效表現。因此母公司在運用移轉訂價策略的同時，也要訂定一套準繩來衡量管理者真正的表現，以免管理者失去誘因而不再願為公司利益作最佳的努力。

大多數的國家都知曉跨國企業有可能運用移轉訂價策略來規避所得稅，因此許多國家已設定法條來規範移轉價格；例如，美國的國稅局 IRS 設定 482 規範 (Section 482)，要求關係企業之間產品的買賣價格要以臂長價格為準，若 IRS 質疑某企業有運用移轉價格逃稅的嫌疑，則證明自己無罪的責任 (Burden of Proof) 是落在企業身上。跨國企業有鑒於此，對於標準化產品在相關企業之間的買賣，傾向於使用臂長價格，但仍有許多空間運用移轉價格來節稅。此乃因相關企業之間互相買賣的很多零件及半成品，很可能有其獨特的規格與性質，難以在市場上找到可比較的產品；而與專利權、技術有關的權利金、管理費用等價格的設計，則更是難以找到單一的標準衡量之。

摘要

本章重點置於探討跨國企業現金管理的方法與策略。本章首先介紹跨國企業內部與外部資金往來的情形，以及「中心化現金管理系統」的運作及優點。本章接著探討跨國公司在正常營運狀態下或有資金受困在地主國時，如何運用策略使公司的成本、稅負，及損失減至最低。本章並舉例說明，如何在母子公司之間將短期資金作最有效率的調配、管理與運用，本章最後闡述移轉訂價策略所能帶給公司的助益以及可能引起的若干負面效果。

臂長價格	(Arm's Length Price)
雙邊淨額化	(Bilateral Netting)
現金蓄池	(Cash Pool or Cash Depository)
中心化現金管理系統	(Centralized Cash Management System)
高差價政策	(High Mark-Up Policy)
延遲收付	(Lagging)
提前收付	(Leading)
低差價政策	(Low Mark-Up Policy)
多邊淨額化	(Multilateral Netting)
付款淨額化	(Payments Netting)
移轉訂價策略	(Transfer Pricing Policy)
分項匯送	(Unbundling)

Al-Eryani, Mohammad F., Pervaiz Alam, and Syed H. Akhter, "Transfer Pricing Determinants of U.S. Multinationals", *Journal of International Business Studies*, Third Quarter 1990, pp. 409–425.

Arpan, Jeffrey S., "International Intracorporate Pricing: Non-American Systems and Views", *Journal of International Business Studies*, Spring 1972, pp. 1–18.

Arvari, M., "Efficient Scheduling of Cross-Border Cash Transfers", *Financial Management*, Summer 1986, pp. 40–49.

Barrett, M. Edgar, "Case of Tangled Transfer Price", *Harvard Business Review*, May/June 1977, pp. 20–36, 176–178.

Benvignati, A. M., "An Empirical Investigation of International Transfer Pricing by U.S. Manufacturing Firms", in *Multinationals and Transfer Pricing*, A. M. Rugman and L. Eden, eds., New York: St. Martin's Press, 1985.

Bergendahl, Goran, "Multi-Currency Netting in a Multi-National Firm", in *International Financial Management*, Goran Bergendahl, ed., Stockholm: Norstedts, 1982, pp. 149–173.

Burns, Jane O., "Transfer Pricing Decisions in U.S. Multinational Corporations", *Journal of International Business Studies*, Fall 1980, pp. 23–39.

Business International, *Automating Global Financial Management*, Morristown, N.J.: Financial Executives Research Foundation, 1988.

Crum, Roy L., and Lee A. Tavis, "Allocating Multinational Resources When Objectives Conflict: A Problem of Overlapping Systems", *Advances in Financial Planning and Forecasting*, vol. 4, part B, 1990, pp. 271–294.

Fowler, D. J., "Transfer Prices and Profit Maximization in Multinational Enterprise Operations", *Journal of International Business Studies*, Winter 1978, pp. 9–26.

Granick, David, "National Differences in the Use of Internal Transfer Prices", *California Management Review*, Summer 1975, pp. 28–40.

Kim, Senug H., and Stephen W. Miller, "Constituents of the International Transfer Pricing

Decision", *Columbia Journal of World Business*, Spring 1979, pp. 69–77.

Kopits, George F., "Intra-Firm Royalties Crossing Frontiers and Transfer-Pricing Behavior", *Economic Journal*, December 1976, pp. 791–805.

Lecraw, D. J., "Some Evidence on Transfer Pricing by Multinational Corporations", in *Multinationals and Transfer Pricing*, A. M. Rugman and L. Eden, eds., New York: St. Martin's Press, 1985.

Masson, Dubos J., "Planning and Forecasting of Cash Flows for the Multinational Firm: International Cash Management", *Advances in Financial Planning and Forecasting*, vol. 4, part B, 1990, pp. 195–228.

Mirus, Rolf, and Bernard Yeung, "The Relevance of the Invoicing Currency in Intra-Firm Trade Transactions", *Journal of International Money and Finance*, vol. 6, no. 4, December 1987, pp. 449–464.

Ness, Walter L., Jr., "U.S. Corporate Income Taxation and the Dividend Remittance Policy of Multinational Corporations", *Journal of International Business Studies*, Spring 1975, pp. 65–77.

Plassschaert, S. R. F., "Transfer Pricing Problems in Developing Countries", in *Multinationals and Transfer Pricing*, A. M. Rugman and L. Eden, eds., New York: St. Martin's Press, 1985, pp. 247–266.

Pugel, Thomas, and Judith L. Ugelow, "Transfer Pricing and Profit Maximization in Multinational Enterprise Operations", *Journal of International Business Studies*, Spring/Summer 1982, pp. 115–119.

Soenen, L. A., "International Cash Management: A Study of Practices of U.K.-Based Companies", *Journal of Business Research*, August 1986, pp. 345–354.

_____, and Raj Aggarwal, "Corporate Foreign Exchange and Cash Management Practices", *Journal of Cash Management*, March-April 1987, pp. 62–64.

Srinivasan, VenKat, Susan E. Moeller, and Yong H. Kim, "International Cash Management: State-of-the-Art and Research Directions", *Advances in Financial Planning and Forecasting*, vol. 4, part B, 1990, pp. 161–194.

Srinivasan, VenKat, and Yong H. Kim, "Payments Netting in International Cash Management: A Network Optimization Approach", *Journal of International Business Studies,* Summer 1986, pp.1–20.

Transfer Pricing, and Multinational Enterprises, *Report of the OECD Committee on Fiscal Affairs*, Paris: Organization for Economic Cooperation and Development, 1979.

UNCTAD (United Nations Commission on Trade and Development), *Dominant Positions of Market Power of Transitional Corporations: Use of the Transfer Pricing Mechanisms*, Geneva: UNCTAD/ST/MD/6, 1977.

Yunker, Penelope J., "A Survey of Subsidiary Autonomy, Performance Evaluation and Transfer Pricing in Multinational Corporations", *Columbia Journal of World Business*, Fall 1983, pp. 51–64.

______, *Transfer Pricing and Performance Evaluation in Multinational Corporations: A Survey Study*, New York: Praeger, 1982.

第十六章

跨國企業稅務規劃

第一節　世界主要國家稅制的一般特性

第二節　計算應稅所得一般抵扣項目分配原則概述

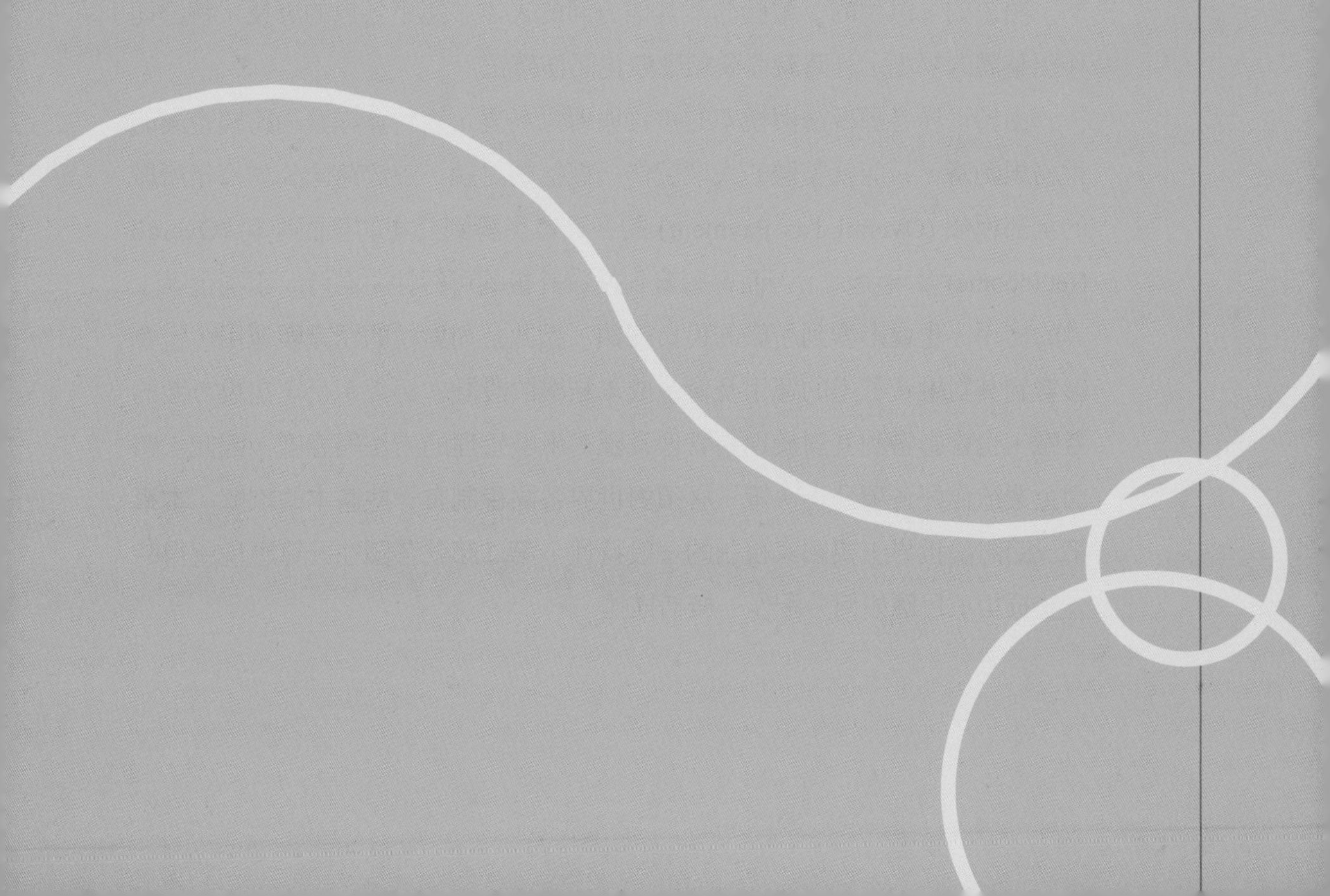

本章重點提示

- 公司所得稅率差異的原因
- 積極性所得 vs. 消極性所得
- Subpart F 條款
- Section 956A 條款
- 國外已繳稅金抵減及預扣稅

俗話說，人一生中大概難逃兩件事情，一是死亡，二是繳稅。既然躲不掉死亡，只有好好的規劃人生，使人生快樂充實，並力求保健，以延後大限的日子。既然無法不繳稅，只有作好稅務規劃，並力求瞭解各國的稅法及施行細則，利用各種可行的管道，使個人或公司的稅負減至最低。

稅務規劃 (Tax Planning) 的目的，是要能正確地解釋法律，並合法地避免繳納不必要的稅負。稅務規劃對跨國企業而言，是極端複雜而又極其重要的一件事。各國稅法與稅率的適用範圍五花八門，稅法時有修改，稅率時有變動，要能完全掌握稅務規劃的藝術，運籌帷幄，達到最適境界絕非易事。跨國企業必須仰賴一個稅務規劃的群體，群體中有各方面的長才，包括法律的、語言的、財稅的、電腦的及其他方面的人才，運用各自的專長，替公司作出整體的規劃，且時時需要順應變化而作修正。

由於世界各國稅法與稅率的複雜與瞬息多變，教科書在談論跨國企業的稅務規劃時，只能就整體的大環境作一概括的討論。由於跨國公司每年所繳的全部稅額 (Overall Tax Payment) 的多寡會影響到公司的全面淨利 (Overall Net Income) 及現金流，因而會影響到投資計畫的可行性；同時，不同金融工具的使用，也會影響到所繳的稅負總額，因此公司對稅的認識與運用，也會影響到其對融資管道的運用及資金成本結構的設計。另外，公司在稅方面的考慮，也會影響到其對於現金管理及匯率風險管理的方法與態度。因此，跨國企業欲作好各項公司決策，必須對世界各國稅制有一些基本的瞭解。本章第一節討論世界主要國家稅制的一般特性，第二節就各國在計算應稅所得時一些抵扣項目應如何分配作一概括描述。

第一節 世界主要國家稅制的一般特性

世界各國的稅制與稅率分歧複雜，政府仰賴的主要稅收來源也不大一樣。例如，美國的公司所得稅最高邊際稅率是 35%，而其聯邦政府主要的稅收來源是屬於直接稅的公司所得稅 (Corporate Income Tax) 及個人綜合所得稅 (Individual Income Tax)。其他各國的稅率有高有低，例如臺灣的公司所得稅最高邊際稅率是 25%，德國則是 45%，而巴哈馬群島 (The Bahamas) 及蓋門島 (The Cayman Islands) 等屬於稅的庇護所 (Tax Haven) 地區，不課徵公司所得稅。有些國家的稅收來源中，間接稅（例如附加價值稅 (Value-Added Tax)、銷售稅 (Sales Tax) 及消費稅 (Excise Tax) 等）佔了相當重要的比率，例如法國、丹麥、挪威等國家。

跨國公司在作國際稅務規劃時，應對各國公司所得稅的處理方式及其他與稅有關的常識多所瞭解，這些包括：

1. 公司所得稅
2. 預扣稅
3. 營業虧損抵前或抵後
4. 租稅協約
5. 國外已繳稅金抵減

公司所得稅 (Corporate Income Tax)

公司所得稅的課徵，可以因國度、因公司的組織形態、因所得的歸類以及因投資工具的不同而大異其趣。首先，以國度而言，在過去，高度工業化國家傾向於課徵高所得稅，而開發中國家的稅率一般則偏低；但近年來，世界各國的公司所得稅率有逐漸拉近的趨勢，即是已開發國家傾向於逐漸降低稅率而開發中國家則傾向於逐步調高稅率。表 16–1 列出世界各主要國家的公司所得稅率，由表 16–1 可看出，世界各國所課徵的公司所得稅率差異仍然不算小，可以從零稅率到55%。

表 16–1　世界各主要國家公司所得稅率

國　家	稅　率	國　家	稅　率	國　家	稅　率
阿根廷	35%	香　港	16	菲律賓	35
澳大利亞	30	匈牙利	18	葡萄牙	33
奧地利	34	印　度	36	波多黎各	23.8
比利時	40	印　尼	30	沙烏地阿拉伯	45
巴　西	34	愛爾蘭	16	新加坡	25
加拿大	26	義大利	40	南　非	38
中國大陸	33	牙買加	33.3	西班牙	35
哥倫比亞	35	日　本	42	瑞　典	28
哥斯大黎加	30	肯　亞	35	瑞　士	25
捷　克	39	韓　國	30	臺　灣	25
丹　麥	30	科威特	55	泰　國	30
埃　及	42	盧森堡	33	土耳其	33
芬　蘭	28	馬來西亞	28	英　國	30
法　國	34	墨西哥	35	美　國	35
德　國	25	荷　蘭	35	委內瑞拉	34
希　臘	35	紐西蘭	33	越　南	25
宏都拉斯	35	挪　威	28		

資料來源：根據 International Tax Summaries, Coopers & Lybrand International Tax Network, Editor: George J. Yost, III, John Wiley & Sons, Inc. 及 Price Waterhouse, Corporate Taxes: A Worldwide Summary, Information Guide, 2002 edition 整理而得。

除了國度以外，公司組織形態的不同，也會使其受制於不同的課稅方式及稅率。以美國為例，美國母公司在國外設立的分支機構，可採三種組織形態：(1)國外分公司 (Foreign Branch)，即是依據美國公司法所成立，設於國外，與母公司不相分離的法律實體。(2)國外子公司 (Foreign Subsidiary)，是指依據國外的公司法所成立的與母公司互為獨立法律實體的經濟單位。子公司也可說是母公司所擁有的控制型外國公司 (Controlled Foreign Corporation, CFC)，即是該外國公司 50% 以上的所有權由美國母公司獨自掌控，或與其他的美國股東共同掌控；控制型外國公司若是由多個美國股東共同掌控（50% 以上的所有權），則其中任一股東的控制權，不得少於 10%。⑶國外附屬公司 (Foreign Affiliate)，乃母公司所擁有的非控制型外國公司 (Uncontrolled Foreign Corporation)，該外國公司 10% 至 49% 的所有權由母公司掌控。美國政府對於國外分公司、子公司及附屬公司的盈餘，採用不同的課稅方法；分公司 (Branch) 當年度的國外應稅所得不論是否匯回母公司，都被視為母公司已賺得的所得，必須在當年度完全納入母公司應稅所得中一併計算稅負；分公司的損失，也可在當年度用來沖銷母公司的部分稅負。子公司 (Subsidiary) 在國外所賺得的盈餘應繳的稅，可以延後到該筆盈餘以股利方式匯回母公司時才繳，不必在賺得當年即行繳稅；子公司對於母公司所提供服務給予的報償，也是在報償匯送回母公司時才課稅；另外子公司若有虧損，則須等到子公司結束營業時才能被美國稅法允許認列該筆虧損。附屬公司 (Affiliate) 的所有盈餘，也是比照子公司，在匯送回美國母公司時才會被美國政府課稅。不過，1986 年美國稅法改革後，子公司或附屬公司所得中若有屬於 Subpart F Income 的部分，則雖未匯回美國母公司，也要在賺得當年度繳稅。

由於美國稅法對於國外分公司、子公司與附屬公司的應稅所得課稅方式有別，使得跨國公司的管理者在成立國外分部之初，必須先估量一下新成立的海外部門在最初幾年是否連年會有損失，若是如此，則應考慮以分公司方式創立，如此可以將損失併入母公司的應稅所得中，減少母公司的課稅所得。若開始即以子公司方式成立，則最初經營上的損失恐怕無法用來抵減母公司的所得稅。美國一般的跨國公司 (Nonfinancial Corporations) 較常以子公司方式創立其國外分部，但美國的金融機構 (Financial Institutions) 則慣以分公司方式成立其國外營業單位。

美國政府對於美國母公司國外營業單位所得的課稅，除了根據分支機構的組織形態訂定不同的課稅辦法，自 1986 年稅法改革以後，也根據國外所得的分類作不同的課稅。基本上，國外所得可以分為積極性所得 (Active Income) 與消極性所得 (Passive Income)，而根據美國 1986 年的稅務改革法案 (Tax Reform Act of 1986, TRA)，積極性所得與消極性所得描述如下：

1.積極性所得：是指從積極的企業生產與銷售活動中所導出的所得，包括：

(a)從有生產與銷售活動的子公司所收到的股利

(b)從有生產與銷售活動的子公司所收到的管理費用

(c)從所有權 50% 以上的子公司所收到的利息收入

(d)有生產與銷售活動的分公司所創造的所得

2.消極性所得：是指從非積極性企業活動所導出的所得，包括：

(a)從所有權 10% 以下的公司所收到的股利

(b)從所有權 50% 以下的子公司或非關係企業所收到的利息收入

(c)從非積極性企業活動所收到的租金及權利金等

(d)從商品與外匯交易所獲取的淨利得

(e)從出售非具生產性功能不動產所獲取的所得

(f)外國基地公司 (Foreign Base Company) 的銷貨與勞務所得

(g)外國控股公司 (Foreign Holding Company) 的所得

Subpart F Income

早期美國的稅法，准許美國股東將其國外來源的所得 (Foreign-Source Income)，適匯回美國時才繳稅給美國政府，如此的法規自然是給跨國企業創造了避稅的空間。為避免企業將盈餘轉往低稅率國家以逃漏在美國該繳的稅負，美國在 1962 年修正稅法，訂出 Subpart F 條款，規定外國來源的所得雖可在匯回美國時才繳稅，但若該所得是 Subpart F Income，則須在賺得的當年度課稅。Subpart F 條款，主要是用來規範擁有控制型外國公司的美國股東。根據 Subpart F 條款，美國股東若是擁有控制型外國公司 (CFC)，則須將控制型外國公司的 Subpart F Income 按照其所控制的所有權比例，納入其在美國當年度的應稅所得中一起計算稅負。

控制型外國公司 (Controlled Foreign Corporation, CFC)：是指外國公司其所有權結構中，有 50% 以上 (More than 50%) 是由美國股東單獨或聯合控制，其中任何一個美國股東的控制權不得少於10%；所指的美國股東 (U.S. Shareholders)，包括美國公民、居民、合夥機構、信託機構或公司。

Subpart F Income 在賺得時即須繳稅給美國政府，Subpart F Income 中最重要的是外國基地公司所得 (Foreign Base Company Income)，包括下列三項：

1. 外國基地公司銷貨所得 (Foreign Base Company Sales Income)：國外子公司出售產品給相關企業，但所出售的產品，其生產及銷售地點皆是在該子公司所在地主國以外的其他地區，則該子公司的銷貨所得，稱之為外國基地公司銷貨所得。例如，美國母公司位於巴哈馬的子公司，向其中國大陸姊妹子公司購買零件，並銷售給美國的母公司，此零件既非在巴哈馬生產，也非在巴哈馬售出，因此巴哈馬子公司的銷貨所得為外國基地公司所得。

2. 外國基地公司勞務所得 (Foreign Base Company Service Income)：國外子公司提供勞務給相關企業，但此勞務的生產與售出地點，皆是在該子公司所在地主國以外的其他地區，則該子公司所售出的勞務所得，稱之為外國基地公司勞務所得。例如，美國母公司在蓋門島的子公司，出售勞務給韓國的子公司，但該勞務實際上是由該母公司在日本的子公司提供給韓國的子公司，如此則該勞務的生產與出售地，皆不是在蓋門島，因此蓋門島子公司的勞務所得，乃成為外國基地公司勞務所得。

3. 外國控股公司的所得 (Foreign Holding Company Income)：是指股利、利息、租金、權利金、商品與外匯交易淨利得、出售非具生產性功能的資產所獲取的所得等等。

由以上三點得知，屬於 Subpart F 類別的所得，大致是指外國基地公司的銷貨與勞務所得，以及外國控股公司（不具生產與銷售功能）的全部消極性所得。Subpart F 法則還包括幾項特別的條款，其中最重要的就是所謂的

「5–70 法則」，說明如下：

1.若當年度的 Subpart F Income 少於 100 萬美元或是少於母公司毛所得的 5%，則外國基地公司的所得可以視為零；若 Subpart F Income 超過母公司全部毛所得的 70%，則母公司國外子公司的全部毛所得皆被視為外國基地公司的所得；此即所謂的 5–70 法則。

2.若子公司所在地主國的稅率，是美國最高稅率的 90% 或以上，則 Subpart F 條款不適用於該子公司的所得，但石油相關的所得除外。

3.雖然根據 5–70 法則確認外國基地公司的所得時，都是以毛所得為參考依據，但所有適當的費用都可以預先扣除以導出真正需要在當年度納稅的外國基地公司所得。

Subpart F 條款使得跨國企業難以藉著在稅的庇護所地區成立控股公司來逃漏稅，或是運用移轉訂價策略 (Transfer Pricing Policy) 來達到同樣目的。另外，若控制型外國公司 (CFC) 的國外所得因地主國外匯管制政策而成為受困資金，則該所得可以免於 Subpart F 條款的規範。

Section 956A

根據美國 1993 年稅法 956A 條款，控制型外國公司 (CFC) 若擁有超額消極性資產 (Excess Passive Assets)，則超額消極性資產與累積盈餘兩者中較少的一項，要被當作「被認為已付的股利」(Deemed-Paid Dividends)，不論是否匯回母公司，都須包含在母公司當年度應稅所得中一併課稅。超額消極性資產的定義是 CFC 生產消極性所得的資產大於其總資產的 25% 的部分，即：

$$\text{超額消極性資產} = \text{消極性資產} - 25\% \times \text{CFC 的總資產}$$

而累積盈餘 (Accumulated Earnings) 則是指 CFC 在 1993 年 9 月 30 日以後累計到當年的盈餘。舉一例來說，若某 CFC 公司有總資產 $1,000,000，消極性資產 $600,000，及累積盈餘 $300,000。在 956A 條款規定之下，該 CFC 公司被當作「被視為已付的股利」的所得計算如下：

超額消極性資產 = \$600,000 − 25% × \$1,000,000 = \$350,000

「被視為已付的股利」所得部分 = \$350,000 及 \$300,000 兩者中較小者

= \$300,000

956A 條款當初設定的目的，是想藉著對 CFC 公司的額外課稅，使轉往美國境外投資的企業回籠，但一個意想不到的效果是，CFC 公司為了要避免繳納 35% 的美國稅率，反而更有意願將其消極性資產轉為積極性資產，而增加在地主國的投資。

國外銷售公司 (Foreign Sales Corporation)

美國的稅法衷情於降低稅率來鼓勵出口 (Exports)，自 1971 年，美國的稅法 (The Revenue Act of 1970) 即允許出口商建立一個部門稱之為本國國際銷售公司 (Domestic International Sales Corporation, DISC)，出口商經由與輸出有關的經濟活動而創造的所得可以累積在 DISC 中，享受較優惠的課稅待遇。由於 DISC 法則給予美國的出口商優惠競爭條件，引起其他國家的不樂意，認為美國違反其在關稅暨貿易總協定 (The General Agreement on Tariffs and Trade, GATT) 之下所做的承諾，因此美國在 1984 年廢除了 DISC，但是對於小的出口商，美國又根據稅務改革法案 (Tax Reform Act of 1984)，准許其創立國外銷售公司 (Foreign Sales Corporation, FSC)。FSC 必須在美國境外設立，而且要從事與輸出有關的特定的經濟活動，如此其外貿所得中的一部份（稱之為免稅外貿所得 (Exempt Foreign Trade Income)），可以享受免稅的待遇。

公司所得稅的課徵，除了因國度、公司的組織形態、所得的分類而有不同之外，各國對於不同形式的投資工具所得到的報酬，也是採用不同的課稅辦法或稅率。一般而言，利息所得的稅率要比股票報酬來得高，因為利息收入會定期收到，因此須按期繳稅；股票報酬若是以資本利得 (Capital Gains) 的形式實現，可以拖延實現的時間而延後繳稅 (Defer Tax)，再者，許多國家甚至對於長期資本利得完全不課稅，臺灣即是一例。

除了各種所得是否繳稅以及稅率有差異性之外，各國在計算應稅所得

時，那些項目可以作為抵扣項目也有不同的規定，然而，此項討論超出本章所能涵蓋之範圍，本章將僅就抵扣項目如何在跨國企業的母子公司之間作認列上的分配於第二節中作一描述。

預扣稅 (Withholding Tax)

子公司若要將可利用資金以股利、利息或權利金方式匯送回母公司，常會受到地主國政府課徵預扣稅。各國對不同國家子公司所課徵的預扣稅的稅率不盡相同，我們可以參考表 16–2 如下所示：

表 16–2　主要國家股利及利息預扣稅稅率

國　名	股利預扣稅稅率	利息預扣稅稅率
阿根廷	0%	12%
澳　洲	15	10
奧地利	5/12.5	0
巴哈馬	0	0
比利時	5/15	0/10
巴　西	15	25
加拿大	10/15	15
中國大陸	20	20
法　國	5/15	0
德　國	5/15	0
香　港	0	–
印　度	20	20
義大利	5/10/15	15
日　本	10/15	10
韓　國	10/15	12
盧森堡	5/7.5	0
馬來西亞	0	0/20
墨西哥	0	5/10

荷　蘭	5/15	0
紐西蘭	30	15
新加坡	27	27
西班牙	10/15	10
瑞　士	5/15	5
臺　灣	20/35	20
泰　國	10	15
英　國	0	0
美　國	–	–

資料來源：取材自 International Tax Summaries, Coopers & Lybrand International Tax Network, Editor: George J. Yost, III, John Wiley & Sons, Inc.

由表 16–2 顯示的資料可以看出，阿根廷、巴哈馬、香港、馬來西亞、墨西哥、英國等國對於子公司以股利方式匯送資金回母公司不課徵預扣稅。一般國家對於地主國課徵預扣稅的處理，是先將預扣稅一併納入應稅所得中計算，再以國外已繳稅金抵減 (Foreign Tax Credit, FTC) 的名義將預扣稅等額從應繳的稅金中扣除，以免重複課稅 (Double Taxation)。有些國家則不將預扣稅納入應稅所得中計算，而是直接根據母公司所收到的股利淨額 (Net Dividends) 課稅。

我們可以舉個例子說明美國對於國外已繳預扣稅的處理方式：

【例】假設某美國投資人購買了 100 股德國某公司的股票，價格為每股 EURO120。購買時匯率為 EURO1 = US$1.3，因此總成本為 US$ 15,600。六個月之後，德公司發放股利毛額為每股 EURO10，若匯送回母公司則須課徵 10% 預扣稅。此美國投資人決定賣掉 100 股的德公司股票，市價現為每股 EURO115 且匯率變為 EURO1 = US$1.36，此美國投資人在美的邊際稅率為 28%，其總共應繳納的所得稅計算如下：

賣股票收入：EURO115 × 100股 × US$1.36/EURO = US$15,640

股利收入：EURO10 × 100股 × US$1.36/EURO = US$1,360

暫時稅負：(US$15,640 + US$1,360 − US$15,600) × 28% = US$392

因預扣稅而得到的 FTC：EURO10 × 10% × 100 股 × US$1.36/EURO
= US$136

投資人應繳所得稅：US$392 − US$136 = US$256

若某投資人在其本國的邊際稅率為 0%，則無法利用到 FTC，在此種情況下，投資人可以向地主國政府（須與本國有租稅協約 (Tax Treaty)）要求退還預扣稅，但通常過程都拖得很長，從幾個月到幾年不等。目前的趨勢是許多國家都鼓勵本國的公司向國外投資人借錢，因此紛紛取消或減少預扣稅的課徵，以利國內公司向國外融資，例如美國、德國及法國等國家。

營業虧損抵前或抵後 (Loss Carrybacks or Carryforwards)

國外子公司若有營業虧損，通常都可以運用抵前 (Carrybacks) 或抵後 (Carryforwards) 的措施來抵減其他有營業淨利年的稅負。但有許多國家不允許將虧損抵前，只許將虧損抵後。美國的稅法允許將國外子公司的虧損抵前兩年 (Carry Back 2 Years) 或抵後五年 (Carry Forward 5 Years)，也就是說國外來源的虧損可以跨年度併入本身子公司或其他國外來源的淨利一起計算所得稅，如此可以利用虧損來減少淨利方面應繳的所得稅。抵前兩年表示當年度虧損可以與過去兩年之內的本身或其他國外淨利合併而要求退稅，抵後五年則表示當年度虧損可以與未來五年之內的本身或其他國外淨利合計而減少未來的稅負。

租稅協約 (Tax Treaties)

國與國之間常簽訂租稅協約以避免重複課稅。各國對於本國公司的國外所得，若地主國已課過稅，則允許其母公司運用稅金抵減項目 (Tax Credit) 以避免重複課稅。租稅協約進一步超越稅金抵減項目所達到的功能，簽訂協約雙方的國家除了分配各類所得歸兩方之某一方課稅，也對於股利、利息及權利金所課徵的預扣稅，給予減少或消除的互惠約定。

國外已繳稅金抵減 (Foreign Tax Credit, FTC)

稅金抵減 (Tax Credit) 是一公司應繳稅金可以直接扣除的 (Direct Deduction) 項目，也就是說，若一公司應繳稅金總額為 $400,000，而稅金抵減總額為 $100,000，則公司只須繳納 $300,000 的稅。稅金抵減與可減稅的費用項目 (Tax-Deductible Expenses) 不同，後者只能用來減少應稅所得(Taxable Income)，例如抵減之前的應稅所得是 $1,000,000，可減稅的費用項目合計為 $200,000，則抵減後之應稅所得為 $800,000，若公司稅率為 40%，則可減稅的費用項目替公司節省了 $80,000 的稅。

美國及若干國家的國稅局，對於在國外成立的子公司或附屬公司匯送給本國母公司的所得，稱之為國外來源的所得，由於本國公司的國外分支機構已就國外來源的所得對地主國政府繳了當地的所得稅，因此國稅局准許母公司在計算本國所得稅負時，運用國外已繳稅金抵減 (FTC) 來避免重複課稅。一般而言，對於本國公司在外國所繳的稅，可列為國外已繳稅金抵減項目者，包括外國的所得稅 (Foreign Income Tax) 及因匯送股利、利息或權利金等給母公司而繳給外國政府的預扣稅。以美國為例，國外已繳稅金抵減的運用方式如下：

【例一】倘若美國某公司在國外唯一的子公司賺得稅前淨利 $500,000，地主國 (China) 稅率為 30%，子公司將全部可支配的稅後淨利以股利方式匯回母公司，假設地主國課徵 10% 預扣稅，而美國稅率為 34%，母公司就所收股利應繳多少稅？

稅前淨利	$500,000
－地主國所得稅 (30%)	150,000
＝稅後淨利	$350,000
－預扣稅 (10%)	35,000
＝匯送回母公司股利	$315,000
＋國外已付稅額加總 (Gross-up)	185,000
＝母公司應稅所得	$500,000
×U.S. 稅率	× 34%
＝母公司暫時稅負	$170,000
－FTC	185,000
＝母公司應付稅額	$0
EFTC	$15,000

本例中，由於 China 的稅率（所得稅率 + 預扣稅率）大於美國的稅率，因此母公司有超額國外已繳稅金抵減 (Excess Foreign Tax Credit, EFTC)，母公司就此筆國外來源的所得不必再繳稅給美國政府。母公司因只有唯一的子公司，因此無法將 EFTC 用來抵減其他國外來源所得須繳納的稅。若母公司有多個子公司分佈在不同國家，則有機會在當年度運用 EFTC，即是可在當年度將 EFTC 用來抵減其他國外來源所得須繳納的稅。美國的稅法對於母公司就國外來源所得納稅時可運用的 FTC，設有全面 FTC 極限 (Overall FTC Limitation)。全面可使用的 FTC 極限，等於全面國外來源的應稅所得加總，再乘以美國的稅率，亦即將全面國外來源的應稅所得加總，看作是在美國賺得的，再乘以美國的稅率，此金額即為全面 FTC 極限，也就是母公司可被准許的最大國外已繳稅金抵減總額 (Maximum Foreign Tax Credit)。最大國外已繳稅金抵減總額 = 全面國外來源應稅所得加總 × U.S. 稅率。有關全面 FTC 極限的運用，茲舉一例說明如下：

【例二】假設前例的美國某公司除了有一子公司在中國大陸，並另有一子公司在香港。假設在香港的子公司稅前淨利也是 $500,000，香港稅率為 16.5%，且對股利匯回美國不課徵預扣稅，美國母公司就兩子公司所收股利共應繳多少稅？

	中　國	香　港
稅前淨利	$500,000	$500,000
－地主國所得稅 (30%; 16.5%)	150,000	82,500
＝稅後淨利	$350,000	$417,500
－預扣稅 (10%; 0%)	35,000	0
＝匯送回母公司股利	$315,000	$417,500
＋國外已付稅額加總 (Gross-up)	185,000	82,500
＝母公司應稅所得	$500,000	$500,000
×U.S. 稅率	34%	34%
＝母公司暫時稅負	$170,000	$170,000
－FTC	185,000	82,500
＝母公司應付稅額	$0	$87,500
EFTC	$15,000	$0
全面 FTC 極限	($500,000 + $500,000) × 34% = $340,000	
－子公司加總 FTC	185,000 + $82,500 = $267,500	
＝母公司實付稅額		$72,500

本例中美國母公司若僅擁有香港一家子公司，則須繳稅 $87,500，由於母公司有兩家子公司，且中國大陸的子公司有 EFTC $15,000，可以用來抵減香港子公司的股利稅負 $87,500，因此母公司就香港子公司部分實際所付稅額為 $72,500。若超額國外已繳稅金抵減 (EFTC) 在當年度無法使用，根據美國的稅法，可以抵前兩年 (Carry Back 2 Years) 或抵後五年 (Carry Forward 5 Years)；也就是說，美國的跨國公司，就其國外子公司所得計算應付給山姆叔叔的稅負時，可以跨越八年期間求平均值。

第二節 計算應稅所得──一般抵扣項目分配原則概述

毛所得 (Gross Income) 與應稅所得 (Taxable Income) 之間的差異，是一些被稅務當局容許的抵扣項目加總 (Sum of Tax Deductible Items)。到底納稅人在報稅時，那些項目可以被稅務當局容許列為抵扣項目，並非本章欲討論的範圍，但一些抵扣項目如何在跨國企業母子公司之間作認列上的分配，則是本節欲討論之重點。

根據美國的稅法及一般公認的會計原則，費用項目之所以發生是為了賺得所得，因此費用項目在報稅時被當作抵扣項目，其分配應採用所得來源法則 (Source of Income Rule)。例如，母公司為了要賺得在海外子公司的一筆所得而開銷了一筆費用，該費用雖是在母公司處發生，但卻是因海外子公司的所得而發生，因此應是海外子公司而非母公司，可以將該筆費用納為計算應稅所得的抵扣項目。此種所得來源法則，可以將母公司的一般管理費用及研究發展費用等，分配一部分給國外子公司作為報稅時抵減應稅所得用。母公司所在地的政府（例如美國），樂於將母公司的費用分配給其在國外的子公司，如此可以提高母公司的應稅所得，並降低母公司在報稅時所能使用的最大國外已繳稅金抵減總額。由於最大國外已繳稅金抵減總額乃是全面國外來源應稅所得加總乘以美國的稅率，因此分配母公司的部分費用給子公司，會使子公司的應稅所得降低，因而降低了母公司可被准許的最大國外已繳稅金抵減總額。

根據前述的費用分配法則，美國對於一些抵扣項目（例如利息費用，研究實驗費用等）的分配，也是傾向於將一部分費用分配給國外的子公司。例如利息費用 (Interest Expense) 的分配，美國的稅法規定，不論實際由誰來償付，報稅時的分配是根據資產 (Assets) 的百分比來計算；若子公司的資產佔公司總資產的 20%，則利息費用的 20% 應分配給子公司作為其計算應稅所得的抵扣項目。至於研究實驗費用 (Research and Experimental Expense, R&E)，則是將 50% 分配給發生地的公司，另 50% 在母子公司之間按照毛所得的情況作適當分配。例如，R&E 費用是母公司支付的，則 50% 由母公司作為納稅時的抵扣項目，另 50% 則按照母子公司之間的毛所得情況再作分配。其他費用若無法判定究竟是因何而發生，則按照資產或毛所得情況作分配。

母公司所在地的政府就費用項目所作的分配，是否會影響到跨國企業的全面稅負 (Overall Tax Payment)，要看子公司所在地的政府是否承認從他國分配來的費用項目，因為這些費用項目會減少地主國的稅收，因此地主國有可能不承認。若地主國政府不容許子公司認列國外分配來的費用，則跨國企業的全面稅負就會增加。

本章重點在探討世界主要國家稅制的一般特性，並對計算應稅所得時，一般抵扣項目應如何在母子公司之間作分配有約略概述。跨國公司在作國際稅務規劃時，對各國決定所得稅稅基的因素或條款要多所瞭解；以美國的稅法為例，國外已繳稅金抵減 (FTC) 的核可金額，Subpart F 條款及 Section 956A 條款等，皆會影響到公司所得稅的計算。此外，預扣稅、營業虧損抵前或抵後，以及租稅協約等，也是良好稅務規劃所須納入考量的。

積極性所得	(Active Income)
控制型外國公司	(Controlled Foreign Corporation)
被認為已付的股利	(Deemed-Paid Dividends)
超額消極性資產	(Excess Passive Assets)
國外銷售公司	(Foreign Sales Corporation)
國外已繳稅金抵減	(FTC)
營業虧損抵前或抵後	(Loss Carrybacks or Carryforwards)
最大國外已繳稅金抵減總額	(Maximum FTC)
消極性所得	(Passive Income)Subpart F Income
稅務規劃	(Tax Planning)
租稅協約	(Tax Treaties)
預扣稅	(Withholding Tax)

Bannock, Graham, *VAT and Small Business: European Experience and Implications for North American*, Washington, D.C.: Canadian Federation of Independent Business Research Education Foundation, 1986.

Bischel, Jon E., and Robert Feinschreiber, *Fundamentals of International Taxation*, New York: Practicing Law Institute, 1977.

Brecher, Stephen M., Donald W. Moore, Michael Hoyle, and Peter G. B. Trasker, *The Economic Impact of the Introduction of VAT*, Morristown, N.J.: Financial Executives Research Foundation, 1982.

Brickley James, Clifford Smith, and Jerold Zimmerman, "Transfer Pricing and the Control of Internal Corporate Transactions", *Journal of Applied Corporate Finance,* vol. 8, no. 2, 1995, pp. 60–67.

Chown, John F., "Tax Treatment of Foreign Exchange Fluctuations in the United States and United Kingdom", *Journal of International Law and Economics*, George Washington University, no. 2, 1982, pp. 201–237.

Christian, Ernest S., Jr., *State Taxation of Foreign Source Income*, New York: Financial Executives Research Foundation, 1981.

"DISC/FSC Legislation: The Case of the Phantom Profits", *Journal of Accountancy*, January 1985, pp. 83–97.

Dolan, D. Kevin, "Intercompany Transfer Pricing for the Layman", *Tax Notes*, October 8, 1990, pp. 211–228.

Frisch, Daniel J., "The Economics of International Tax Policy: Some Old and New Approaches", *Tax Notes*, April 30, 1990, pp. 581–591.

Gelinas, A. J. A., "Tax Considerations for U.S. Corporations Using Finance Subsidiaries to Borrow Funds Abroad", *Journal of Corporate Taxation*, Autumn 1980, pp. 230–263.

Gifford, William C., and William P. Streng, *International Tax Planning*, 2nd ed., Washington, D.C.: Tax Management, Inc., 1979.

Goldberg, Honey L., "Conventions for the Elimination of International Double Taxation: Toward a Developing Country Model", *Law and Policy in International Business*, no. 3, 1983, pp. 833–909.

Hartman, David G., "Tax Policy and Foreign Direct Investment in the United States", *National Tax Journal*, December 1984, pp. 475–487.

Hemelt, James T., and Cynthis Spencer, "United States: Tax Effective Management of Foreign Exchange Risks", *European Taxation*, vol. 30, no. 3, 1990, pp. 67–71.

Kaplan, Wayne S., "Foreign Sales Corporations: Politics and Pragmatics", *Tax Executive*, April 1985, pp. 203–220.

Kramer Andrea S., and J. Clark Heston, "An Overview of Current Tax Impediments to Risk Management", *Journal of Applied Corporate Finance,* vol. 6, no. 3, 1993, pp. 73–81.

Manzon Gil B., Jr., David J. Sharp, and Nickolaos G. Travlos, "An Empirical Study of the Consequences of U.S. Tax Rules for International Acquisitions by U.S. Firms", *Journal of Finance,* vol. 49, no. 5, 1994, pp. 1893–1904.

OECD, *Taxation in Developed Countries*, Pairs: OECD, 1987.

Peat, Marwick, Mitchell & Co., *Foreign Sales Corporations*, New York: Peat, Marwick, Mitchell & Co., 1984.

Prest, A. R., *Value Added Taxation*, Washington, D.C.: America Enterprise Institute, 1980.

Price Waterhouse, *International Tax Review*, New York: Price Waterhouse, various issues.

_____, *Corporate Taxes—A Worldwide Summary*, New York: Price Waterhouse, 1991, updated periodically.

Schiff, Michael, *Business Experience with Value Added Taxation*, New York: Financial Executives Research Foundation, 1974.

Scloles Myron S., and Mark A. Wolfson, *Taxes and Business Strategy: A Planning Approach*, 1992, Prentice Hall, Englewood Cliffs, New Jersey.

_____, "The Effects of Changes in Tax Laws on Corporate Reorganization Activity", *Journal of Business,* vol. 63, no. 1, part 2, 1990, pp. S141–S164.

Servaes Henri, and Marc Zenner, "Taxes and the Returns to Foreign Acquisitions in the United

States", *Financial Management,* vol.23, no. 4, 1994, pp. 42–56.

Sharp, William M., Betty K. Steele, and Richard A. Jacobson, "Foreign Sales Corporations: Export Analysis and Planning", *Taxes, the Tax Magazine*, March 1985, pp. 163–200.

Sherman, H. Arnold, "Managing Taxes in the Multinational Corporation", *The Tax Executive*, Winter 1987, pp. 171–181.

Taxation in Europe: 1991 Edition, *International Tax and Business Guide*, New York: DRT International, 1991, p. 1.

States", *Financial Management,* vol.23, no. 4, 1994, pp. 42–56.

Sharp, William M., Betty K. Steele, and Richard A. Jacobson, "Foreign Sales Corporations: Export Analysis and Planning", *Taxes, the Tax Magazine*, March 1985, pp. 163–200.

Sherman, H. Arnold, "Managing Taxes in the Multinational Corporation", *The Tax Executive*, Winter 1987, pp. 171–181.

Taxation in Europe: 1991 Edition, *International Tax and Business Guide*, New York: DRT International, 1991, p. 1.

行銷管理　陳希沼／著

本書不同於一般教科書以分節敘述的編排方式，而是利用觀念導向的敘述方式，使讀者更容易瞭解行銷管理的觀念。並依據國內外報章雜誌等，有系統地整理與行銷有關的重要事件，讓行銷理論融入生活。最後提醒讀者創意對行銷的重要，重視行銷的社會倫理，俾使企業與消費大眾達到雙贏的層面。

行銷管理　李正文／著

本書不同於一般行銷管理書籍的特色：⑴有別於其他行銷管理書籍將案例獨立陳述，本書作者特別細心地將所有案例、實際商業資料分門別類，配合理論交叉安排呈現在文中，讀來既有趣又輕鬆。⑵引進大量亞洲相關行銷商業資訊，不似其他書籍讓人以為只有西方國家才有行銷。⑶融合各國行銷案例，使本書除了基礎原理之外實則有國際行銷之內涵。

行銷管理——理論與實務　郭振鶴／著

本書顛覆以往傳統行銷管理教學「從國外的文化、環境介紹，進入行銷管理理論與架構」的呆板內容，而改從目前臺灣中小企業所面對的行銷管理問題著手，使學生學習後可以加以實踐與應用。並採取多元化主流式行銷管理教學目標來撰寫此書，故此書在一般行銷管理架構外，更加入市場調查方式內容、行銷責任中心制度應用、國際行銷、社會行銷、計量行銷，以達到學以致用的目的。

行銷管理——觀念活用與實務應用　李宗儒／編著

本書從行銷的基本概念出發，用深入淺出的方式呈現行銷管理之核心概念。由國外經驗顯示，行銷學科的發展與個案探討，密不可分，因此本書有系統的網羅並整理國內外行銷相關書籍，其目的在於讓讀者有一系統化的概念，以助其建立行銷架構與應用。同時亦將目前許多新興的議題融入書中，每一章節以簡單的實務案例作為引言，使讀者可以更清楚章節內介紹的理論觀念。

管理學　榮泰生／著

近年來企業環境急遽變化，企業唯有透過有效的管理才能夠生存及成長。本書的撰寫充分體會到環境對企業的衝擊，以及有效管理對於因應環境的重要性，提供未來的管理者各種必要的管理觀念與知識。除可作為大專院校的教科書，從事實務工作者（包括管理者以及非管理者），也將發現本書是充實管理理論基礎、知識及技術的最佳工具。

管理學　張世佳／著

本書除了涵蓋各種基本的管理理論外，亦引進目前廣為企業引用的管理新議題如「知識管理」、「平衡計分卡」及「從 A 到 A⁺」等。透過淺顯易懂的用語及圖列式的條理表達方式，來闡述管理理論要義，使學生能更平易的學習管理知識與精髓。此外，本書配合不同章節內容引用國內知名企業的本土管理個案，使學生在所熟識的企業情境下，研討各種卓越的管理經驗，強化學生實務應用能力。

當代人力資源管理　沈介文、陳銘嘉、徐明儀／著

本書描述了當代人力資源管理的理論與實務，在內容方面包含了三大主題，首先是任何管理者都需要知道的「策略篇」，接著是人力資源管理執行者應該熟悉的「功能篇」，以及針對進一步學習者的「精英成長篇」；各主題皆獨立成篇，因此讀者或是教師都可以依據個人需求，決定學習與授課的先後順序，實為一本兼具嚴謹理論與活潑實務的好書。

人力資源管理——臺灣、日本、韓國

佐護譽／原著；蘇進安、林有志／譯

人力資源的真正研究，應該透過國際間的比較來進行，先把相同的、不同的性質，或類似的、相異的，以及共通的要點分析出來，並將導致的主因甚至背景加以清楚說明。對亞洲各國（地區）與歐美諸國間的國際性比較研究，已經有人嘗試過了；但亞洲各國（地區）間的國際性比較研究，卻幾乎未見。本書即是試圖彌補此一向來不受重視的研究空檔，而共同努力的成果。